装配式建筑丛书

装配式建筑总承包管理

江苏省住房和城乡建设厅
江苏省住房和城乡建设厅科技发展中心　编著

U0396354

东南大学出版社
SOUTHEAST UNIVERSITY PRESS
·南京·

内 容 提 要

本书根据最新的装配式建筑和工程总承包相关法律法规,聚焦于装配式建筑总承包管理,立足江苏、面向全国,结合编写团队在装配式建筑总承包管理方面的研究和实践,全面、系统地介绍了装配式建筑采购模式和总体策划,装配式建筑总承包的招投标管理、合同管理、组织管理、设计管理、生产与物流管理、进度管理、成本管理、质量管理、健康与安全管理、信息化管理等内容。

本书可作为装配式建筑总承包的项目经理以及技术管理人员的培训教材使用,并可作为高等学校工程管理专业和土木工程专业的教材使用,也可供相关专业的科技人员以及相关政府部门、建设单位、房地产开发企业、监理企业、施工企业、工程总承包企业等技术、管理人员参考使用。

图书在版编目(CIP)数据

装配式建筑总承包管理 / 江苏省住房和城乡建设厅,江苏省住房和城乡建设厅科技发展中心编著. —南京:东南大学出版社,2021.1
(装配式建筑丛书)
ISBN 978 - 7 - 5641 - 9293 - 8

Ⅰ.①装… Ⅱ.①江… ②江… Ⅲ.①装配式构件-建筑工程-承包工程-工程管理 Ⅳ.①TU723

中国版本图书馆 CIP 数据核字(2020)第 246019 号

装配式建筑总承包管理
ZhuangPeishi Jianzhu Zongchengbao Guanli
江 苏 省 住 房 和 城 乡 建 设 厅   **编著**
江苏省住房和城乡建设厅科技发展中心

出版发行　东南大学出版社
社　　址　南京市四牌楼 2 号　邮编:210096
出 版 人　江建中
责任编辑　丁　丁
编辑邮箱　d.d.00@163.com
网　　址　http://www.seupress.com
电子邮箱　press@seupress.com
经　　销　全国各地新华书店
印　　刷　南京玉河印刷厂
版　　次　2021 年 1 月第 1 版
印　　次　2021 年 1 月第 1 次印刷
开　　本　787 mm×1 092 mm　1/16
印　　张　22.5
字　　数　492 千
书　　号　ISBN 978-7-5641-9293-8
定　　价　98.00 元

本社图书若有印装质量问题,请直接与营销部联系。电话(传真):025-83791830

序

　　建筑业是国民经济的支柱产业,建筑业增加值占国内生产总值的比重连续多年保持在 6.9％以上,对经济社会发展、城乡建设和民生改善作出了重要贡献。但传统建筑业大而不强、产业化基础薄弱、科技创新动力不足、工人技能素质偏低等问题较为突出,越来越难以适应新发展理念要求。2020 年 9 月,国家主席习近平在第七十五届联合国大会一般性辩论上表示,中国将提高国家自主贡献力度,采取更加有力的政策和措施,二氧化碳排放力争于 2030 年前达到峰值,努力争取 2060 年前实现碳中和。推进以装配式建筑为代表的新型建筑工业化,是贯彻习近平生态文明思想的必然要求,是促进建设领域节能减排的重要举措,是提升建筑品质的必由之路。

　　作为建筑业大省,江苏在推进绿色建筑、装配式建筑发展方面一直走在全国前列。自 2014 年成为国家首批建筑产业现代化试点省以来,江苏坚持政府引导和市场主导相结合,不断加大政策引领,突出示范带动,强化科技支撑,完善地方标准,加强队伍建设,稳步推进装配式建筑发展。截至 2019 年底,全省累计新开工装配式建筑面积约 7800 万 m^2,占当年新建建筑比例从 2015 年的 3％上升至 2019 年的 23％,有力促进了江苏建筑业迈向绿色建造、数字建造、智能建造的新征程,进一步提升了"江苏建造"影响力。

　　新时代、新使命、新担当。江苏省住房和城乡建设厅组织编写的"装配式建筑丛书",采用理论阐述与案例剖析相结合的方式,阐释了装配式建筑设计、生产、施工、组织等方面的特点和要求,具有较强的科学性、理论性和指导性,有助于装配式建筑从业人员拓宽视野、丰富知识、提升技能。相信这套丛书的出版,将为提高"十四五"装配式建筑发展质量、促进建筑业转型升级、推动城乡建设高质量发展发挥重要作用。

　　是以为序。

清华大学土木工程系教授(中国工程院院士)

2020 年 11 月

丛 书 前 言

　　江苏历来都是理想人居地的代表,但同时也是人口、资源和环境压力最大的省份之一。作为全国经济社会的先发地区,截至 2019 年底,江苏的城镇化水平已达到 70.6%,超过全国同期水平 10 个百分点。江苏还是建筑业大省,2019 年江苏建筑业总产值达 33 103.64 亿元,占全国的 13.3%,产值规模继续保持全国第一;实现建筑业增加值 6 493.5 亿元,比上年增长 7.1%,约占全省 GDP 的 6.5%。江苏城乡建设将由高速度发展向高质量发展转变,新型城镇化将由从追求"速度和规模"迈向更加注重"质量和品质"的新阶段。

　　自 2015 年以来,江苏通过建立工作机制、完善保障措施、健全技术体系、强化重点示范等举措,积极推动了全省装配式建筑的高质量发展。截至 2019 年底,江苏累计新开工装配式建筑面积约 7 800 万 m²,占当年新建建筑比例从 2015 年的 3% 上升至 2019 年的 23%;同时,先后创建了国家级装配式建筑示范城市 3 个、装配式建筑产业基地 20 个;创建了省级建筑产业现代化示范城市 13 个、示范园区 7 个、示范基地 193 个、示范工程项目 95 个,建筑产业现代化发展取得了阶段性成效。

　　目前,江苏建筑产业现代化即将迈入普及应用期,而在推进装配式建筑发展的过程中,仍存在专业化人才队伍数量不足、技能不高、层次不全等问题,亟需一套专著来系统提升人员素质和塑造职业能力。为顺应这一迫切需求,在江苏省住房和城乡建设厅指导下,江苏省住房和城乡建设厅科技发展中心联合东南大学、南京工业大学、南京长江都市建筑设计股份有限公司等单位的一线专家学者和技术骨干,系统编著了"装配式建筑丛书"。丛书由《装配式建筑设计实务与示例》《装配整体式混凝土结构设计指南》《装配式混凝土建筑构件预制与安装技术》《装配式钢结构设计指南》《现代木结构设计指南》《装配式建筑总承包管理》《BIM 技术在装配式建筑全生命周期的应用》七个分册组成,针对混凝土结构、钢结构和木结构三种结构类型,涉及建筑设计、结构设计、构件生产安装、施工总承包及全生命周期 BIM 应用等多个方面,系统全面地对装配式建筑相关技术进行了理论总结和项目实践。

　　限于时间和水平,丛书虽几经修改,疏漏和错误之处在所难免,欢迎广大读者提出宝贵意见。

编委会

2020 年 12 月

前　　言

工程总承包是指承包单位按照与建设单位签订的合同,对工程设计、采购、施工或者设计、施工等阶段实行总承包,并对工程的质量、安全、工期和造价等全面负责的工程建设组织实施方式。2005 年 5 月,建设部颁布《建设项目工程总承包管理规范》,积极倡导和推进建筑施工企业实行建筑工程总承包管理模式。后相继发布《关于进一步推进工程总承包发展的若干意见》《关于促进建筑业持续健康发展的意见》等文件,提出优先采用工程总承包模式、加强工程总承包人才队伍的建设、加快培养熟悉国际规则的建筑业高级管理人才等要求。2019 年 12 月住房和城乡建设部、国家发展改革委发布了《房屋建筑和市政基础设施项目工程总承包管理办法》(建市规〔2019〕12 号),自 2020 年 3 月 1 日起施行。建设单位应当根据项目情况和自身管理能力等,合理选择工程建设组织实施方式。建设内容明确、技术方案成熟的项目,适宜采用工程总承包方式。

培养装配式建筑总承包管理相关人才是推动装配式建筑有序、健康发展的重要保障,而目前针对装配式建筑总承包管理的教材较为匮乏。本书编著团队经过认真研究和讨论,确定了本教材的编写思想、大纲、内容和编写要求,聚焦于装配式建筑总承包管理,立足江苏、面向全国,重点针对装配式建筑总承包的项目经理以及技术管理人员,并注重引导政府部门和人员了解装配式建筑总承包管理。力争全面系统地论述装配式建筑总承包招投标管理、合同管理、组织管理、设计管理、生产与物流管理、进度管理、成本管理、质量管理、健康与安全管理、信息化管理等内容,期寄本书的出版能够为我国装配式建筑总承包管理的发展和实践提供一定的参考。

本书由东南大学土木工程学院、江苏省建筑工程集团有限公司、南京长江都市建筑设计股份有限公司与中民筑友智造科技产业集团合作编写。第 1 章由东南大学李启明编写;第 2 章由东南大学邓小鹏和南京长江都市建筑设计股份有限公司殷宝才编写;第 3 章由东南大学李启明编写;第 4 章由东南大学邓小鹏编写;第 5 章由南京大学宁延和南京长江都市建筑设计股份有限公司殷宝才编写;第 6 章由东南大学陆莹和江苏省建筑工程集团有限公司贺鲁杰编写;第 7 章由东南大学袁竞峰和江苏省建筑工程集团有限公司贺鲁杰编写;第 8 章由南京大学陆莹、江苏省建筑工程集团有限公司贺鲁杰和江苏省建工设计研究院汪洋编写;第 9 章由南京大学宁延、江苏省建筑工程集团有限公司贺鲁杰和南京长江都市建筑设计股份有限公司殷宝才编写;第 10 章由东南大学袁竞峰和陆莹编写;

第11章由东南大学袁竞峰、江苏省建筑工程集团有限公司贺鲁杰和东南大学建筑学院博士生叶红雨编写。

  囿于编者水平,书中难免出现不足,敬请广大读者及同行批评指正。

笔 者

目　　录

1 装配式建筑总承包管理概述

1.1 装配式建筑采购模式

《装配式建筑评价标准》(GB/T 51129—2017)将装配式建筑(Prefabricated Building)定义为：由预制部品部件在工地装配而成的建筑。装配式建筑是将把传统建造方式中的大量现场作业工作转移到工厂进行，在工厂加工制作好建筑用构件和配件(如楼板、墙板、楼梯、阳台等)，运输到建筑施工现场，通过可靠的连接方式在现场装配安装而成的建筑。

项目采购方式(Project Procurement Method, PPM)是指建筑市场买卖双方的交易方式或者业主购买建筑产品或服务所采用的方法。项目采购模式一般称为"Procurement System"或者"Delivery System"。Procurement的意思是采购，是从购买方(业主)的角度来讲的。Delivery的意思是交付，是从供货方(设计者、承包商、咨询管理者等)的角度来讲的。项目采购模式本质上就是指工程项目的交易模式。在工程实践应用中，常用的采购模式除了传统的设计—招标—施工(DBB)采购模式外，还有设计—施工(DB)、设计—采购—施工(EPC)、建设管理(CM)、项目管理(PM)、建设—经营—转让(BOT)等采购模式。

1.1.1 传统 DBB 承包模式内涵与特征

1) 基本内涵及合同结构

DBB采购模式是传统的、国际上通用的项目采购模式，这种模式最突出的特点是强调工程项目的实施必须按照设计—招标—建造的顺序进行，只有一个阶段结束后另一个阶段才能开始。采用这种方法时，业主与设计商(建筑师/工程师)签订专业服务合同，建筑师/工程师负责提供项目的设计和合同文件。在设计商的协助下，通过竞争性招标将工程施工任务交给报价和质量都满足要求且/或最具资质的投标人(承包商)来完成。在施工阶段，设计专业人员通常担任重要的监督角色，并且是业主与承包商沟通的桥梁。在施工合同管理方面，业主与承包商为合同双方当事人，工程师处于特殊的合同管理地位，对工程项目的实施进行监督管理。各方合同关系和协调关系如图1.1所示。

2) 基本特征

DBB模式具有如下优点：

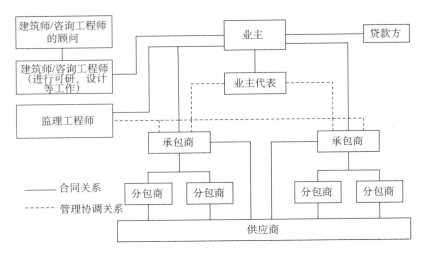

图 1.1　DBB 模式中各方合同关系和协调关系

（1）参与项目的业主、设计商（建筑师/工程师）和承包商三方的权、责、利分配明确，避免相互之间的干扰。

（2）由于受利益驱使以及市场经济的竞争，业主更愿意寻找信誉良好、技术过硬的设计咨询机构，这样具有一定实力的设计咨询公司应运而生。

（3）由于该模式长期、广泛地在世界各地采用，因而管理方法成熟，合同各方都对管理程序和内容熟悉。

（4）业主可自由选择设计咨询人员，对设计要求可进行控制；业主可自由选择监理机构实施工程监理。

DBB 模式具有如下缺点：

（1）该模式在项目管理方面的技术基础是按照线性顺序进行设计、招标、施工的管理，建设周期长，投资或成本容易失控，业主方管理的成本相对较高，设计师与承包商之间协调比较困难。

（2）由于承包商无法参与设计工作，可能造成设计的"可施工性"差，设计变更频繁，导致设计与施工协调困难，设计商和承包商之间可能发生责任推诿，使业主利益受损。

（3）按该模式运作的项目周期长，业主管理成本较高，前期投入较大，工程变更时容易引起较多的索赔。

1.1.2　DB 工程总承包模式内涵与特征

1.1.2.1　基本内涵及合同结构

工程总承包是一个内涵丰富、外延广泛的概念。建设部《关于培育发展工程总承包和工程项目管理企业的指导意见》文件中指出，工程总承包是指"从事工程总承包的企业受业主委托，按照合同约定对工程项目的勘察、设计、采购、施工、试运行（竣工验收）等实行全过程或若干阶段的承包"。工程总承包模式包括设计—施工（Design-Build，DB）、交钥匙工程(Turnkey)和设计—采购—施工(Engineering Procurement Construction，EPC)三种主要模式。

设计—施工总承包(DB 模式)是指工程总承包企业按照合同约定，承担工程项目设计和施工，并对承包工程的质量、安全、工期、造价全面负责。也就是说，DB 模式是一个实体或者联合体以契约或者合同形式，对一个建设项目的设计和施工负责的工程运作方法。

通常的做法是，在项目的初始阶段业主邀请一家或者几家有资格的承包商(或具备资格的设计咨询公司)，根据业主的要求或者设计大纲，由承包商或会同自己委托的设计咨询公司提出初步设计和成本概算。根据不同类型的工程项目，业主也可能委托自己的顾问工程师准备更详细的设计纲要和招标文件，中标的承包商将负责该项目的设计和施工。DB 模式中各方关系如图 1.2 所示。

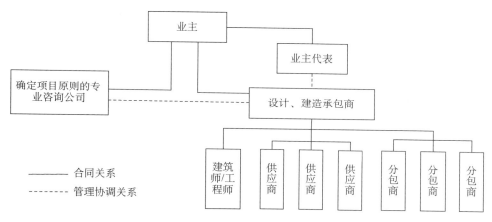

图 1.2　DB 模式中的各方关系

1.1.2.2　基本特征

与传统模式相比，DB 模式具有单一职责、降低管理成本、缩短工期、降低造价等一系列优点，尤其对于大型、复杂的工程项目，DB 承包模式具有不可比拟的优势。DB 模式与传统采购模式的区别如表 1.1 所示。

表 1.1　DB 模式与传统建造模式比较

	设计—施工模式(DB)	传统模式(DBB)
招标	设计、施工仅需招一次标	设计完成后才能进行施工招标
承包商的责任	总承包商对设计、施工负全责	设计商、承包商承担各自的相应责任
设计、施工衔接	DB 承包商在设计阶段介入项目，设计与施工联系紧密，设计更加经济，使成本有效降低，所以能获得较大的利润	设计与施工脱节，有时设计方案可建造性差，容易形成责任盲区，项目出现问题，解决的效率低
业主管理	业主管理、协调工作量小，对项目控制程度较弱	业主管理、协调工作量大，对项目控制程度较强
工期	设计与施工搭接，工期较短	工期相对较长

	设计—施工模式（DB）	传统模式（DBB）
保险	没有专门的险种	有相应的险种
相关法律	缺乏特定的法律、法规约束	相应的法律、法规比较完善

DB 模式的缺点是业主无法参与建筑师/工程师的选择，工程设计可能会受施工者的利益影响等。这种模式主要有三个特点：

1）具有高效率性

DB 合约签订以后，承包商就可进行施工图设计，如果承包商本身拥有设计能力，会促使承包商积极提高设计质量，通过合理和精心的设计创造经济效益，往往达到事半功倍的效果。如果承包商本身不具备设计能力和资质，就需要委托一家或几家专业的咨询公司来做设计和咨询，承包商进行设计管理和协调，使得设计既符合业主的意图，又有利于工程施工和成本节约，使设计更加合理和实用，避免了设计与施工之间的矛盾。

2）责任的单一性

DB 承包商对于项目建设的全过程负有全部的责任，这种责任的单一性避免了工程建设中各方的矛盾和相互扯皮，也促使承包商不断提高自己的管理水平，通过科学的管理创造效益。相对于传统模式来说，承包商拥有了更大的权利，它不仅可以选择分包商和材料供应商，而且还有权选择设计咨询公司，但需要得到业主的认可。

3）风险重新分配

业主提供设计要求或把设计部分全部委托给承包商，由承包商提供大部分的或全部的设计（包括详细设计）。这样，设计部分所涉及的风险便都转移至承包商，业主方所承担的风险相应地减少了，DB 模式可以更好地满足业主避免风险的要求。业主在 DB 模式下主要是提出工程项目的总体要求（如工程的功能要求、设计标准、材料标准的说明等），进行宏观控制，对工程项目的设计和施工具体过程的控制相对减少。若 DB 承包商信誉不佳或执行成效差，则业主风险较大，因此业主应尽可能选择技术、管理能力及信誉优秀的承包商，以尽可能地避免这方面的不利因素。

建筑师和总承包商长期在传统 DBB 模式下工作，积累了相当多的经验并形成了各自的行为方式，传统 DBB 模式与 DB 模式的文化差异是各方需要克服的。DB 模式的优缺点如表 1.2 所示。

表 1.2　DB 模式的优缺点

对象	优点	缺点
建筑业	提高建筑业准入门槛，优化建筑业产业结构； 规模经济效应，提高行业利润率； 提高产品差异性，便于发挥承包商的竞争优势； 促进建筑业资源整合和技术革新	倾向于有限竞争，投标竞争性降低； 投标成本相对较高； 传统 DBB 模式下的制衡体系在 DB 模式中不复存在； 标准的 DB 合同仍在改进； 法规有可能不支持 DB 合同

续表

对象		优点	缺点
业主		减少发包作业次数； 单一的权责界面，易于追究工程责任； 利用快速路径法（Fast Track）的建设管理技术来缩短工期； 对设计的反馈在统一组织内进行，有利于项目全过程优化； 设计部分所涉及的风险都转移至承包商，业主方所承担的风险相应地减少	业主对 DB 模式不熟悉； 若 DB 承包商信誉不佳或执行成效差，则业主风险较大； 业主不易查核、评估 DB 承包商的设计或施工计划的适宜性； 不同设计方案与施工计划之间的评比较为复杂和困难； 业主对项目的控制降低
DB 承包商	施工商	统筹设计、施工作业，增加对整体计划控制程度； 设计阶段的介入，承包商对业主的需求更加了解，有利于实现项目的目标； 减少设计—施工协调的时间和成本，能快速处理工程变更问题； 与设计商的紧密合作，引入新式施工技术与概念，提升专业施工技术	必须承担设计作业的过错责任； 在设计尚未全部完成前承揽工程，成本难以确定，风险大； 备标费用较高，增加投标企业的财务负担； DB 项目中获得合适的保险、保证和支付担保很困难； 总承包市场相对较少，业务获取不易
	设计商	获得参与决策机会，有利于提高设计质量； 减少与施工承包商之间的索赔纠纷； 与施工承包商合作，引入新式施工技术与概念，使设计的可施工性更强	必须承担施工作业的过错责任； 倾向于施工方法的经济考虑，而舍弃较佳的设计方案； 有损于传统发包方式中独立超然的立场

1.1.2.3 DB 采购模式类型

1）按照设计深度分类

按照设计的深度，DB 采购模式可以分为：传统设计—施工合同、详细设计—施工合同和咨询代理设计—施工合同。

（1）传统设计—施工合同

业主在项目早期阶段邀请一家或少数几家的承包商投标。承包商让自己的设计人员根据业主的要求或设计任务书提出方案和费用概算。业主的设计任务书可能只提出一些基本的设计要求。有些业主可能自请咨询公司帮助编制较为详细的设计任务书和招标说明书。一旦中标，承包商必须对项目的工程设计和施工负起全责，业主仅需与承包商打交道。其合同结构如图 1.3 所示。

（2）详细设计—施工合同

业主自行或外请设计咨询公司做出项目的概念和方案设计（达到一定深度），然后进行招标。要求投标的公司提出进行详细设计和完成其余未完设计工作的建议以及设计费用估算。业主一般根据投标者所报的费用对建议书进行评估。当业主将全部设计任务交给承包商感到不放心，或想对设计过程进行控制，但又打算让一家公司负责项目的详细设计和施工时，可选用这种做法。其合同结构如图 1.4 所示。

（3）咨询代理设计—施工合同

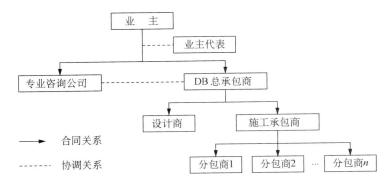

图1.3　传统设计—施工合同结构示意图

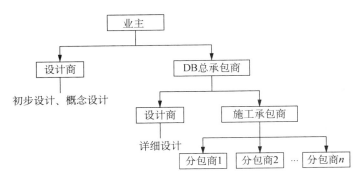

图1.4　详细设计—施工合同结构示意图

同详细设计—施工合同一样，业主先自行或外请设计咨询公司做出工程项目的概念设计和方案设计，然后请投标的公司提交建议书和费用估算。在选定承包商时，业主将委托的设计咨询公司介绍给承包商，承包商同该设计咨询公司签订协议，后者协助承包商进行详细设计，完成其余未完的设计工作，并在施工阶段提供帮助。转换型合同（Novation Contract）就属于这种情况，如图1.5所示。

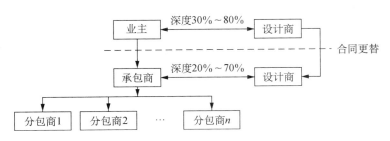

图1.5　转换型合同结构示意图

2）按照DB承包商的组成型态分类

DB承包商可透过许多不同的组织型态来承揽工程，最简单的区分方式就是由业主、总包商与分包商等三级制的阶层型态，其四种基本型态为：承包商主导、设计商主导、联营体型态和单一企业型态，如图1.6所示。

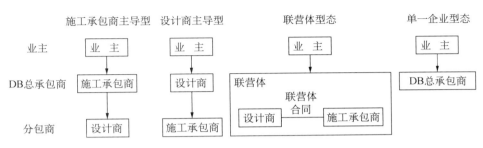

图 1.6 DB 承包商的组成型态

（1）承包商主导型态（Contractor as Prime Contractor）。即以施工企业为总包商，设计顾问机构为分包商。

（2）设计商主导型态（Architect as Prime Contractor）。即以设计顾问机构为 DB 总包商，施工承包商为分包商。

（3）联营体型态（Jiont Venture）。设计商与施工承包商以某种程度的伙伴关系或联合承揽关系，结合为单一组织并成为总包商。

（4）单一企业型态（Corporation Format），即由一具有设计与施工业务能力的企业为总包商。

3）按照 DB 模式的采购方式分类

根据业主选择 DB 承包商的方式不同，DB 模式可以分为单一阶段（One-step）、双阶段（Two-step）和基于资格（Qualifications-based）三种招标方式。

（1）单一阶段招标。评标时，对技术建议书和价格进行综合评定。

（2）双阶段招标。招标分为技术评标和价格（最佳价值）评标两个过程，只有技术建议书被认可的承包商方可进入第二阶段的评标。

（3）基于资格招标。在选择 DB 承包商时通过具有竞争性的谈判方式，选择过程针对投标者的技术和资源选择的建议进行评价。对投标者的技术、施工质量、产品功能、管理能力、财务情况、价格、同类工程的经验等进行综合评选，选择最优中标者。

不同招标方式 DB 模式的区别参见表 1.3。

表 1.3 不同招标方式 DB 模式的区别

招标类型	设计深度	资格预审	授标标准	授标方式	适用范围
单一阶段	0%～50%	否	价格；或者资格、价格	固定总价	小型、简单的项目
双阶段	0%～35%	是	资格、价格	固定总价	复杂、风险大的项目
基于资格	0%～10%	是	资格；或者资格、价格	谈判	有专利技术的项目

4）按照 DB 模式的合同价格确定方式分类

DB 模式的合同价格的确定方式有：固定总价、保证最大工程费用（Guaranteed Maximum Price，GMP）和成本加酬金三种形式。在 DB 模式发展的早期，业主一般选择总价合同形式，而随着项目的发展，业主希望对各分包工程进行竞争性招标而变为保证最大工程费用形式。

固定总价合同多用于普通建筑上,保证最大工程费用合同多用于特殊项目上,而成本加酬金合同主要用于紧急工程,如抢险、救灾,以及一些风险很大的技术创新项目。三种合同的风险在业主与 DB 承包商之间的分担不同,如图 1.7 所示,在固定总价合同中,业主承担的风险最小,DB 承包商承担的风险最大;与此相对应的是,在成本加酬金合同中,业主承担的风险最大,DB 承包商承担的风险最小;保证最大工程费用合同则介于两者之间。

合同支付方式	业　主	DB承包商
固定总价合同		
保证最大工程费用		
成本加酬金合同		

图 1.7　不同合同价格方式的风险分担

1.1.2.4　DB 采购模式的工作流程及工作内容

DB 采购模式的工作流程与传统模式有些相同(如图 1.8 所示)。业主要拟定详细的资格预审要求(Request for Qualifications,RFQ)、投标须知(Instructions to Bidders,ITB)以及建议书要求,这些文件用于确定 DB 承包商的短名单,其最关键的问题是如何选择合适的投标方案以及具备相应资格和能力的投标人。DB 承包商最关键的问题是如何编制一套完全符合业主要求的设计图纸和技术要求,以及在项目实施阶段如何满足业主对项目的目标要求。

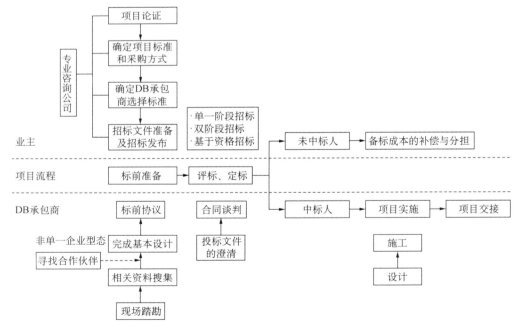

图 1.8　DB 模式的工作流程示意图

DB 模式可能会给业主提供一些有利的方面,但通常不容易去量化衡量。若 DB 承包商信誉不佳或执行成效差,则业主就可能处于风险之中。在 DB 模式下,业主应对下述问题进行关注:

(1) 对 DB 合同有多大程度的了解?

(2) 是否需要独立的顾问/代理来准备招标邀请和评价收到的标书?

(3) 在招标文件中要预定和规定拟建工程的设计、成本和进度计划是多少?

(4) 应采用哪种合同形式?

(5) 如何评价和比较投标书?(需要同时考虑设计和成本)

(6) 需要给未中标的投标人补偿吗?

(7) 如何管理工程?

在美国 DB 协会(Design-Build Institute of American,DBIA)所制定的合同条款中,可以了解 DBIA 所规划的 DB 承包商各成员的主要工作架构(表 1.4)。

表 1.4 DB 承包商各成员的主要工作

DB 承包商的主要工作	
项目的采购与分包管理 寻找合适的合作伙伴 合同谈判、签订和审核 对项目提供的项目资料进行检查和核实 地质分析报告 项目环境条件评估 项目标准和要求 工程质量、成本、工期、健康、安全、环境的控制 对业主工程款项的领取与分包商的工程款的发放 项目规划方案的适当更新和调整 设计、施工、供应各参与方的协调处理	
设计商	施工商
工程设计 现场踏勘 绘制工程设计图 制定工程施工规范 解释设计图纸 设计图纸的变更和修订 协助 DB 总承包商编写投标文件 检查施工承包商所反馈的替代方案的可行性 提供每月的设计工作状况报告 工作进度报告 问题报告 管理及协调设计分包商 承担所有法定设计责任	协助 DB 承包商执行下列工作 施工方式的选择 质量、工期、成本、健康、安全、环境控制 施工可行性分析 设计图纸与合同的一致性及适当性 提供施工组织设计 提供每月的施工工作状况报告 工作进度报告 问题报告 提供工程建议、工地状况反馈情况 管理及协调下属分包商并承担相应责任 在工地与其他分包商的合作与协调 承担所有法定施工责任
分包商	
在符合工作规范的条件下完成其工作 提供工程建议 在工地与其他分包商间的合作与协调 承担所有法定分包的责任	

1.1.2.5 DB 采购模式的适用范围

DB 采购模式的基本出发点是促进设计和施工的早期结合,以便能充分发挥设计和施工双方的优势,提高项目的经济性。每一种采购模式都有其自身的特点,因此也有其相应的适用范围。DB 采购模式主要适用于那些专业性强、技术含量高、结构、工艺较为复杂、一次性投资较大的建设项目(包括 EPC 项目或类似投资模式的项目)。根据文献资料和工程案例表明,适于 DB 模式的工程类型大致可分为下列五类:

(1) 建筑工程,包括简单的建筑工程(如一般住宅、办公大楼)、特殊用途的建筑工程(如医院、体育馆、看守所)和社区开发工程等。

(2) 需要专利技术的工程,包括石化工厂(如石油裂解厂、化学材料制造厂、肥料厂等)、电厂工程(如水力、火力、核能发电厂工程)、废弃物处理工程(如垃圾焚化场、污水处理厂)等。

(3) 交通工程,包括隧道工程、公路工程、捷运工程、地铁等。

(4) 机密性工程,如配置重要军事武器的基地工程、具有国家安全机密的特殊工程。

(5) 业主有特定需求的工程,如医院或研究单位的无菌室、放射性工程等。

下列项目一般不适宜采取 DB 采购模式:

(1) 纪念性建筑。因为这种建筑往往优先考虑的不是造价和进度等经济因素,而是建筑造型艺术和工程细部处理等的技术。

(2) 新型建筑。这类建筑一般有较高的建筑要求,同时结构形式的选择和处理有许多不确定性因素,无论是对于设计者还是对于施工者可能都缺乏这方面的经验,如果采用设计—施工采购模式,对于项目总承包商来说风险过大,也不符合建设单位的利益。

(3) 设计工程量较少的项目,比如大型土石方工程。

在下述情况下,对于业主而言则不宜采用 DB 采购模式:

(1) 设计不宜单独发包的工程。

(2) 业主需要对承包商的施工图纸进行严格审核并严密监督或控制承包商的工作进程。

(3) DB 承包商不具备较高的素质要求,如 DB 承包商资金较为薄弱、技术和协调能力差、承担风险的能力差。

DB 采购模式对于 DB 承包商而言具有较大的风险,DB 承包商不宜承接项目的情况有:

(1) 在投标阶段没有足够时间或资料仔细研究和证实业主的要求,或对设计及将要承担的风险没有足够的时间进行评估。

(2) 建设内容涉及相当数量的地下工程,或承包商未能调查的区域内的工程。

(3) 中期付款证书的金额要经过类似工程师的中间人审定。

1.1.2.6 DB 合同条件及各方责任风险

1) DB 模式的标准合同条件

随着 DB 模式的快速发展,国际上许多专业机构都出版了设计—施工模式的标准合

同范本,比较典型的标准合同条件有:

(1) 国际咨询工程师联合会(International Federation of Consulting Engineers, FIDIC)

国际咨询工程师联合会(FIDIC)在 1995 年出版了设计—施工与交钥匙合同条件 (Conditions of Contract for Design-Build and Turnkey)(橘皮书),用于设计施工模式和交钥匙工程中。1999 年,FIDIC 出版了工程设备和设计—施工合同条件(Conditions of Contract for Plant and Design-Build)(新黄皮书)、设计—采购—施工交钥匙合同条件 (Conditions of Contract for EPC Turnkey Projects)(银皮书)。新黄皮书用于设计施工模式,银皮书用于 EPC 和交钥匙工程模式。FIDIC 所编制的这 3 个合同条件适用的都是总价合同类型。FIDIC 的标准合同格式主要适用于世界银行、亚洲开发银行等国际金融机构的贷款项目以及其他的国际工程,是我国工程界最为熟悉的国际标准合同条件,也是我国住建部《建设工程施工合同(示范文本)》的蓝本。FIDIC 合同条件主要应用于土木工程。

2) 英国合同审定委员会(Joint Contracts Tribunal, JCT)

英国合同审定委员会(JCT)在 1981 年出版了承包商负责设计的标准合同格式 (Standard Form of Contract with Contractor's Design, JCT81)。JCT81 适用于承包商对所有设计都负责的情况,包括在签订设计施工总承包合同之前很大一部分设计已经由业主所委托的设计者完成的情况。如果在很大一部分设计已经完成的情况下签订设计施工总承包合同,总承包商实际上并没有做那部分设计,但是却要对包括那部分在内的所有设计工作负责,这其实是设计施工模式的变体—转换型合同(Novation Contract)模式。研究表明 JCT81 标准合同条件在英国的 DB 模式中得到了成功的应用。1998 年 JCT 在 JCT81 的基础上出版了最新的承包商负责设计的标准合同格式,并称之为 WCD98。

1981 年 JCT 出版了 Contractor's Designed Portion Supplement to JCTS0,对传统施工总承包模式下承包商负责部分设计的情况制定了一个指南。根据该指南,如果承包商承担部分设计,承包商只对其所完成的那部分设计负责,而不是对所有设计负责。JCT 合同条件主要应用于建筑工程。

(3) 英国土木工程师学会(The Institution of Civil Engineers, ICE)

英国土木工程师学会(ICE)在 1992 年出版了设计—建造合同条件(Design and Construction Conditions of Contract),在 2001 年又出版了此合同条件的第二版,该合同文本适用于土木工程领域设计加施工模式的合同条件。ICE 在 1995 年第二版的"新工程合同"(New Engineering Contract,NEC)也适用于承包商承担部分设计或者全部设计的情况。ICE 合同条件主要应用于土木工程。

(4) 美国建筑师协会(American Institute of Architect,AIA)

AIA 系列合同条件的核心是 A201,不同的采购模式只需要选用不同的协议书格式。与 DB 模式相对应的标准协议书格式有三个:

① 业主与 DB 承包商之间标准协议书格式(Standard Form of Agreements Between Owner and Design-Builder)(A191);

② DB 承包商与施工承包商之间标准协议书格式（Standard Form of Agreements Between Design-Builder and Contractor）（A491）；

③ DB 承包商与建筑师之间标准协议书格式（Standard Form of Agreements Between Design-Builder and Architect）（B901）。

A191 和 A491 都分别由两部分组成。A191 的第一部分涵盖初步设计和投资估算服务，第二部分涵盖后面的设计和施工。A491 的第一部分涵盖初步设计阶段的管理咨询服务，第二部分涵盖施工。AIA 的 DB 合同条件都要求在设计开始之前签订 DB 合同，因此工程费用要到初步设计完成并经过业主的同意后才能够确定。AIA 合同条件主要应用于建筑工程。

（5）美国总承包商协会（Association General Contractors of America，AGC）

AGC 所制定的 DB 模式标准合同条件和 AIA 相类似，但是更加综合，主要包括：

① 业主与承包商之间设计施工的简要协议书（Preliminary Design-Build Agreement Between Owner and Contractor）（AGC400）；

② 在以成本加酬金并带有保证最大价格的支付方式下，业主与承包商之间设计加施工的标准协议书格式及一般合同条件（Standard Form of Design-Build Agreement and General Conditions Between Owner and Contractor，Where the Basis of Payment is the Actual Cost Plus a Fee with a Guaranteed Maximum Price）（AGC410）；

③ 在总价支付方式下，业主与承包商之间设计施工的标准协议书格式及一般合同条件（Standard Form of Design-Build Agreement and General Conditions Between Owner and Contractor，Where the Basis of Payment is a Lump Sum）（AGC415）；

④ 承包商与建筑师/工程师设计施工项目的标准协议书格式（Standard Form of Agreement Between Contractor and Architect/Engineer for Design-Build Projects）（AGC420）；

⑤ 设计施工承包商与分包商的标准协议书格式（Standard Form of Agreement Between Design-Build Contractor and Subcontractor）（AGC450）。

AIA 和 AGC 的设计施工合同条件都要求在设计开始之前签订设计加施工合同，因此工程费用，包括保证最大工程费用（Guaranteed Maximum Price，GMP）要到初步设计完成并经过业主的同意后才能够确定。

（6）美国工程师联合合同委员会（Engineers Joint Contract Documents Committee，EJCDC）

美国工程师联合合同委员会（EJCDC）为 DB 模式所制定的合同条件包括：

① 业主与设计施工总承包商之间的标准一般合同条件（Standard General Conditions of the Contract Between Owner and Design-Builder）（1910-40）；

② 业主与设计施工总承包商之间在确定的价格基础上的标准协议书格式（Standard Form of Agreement Between Owner and Design-Builder on the Basis of a Stipulated Price）（1910-40-A）。Stipulated Price 即"确定的价格"，也就是总价，是指在合同中约定

一个确定的总价,此总价不一定是固定的;

③ 业主与设计施工总承包商之间在成本加酬金基础上的标准协议书格式(Standard Form of Agreement Between Owner and Design-Builder on the Basis of Cost Plus)(1910-40-B);

④ 设计施工总承包商与工程师之间的设计职业服务分包标准协议书格式(Standard Form of Sub-agreement Between Design-Builder and Engineer for Design Professional Services)(1910-111);

⑤ 设计施工总承包商与分包商之间的施工分包协议标准一般合同条件(Standard General Conditions of the Construction Sub-agreement Between Design-Builder and Subcontractor)(1910-48);

⑥ 设计施工总承包商与分包商之间在确定价格基础上的施工分包协议标准协议书格式(Standard Form of Construction Sub-agreement Between Design-Builder and Subcontractor on the Basis of a Stipulated Price)(1910-48-A);

⑦ 设计施工总承包商与分包商之间在成本加酬金基础上的施工分包协议标准协议书格式(Standard Form of Construction Sub-agreement Between Design-Builder and Subcontractor on the Basis of Cost Plus)(1910-48-B)。1995 年 EJCDC 对这些文件都做了一定的修改。

此外,还有英国咨询建筑师学会(Association of Consulting Architects,ACA)、美国设计—施工学会(Design-Build Institute of American,DBIA)、日本工程促进协会(Engineering Advancement Association of Japan,ENAA)也都制定了相应的应用于 DB 模式的标准合同条件。这些组织所编制的标准合同条件都对合同双方的权利、责任、义务进行了约定,并对风险进行了合理的分配。此外,这些标准合同条件对设计文件的版权、对设计优化的奖励、支付程序、争端处理方式、履约担保等也做了相应规定。这些组织所编制的标准合同条件对规范、引导 DB 模式的应用起着重要作用。

DB 模式合同条件的要素和任何其他合同条件一样,包括对合同双方的权利、责任、风险的确定,同时还应反映 DB 模式的特征,其要素有以下几个方面:

① 在质量方面反映总承包商对其所承包的设计和施工的单点责任(Single-point Responsibility),也就是说总承包商是其所承包的设计和施工任务的责任主体。单点责任避免了传统施工总承包模式下设计者和施工承包商之间互相推诿责任的问题。

② 在工程进度方面反映设计与施工合理搭接技术,如快速路径技术(Fast Track)的应用,以缩短整个建设周期。快速路径技术的应用主要牵涉合理划分合同包(Packaging)的问题,合同条件里要有关于合同包的划分以及合同界面协调方面的规定。

③ 在合同价格方面应反映计价方式(单价、总价或成本加酬金),反映工程款的具体支付方式。

④ 反映施工与设计的整合,将施工知识、经验等融入设计过程中,以增强设计方案的

可建造性,降低工程造价,缩短整个建设周期。这个方面牵涉总承包商的可建造性研究和价值工程活动。FIDIC 1995 年版《设计—建造与交钥匙合同条件》的 14.2 条款就对价值工程做了专门的规定。

⑤ 确定总承包商所承包工作的范围。范围管理(Scope Management)对于 DB 模式十分重要,合同条件里必须有确定总承包商工作范围方面的内容。

2)DB 模式下各参与方风险和责任

(1)业主方的合同风险和责任

按照 DB 合同要求,业主所面临的主要风险是:设计—施工合同失去了传统承包合同中固有的多道检查监督机制,一旦某个环节失控,工程目标将会受到严重的影响。因此,业主应就项目的投标方案进行评估,而非仅仅是价格,并且针对承包商的选择,更应看重承包商的信誉、经验和能力。

DB 模式下业主的责任主要有:

① 编写设计任务书。设计任务书至少应有下列内容:基本要求说明书,包括工程状况一览表和主要技术经济指标;红线及场地的地质情况;建设场地的交通运输条件;主要材料设备的技术要求和规格;配套设备设计所需参数,如水、电、气、通行等设计参数;对设计文件的认可和审批;采用的设计规范和标准,特别是工程强制性建设标准的应用情况。

② 不应妨碍承包商的工作。这是一项隐含责任,不妨碍承包商工作可以广泛地理解,如不及时向承包商发出必要的指示、不及时向承包商提供施工场地等均可理解为妨碍承包商的工作。

③ 向承包商支付合同款。如果业主不按合同及时向承包商付款,承包商有权根据合同停止工作或终止合同,并可按程序申请索赔。

(2)承包方的合同风险和责任

DB 承包商将承担比传统施工承包商更大的风险,主要体现在:

① 承包商需预先支付设计、投标方案及报价等费用。

② DB 承包商对技术要求说明中的错误要比传统采购方式中承包商承担的责任大得多。如果设计图纸或技术要求说明中出现错误造成的损失,则必须由承包商而不是业主承担。DB 承包商在项目出现差错时不能再引用技术要求说明书的隐含担保来为自己开脱责任。DB 承包商可能还要为技术要求说明书中的错误向施工分包商负责,要为施工错误以及图纸规定的设备或材料使用不当造成的损失负责。

③ 在 DB 合同中,要求承包商做到的是实现合同中规定的某些目标,承包商一般要保证实现这些目标,从而大大增加了自己的责任风险。

④ DB 合同可能会产生保险问题。原来设计商所投保的专业责任险一般不考虑施工中发生的错误,而施工商所投保的工程一切险一般又无关于设计中错误和疏漏的规定。在 DB 模式下,上述两种保险都不适用。因此,DB 承包商在投保时应与保险公司商谈,在保险单中列入包括设计和施工两方面的条款。

在设计—施工合同中,DB 承包商对业主所负的责任有:

① 合同条款严格约定的;

② 技术和专业方面的疏忽或不负责任行为;

③ 违背承诺;

④ 发生了质量缺陷或质量事故;

⑤ 承包商应支付设计中的不当费用,此外,承包商一般还要对履约保证负责;

⑥ DB 承包商如对工程在完工后应具备的功能做出保修承诺,则必须对此负责。

在设计—施工合同中,承包商对分包商也负有一定的责任,且所负责任一般比传统采购方式更大,因为业主的参与减少了,原来由业主承担协调的设计问题将由 DB 承包商直接承担。

DB 承包商可以通过设立责任范围条款减少因设计和施工中的缺陷或不足而应承担的责任。这些条款可以通过下列方式限制损失赔偿数额:

① 排除所有隐含保证;

② 要求业主对建筑工程风险投保;

③ 排除次生损失的责任;

④ 限制承包商在工程出现缺陷时重新设计或处理所造成的额外费用;

⑤ 为承包商应当支付的损失赔偿费设立上限。

(3) 其他参与方的责任

DB 模式下其他参与方还有担保方、分包商和贷款机构。

担保方责任:DB 合同提出了若干独特的担保问题。许多担保公司虽然可多收取一些担保手续费,但仍不愿意为 DB 项目提供履约担保和付款担保。原因之一是 DB 合同常用于边设计边施工项目,对于这样的项目,担保公司不能准确地确定担保数额。为了减少风险,担保公司只能分阶段为边设计边施工项目担保。当项目未完成之前就遭受较大损失时,容易出现担保公司在施工过程中停止担保,不再为项目的后续阶段继续提供担保。一旦出现这种情况,业主就很难找到其他公司为项目的其余部分担保。担保公司遇到的另一个问题是,设计商不再是独立的设计单位,因此担保公司可聘请独立的建筑师或工程师对付款证书进行审查,防止 DB 承包商多收工程进度款,降低风险。

分包商责任:采用 DB 合同时,一般而言,分包商的地位与采取传统采购方式时基本相同。在付款、工作范围、与其他分包商的协调等方面,若遇到问题仍需找 DB 承包商解决。然而,情况有时也会有所不同,如:在某些地区(如美国的有些州),同 DB 承包商签订分包合同的承包商和设计商就没有同业主直接签订合同时所拥有的留置权。因此,此类地区的分包商应在签订项目合同协议前,对 DB 承包商的信誉和技术水平进行认真的考察。

贷款机构责任:贷款机构的风险要比传统采购方式大。如果业主根据未完成的设计寻求贷款,情况更是如此。不过,贷款单位与担保单位的情况略有不同,贷款人的风险有一部分可以由 DB 合同的优点弥补,其中之一就是设计和施工的所有责任都交给了一家公司负责。贷款人可以请独立的机构检查 DB 承包商的实际工作情况，防止承包商多收工程进度款。

1.1.3 EPC 工程总承包模式内涵与特征

1.1.3.1 基本内涵及合同结构

EPC 是一个源于美国工程界的固定短语，它是规划设计（Engineering）、采购（Procurement）、施工（Construction）的英文缩写，是总承包商按照合同约定，完成工程设计、材料设备的采购、施工、试运行（试车）服务等工作，实现设计、采购、施工各阶段工作合理交叉与紧密融合，并对工程的进度、质量、造价和安全全面负责的项目管理模式。EPC 模式的概念侧重承包商的全过程参与性，承包商作为除业主外的主要责任方参与了整个工程的所有设计、采购及施工阶段。EPC 模式具体包括以下三个方面：

（1）规划设计（Engineering）：一般包括具体的设计工作，如设计计算书和图纸，以及根据"业主的要求"中列明的设计工作（如配套公用工程设计、辅助工程设施的设计以及建筑结构设计等），而且可能包括整个建设工程内容的总体策划以及整个建设工程实施组织管理的策划和具体工作，甚至可能包括项目的可行性研究等前期工作。

（2）采购（Procurement）：不仅包括建筑设备和材料采购，还包括为项目投入生产所需要的专业设备、生产设备和材料的采购、土地购买，以及在工艺设计中的各类工艺、专利产品以及设备和材料等。

采购工作包括设备采购、设计分包以及施工分包等工作内容。其中有大量的对分包合同的评标、签订合同以及执行合同的工作。与我国建设单位采购部门的工作相比，工作内容更广泛，工作步骤也较复杂。

（3）施工（Construction）：EPC 承包商除组织自己直接的施工力量完成土木工程施工、设备安装调试以外，还包括大量分包合同的管理工作。一般包括全面的项目施工管理，如施工方法，安全管理，费用控制，进度管理及设备安装调试、工作协调、技术培训等。

在 EPC 模式中，承包商在各个阶段的工作深度是随着具体合同的规定而变化的。如对于采购，承包商可能只提供供应商名单；可能在提供供应商名单的同时还要提供报价及分析报告；也有可能完全负责在充分询价比较基础上的订货购买。对于施工，可能只负责协调管理，也可能只负责部分实施工作。此外，对承包商的支付方式也有多种组合。在设计、采购、施工各阶段根据其服务的性质和特点，可分别采用支付服务费用、支付承包价格或两者相结合的形式。

在 EPC 模式中，Engineering 不仅包括具体的设计工作，而且可能包括整个建设工程的总体策划以及整个建设工程组织管理的策划和具体工作；Procurement 也不是一般意义上的建筑设备、材料采购，而更多的是指专业成套设备、材料的采购；Construction 其内容包括施工、安装、试车、技术培训等。EPC 模式的合同结构参见图 1.9。

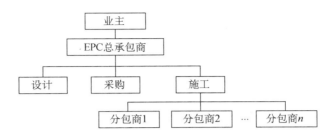

图 1.9　EPC 模式的合同结构示意图

1.1.3.2　基本特征

1）单一的权责界面

业主只与总承包商签订工程总承包合同，把工程的设计、采购、施工和试运行工作全部委托给总承包商负责组织实施。业主只负责整体的、原则的、目标的管理和控制。由单个承包商对项目的设计、采购、施工全面负责，项目责任单一，简化了合同组织关系。EPC总承包商签订工程总承包合同后，可以把部分设计、采办、施工或投产服务工作，委托给分包商完成。分包商与总承包商签订分包合同，而不是与业主签订合同。分包商的全部工作由总承包商对业主负责。

2）EPC 总承包商处于核心地位

该模式要求 EPC 总承包商具有很高的总承包能力和风险管理水平。在项目实施过程中，对于设计、施工和采购全权负责，指挥和协调各分包商，处于核心地位。EPC 模式给总承包商的主动经营带来机遇的同时也使其面临更严峻的挑战，总承包商需要承担更广泛的风险责任，如出现未预计到或不良的场地条件以及设计缺陷等风险。除了承担施工风险外，还承担工程设计及采购等更多的风险。特别是在决策阶段，在初步设计不完善的条件下，就要以总包价格签订总承包合同，存在工程量不清、价格不定的风险。另一方面，对总承包商而言，虽然风险加大，但这些风险总承包商可以通过报价体现，同时可以在施工时通过设计优化获得额外利润。

3）业主权力受到更多限制

EPC 模式的承发包关系与传统模式的承发包关系不同，在签订合同以后的实施阶段角色发生变换，承包商处于主动地位。EPC 承包商有按自己选择的方式工作的自由，只要最终结果能够满足业主规定的功能标准。而业主对承包商的工作只进行有限的控制，一般不应进行干预。例如，FIDIC 银皮书第 3.5 条规定，业主就任何事项对承包商表示同意或不同意时，应该与承包商商量，促使其做出努力，达成协议；如不能达成协议，则业主应按合同做出一个公平的终止，并接管所有有关事项。这些通知和决定，应该用书面表达同意或不同意，并附有支持材料。在业主发出通知 14 天内，承包商可以通知业主，表示失望和不支持。此时，就应该启动合同争议解决程序。

4）业主易于管理项目

EPC 模式业主参与工程管理工作很少，一般由自己或委托业主代表来管理工程，重点在竣工检验。在有些实际工程中,业主委派项目管理公司作为其代表,对建设工程实施从设计、采购到施工进行全面的严格管理。总承包商负责全部设计、采购和施工,直至做好运行准备工作,即"交钥匙"。由于全部设计和工程的实施、全部设施装备的提供,以至于业主在工程实施过程中的合同管理都由承包商承担,因此对业主来说管理相对简单,极大地减少了业主的工作量。同时业主承担的项目风险减少,项目的最终价格和要求的工期具有更大程度的确定性。

5)项目整体经济性较好

EPC总承包模式的基本出发点在于促成设计和施工的早期结合,整合项目资源,实现各阶段无缝连接,从项目整体上提高项目的经济性。由于EPC项目设计、采购、施工等工作均由同一承包商组织实施,设计、采办、施工的组织实施是统一策划、统一组织、统一指挥、统一协调和全过程的控制。承包商可以对设计、采办、施工进行整体优化;局部服从整体,阶段服从全过程,实施设计、采办、施工全过程的进度、费用、质量、材料控制,促进项目的集成管理,以确保实现项目目标,最终提高项目的经济效益。

EPC模式之所以在国际上被普遍采用,是因为和其他项目采购模式相比,具有明显的优势,如表1.5所示。

表 1.5　EPC 模式的优势与劣势

对象	优势	劣势
业主	● 能够较好地将工艺的设计与设备的采购及安装紧密结合起来,有利于项目综合效益的提升; ● 业主的投资成本在早期即可得到保证; ● 工期固定,且工期短; ● 承包商是向业主负责的唯一责任方; ● 管理简便,缩短了沟通渠道; ● 工程责任明确,减少了争端和索赔; ● 业主方承担的风险较小	● 合同价格高; ● 对承包商的依赖程度高; ● 对设计的控制强度减弱; ● 评标难度大; ● 能够承担 EPC 大型项目的承包商数量较少,竞争性弱; ● 业主无法参与建筑师、工程师的选择,降低了业主对工程的控制力; ● 工程设计可能会受分包商的利益影响,由于同一实体负责设计与施工,减弱了工程师与承包商之间的检查和制衡
承包商	● 利润高; ● 压缩成本、缩短工期的空间大; ● 能充分发挥设计在建设过程中的主导作用,有利于整体方案的不断优化; ● 有利于提高承包商的设计、采购、施工的综合能力	● 承包商承担了绝大部分风险; ● 对承包商的技术、管理、经验的要求都很高; ● 索赔难度大; ● 投标成本高; ● 承包商需要直接控制和协调的对象增多,对项目管理水平要求高

1.1.3.3　EPC 合同分类

由于各个项目的自身特点不同,签订合同的具体条款不完全相同,EPC总承包的工作范围也不尽相同,EPC合同可分为以下几种方式。

1)设计、采购、施工总承包(EPC)

EPC总承包是指业主对项目的目的和要求进行招标,承包商中标并签订具体的合同,承包商承担项目的设计、采购、施工全过程工作的总承包。业主只与总承包商形成合同关系,其他的项目管理工作都由总承包商承担并对项目最终产品负责。其合同结构形式如图 1.10 所示。

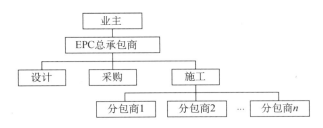

图 1.10 EPC 模式的合同结构示意图

2)设计、采购、施工管理总承包(EPCm)

设计、采购、施工管理总承包(Engineering,Procurement,Construction Management)是指 EPCm 总承包商与业主签订合同,负责工程项目的设计和采购,并负责施工管理。另外由施工承包商与业主签订施工合同并负责按照设计图纸进行施工。施工承包商与 EPCm 总承包商不存在合同关系,但是施工承包商需要接受 EPCm 总承包商对施工工作的管理。设计、采购、施工管理承包商对工程的进度和质量全面负责。具体的合同结构如图 1.11 所示。

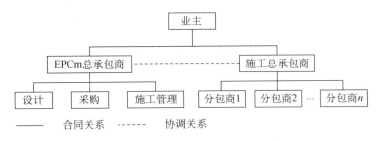

图 1.11 EPCm 模式的合同结构示意图

3)设计、采购和施工咨询总承包(EPCa)

设计、采购和施工咨询是指 EPCa 总承包商负责工程项目的设计和采购,并在施工阶段向业主和施工承包商提供咨询服务。施工咨询费不包含在承包价中,按实际工时计取。施工承包商与业主另行签订施工合同,负责项目施工按图施工,并为施工质量负责。合同结构如图 1.12 所示。

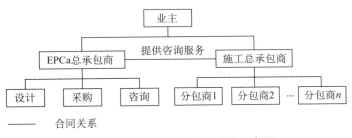

图 1.12 EPCa 模式的合同结构示意图

1.1.3.4　EPC 模式的工作流程

　　EPC 总承包项目的产品就是工程,因此拥有工程建设本身所特有的过程。完整的工程总承包项目,其创造项目产品的过程一般要经过 5 个阶段,即策划阶段、设计阶段、采购阶段、施工阶段和调试/移交阶段,其工作流程如图 1.13 所示。

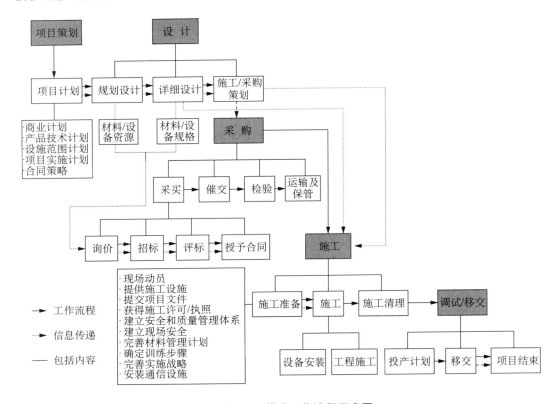

图 1.13　EPC 模式工作流程示意图

　　策划阶段主要是拟定项目计划,包括商业计划、产品技术计划、设施范围计划、项目实施计划,以及合同策略;设计阶段主要包括规划设计、详细设计,以及施工与采购策划;采购阶段包括采买、催交、检验、运输及保管等工作;施工阶段包括施工前准备、施工,以及施工后清理等工作;调试/移交阶段项目包括投产计划、移交,以及项目结束等工作。

1.1.3.5　EPC 模式的工作内容

　　1) 项目策划阶段

　　EPC 总承包项目管理是一个系统工程,必须十分重视项目策划阶段的工作。"凡事预则立,不预则废",重视项目策划阶段的工作,往往能收到事半功倍的效果。项目策划阶段主要工作内容是描述项目产品所要达到的目标和一般要求,具体工作内容如表 1.6 所示。

表 1.6 EPC 项目策划阶段的主要工作内容

序号	工作类型	工作内容
1	商业计划 (Business Plan)	● 确定商业目标； ● 确定设施目标和需求容量； ● 市场调查研究和分析； ● 建立愿景和公众联系； ● 项目选址； ● 相关的法律问题； ● 拟定融资计划； ● 原材料资源分析； ● 劳务计划和人力资源问题； ● 确定项目调试要求
2	产品技术计划 (Product Technical Plan)	● 技术调查和工艺流程分析； ● 产品开发/认证和测试过程； ● 获得专利和执照； ● 签订安全和保密协议
3	设施范围计划 (Facility Scope Plan)	● 拟定工艺和实施计划； ● 设施效用和远距离监控范围； ● 环境范围； ● 现场计划； ● 详细的工作结构分解
4	项目实施计划 (Project Execution Plan)	● 确定项目的初始设计标准； ● 建立初始项目组织； ● 完成投资估算； ● 建立主要项目的计划； ● 相关的质量和安全问题； ● 建立初始实施计划； ● 确定项目范围
5	合同策略 (Contract Strategy)	● 确定合同策略； ● 确定招标工作包范围； ● 拟定潜在的 EPC 承包商投标人名单； ● 选定 EPC 承包商； ● 劳务策略

2）项目设计阶段

EPC 项目总承包的设计过程是创造项目产品的重要阶段，即详细和具体描述项目产品的阶段。设计阶段完成的设计文件和图纸是采购、施工和设备调试等各个阶段的依据。在 EPC 总承包项目中，设计起主导作用，这反映在：

（1）设计工作对整个项目的影响

根据 W.E.Back 在 1998 年对美国 20 个 EPC 项目的统计，设计工作平均消耗承包商在整个项目中 28% 的劳动力成本和 22% 的实施时间，但它对整个项目的影响远远不止于此：

① 一个项目约 80% 的投资在方案设计阶段就已经确定下来了，而后续的控制只能影

响到其余的 20％ 的投资。

② 生产率的 70％～80％ 是在设计阶段决定的。

③ 约 40％ 的质量问题起源于不良的设计。

(2) 设计变更对工程的影响

工程变更的成本随时间推迟呈对数关系上升，因此，虽然设计工作本身所占成本不高，大部分费用由其下游的生产准备、采购和施工过程消耗，但它对整个工程的成本、投入运营的时间以及质量有着巨大的影响。因此承包商在早期设计阶段就必须及早全面地考虑工程建设中的各个后续环节。否则，进行设计变更的时间越晚，变更的成本越大。

对 EPC 总承包项目的设计过程进行有效的管理，通常会起到事半功倍的效果。而要做到这点，就有必要了解如何对设计阶段进行划分、如何对设计专业进行设置以及如何对设计的版次进行有效的管理。对于设计阶段的划分方法国内与国际上有一些不同，目前比较通行的划分方法如表 1.7 所示。

表 1.7 发达国家设计阶段的划分

	专利商		工程公司	
设计阶段	工艺包（Process Package）、基本设计（Basic Design）	工艺设计（Process Design）	基本设计（Basic Engineering）、分析和规划设计（Analytical and Planning Engineering）	详细设计（Detailed Engineering）、最终设计（Final Engineering）
主要文件	● 工艺流程图 ● 工艺控制图 ● 工艺说明书 ● 工艺设备清单 ● 设计数据 ● 概略布置图	● 工艺流程图 ● 工艺控制图 ● 工艺说明书 ● 物料平衡表 ● 工艺设备表 ● 工艺数据表 ● 安全备忘录 ● 概略布置图 ● 各专业条件	● 管道仪表流程图 ● 设备计算及分析草图 ● 设计规格说明书 ● 材料选择 ● 请购文件 ● 设备布置图 ● 管道平面设计图 ● 地下管网 ● 电气单线图	● 详细配管图 ● 管段图 ● 基础图 ● 结构图 ● 仪表设计图 ● 电气设计图 ● 设备制造图 ● 其他图纸
用途	提供工程公司作为工程设计的依据、技术保证的基础	把专利商文件转化为工程公司文件，开展专业工程设计，并提交用户审查	为开展详细设计提供资料，为设备、材料采购提出请购文件	提供施工所需的全部详细图纸和文件，作为施工依据和材料补充订货

发达国家设计阶段划分与我国现行设计阶段划分相比有以下特点：

① 设计过程是连续的，阶段间没有中断进行的初步设计审核环节。

② 设计过程是渐进的，工艺包—工艺设计—基本设计—详细设计，逐步深化和细化。

③ 前一阶段的工作成果是后一阶段工作的输入，对前一阶段的成果通常只能深化而不能否定。

由于设计过程要完成对项目产品的详细和具体的描述，因此设计专业的设置直接影响 EPC 总承包项目产品的水平和质量。我国先前的设计专业设置不够科学，例如，工艺专业包含的设计内容太广太杂,从工艺计算、工艺流程、布置、配管、保温、涂漆、安装材料等,因此设计技术水平和设计质量都不高;有的与工程项目产品密切相关的专业,例如,系统专业、管道机械专业等又没有单独设置,严重影响了工程总承包项目产品的水平和质量。

在整个项目的设计阶段,由于要涉及各个专业,接触到不同界面(尤其是设计方与施工方的界面),随着设计的深入,必然导致设计文件和图纸的不断变更、调整,这就需要对其进行科学的版次设计来反映最新的设计动态,不至于由于设计理念的沟通不畅造成不必要的损失。不同专业的版次数目根据实际情况自行调节,即根据项目的进展所反映的问题对相关的文件图纸进行实时升版。

(3) 设计过程与采购过程的关系

EPC总承包项目是一个系统工程,各个阶段其实是相互交叉运行的,这也是EPC总承包模式的最大特点。以设计为主导,设计、采购、施工、调试的合理交叉,为保证工程质量,缩短建设工期,降低工程造价提供了有力的保障。

采办纳入设计过程是指在设计过程中,设计与采办工作合理的交叉、密切的配合,进行设计可施工性分析,以保证设计成品(文件和图纸)的质量和采办设备、材料的质量。具体做法为:

① 第一,由设计专业负责编制设备材料清单和技术规格书。设计专业按专门制定的表格和要求编制设备材料清单和技术规格书,能准确表达设计要求,减少采购过程的技术错误,同时使合同采办部门在与供货商谈判时心中有数。

② 第二,由设计专业负责对供货商报价中技术部分进行技术评审。设计专业负责对供货商报价中技术部分的技术评审,确保采购的设备、材料符合设计要求。这点尤其重要,在大型工程项目建设中,当需要进行设备、材料采办时,首先由合同采办部组织招投标,然后由其组织设计部门专业人员、各个分项目组的专业工程师对合格供货商提供的标书中的技术部分进行评定,拿出各自的意见并汇总,最后交由合同采办部同供货商商谈,看其是否能满足项目所需设备、材料的技术要求,以决定是否与其签订合同。这会在很大程度上避免日后施工、调试阶段发生的各种问题。此外,如果采办的设备、材料出现质量问题,设计人员还能参与到索赔中,并提出自己的建议。

③ 第三,由设计专业负责审查确认供货商的先期确认图和最终确认图。在合同采办部同供货厂家签订采办合同后,设计专业首先要负责审查确认供货商提供的先期确认图,找出其中的不足并反馈给厂家,之后厂家根据设计专业提出的意见和建议对先期确认图进行修改并提交最终确认图,设计专业还需负责审查确认供货商的最终确认图,保证设备、材料制造质量。

④ 第四,由设计专业分期分批提交设备、材料采办清单。在整个工程项目建设中,所需的材料、设备有先后次序之分,这就需要设计专业分期分批及时地提供设备、材料采办清单,保证关键、长周期设备提前订货,缩短采购周期和工程建设总周期。

项目设计阶段的主要工作内容是描述项目产品详细的和具体的要求,具体内容如表1.8所示。

表 1.8　EPC 项目设计阶段的主要工作内容

序号	工作类型	工作内容
1	项目最终范围 （Finalize Scope）	● 最终的设施范围计划； ● 确定主要的设备和材料标准； ● 最终的设施效用和远距离监控范围； ● 法规、标准和环境影响要求； ● 获得许可和法律授权、批准； ● 场地评价
2	详细估价 （Detailed Cost Estimate）	● 估计设备成本； ● 估计安装成本； ● 估计需要提供服务的成本； ● 估计材料成本； ● 估计间接成本； ● 估计其他成本（如通货膨胀、应急费等）
3	详细计划 （Detailed Schedule）	● 详细设计计划； ● 详细的材料管理计划； ● 详细的施工计划； ● 详细的调试计划
4	详细设计 （Detailed Design）	● 详细的工程设计图纸； ● 最终的图纸和施工标准/规程； ● 费用和进度分析； ● 设计/施工审查； ● 获得业主阶段性审查和批准； ● 对变更的审查和批准； ● 对设计的可建造性进行审查； ● 对设计的质量进行审查； ● 对项目的范围和估价进行审查； ● 协调供应和施工； ● 设计文件的发放
5	工作包准备 （Prepare Work Package）	● 项目计划方案； ● 拟定材料标准/要求； ● 拟定材料清单

（3）项目采购阶段

在创造 EPC 总承包项目产品的整个过程中，设计以前的阶段是项目产品的描述过程，从采购阶段开始，是实际制造和形成工程实体的过程。

采购过程在工程项目运行中实际上起到了一个承上启下的作用，一方面它根据设计阶段的成果来采办工程所需的设备、材料；另一方面，采办回来的设备材料要应用到工程中去，所以说采办过程监控和管理的好坏能直接体现在整个工程质量上。采购在创造项目产品中的具体作用体现在：

（1）由于设备、材料的质量是工程质量的基础，这就要求合同采办部门能够找到提供合格产品的供货商。

（2）设备、材料运抵施工现场的时间是工程进度的保障，这就要求合同采办部门实时监控合同执行的情况,在保证提供合格产品的前提下,按照交货日期及时提供产品。

（3）设备、材料费用约占工程总成本的 $50\%\sim60\%$,采购成本直接影响工程的造价。采购过程的重要性决定了在 EPC 模式中,要对其实施有效的项目管理。

对于 EPC 模式,项目组织里一般都设有合同采办部,专门负责招投标、谈判、签订合同并负责跟踪合同的执行情况。采购阶段的主要工作内容就是按照设计的要求来采办设备和材料,其具体工作内容如表 1.9 所示。

表 1.9 EPC 项目采购阶段的主要工作内容

序号	工作类型	工作内容
1	大批商品 (Bulk Commodities)	● 详细指明材料; ● 询价; ● 供应招标; ● 供应评标; ● 授予合同; ● 材料运输
2	设备制造 (Fabricated Items)	● 最终的材料规格/标准; ● 询价; ● 供应招标; ● 供应评标; ● 授予合同; ● 供应商资料管理; ● 制造设备的材料; ● 材料运输
3	标准设计设备 (Standard Engineered Equipment)	● 详细指明设备; ● 询价; ● 供应招标; ● 供应评标; ● 授予合同; ● 供应商资料管理; ● 供应商制造; ● 设备运输
4	特殊设计设备 (Specialized Engineered Equipment)	● 详细指明设备; ● 询价; ● 供应招标; ● 供应评标; ● 授予合同; ● 协调供应商设计; ● 供应商资料管理; ● 供应商制造; ● 设备运输
5	现场管理 (Field Management)	● 接收和检查材料; ● 材料的清点、储存和维修; ● 材料问题; ● 供应商检查; ● 引导会计业务

序号	工作类型	工作内容
6	服务 (Services)	● 工作包/服务范围； ● 供应商/分包商资格预审； ● 供应商/分包商招标； ● 授予合同
7	文件 (Documentation)	● 准备采购的最终报告/移交文件
8	现场设备管理 (Field Equipment Management)	● 协调材料管理计划； ● 协调材料管理

项目采购工作一般由采买、催交、检验、运输及保管几个步骤组成，如表 1.10 所示。

表 1.10　EPC 项目采购的步骤及内容

采购环节	采购的步骤及内容
采买	● 接受设计提交的采办清单，包括设备、材料采办清单，设备、材料采购说明书、询价图等； ● 编制询价文件，包括技术部分和商务部分； ● 选择合格询价厂商，并对合格供货厂商进行资格预审； ● 根据设计提供的请购文件向多家供货商询价； ● 报价的技术评审（设计部门负责）和商务评审（采购部门负责）； ● 确定 2~3 家拟合作的可能供货商； ● 和可能供货商进行合同谈判； ● 签订合同，发放订单； ● 供货厂商协调会； ● 签发采买订单（签订采购合同）
催交	● 落实供货厂商设备、材料制造计划和交付计划； ● 落实供货厂商原材料供应及其他辅料的供应； ● 催办先期确认图和最终确认图的提交，审查确认和返回给制造商； ● 跟踪制造计划和交付计划
检验	● 落实第三方检验计划及合同的签订； ● 落实业主检验计划； ● 关键设备、材料安排驻厂建造和设备材料出厂检验； ● 进出口海关检验； ● 运抵现场开箱检验
运输及保管	● 选择合理的运输方式； ● 签订运输委托合同； ● 办理或督办运输保险； ● 办理或委托办理进出口报关手续； ● 跟踪货物运输（重点是超限或关键设备、材料）

4）项目施工阶段

在 EPC 总承包项目管理模式下，施工过程是受控于设计和采购过程的，因为设计没有进行到一定阶段或者设备、主要材料没有采购到位，是不可能进行施工的。但对于施工过程本身,它又是完全独立的,因为施工方要根据设计方制定的设计方案来进行施工。施工阶段在创造项目产品过程中的具体作用体现在:

(1)施工是创造 EPC 总承包项目产品的最后环节,即按照设计文件和图纸的描述和要求,把采购提供的设备、材料组合成项目产品,形成生产力的过程;

(2)施工是把设计质量和采购质量转化为项目产品(工程)质量的过程。

对于 EPC 总承包项目,施工阶段的主要工作内容是完成整个工程项目的建设和安装,这一阶段风险最大,不可预知的因素也最多,所以对这一阶段的投入也就越大,管理难度也最大,其具体工作内容如表 1.11 所示。

表 1.11　EPC 项目施工阶段的主要工作内容

序号	工作类型	工作内容
1	施工前准备 (Pre-work)	● 现场动员; ● 提供施工设施; ● 提交项目文件; ● 获得施工许可/执照; ● 建立安全和质量管理体系; ● 建立现场安全; ● 完善材料管理计划; ● 确定训练步骤; ● 完善实施战略; ● 安装通信设施
2	施工 (Execution)	● 完善工作计划; ● 实施劳务管理和施工; ● 监控进度状态,及时调整计划; ● 建立设计支持与沟通联系方式; ● 进度报告; ● 资料管理; ● 材料管理并监控其状态; ● 变更管理; ● 支付; ● 监控成本/预算状态; ● 人力资源管理; ● 检查和调试设备; ● 分包商管理; ● 工程质量文件
3	施工后清理 (Demobilize)	● 协调竣工后争议的解决; ● 按合同归还剩余的材料; ● 移出施工设备、临时设施和施工设施,并进行现场清理

施工过程总承包商的主要任务是对施工分包商的管理。这就要求对施工过程的关键环节进行有效的管理:

(1)分包商管理。将整个 EPC 项目分解工作分包并进行施工分包招标,完成分包合同的签订,在与分包商签订分包合同后,要派专人对合同的实施情况以及合同的变更进行实时监控和管理。

（2）进度控制。EPC 总承包模式对项目进度要求很高，因为只有缩短工期才能最大限度地获得利润。总承包商对进度的控制包括施工计划和进展的测量、分析以及预测，当发现影响进度的因素时，及时采取纠正措施对其进行调整。

（3）费用控制。总承包商对施工费用的控制主要包括审查工程预算、对工程进展进行测量、各个分包商工程款的结算控制等。

（4）质量控制。质量是衡量项目产品是否合格的标准，具体实施办法主要包括建立质量管理体系，对项目的各道工序进行质量检查，然后对其进行质量确认，对发生的质量事故要记录在案，分析其产生的原因，吸取教训防止以后类似事件再次发生。

（5）安全管理。EPC 模式对安全管理相当重视，如制订安全管理计划、进行现场安全监督、实行危险区域动火许可证制度、对安全事故进行通报等措施。

5）项目调试/移交阶段

项目产品在交付使用也就是在投产之前都要进行调试并移交，这个阶段是项目投产前的最后一个阶段。通过对大型设备（如发电机）的试运转，可以及时发现问题，并会同供货厂家一起解决。其主要作用表现在：

（1）调试过程是对 EPC 总承包项目产品的验证，其重点是项目产品的范围、功能、特性和质量。

（2）调试过程实施整体调试，也就是对整个项目的工艺流程进行试运行。通过调试使工程达到预期的设计能力。

（3）通过调试使产品质量达到设计或合同要求。

（4）通过调试为业主和第三方验收提供依据。

调试/移交阶段的主要工作内容是对项目产品的质量、特性等进行检验并移交给业主，具体如表 1.12 所示。

表 1.12　EPC 项目调试阶段的主要工作内容

序号	工作类型	工作内容
1	项目投产计划 （Start-Up Plan）	● 拟定项目投产的实施步骤（包括安全检查、投产方案）； ● 投产人员安排； ● 人员训练； ● 供应商的审查； ● 获得原材料（如催化剂、化学药品等）； ● 审视经营和维修手册
2	移交 （Commissioning）	● 移交主要工程系统； ● 移交工艺设施； ● 移交远距离监控设施； ● 指导产品测试； ● 提供原材料投放； ● 审视项目实施保证

序号	工作类型	工作内容
3	项目结束 (Project Close-Out)	● 确认保证条款； ● 最终的成本状况； ● 提交最终报告/移交文件； ● 最终的竣工图

对于 EPC 总承包项目的调试过程需要注意以下的关键环节：

（1）试运行。试运行是项目投产前的一切准备工作，包括部分单元或整个系统的联动试运行。需要注意的是，试运行工作要由业主负责组织进行并且有第三方参与和见证。

（2）投产方案。注意现场实际条件与原设计条件的差别，根据现场实际条件编制投产方案，包括根据实际情况调整操作条件等。

（3）调试。设计、采购、施工的缺陷都可能在调试过程中暴露出来，调试阶段应有设计人员、关键设备制造商的专家参加。

（4）项目产品验收。项目产品验收应在整个工程达到了设计能力、产品质量符合设计或合同要求并连续稳定运行的条件下进行。

1.1.3.6 PC 模式的适用范围

EPC 合同适合于业主对合同价格和工期具有"高度的确定性"，要求承包商全面负责工程的设计和实施并承担大多数风险的项目。因此，对于通常采用此类模式的项目应具备以下条件：

（1）在投标阶段，业主应给予投标人充分的资料和时间，使投标人能够详细审核"业主的要求"，以便全面地了解该文件规定的工程目的、范围、设计标准和其他技术要求，并进行前期的规划设计、风险评估以及估价等。

（2）该工程包含的地下隐蔽工作不能太多，承包商在投标前无法进行勘察的工作区域不能太大。这是因为，这两类情况都使得承包商无法判定具体的工程量，无法给出比较准确的报价。

（3）虽然业主有权监督承包商的工作，但不能过分地干预承包商的工作，如：要求审批大多数的施工图纸等。既然合同规定由承包商负责全部设计，并承担全部责任，只要其设计和完成的工程符合"合同中预期的工程目的"，就认为承包商履行了合同中的义务。

（4）合同的期中支付款(Interim Payment)应由业主方按照合同支付，而不再像新红皮书和新黄皮书那样，先由业主的工程师来审查工程量，再决定和签发支付证书。

不适用 EPC 合同的情况：

（1）时间仓促或信息不足，使投标厂商无法详查并确认业主需求或办理设计、风险评估及估价。

（2）含有相当数量的地下工作，投标厂商无法及时勘查，取得准确的资料作为判断。

（3）业主意欲严格督导或控制承包商的工作。

（4）每次期中付款金额须由业主或其他第三人决定。

业主在采用 EPC 模式时,必须谨慎考虑下述情形:

(1) 承包商可能基于成本考虑,采用最低设计标准;

(2) 当业主质疑设计成果的安全性及耐久性时,承包商常以施工责任抗辩;

(3) 承包商可能基于成本考虑,选用较低标准材料及设备的同等品;

(4) 承包商可能选用低成本的过时设备而不采用自动化的新设备;

(5) 对附属设备或设施尽量省略,增加业主营运成本及不便;

(6) 如有终止契约的情形出现时,因厂商拥有专业技术(Know-How)与智慧财产权,更换承包商不易,接续施工产生问题;

(7) 初期运转如不顺利或未达到规定或保证的功能,业主要求承包商负瑕疵改善责任,而承包商却希望业主能减价收受,此情况常为争议所在。

EPC 模式常用于基础设施工程,如公路、铁路、桥梁、自来水或污水处理厂、输电线路、大坝、发电厂,以及以交钥匙方式提供工艺和动力设备的工厂等。

1.1.4 装配式建筑总承包模式特征

《国务院办公厅关于大力发展装配式建筑的实施意见》(国办发〔2016〕71 号)指出"装配式建筑原则上应采用工程总承包模式""支持大型设计、施工和部品部件生产企业向工程总承包企业转型";工作目标是"以京津冀、长三角、珠三角三大城市群为重点推进地区,常住人口超过 300 万的其他城市为积极推进地区,其余城市为鼓励推进地区,因地制宜发展装配式混凝土结构、钢结构和现代木结构等装配式建筑。力争用 10 年左右的时间,使装配式建筑占新建建筑面积的比例达到 30%"。发布的"十三五"装配式建筑行动方案中第(六)条提出:推行工程总承包,各省(区、市)住房城乡建设主管部门要按照"装配式建筑原则上应采用工程总承包模式,可按照技术复杂类工程项目招投标"的要求,制定具体措施,加快推进装配式建筑项目采用工程总承包模式。工程总承包企业要对工程质量、安全、进度、造价负责。装配式建筑项目可采用"设计—采购—施工"(EPC)总承包或"设计—施工"(DB)总承包等工程项目管理模式。政府投资工程应带头采用工程总承包模式。设计、施工、开发、生产企业可单独或组成联合体承接装配式建筑工程总承包项目,实施具体的设计、施工任务时应由有相应资质的单位承担。

现阶段是装配式建筑发展的起步阶段,技术体系尚未成熟,管理机制尚未建立,社会化程度不高,专业化分工没有形成,企业各方面能力不足,尤其是传统模式和路径还具有很强的依赖性。如果单纯地发展装配式,甚至唯"装配率"论,或者用传统、粗放的管理方式来建造装配式建筑,难以实现预期的发展目标。发展装配式建筑的出发点和落脚点,一方面是落实供给侧结构性改革和新型城镇化发展的要求;另一方面则是解决中国建筑业发展长期存在的粗放增长问题,通过发展装配式建筑实现生产方式的变革,最终建立先进的技术体系和高效的管理体系以及现代化的产业体系。发展形势表明,现阶段发展装配式建筑离不开工程总承包管理模式。因此,必须从生产方式入手,注入和推行新的发展模式。工程总承包管理模式是现阶段推进建筑产业现代化、发展装配式建筑的有效途径。

1）工期控制维度

工程总承包模式有利于实现项目建设的高度组织化；有利于整合全产业链资源，发挥全产业链在工程项目上的优势；工程总承包有利于发挥管理的效率并提高效益，从而能够缩短工期。而装配式建筑的优点之一便是工期优势，工程总承包与装配式建筑结合，能够放大装配式建筑的这一优点。

2）成本控制维度

业主一次性将项目完全委托给了工程总承包企业，成本控制成了工程总承包企业完成合同，取得收益的关键，促使工程总承包企业合理控制成本，在不影响质量以及安全的前提下节约成本。反观装配式建筑是一个综合系统，系统庞大，参与各方协调工作量大，传统的承发包模式不够系统化，同时一般的承包公司没有总承包公司的综合实力，尤其是管理实力，难以协调各方，达不到装配式建筑所要求的系统化管理的整体效果，不能有效节约成本，EPC 工程总承包恰好满足这一要求。

3）质量控制维度

工程总承包模式具有天然优势，在工程总承包企业的组织协调下，业主、设计、施工、采购互通有无，从项目的整个过程把控项目的质量。装配式建筑是建筑产业实现精益化生产的一种建造方式，工程总承包模式协调各方积极参与到项目实施的各个阶段，对于严把质量关、实现建筑业精益化生产意义重大。

4）项目管理维度

装配式建筑是一个综合性的大系统，大系统的良好运行依赖于综合管理机制，问题跟踪和反馈系统以及良好的管控措施。工程总承包模式恰是一种集成管理模式，能够通过项目参与方和项目过程集成管理加强装配式建筑整个项目周期的全面管理。工程总承包方的综合项目管理能够加强设计、采购、建造各方的沟通、联系和协调，从而提高装配式建筑的工程质量并保证项目建设安全。

通过工程总承包模式与装配式建筑的适配性分析，可以发现装配式建筑与工程总承包模式之间存在相通之处，有内在的必然联系，将工程总承包模式应用在装配式建筑收益明确、方法可行。但是由于总承包模式并不是专门为装配式建筑设计的，工程总承包模式在装配式建筑上的应用研究和实践还较少，所以需要结合装配式建筑的特点以及总承包模式的特征，不断改进和完善，不断总结经验和教训，最终建立先进合理的装配式建筑技术体系、高效管理体系以及现代化的产业体系。

1.2　装配式建筑总承包管理总体策划和工作内容

1.2.1　装配式建筑总承包管理依据

装配式建筑总承包管理的法律基础主要是国家或地方颁发的法律、法规，主要有《中华人民共和国合同法》《中华人民共和国建筑法》《中华人民共和国招标投标法》、住房和城乡建设部、国家发展改革委发布的《房屋建筑和市政基础设施项目工程总承包管理办法》、国家发展改革委会等部门编制的《标准设计施工总承包招标文件》(2012年版)、《建设工程勘察设计资质管理规定》(建设部令第160号)、建设部发《关于培育发展工程总承包和工程项目管理企业的指导意见》(建市〔2003〕30号)、建设部发《建设工程项目管理试行办法》(建市2004〔2004〕200号)、《建设项目工程总承包管理规范》国家标准(GB/T 50358—2017)、国务院办公厅《关于大力发展装配式建筑的指导意见》(国办发〔2016〕71号)、住房和城乡建设部关于印发《"十三五"装配式建筑行动方案》等的通知(建科〔2017〕77号)等。2017年2月21日,国务院办公厅发布《关于促进建筑业持续健康发展的意见》(国办发〔2017〕19号)提出加快推行工程总承包:装配式建筑原则上应采用工程总承包模式。政府投资工程应完善建设管理模式,带头推行工程总承包。要不断健全与装配式建筑总承包相适应的发包承包、施工许可、分包管理、工程造价、质量安全监管、竣工验收等制度,实现工程设计、部品部件生产、施工及采购的统一管理和深度融合,优化项目管理方式。支持大型设计、施工和部品部件生产企业通过调整组织架构、健全管理体系,向具有工程管理、设计、施工、生产、采购能力的工程总承包企业转型。按照总承包负总责的原则,落实工程总承包单位在工程质量安全、进度控制、成本管理等方面的责任。

为贯彻落实《中共中央国务院关于进一步加强城市规划建设管理工作的若干意见》和《国务院办公厅关于促进建筑业持续健康发展的意见》(国办发〔2017〕19号),住房和城乡建设部、国家发展改革委制定了《房屋建筑和市政基础设施项目工程总承包管理办法》(简称《管理办法》)(建市规〔2019〕12号),自2020年3月1日起施行。该《管理办法》分为4章共28条,主要明确规定了五大重要内容:

1) 工程总承包范围

《管理办法》的适用范围为房屋建筑和市政基础设施项目工程总承包活动及其监督管理。工程总承包范围为设计、采购、施工或者设计、施工等阶段总承包,工程总承包单位对质量、安全、工期和造价等全面负责。

2) 工程总承包项目发包和承包的要求

《管理办法》规定,建设单位应当根据项目情况和自身管理能力等,合理选择工程建设组织实施方式,建设内容明确、技术方案成熟的项目,适宜采用工程总承包方式。采用工程总承包方式的企业投资项目,应当在核准或者备案后进行工程总承包项目发包;采用工程总承包方式的政府投资项目,原则上应当在初步设计审批完成后进行工程总承包项目发包。企业投资项目的工程总承包宜采用总价合同,建设单位和工程总承包单位应当加强风险管理,并在合同中合理约定风险分担内容。

3) 工程总承包单位条件

《管理办法》要求,工程总承包单位应当同时具有与工程规模相适应的工程设计资质和施工资质,或者由具有相应资质的设计单位和施工单位组成联合体。工程总承包单位应当具有相应项目管理能力、财务和风险承担能力,以及与发包工程相类似的设计、施工或者工程总承包业绩。

为了促进设计与施工融合,培育具有工程总承包能力的企业,鼓励设计单位申请取得施工资质,鼓励施工单位申请取得工程设计资质。已取得工程设计综合资质、行业甲级资质、建筑工程专业甲级资质的单位,可以直接申请相应类别施工总承包一级资质,具有一级及以上施工总承包资质的单位可以直接申请相应类别的工程设计甲级资质,完成的相应规模工程总承包业绩可以作为设计、施工业绩申报。

4) 工程总承包项目实施要求

《管理办法》规定,建设单位可以委托勘察设计单位、代建单位等项目管理单位,对工程总承包项目进行管理。工程总承包单位应当具有工程总承包综合管理能力,设立专业性项目管理组织,配备相应专门技术人员,加强设计、采购与施工的协调。政府投资项目所需资金应当按照国家有关规定确保落实到位,不得由工程总承包单位或者分包单位垫资建设,政府投资项目建设投资原则上不得超过经核定的投资概算。

5) 工程总承包单位的责任

《管理办法》要求,工程总承包单位应当对其承包的全部工程质量、安全、工期和造价全面负责,分包不免除其责任。工程总承包单位、工程总承包项目经理依法承担质量终身责任。

为推进江苏省房屋建筑和市政基础设施项目工程总承包的发展,规范房屋建筑和市政基础设施项目工程总承包招标投标活动,江苏省建设工程招标投标办公室 2018 年 2 月 7 日印发了《江苏省房屋建筑和市政基础设施项目工程总承包招标投标导则》的通知(苏建招办〔2018〕3 号)。为加强对装配式建筑工程建设过程的管理,保障装配式建筑工程质量安全,江苏省住房和城乡建设厅 2017 年 3 月 24 日发布了《装配式混凝土结构工程质量控制要点》,2019 年 9 月 6 日印发《关于加强江苏省装配式建筑工程质量安全管理的意见(试行)》的通知(苏建质安〔2019〕380 号),2019 年 10 月又制定发布了《装配式混凝土建筑工程质量检测工作指引》。

1.2.2 装配式建筑总承包管理总体策划

建设项目的开发过程一般可分为投资决策、规划准备、工程施工及配套建设、竣工交付使用等阶段。采用装配式建造要求的项目,往往在规划准备阶段,需要进行与装配式有关的统筹分析和总体策划。在项目规划准备阶段进行与装配式有关的总体策划和方案比选,是装配式建筑项目是否顺利、成本是否可控的关键措施。

1) 产品策划

产品策划阶段需要关注政策分析、装配式指标落实方案、产品定位、全装修定位、开发进度等内容。

(1) 政策分析

建设单位需了解项目所在地的地方政策。充分了解当地政策实施情况、技术壁垒、当地的行业市场资源分布情况,尤其是当地装配式政策的执行尺度。为保证项目后续顺利落地,需多部门(审图、住建委、质监、房管等)征询,以规避项目的设计技术、施工技术及销售风险。

（2）装配式指标落实方案

装配式可落实指标目前分为两种：

① 土地出让合同上明确要求的。该地块必须落实的装配式建筑面积和装配式建筑单体装配率（预制率），该指标为本项目的最低指标要求。

② 为享受当地装配式奖励政策，主动要求达到相关要求指标。结合当地的装配式奖励政策，甲方内部经过多方沟通及成本测算，主动要求落实更多、更高的装配式指标要求。一般情况下，要满足相应的奖励政策，落实的装配式建筑面积将超过土地合同的要求，单体的预制率（装配率）也高于土地合同的要求，或者采用特定的技术。

以申请面积奖励为例，需要申请面积奖励时，经济指标须综合考虑以下因素：面积奖励带来的营销增益、建安成本增量、财务利润边际效益、项目周期延长等因素，明确特定的装配式楼栋选择，合理分配不计容面积。面积奖励方案的制定需要以当地房价为依据，结合项目产品定位，谨慎、合理选择，只有在盈亏平衡点之上，才有经济可行性。

（3）产品定位

装配式建筑目前的建安费用相比传统的现浇建筑成本会有增加，因此在进行产品定位的时候需考虑装配式建筑的相关成本增量因素。

① 经济性主导，标准化户型，少规格、多组合。整体产品基于成本控制考虑，采用标准化户型、模数化、规模化设计，做到户型类型少、塔楼重复率高、立面线条简洁等，以装配式建筑的"标准化"为中心指导进行项目定位。代表性的产品多为保障房、租赁房、限价房、长租公寓等，此类产品相对个性化产品建安成本增量较低。在一二线城市，较高的房价可以消化因装配式建造方式带来的成本增量，但对于三四线城市，成本较高的装配式建筑，压缩了开发商利润，使得开发商接受度相对更低。

② 功能性主导，个性化、特色产品。整体产品基于市场导向，个性化特色住宅，户型类型较多、立面线条烦琐等，后期设计预制构件类型较多，生产安装难度系数较高。以功能性和个性化为产品主导，受部分中高端市场青睐。代表性的产品多为洋房、别墅、特色小镇等，此类产品相对标准化产品建安成本增量较大。

（4）全装修定位

点位不同的预制构件，即使外形尺寸及配筋相同，也不属于同一个构件。装配式建筑现在多与全装修匹配，全装修方案中的内装布置，与装配式构件的设计紧密相关。现阶段的设计和生产，大多将全装修的机电点位与主体构件一体化。

在确定全装修方案的同时，选取通用化的装修方案（同一户型同一套装修方案），还是选取个性化的装修方案（同一户型若干套装修方案），对整个项目的装配式指标以及项目的成本预测也是不同的。

（5）开发进度

装配式项目要做好总体项目管控，首先必须对整个项目的周期及各阶段的流程管控要清晰。装配式项目从立案到第一块构件的吊装需要半年时间，这个与常规项目操作时间上的差异直接影响到该项目的预售时间和成本收益。

2）规划设计策划

本阶段工作主要是项目设计部牵头协同各部门进行项目总体方案、装配式技术体系这两项比选工作。

（1）多方案比选

① 需根据项目开发确定的总体方案，结合总图规划、工期进度、首开区选择、运输路线等，选取合适的装配式建筑单体。虽然标准化、少规格、多组合是装配式建筑设计的基本理念，但是依然需要结合项目的实际情况进行统筹考虑。

② 成本合适的组合方案。装配式建筑可与全装修方案相结合，全装修住宅的市场溢价值可降低因装配式建造方式带来的成本增量。从市场销售及未来业主角度出发，建议同一类型的装配式建筑统一采用全装修方案，或统一毛坯方案。

（2）技术体系比选

① 选择合适的结构体系。目前多为混凝土结构，并以剪力墙、框剪、框架结构体系为主。合理选择结构体系，对于复杂的、不易实现装配式混凝土结构的建筑，可考虑采用钢结构以达到更经济、更便捷的建造方式。例如三层以下高预制率（装配率）低密度住宅。

② 选择合适的保温体系。对于装配式建造方式，内保温和外保温各有优劣势。

3）采购模式和合同策划

装配式建筑项目是一个复杂的系统工程，技术复杂、开发周期长、投资额大、不确定因素多、项目参与方众多、合同种类和数量多，每份合同的成功履行意味着整个装配式建筑项目的成功，只要有一份合同履行出现问题，就会影响和殃及其他合同甚至整个项目的成功。因此装配式建筑采购模式和合同策划就是在项目实施前对整个项目合同管理方案预先做出科学合理的安排和设计，从合同管理组织、方法、制度、内容等方面预先做出计划的方案，以确保整个项目在不同阶段、不同合同主体之间众多合同的顺利履行，从而实现项目的总体目标和效益。

采购模式和合同策划主要包括以下内容：

（1）合同管理制度、合同管理机构和人员配备；

（2）合同管理组织机构设置和人员配备；

（3）合同管理责任及其分解体系；

（4）合同管理方案设计，包括：项目采购模式选择、合同类型选择、项目分解结构及编码体系、合同结构分解及体系、招标方案设计、招标文件设计、合同文件设计；

（5）合同管理流程设计，包括：投资控制流程、工期控制流程、质量控制流程、设计变更流程、支付与结算管理流程、竣工验收流程、合同索赔流程、合同争议处理流程等。

1.2.3 装配式建筑总承包管理工作内容

装配式建筑总承包管理应以全寿命周期为主线，以质量、成本、安全为核心，采用现代科学技术、管理方法和信息技术，从项目前期策划、设计、采购、部品部件生产、施工部署、资源配置、施工组织、现场吊装安装、成品保护、竣工运营、用户服务等各个环节、各专业进行系统化整合与集成化管理。装配式建筑总承包管理工作内容主要包括：项目前期策划，全寿命周期计划管理，招标投标管理，合同管理，设计管理，采购管理，部品部件生产与物流管理，现场总装计划与进度管理，成本管理，质量管理，环境、健康和安全管理，分包管理，竣工交付与用户服务，BIM 应用与智慧建造等。

2 装配式建筑总承包招投标管理

招投标是在市场经济条件下进行工程建设、货物买卖、财产出租、中介服务等经济活动的一种竞争形式和交易方式,招标人事先公布选择采购的条件和要求,吸引投标人(要约邀请),目标投标人做出愿意参加业务承接竞争的意思表示(要约),而后招标人按照事先定好的规则和办法选定中标人(承诺)的活动。严格地讲,招标与投标是买方与卖方两个方面的工作,整个招投标管理过程,包含着招标、投标和定标三个主要阶段,如图 2.1所示。

图 2.1 招投标管理过程

由于装配式建筑的发展还处于探索阶段,尤其是对于装配式建筑招投标来说,当前存在着一些问题和困难,需要在实践中逐步加以解决。

2.1 装配式建筑总承包的招标管理

2.1.1 装配式建筑总承包的招标文件构成

招标文件是招标人根据招标项目的特点和需要,由招标人或受其委托的招标代理机构编制,将招标项目特征、工期技术服务要求、对投标人组织实施的要求、质量标准、投标报价要求、评标标准等所有实质性要求和条件以及拟签订合同的主要条款及对招标人依法做出对其他方面等要求进行汇总的文件。它是投标人准备投标文件和参加投标的依据,是评标委员会评审投标文件时推荐中标候选人的重要依据,也是招标投标活动当事人必须遵守的行为准则。之后为总承包合同条件的有机组成部分,是一份具有法律效力的文件。

随着工程招标逐步走向规范化,建设部在 1996 年 12 月发布了《工程建设施工招标文件范本》,2003 年 1 月 1 日《房屋建筑和市政基础设施工程施工招标文件范本》正式实施。2007 年 11 月 1 日由国家发改委、财政部、建设部等九部委联合编制《中华人民共和国标准施工招标文件(2007年版)》(表2.1)发布,文件自2008年5月1日起试行,但是国家层面上并未出台装配式建筑相关的标准文件。

表 2.1　《标准施工招标文件》内容

卷名	章名	内容
第一卷	第一章至第五章	招标公告(投标邀请书)、投标人须知、评标办法、合同条款及格式、工程量清单
第二卷	第六章	图纸
第三卷	第七章	技术标准及要求
第四卷	第八章	投标文件格式

《房屋建筑和市政基础设施项目工程总承包管理办法》第九条规定:建设单位应当根据招标项目的特点和需要编制工程总承包项目招标文件,主要包括以下内容:

(1)投标人须知;

(2)评标办法和标准;

(3)拟签订合同的主要条款;

(4)发包人要求,列明项目的目标、范围、设计和其他技术标准,包括对项目的内容、范围、规模、标准、功能、质量、安全、节约能源、生态环境保护、工期、验收等的明确要求;

(5)建设单位提供的资料和条件,包括发包前完成的水文地质、工程地质、地形等勘察资料,以及可行性研究报告、方案设计文件或者初步设计文件等;

(6)投标文件格式;

(7)要求投标人提交的其他材料。

建设单位可以在招标文件中提出对履约担保的要求,依法要求投标文件载明拟分包的内容;对于设有最高投标限价的,应当明确最高投标限价或者最高投标限价的计算方法。

结合江苏、四川、山东等省出台的相应装配式招标投标管理试行办法和现有的招标文件范本,装配式建筑总承包的招标文件主要包括以下内容:招标公告或投标邀请书、投标人须知及投标人须知前附表、评标办法、合同条款及格式、技术标准和要求,以及工程量清单、发包人要求、计价原则和投标报价。

1)招标公告或投标邀请书

招标公告是指招标单位或招标人在进行招标时,公布标准和条件,提出价格和要求等项目内容,以期选择投标人的文件,要在报纸、杂志、广播、电视等大众媒体或工程交易中心公告栏上发布。对公开招标,一般要在投标开始前至少45天(大型工程可达90天)在国内外有影响的报刊上刊登发布招标公告。投标邀请书是向预期投标人发出的邀请书,邀请其参与投标。它一般应说明以下各点:

(1)招标条件:招标人的名称和地址;

(2)项目概况和招标范围:招标项目的性质、类型、实施地点、要求等;

（3）招标项目的投资金额及资金来源；

（4）承包方式、材料、设备供应方式；

（5）对投标人资质的要求以及应提供的文件；

（6）获取招标文件的办法；

（7）招标日程安排：开标、现场勘察和召开标前会议的时间、地点。

2）"投标人须知"及"投标人须知前附表"

"投标人须知前附表"是指把投标活动中的重要内容以列表的方式表示出来，便于投标人对项目尽快了解，进一步明确"申请人须知"和"投标人须知"正文中的未尽事宜，项目招标人应结合招标项目具体特点与实际需要编制和填写，但不得与"投标人须知"正文内容相抵触，否则抵触内容无效。

"投标人须知"是招标人对投标人的一般要求，正文内容很多，招标文件范本关于投标须知内容主要包括以下九个部分。

（1）总则

主要包括：项目概况（招标人、招标代理机构、招标项目名称、项目建设地点、项目建设规模），项目的资金来源和落实情况，招标范围、计划工期和质量标准，投标人资格要求（投标人的资质条件、能力和信誉，对联合体投标的要求等），费用承担和设计成果补偿，保密要求，语言文字，计量单位，踏勘现场，投标预备会，分包，投标文件对招标文件响应要求等。

（2）招标文件

该部分是对招标文件的组成、澄清、修改等问题所做的说明。如果投标人没有按照招标文件要求提交全部资料，或者投标文件没有对招标文件做出实质性响应，其投标可能被拒绝。

招标文件一般包括：投标人须知、评标办法、合同条款及格式、招标人要求、招标人提供的资料和条件、投标文件格式以及对招标文件所作的澄清、修改。

在投标过程中，投标单位会对招标文件等提出疑问，招标单位会对相关疑问自行澄清。澄清是招标文件的组成部分。投标单位收到后以书面形式确认。澄清发出的时间距投标人须知前附表规定的投标截止时间不足 15 天的，并且澄清内容影响投标文件编制的，将相应延长投标截止时间。

招标文件的修改内容应以书面形式发送至每一投标单位；修改的内容为招标文件的组成部分；修改的时间应在招标文件中明确。招标文件及其澄清或者修改的内容，应加盖招标人或代理公司法人印章，须经招投标监督机构备案后方可发出。

（3）投标文件的编制要求

投标文件应按"投标文件格式"进行编写，应当对招标文件有关工期、投标有效期、质量要求、技术标准和要求、招标范围等实质性内容做出响应。投标文件一般分为三部分：第一册投标报价书（包括投标函及投标函附录、法定代表人身份证明、法定代表人的授权委托书、投标保证金缴纳证明、联合体协议书、投标报价表）；第二册商务标书（包括设计企业营业执照,设计企业业绩,设计团队人员、业绩,设计企业其他资料,施工企业营业执照,施工企业业绩,施工团队人员、业绩,施工企业其他资料,招标文件规定的其他资料);第三册总承包技术标(包括初步设计文件,项目管理组织方案等)。

在投标人须知前附表规定的投标有效期内,投标人撤销或修改其投标文件的,应承担招标文件和法律规定的责任。出现特殊情况需要延长投标有效期的,招标人以书面形式通知所有投标人延长投标有效期。投标人同意延长的,应相应延长其投标保证金的有效期,但不得要求或被允许修改或撤销其投标文件;投标人拒绝延长的,其投标失效,但投标人有权收回其投标保证金。

投标担保有投标保函和投标保证金两种形式,具体方式由招标单位规定。投标保函应为在中国境内注册并经招标人认可的银行出具的银行保函,或具有担保资格和能力的专业担保公司出具的担保书。投标保证金可以是现金、支票、银行汇票。投标人递交投标文件的同时,按照规定的金额、担保形式和格式递交投标保证金,并作为投标文件的组成部分。联合体投标的,投标保证金由牵头人递交。投标人不按要求提交保证金的,投标文件当废标处理。招标人与中标人签订合同后5日内,向未中标的投标人和中标人退还投标保证金。有下列情形之一的,投标保证金不予退还:投标人在规定的投标有效期内撤销或更改其投标文件;中标人在收到中标通知书后,无正当理由拒签合同协议书或未按招标文件规定提交履约担保。

在投标须知中应规定提交投标文件的份数,一般规定提交一份投标文件正本和前附表所列份数的副本。投标文件正本和副本如有不一致之处,以正本为准。投标文件正本与副本均应使用不能擦去的墨水打印或书写;由投标人的法定代表人亲自签署(或加盖法定代表人印鉴),并加盖法人单位公章;如果由于招标人或者投标人的错误必须修改投标文件,修改处应出投标文件签字人签字证明并加盖印鉴。

(4) 投标文件的提交

投标文件的签订和密封,一般要求正、副本分别装订成册。投标人应将投标文件印正本和每份副本分别密封在内层包封中,再将它们密封在一个外层包封中,并标明"投标文件正本"和"投标文件副本",内层和外层包封都应写明招标人名称与地址、招标工程项目编号,工程名称等。

投标截止期是指招标人在招标文件中规定的最晚提交投标文件的时间和日期。投标人应在规定的日期内将投标文件递交给招标人。招标人在投标截止期以后收到的投标文件,将原封退给投标人。

投标人可以在递交投标文件以后,在规定的投标截止时间之前,采用书面形式向招标人递交补充、修改或撤回其投标文件。在投标截止日期以后,不能更改投标文件。投标人的补充、修改或撤回通知,应按规定编制、密封、加写标志和提交,并在内层包封标明"补充""修改"或"撤回"字样,补充、修改的内容为投标文件的组成部分。在投标截止时间与招标文件中规定的投标有效期终止日之间的这段时间内,投标人不能撤回投标文件,否则其投标保证金将不予退还。

（5）开标

主要对开标的时间、地点及开标的程序做出明确的规定。对于资格后审的资格审查应该在评标前进行。对评标内容的保密、投标文件的澄清、投标文件的符合性鉴定、错误的修正等内容也应在这一部分做出规定。

（6）评标

评标活动遵循公平、公正、科学和择优的原则，由招标人依法组建的评标委员会负责。评标委员会由招标人或其委托的招标代理机构熟悉相关业务的代表，以及有关技术、经济等方面的专家组成。该部分主要包括评标委员会的构成、评标原则、清标办法等。

（7）合同授予

中标人确定后，招标人以书面形式向中标人发出中标通知书，中标通知书中包括有中标合同价格、工期、质量和有关合同签订的日期。同时将结果通知未中标的投标人。

在签订合同前，中标人应按"投标人须知前附表"规定的金额、担保形式和招标文件"合同条款及格式"规定的履约担保格式向招标人提交履约保证金。联合体中标的，其履约保证金由牵头人递交，并应符合"投标人须知前附表"规定的金额、担保形式和招标文件第四章"合同条款及格式"规定的履约担保格式要求。中标人不能按要求提交履约保证金的，视为放弃中标，其投标保证金不予退还，给招标人造成的损失超过投标保证金数额的，中标人还应当对超过部分予以赔偿。

招标人和中标人应当自中标通知书发出之日起 30 天内，根据招标文件和中标人的投标文件订立书面合同。中标人无正当理由拒签合同的，招标人取消其中标资格，其投标保证金不予退还；给招标人造成的损失超过投标保证金数额的，中标人还应当对超过部分予以赔偿。发出中标通知书后，招标人无正当理由拒签合同的，招标人向中标人退还投标保证金；给中标人造成损失的，还应当赔偿损失。

（8）纪律和监督

此部分在满足国家相关法律法规的基础上，可规定对招标人的纪律要求、对投标人的纪律要求、对评标委员会成员的纪律要求、对与评标活动有关的工作人员的纪律要求以及对招投标过程中可能出现异议与投诉的说明。

招标人不得泄露招标投标活动中应当保密的情况和资料，不得与投标人串通损害国家利益、社会公共利益或者他人合法权利。

投标人不得相互串通投标或者与招标人串通投标，不得向招标人或者评标委员会成员行贿谋取中标，不得以他人名义投标或者以其他方式弄虚作假骗取中标；投标人不得以任何方式干扰、影响评标工作。

投标人和其他利害关系人认为招标活动违反法律、法规和规章规定的，有权向有关行政监督部门投诉。

（9）工程总承包技术标的编制要求

工程总承包投标文件技术标部分一般为暗标，投标文件中的技术部分不得出现可识别投标人身份的任何字符和徽标（包括文字、符号、图案、标识、标志、人员姓名、企业名称、投标人独享的企业标准或编号等），相关人员姓名应以职务或职称代替。技术部分主要包括初步设计文件和项目管理组织方案。

初步设计文件（以装配式房屋建筑为例）主要包括设计说明书（要求对项目的设计方案解读准确，构思新颖；简述各专业的设计特点和系统组成；主要技术经济指标满足招标人功能需求）；总平面设计（总平面设计构思及指导思想；总平面设计结合自然环境和地域文脉，综合考虑地形、地质、日照、通风、防火、卫生、交通及环境保护等要求进行总体布局，使其满足使用功能、城市规划要求；总平面设计技术安全、经济合理性、节能、节地、节水、节材等）；建筑设计；结构设计；新技术、新材料、新设备和新结构应用；绿色建筑与装配式建筑设计；经济分析；设计深度。

3）评标办法

评标办法按照《中华人民共和国招标投标法》、中华人民共和国国家发展计划委员会等七部委12号令《评标委员会和评标方法暂行规定》、中华人民共和国国家发展计划委员会等八部委第30号令《工程建设项目施工招标投标办法》并结合工程招标文件中的有关条款予以制定。在招标评标过程中应贯彻公平、公正和合理的原则，依据评标办法确定中标候选单位。主要有经评审的最低投标报价法和综合评估法两种，具体参见本章2.1.3。

4）合同条款及格式

招标文件中的合同条件，是招标人与中标人签订合同的基础，是对双方权利义务的约定，合同条款的完善、公平将影响合同内容的正常履行。为方便招标人和中标人签订合同，目前国际上和国内都制定有相关的合同条件标准模式，如国际工程承包中广泛使用的FIDIC合同条件，国内的《建设工程施工合同（示范文本）》中的合同条款等。

合同条款主要分为三部分：第一部分是协议书；第二部分是通用条款（标准条款），是运用于各类建设工程项目的具有普遍适应性的标准化的条款，其中凡双方未明确提出或者声明修改、补充或取消的条款，就是双方都要履行的；第三部分是专用条款，是针对某一特定工程项目，对通用条款的修改、补充或取消。

合同文件格式是指招标人在招标文件中拟定好的合同文件的具体格式，以便于定标后由招标人与中标人达成一致协议后签署。招标文件中的合同文件主要格式有：合同协议书格式、承包人履约保函格式、发包人预付款保函格式等。

5）发包人要求（招标范围）

主要应列明项目的目标、范围、设计和其他技术标准，包括对项目的内容、范围、规模、标准、功能、质量、安全、节约能源、生态环境保护、工期、验收等的明确要求。如某装配式学校建筑总承包招标文件规定，承包人应负责项目地块内的：

（1）设计。包含初步设计、施工图设计及相关配套服务；设计及施工工程中的BIM集成管理。

（2）材料设备采购。包含电梯、配电柜、生活泵房设备等，变电所内设备及电缆沟包含在本项目EPC范围内，其中空调由教育部门采购。

（3）施工。包含桩基工程、土石方工程（招标人负责场平至设计室外标高）、基坑支护工程、土建及水电安装工程、通风工程（空调工程仅预留安装条件）、室内装饰装修工程、幕墙工程、建筑智能化工程（仅预留管道及桥架）、消防工程、机电设备安装工程、室外工程及相关配套工程、配套设施直至竣工验收合格并交付使用。

（4）设计、施工全过程（包含 BIM 的集成控制）的总承包管理。

（5）其他本项目 EPC 范围内的工作内容。

（6）本项目要求采用装配式建筑，预制装配率应达到江苏省相关规定及标准要求——总体预制率不低于 30%，装配率不低于 40%。

6）计价原则和投标报价

投标人应充分了解施工场地的位置、周边环境、道路、装卸、保管、限制以及影响投标报价的其他要素。投标人根据投标设计，结合市场情况进行投标报价。

（1）招标控制价。招标控制价是招标人依据经批准的投资估算，根据不同阶段的设计文件，并参考工程造价指标、估算定额等设定的招标控制价。招标人确需对已发布的最高投标限价进行修改的，将通过"电子招标投标交易平台"发给所有投标人。如某装配式学校建筑总承包招标文件规定：本工程施工费招标控制价：15 000 万元人民币；设计费（含总承包管理费）招标控制价：950 万元人民币；设计及施工所报下浮率必须一致。

（2）设计计价原则。如某装配式学校建筑总承包招标文件规定：设计费用结算根据《工程勘察设计收费标准》2002 版结算，本项目设计的复杂程度为 Ⅱ 级，建筑设计（包括扩初设计和施工图设计）、室内装修设计、室外景观设计、智能化设计、基坑支护设计、变配电设计按对应子项施工采购结算价为计费额，相应工程设计收费＝工程设计收费基准价×0.8×（1－投标所报下浮率）。

对于《工程勘察设计收费标准》2002 版没有规定的特殊专项设计：包括预制装配式设计、BIM 设计及集成应用、绿色二星设计标识申报，参照市场价，由双方协商确定。

总承包管理费用结算：总承包管理费用＝（工程施工采购结算价＋设计费结算价）×3%×（1－投标所报下浮率）。

（3）施工计价原则。施工图经审查批准后，由承包人上报施工图预算，发包人组织承包人核对会审，经批复的施工图预算作为工程计量支付和造价控制依据。

① 采用工程量清单计价模式进行计价，其依据：《建设工程工程量清单计价规范》（GB 50500—2013）、2014 版《江苏省建筑与装饰工程计价定额》、2014 版《江苏省安装工程计价定额》、2007 版《江苏省园林定额》和《江苏省建设工程费用定额》（2014 年）及营改增后调整内容，江苏省及南京市现行有关文件规定。

② 由于非承包人原因引起的用于本工程的一类、二类主要材料价格波动时，结算价款可做调整。本工程主要材料价格按开工报告的当月的信息价执行，施工期间钢材、混凝土、水泥及水泥制品等价格按照从开工报告开始至土建主体结束期间钢材、混凝土、水泥及水泥制品等所有的信息价的加权平均值作为决算钢材、混凝土、水泥及水泥

制品等的信息价,决算时调整,下浮率执行中标单位报价的下浮比例。信息价中没有的材料和设备及甲方指定品牌型号的装饰类材料设备,按核定价格不下浮,相关流程执行询价流程(询价流程以发包人规定为准)。施工期间主要建筑材料的价格波动执行苏建价〔2008〕67 号。除苏建价〔2008〕67 号规定的物价波动可调整以外,其他物价波动都不予调整。

③ 投标人的定额人工费可参照施工同期江苏省建设厅发布的人工工资调整办法,在竣工结算时一次性调整,有区间值的,按工程类别取区间中值。

④ 措施费及安全文明施工费:安全文明施工基本费按《江苏省建设工程费用定额》(2014 年)及营改增后调整内容的文件取定;安全文明施工增加费按考评表取定;临时设施费分工程类别取区间中值;已完工程及设备保护费按江苏省及南京市现有关文件规定执行;地上、地下设施的临时保护设在施工过程中按实计取;夜间施工、非夜间施工照明、冬雨季施工按江苏省及南京市现有关文件规定执行,有取费区间的执行中值;工程按质论价:按工程最后的获奖情况根据文件取定;赶工措施费:合同实施过程中,若发包人另行书面提出加快设计、采购、施工、竣工试验的赶工要求,承包人应提交赶工方案。

(4) 设计投标报价构成。本项目设计报价包含:初步设计费、施工图设计(包括基坑支护设计、供配电设计及其他的专项设计)及出图等所有相关费用、配合图纸审查(根据需要提供相应范围内的施工图预算,以满足施工图审查的需要),以及设计现场配合费、咨询调研论证(含专家费)等相关费用,另外设计报价还包含以下内容的费用:

① 包括设计文件审查、专项设计、后续服务。后续服务包括:施工现场设计服务,设计修改、变更、专项方案咨询服务等服务工作(在合同履行过程中如由于国家政策或规范调整以及发包人提出的重大变更,需重新进行规划或施工图审查的不在此范围内)。

② 还必须承担为保证本项目完整性的所有设计内容(含各专项、专业工程设计,垄断专业、专项设计除外)和项目实施的全方位、全过程设计。

③ 设计任务书中的全部相关内容。

④ 设计及施工工程中的 BIM 集成管理。

⑤ 总承包管理费。

(5) 施工投标报价构成。本项目建筑施工报价包含:电梯、配电柜、生活泵房设备等,变电所内设备及电缆沟包含在本项目 EPC 范围内,其中空调由教育部门采购;以及桩基工程、土石方工程(招标人负责场平至设计室外标高)、基坑支护工程、土建及水电安装工程、通风工程(空调工程仅预留安装条件)、室内装饰装修工程、幕墙工程、建筑智能化工程(仅预留管道及桥架)、消防工程、机电设备安装工程、室外工程及相关配套工程、配套设施直至竣工验收合格并交付使用。

7) 技术标准和要求

招标文件中的技术标准和要求,是指招标人在编制招标文件时,为了保证工程质量,向投标人提出具体使用工程建设标准的要求。主要说明工程现场的自然条件、施工条件及本工程的施工技术要求和采用的技术规范。

（1）工程现场的自然条件。说明工程所处的地理位置、现场环境、地形、地貌、地质与水文条件、地震烈度、气温、雨雪量等。

（2）施工条件。说明建设用地面积、建筑物占地面积、现场拆迁情况、施工交通、通信等情况。

（3）施工技术要求与规范。主要说明施工的材料供应、技术质量标准、工期等以及对分包的要求，各种报表（如开工报告、测量报告、试验报告、材料检验报告、工程进度报告、报价报告、竣工报告等）的要求，以及测量、试验、工程检验、施工安装、竣工等要求。一般采用国际国内公认的标准规范以及施工图中规定的施工技术要求，一般由招标人委托咨询设计单位编写。

8）投标文件格式

（1）投标函部分格式

投标文件应当对招标文件有关招标范围、投标有效期、工期、质量标准、发包人要求等实质性内容做出响应。为了便于投标文件的评比和比较，要求投标文件的内容按一定的顺序和格式进行编写。招标人在招标文件中，要对投标文件提出明确的要求，并拟定一套编制投标文件的参考格式，供投标人投标时填写。投标文件的参考格式，主要有法定代表身份证明书，投标文件签署、授权委托投标函、联合体协议及招标文件要求投标人提交的其他投标资料等。

（2）投标文件技术部分格式

投标文件技术部分内容包括工期目标、施工组织设计、项目管理机构配备情况、拟分包项目情况等。

（3）资格审查资料

资格审查资料主要由投标人基本情况表、近年财务状况表、近年完成的类似项目情况表、正在施工的和新承接的项目情况表、近年发生的诉讼及仲裁情况表等组成。投标人须回答资格审查资料中提出的全部问题，任何缺项将可能导致其申请被拒绝。投标人应对申报资料的真实性和准确性负责。在资格审查中，招标人和其招标代理单位有权对投标申请的申报资料进行核实和澄清。

2.1.2　装配式建筑总承包的招投标流程

我国 2000 年 1 月 1 日施行的《招标投标法》明确规定了招标方式有两种，即公开招标和邀请招标。公开招标（图 2.2），也叫开放型招标，是一种无限竞争性招标。采用这种形式，由招标单位利用报刊、网站、电台，通过刊载、传播、广播等方式，公开发布招标公告，宣布招标项目的内容和要求。各承包企业不受地区限制，一律机会均等。凡有投标意向的承包商均可参加投标资格预审，审查合格的承包商都有权购买招标文件，参加投标活动。招标单位则可在众多的承包商中优选出理想的施工承包商为中标单位。

邀请招标（图 2.3），又称有限竞争性招标、选择性招标，是由招标单位根据工程特

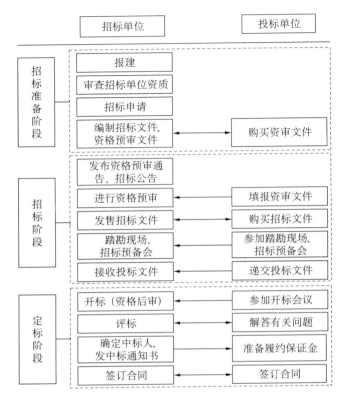

图 2.2　公开招标流程

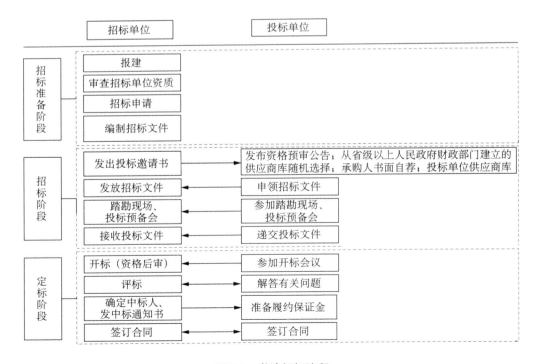

图 2.3　邀请招标流程

点,有选择地邀请若干个具有承包该项工程能力的承包人前来投标,是一种有限竞争性招标。它是招标单位根据见闻、经验和情报资料而获得这些承包商的能力、资信状况,加以选择后,以发投标邀请书来进行的。邀请招标同样需进行资格预审等程序,经过评审标书择优选定中标人,并发出中标通知书。一般邀请 5 到 10 家承包商参加投标,最少不得少于 3 家。

1)招标准备阶段

在招标准备阶段,招标单位或者招标代理人应当完成项目的各类审批手续,落实所需的资金,编制与招标有关的文件,并履行招标文件备案手续。主要应根据招标单位的条件和招标工程的特点做好以下工作。

(1)落实招标具备条件

按照法律法规的规定,招标单位将相关文件报建设行政主管部门备案,如项目审批手续、项目核准或备案手续、资金、土地、技术资料等。招标单位应当有进行招标项目的相应资金或者资金来源已经落实,并在招标文件中写明。

(2)确定招标形式和范围

确定自行办理招标事宜或是委托招标代理;确定发包范围、招标次数及每次的招标内容;选择合同计价方式,同时规定合同价的调整范围和调整方法;确定招标方式,招标单位应当依法选定公开招标或邀请招标方式。

(3)编制招标相关文件

招标有关文件包括资格审查文件、招标公告、招标文件、合同协议条款、评标办法等。这些文件都应采用工程所在地通用的格式文件编制。招标人应依据招标项目的特点、需求、市场、有关规定和标准文本编制,并提前做好调研准备。

(4)编制标底或招标控制价

标底是招标单位编制(包括委托他人编制)的招标项目的预期价格。一个招标工程只能编制一个标底且标底应该保密参考,招标控制价应该在招标文件中公布。

2)招投标阶段

(1)组织资格审查

招标单位或招标代理机构可以根据招标项目本身的要求,对潜在的投标单位进行资格审查,审查方式主要有资格预审和资格后审两种方法。两种资格审查的内容基本相同,通常公开招标采用资格预审方法,邀请招标采用资格后审方法。

资格预审,在投标前按照有关规定程序和要求公布资格预审公告和资格预审文件,对获取资格预审文件并递交资格预审申请文件的潜在投标人进行资格审查。标准工程总承包资格预审前附表见表 2.2 所示。

资格后审,开标后由评标委员会对投标人资格进行审查。采用资格后审办法的招标人,应按规定要求发布招标公告,并根据招标文件中规定的资格审查方法、因素和标准,与资格预审的审核内容基本一致,略有调整,在评标的初步评审阶段审查投标人的资格。

表 2.2　标准工程总承包资格预审前附表

条款号		审查因素	审查标准
1	初步审查标准	申请人名称	与营业执照、资质证书、安全生产许可证一致
		申请函签字盖章	有法定代表人的电子签章并加盖法人电子印章
		……	……
2	详细审查标准	营业执照	具备有效的营业执照
		安全生产许可证(具有施工资质的申请人必须提供)	具备有效的安全生产许可证
		资质证书	具备有效的资质证书
		资质等级	由招标单位根据项目要求拟定,一般为工程施工承包级以上或同等资质等级
		财务要求	由招标单位根据项目要求拟定,一般为开户银行资信证明和符合要求的财务表,近三年资产负债表等
		业绩要求	由招标单位根据项目要求拟定
		拟派工程总承包项目经理要求	由招标单位根据项目要求拟定
		其他要求	由招标单位根据项目要求拟定
		其他	由招标单位根据项目要求拟定

（2）发放招标文件

招标单位或招标代理机构按照资格预审确定的合格投标单位名单或者投标邀请书发放招标文件。招标文件的内容必须正确,原则上不能修改或补充。如果必须修改或补充的,须报招标投标主管部门备案。招标单位发放招标文件可以收取工本费,对其中的设计文件可以收取押金,宣布中标人后收回设计文件并退还押金。

（3）现场勘察

招标单位应当组织投标单位进行现场勘察,了解工程场地和周围环境情况,收集有关信息,使投标单位能结合现场提出合理的报价。现场勘察可安排在招标预备会议前进行,以便在会上解答现场勘察中提出的疑问。

（4）标前会议

又称招标预备会、答疑会,主要用来澄清招标文件中的疑问,解答投标单位提出的有关招标文件和现场勘察的问题。

（5）递交投标文件

投标人应依据招标文件的要求,编制递交投标文件。投标人在招标文件要求提交投标文件的截止时间之前,可以撤回、补充或者修改已提交的投标文件。

3）定标签订合同阶段

（1）开标

①主持人宣布开标人、唱标人、记录人、监标人等有关人员,并宣布开标纪律;

②招标人根据招标文件的约定,可以在开标前依次验证投标人代表的授权身份;

③宣布开标人、唱标人、记录人、监标人等有关人员姓名;

④投标人代表检查确认投标文件的密封情况,也可以由招标人委托的公证机构检查确认并公证;

⑤主持人公布投标截止时间前递交投标文件的投标人、投标标段、递交时间,并按招标文件规定宣布开标次序,公布标底;

⑥开标人依开标次序,当众拆封投标文件,并由唱标人公布投标人名称、投标标段、投标保证金的递交情况、投标总报价等主要内容,投标人代表确认开标结果;

⑦投标人代表、招标人代表、唱标人、监标人和记录人等有关人员在开标记录上签字确认;

⑧开标结束。

（2）评标

①初步评审:评标委员会对投标文件的形式、投标资格和投标响应性进行初步评审。

②详细评审:评标委员按照招标文件约定的评标方法、因素和标准对初步评审合格的投标文件进行技术、经济、商务的进一步分析对比和评价。

③澄清和说明:评标委员会可在评标过程中以书面方式要求投标人对投标文件中的疑问进行必要的澄清和说明。

④编写评标报告:评标委员会向招标人推荐中标候选人,或经过招标人授权直接确定中标人。

（3）中标

①公示:依法必须招标项目的招标事项核准、资格预审公告、招标公告、中标候选人、中标结果等信息,要向社会公开;

②定标:招标人或经招标人授权的招标委员会依法确定中标人;

③提交招投标情况书面报告:招标人应在规定日期内向监督部门提交招标投标情况的书面报告;

④发中标通知书。

（4）签订合同

①招标人与中标人应当自中标通知书发出之日起 30 日内,依据中标通知书、招标文件、投标文件签订合同协议书。

②签订合同一般需要三个步骤:中标人提交履约保证金、双方签订合同、招标人退还投标保证金。

2.1.3　装配式建筑总承包的评标标准

依据招标文件的规定和要求,秉持客观公正、科学合理、规范合法的原则,由评标委员会对投标文件所进行的审查、评审和比较。评标是审查确定中标人的必经程序,是保证招标成功的重要环节,由开标前确定的评标小组或评标委员会负责。评标办法参见表 2.3。

表 2.3 标准招标文件评标办法

初步评审		
条款号	评审因素	评审标准
1.1.1 形式性评审标准	投标人名称	与营业执照、资质证书、安全生产许可证一致
	投标函签字盖章	有法定代表人的电子签章并加盖法人电子印章
	报价唯一	只能有一个有效报价
	暗标	符合招标文件有关暗标的要求
	……	……
1.1.2 资格评审标准	营业执照	具备有效的营业执照
	安全生产许可证	具备有效的安全生产许可证(设计单位无须提供)
	资质证书	具备有效的资质证书
	资质等级	符合"投标人须知"相关规定
	财务要求	符合"投标人须知"相关规定
	业绩要求	符合"投标人须知"相关规定
	拟派工程总承包项目经理要求	符合"投标人须知"相关规定
	其他要求	符合"投标人须知"相关规定
1.1.3 响应性评审标准	投标内容	符合"投标人须知"相关规定
	工期	符合"投标人须知"相关规定
	工程质量	符合"投标人须知"相关规定
	投标有效期	符合"投标人须知"相关规定
	投标保证金	符合"投标人须知"相关规定
	……	……
	其他要求	符合"投标人须知"相关规定
详细评审		
条款号	评审因素	评审标准
2.3.1	设计文件合格性评审	合格分:__(不少于60%)
2.3.1	择优进入第二阶段评审	设计文件合格且排名前__名(不少于5名)
2.3.2	设计文件得分是否带入第二阶段	□带入□不带入
……	……	……

1）初步评审

（1）符合性评审

符合性评审又称形式性评审，主要包括投标文件有效性、完整性、与招标文件一致性审查。通常符合性鉴定是评标的第一步，如果投标文件实质上不响应招标文件的要求，将被列为废标予以拒绝，并不允许投标人通过修正或撤销其不符合要求的差异或保留，使之成为具有响应性投标。

投标文件的有效性包括：投标人以及联合体形式投标的所有成员已通过资格预审，获得投标资格；投标单位与资格预审名单一致，递交的投标保函的金额和有效期符合；只有一个有效报价；投标人（联合体）的法人资格证书（投标共同协议）及企业法定代表人的授权委托证书（投标负责人的授权委托书）；投标保证的格式、内容、金额、有效期、开具单位符合招标文件要求；投标文件进行了有效的签署。

投标文件的完整性包括：招标文件规定应递交的全部文件，如工程量清单、报价汇总表、施工进度计划、施工方案、施工人员和施工机械设备的配备等，以及应该提供的必要的支持文件和资料。

与招标文件的一致性包括：凡是招标文件中要求投标人填写的空白栏目做出明确的回答。

（2）响应性评审

评标委员会应当对投标书的技术评估部分和商务评估部分做进一步的审查，投标文件应实质上响应招标文件。投标文件与招标文件的所有条件相符合，无显著的差异或保留。

技术评估：技术评审的目的是确认和比较投标人完成本工程的技术能力以及他们的施工方案的可靠性，包括标书是否包括了招标文件所要求提交的各项技术文件，同招标文件中的技术说明和图纸是否一致；技术方案可行性和关键工序评估；施工进度计划可靠性评估；实施进度计划是否符合业主或招标人的时间要求，计划是否科学和严谨、投标人准备用哪些措施来保证实施进度；如何控制和保证质量，劳务、材料、机械设备、质量控制措施评估；分包商能力和经验的评估；建议方案（若有）可行性评估；施工现场周围环境污染的保护措施评估等。

商务评估：商务评审的目的在于从成本、财务和经济分析等方面评定投标报价的合理性和可靠性、经济效益和风险等，并估量授标给各投标人后的不同经济效果；评价该报价构成是否合理、可靠正确；将投标报价与标底价进行对比分析；分析直接费、间接费、利润和其他费用的比例关系、主体工程和各专业工程价格的比例关系，判断报价是否合理；注意审查"不平衡报价"中工程量清单中单价有无脱离实际、计日劳务或台班报价是否合理等；分析投标文件中所附资金流量表的合理性及其所列数字的依据；审查所有保函是否可被接受；投标人对支付条件有何要求或给业主或采购人以何种优惠条件；分析投标人提出的财务和付款方面建议的合理性。

（3）投标文件澄清与说明

投标文件基本上符合招标文件要求，但在个别地方存在漏项或者提供了不完整的技术信息和数据等，并且补正这些遗漏或者不完整不会对其他投标人造成不公平的结果。对招标文件的响应存在细微偏差的投标文件仍属于有效投标书。属于存在细微偏差的投标书，可以书面要求投标人在评标结束前予以澄清、说明或者补正。修改不得超出投标文件的范围或者改变投标文件的实质性内容。投标文件不响应招标文件实质性要求和条件的，招标人应拒绝，并不允许投标人通过修正或撤销其不符合要求的差异或保留，使之成为具有响应性的投标。评标委员会在对实质上响应招标文件要求的投标进行报价评估时，除招标文件另有约定外，应当按下述原则进行修正：

①数字表示的数额与文字表示的数额不一致时，以文字数额为准；

②单价与工程量的乘积与总价间不一致时，以单价为准。若单价有明显的小数点错位，应以总价为准，并修改单价；

③对不同文字文本投标文件的解释发生异议的，以中文文本为准。

2）详细评审

经初步评审合格的投标文件，评标委员会应当根据招标文件确定的评标标准和方法，对其技术部分和商务部分做进一步评审、比较。

详细评审是在以上工作的基础上，根据事先拟定好的评标原则、评价指标和评标办法，按照平等竞争、公正合理的原则，对实质性响应招标文件要求投标文件的报价、工期、质量、主要材料用量、施工方案或组织设计、以往业绩和履行合同的情况、社会信誉、优惠条件等进行综合评价和比较，并与标底进行对比分析，通过进一步澄清、答辩和评审，公正合理地择优选定中标候选人。主要的评标办法有：综合评价法、经评审的最低投标价法。《招投标法》第四十一条中标人的投标能够：①最大限度地满足招标文件中规定的各项综合评价标准；②能够满足招标文件实质性要求，并且经评审的投标价格最低；但是投标价格低于成本的除外。

（1）经评审的最低投标报价法

对符合招标文件规定的技术标准和满足招标文件实质要求的投标报价，按照招标文件规定的评标价格调整方法，将投标报价以及相关商务部分的偏差做必要的价格调整和评审，即将价格以外有关因素折成货币或给予相应的加权计算，按照统一的标准折算成价格之后，进行比较，取评标价最低者为中标人。但是投标价格低于成本的除外。世行、亚开行等都是以这种方法作为主要的评标方法。

优点是追求利润最大化的经营目标；最大程度地满足招标人的要求和意愿；保证招标投标的公平、公开、公正原则。缺点是准备工作要求比较高；对评委的要求比较高；表现不出"性价比"的真正含义 。

（2）综合评估法

满足招标文件实质性要求的前提下，把技术、商务、价格等各方面指标分别进行打分，常用百分法。开标后评委对各投标人的标书进行评分，总得分最高为中标人。优点是容易制定具体项目的评标办法和评标标准；评标时，评委容易对照评分标准打分，工作量也不大。缺点是技术、商务、价格的权重比较难以制定；评分标准若细化不足，评委易自由过度；难招标到"价廉物美"或"物有所值"的投标人。易发生"最高价者中标"现象。

3）电子评标方法

现实中，装配式建筑总承包评标的难点在设计方案、施工方案和投标报价方面。因此，对于装配式建筑招投标来说，在传统评标方法的基础上，基于BIM（建筑信息模型）的电子评标将更科学高效。

在招标和投标阶段包括以下方面：建模或模型导入、施工方案编制和优化（模拟）、施工进度方案编制和优化、资源和资金方案编制和优化、施工专项方案编制和优化、标书文件编制工具（招标、投标）、网上招投标系统、施工进度计划编制软件、场地布置方案编制软件、计价软件等。在评标阶段，需要进行施工方案比选评审、施工5D评审、资源计划评审、施工专项方案评审、设计方案评审，应当具备电子（远程）评标系统、BIM技术标评审子系统。

（1）模型检查

直观地对构件信息、时间信息、优化合理性进行审查，选取需要查看的楼层及专业构件类型，通过属性窗口，审查构件参数信息、施工计划、施工优化的合理性。将传统的图表文字转变为可立体观察的三维信息模型，提升评标过程的针对性和深入程度。

（2）进度模拟

进度模拟是对技术标的进度计划进行可视化评审，用4D动画形式审查技术标的进度计划，通过多窗口查看施工计划中不同专业模型的建造顺序及合理性，改变文字及图表的进度展现方式，便于评标专家加深对施工组织的理解，做出准确评判。

（3）资金资源检查

这个步骤是多维度显示投标人的资金和资源使用计划。从当前值或累计值角度，以月、周、日不同的时间单位，根据资金呈现的平滑度判断资金计划的合理性。这个步骤便于评标专家对资金资源计划进行全面、深度评估。

（4）场地布置方案评估

这是立体展现施工场地及临时设施布置，通过三维场地与实体模型、措施方案模型结合，以漫游方式，从不同的查看视角，对场地布置方案进行评审。可以改变二维平面图纸无法直观呈现场地布置与技术方案的情况，提升评审结果的准确性。

（5）关键节点方案评审

这主要是以动画形式呈现重难点施工方案，直接动画播放和播放视频两种途径对重难点部位的施工工艺进行检查，改变传统冗长的文字说明方式，增强了直观体验，便于评标专家对重难点方案的理解，同时降低了动画方案交底门槛。

（6）投标报价评审

利用BIM技术提供了工程量清单整体查看功能，从项目整体出发，全面详细地展现投标人商务标内容,可直观展示整体清单组成内容,与大数据应用结合,便于专家发现工程报价中存在的问题。

(7)直接费详查

对专家选择的 BIM 模型区域进行可视化的商务标审查。通过勾选、框选、构件查询等方式,快速筛选出需要评审的构件项,以立体信息模型与数据相结合的方式,从构件级呈现商务标数据,便于评标专家直观、深入地发现存在的问题。

2.1.4 装配式工程总承包招标案例

1)项目概况

南京某科技创新示范园区科创展示中心是一个典型的装配式工程总承包项目,采用资格后审的方式进行公开招标。具体的项目概况和招标范围如表 2.4 所示。

表 2.4 南京某科技创新示范园区科创中心项目概况和招标范围

项目概况	建设地点	南京市浦口区
	建设规模	总用地面积 21 275.3 m²,总建筑面积 26 232.5 m²,地上建筑面积 26 232.5 m²,地下建筑面积 0 m²。建设内容包括:展示服务、办公、食堂、会议、门厅和公共服务、交通和辅助、地上机动车停车。本项目上部结构采用装配式钢结构技术,楼层 4 层,最大高度 21.1 m,最大跨度≥27 m,钢结构造价约×××万元
	合同估算价	20 000 万元(其中:工程设计费 670 万元)
	工期要求	总工期要求 108 日历天。设计开工日期:2018 年 7 月 20 日,施工开工日期:2018 年 8 月 5 日,工程竣工日期:2018 年 11 月 5 日
招标范围		设计(含方案设计的深化、扩初设计(含编制设计概算)、施工图设计、施工阶段现场配合)、施工(包含桩基工程(含试桩)、土石方工程、钢结构、土建及水电安装、通风空调工程、弱点智能化工程、消防工程、机电设备安装工程、装饰装修工程、幕墙工程、综合管网、景观绿化、楼宇亮化工程等及相关配套工程的施工及材料设备供货安装)、配套设施直至竣工验收合格及缺陷责任期内的保修等工程总承包的全部工作

2)招标资料

招标文件目录参见表 2.5。投标人须知前附表参见表 2.6。评标办法前附表参见表 2.7。具体评标办法参见表 2.8。

表 2.5 南京某科技创新示范园区科创中心项目招标文件目录

第一章 招标公告		
1 招标条件 2 项目概况与招标范围 3 投标人资格要求	4 招标文件的获取 5 资格审查 6 评标方法	7 投标文件的递交 8 发布公告的媒介 9 联系方式

续表

第二章　投标人须知前附表和投标人须知		
投标人须知前附表(表 2.6) 投标人须知 1 总则 1.1 项目概况 1.2 资金来源和落实情况 1.3 招标范围、计划工期和质量要求 1.4 投标人资格要求 1.5 费用承担和设计成果补偿 1.6 保密 1.7 语言文字 1.8 计量单位 1.9 踏勘现场 1.10 再发包和分包 1.11 偏离 1.12 知识产权 1.13 同义词语 2 招标文件 2.1 招标文件的组成 2.2 招标文件的澄清	2.3 招标文件的修改 2.4 最高投标限价 3 投标文件 3.1 投标文件的组成 3.2 投标报价 3.3 投标有效期 3.4 投标保证金 3.5 备选投标方案 3.6 资格审查资料 3.7 投标文件的编制 4 投标 4.1 投标文件备份的密封和标记 4.2 投标文件的递交 4.3 投标文件的修改与撤回 5 开标 5.1 开标时间、地点和投标人参会代表 5.2 开标程序 5.3 特殊情况处理 6 评标	6.1 评标委员会 6.2 评标原则 6.3 评标 6.4 评标结果公示 7 合同授予 7.1 定标方式 7.2 中标通知及中标结果公告 7.3 履约保证金 7.4 签订合同 8 纪律和监督 8.1 对招标人的纪律要求 8.2 对投标人的纪律要求 8.3 对评标委员会成员的纪律要求 8.4 对与评标活动有关的工作人员的纪律要求 8.5 异议与投诉 9 解释权 10 招标人补充的其他内容

第三章　评标办法		
评标办法前附表(表 2.7) 1 评标方法(表 2.8) 2 评审标准 2.1 评标入围 2.2 初步评审标准	2.3 详细评审 3 评标程序 3.1 评标准备 3.2 评标入围 3.3 初步评审	3.4 详细评审 3.5 投标文件的澄清和补正 3.6 推荐中标候选人

第四章　合同条款及格式
第五章　报价清单 报价清单综合说明
第六章　发包人要求
第七章　投标文件格式(封面、项目管理机构组成表)

表 2.6　投标人须知前附表

条款名称	编列内容
招标人	名　称:南京某科技创新示范园区开发建设有限公司 地　址:　　　　　邮　编: 联系人:　　　　　电　话:
招标代理机构	名　称:江苏某工程咨询有限公司 地　址:　　　　　邮　编: 联系人:　　　　　电　话:　　　　　传　真:
项目名称	南京某科技创新示范园区科创展示中心 EPC 工程总承包
建设地点	

条款名称	编列内容
资金来源	自筹
出资比例	100%
资金落实情况	已落实
合同价款支付方式	详见合同条款
招标范围	设计(含方案设计的深化、扩初设计(含编制设计概算)、施工图设计、施工阶段现场配合)、施工(包含桩基工程(含试桩)、土石方工程、钢结构、土建及水电安装、通风空调工程、弱电智能化工程、消防工程、机电设备安装工程、装饰装修工程、幕墙工程、综合管网、景观绿化、楼宇亮化工程等及相关配套工程的施工及材料设备供货安装)、配套设施直至竣工验收合格及缺陷责任期内的保修等工程总承包的全部工作
要求工期	总工期要求:108 日历天。 其中:设计开工日期:2018 年 7 月 20 日; 　　　施工开工日期:2018 年 8 月 5 日; 　　　工程竣工日期:2018 年 11 月 5 日。 除上述总工期外,发包人还要求以下节点工期(如有):无
质量要求	设计要求的质量标准:初步设计、施工图设计、设计概算以及后期相关服务质量必须达到国家有关要求,并须通过有关部门组织的专家审查。 施工要求的质量标准:施工质量符合设计图纸及国家有关标准规范要求,工程质量达到国家及行业现行施工验收规范合格标准
投标人资格要求	1. 企业应当具备下列资质条件: ① 设计资质:具备工程设计综合甲级或建筑行业(建筑工程)甲级(含)以上;(提供相关复印件加盖公章,原件核查) ② 施工资质:具备建筑工程施工总承包二级(含)以上资质且具备钢结构专业承包二级(含)及以上资质,并取得企业安全生产许可证;(提供相关复印件加盖公章,原件核查) 2. 企业应当具有以下类似工程业绩: (A) 总承包业绩要求:无 (B) 设计业绩要求:无 (C) 施工业绩要求:企业自 2014 年 6 月 1 日以来承担过单项合同工程造价 12 000 万元(含)及以上或建筑面积 15 000 m²(含)及以上的公共建筑(不含住宅小区、厂房)施工业绩。(时间以竣工验收证明为准,金额以中标通知书为准。须提供中标通知书、合同及竣工验收证明材料,缺一不可。相关特征须在中标通知书或合同或竣工验收证明书中体现,其他证明文件均不予认可;(以上材料需提供原件核查) 3. 项目经理应当具备下列资格条件: (1) 项目负责人:申请人拟委派的工程总承包项目负责人必须具备国家一级注册建筑师资格。(若为联合体投标,工程总承包负责人必须由设计单位人员担任,与设计负责人不可兼任);(提供相关证书的复印件加盖公章,原件核查) (2) 设计负责人:申请人拟委派的设计负责人必须具备国家一级注册建筑师资格;(提供相关证书的复印件加盖公章,原件核查) (3) 施工负责人:申请人拟委派的施工负责人必须具备建筑工程一级注册建造师,同时具有有效安全生产考核合格证书(B证)资格(提供相关复印件加盖公章,原件核查)

续表

条款名称	编列内容
投标人资格要求	4.项目经理应当承担过以下类似工程业绩之一： （A）总承包业绩要求：无 （B）设计业绩要求：设计负责人自2014年6月1日（时间以合同签订时间为准）以来承担过单项合同工程造价12 000万元（含）及以上或建筑面积15 000 m²（含）及以上的公共建筑（不含住宅小区、厂房）EPC工程总承包业绩（时间以合同签订时间为准，金额以中标通知书为准。须提供中标通知书、合同，缺一不可。相关特征须在中标通知书或合同中体现，其他证明文件均不予认可。以上材料需提供原件核查） （C）施工业绩要求：无 5.其他要求： （1）企业未处于被责令停业、投标资格被取消或者财产被接管，冻结和破产状态；（提供承诺书原件） （2）企业没有因骗取中标或者严重违约以及发生重大工程质量、安全生产事故等问题被有关部门暂停投标资格并在暂停期内的；（提供承诺书原件） （3）资格审查资料中的重要内容没有失实或弄虚作假；（提供承诺书原件） （4）符合法律、法规规定的其他条件；（提供承诺书原件） （5）施工负责人必须无在建工程，必须符合苏建规字〔2017〕1号文规定； （6）投标人应无下列行为：（提供承诺书原件） 1）有违反法律、法规行为，依法被取消投标资格且期限未满的； 2）因招投标活动中有违法违规和不良行为，被有关招投标行政监督部门公示且公示期限未满的
是否接受联合体投标	□ 不接受 √ 接受，应满足下列要求： 本工程接受联合体投标人的资格申请，必须由设计单位和施工单位组成不超过2家的联合体投标人参与投标，须设计单位为联合体牵头人，并附有联合体协议书；（提供联合体协议书原件） （1）联合体申请人的牵头人必须为设计单位； （2）所有联合体成员应共同签署联合体投标协议书，并且明确各方的权利与义务，提供联合体协议书原件并装订在资格后审申请书内； （3）联合体单位不超过两家
费用承担和设计成果补偿	√ 不补偿 □ 补偿，补偿标准
踏勘现场	投标人自行踏勘
再发包与分包	再发包与分包要求：不允许
偏　离	√ 不允许 □ 允许，允许偏离的内容、偏离范围和幅度
构成招标文件的其他材料	/
投标人要求澄清招标文件的截止时间	2018年7月2日17时00分
招标文件澄清发布时间	2018年7月2日17时00分

续表

条款名称	编列内容
最高投标限价	本工程招标控制价 20 000 万元(其中工程设计费:670 万元),超过此价格按废标处理
构成投标文件的材料	资格审查文件:按照第三章评标办法中资格评审标准编制。 商务标,包含但不限于: √ 投标函; √ 法定代表人身份证明或附有法定代表人身份证明的授权委托书; √ 联合体协议书(如有); √ 价格清单; √ 拟分包计划表(如有); √ 投标人基本情况表; √ 项目管理机构; √ 总承包项目经理简历表; √ 投标人(总承包项目经理)类似工程业绩一览表; √ 企业营业执照; √ 企业资质证书; √ 企业开户许可证; √ 安全生产许可证; √ 工程建设类注册执业资格证书或高级专业技术职称证书; √ 企业或总承包项目经理类似工程业绩(含中标通知书、工程总承包合同、竣工验收证明材料,直接发包项目可不提供中标通知书,但须提供发包人出具的加盖单位公章的直接发包证明)(如有); √ 投标保证金; √ 总承包项目经理、设计负责人、施工负责人养老保险缴费证明(2017 年 12 月—2018 年 5 月); √ 企业业绩、总承包项目经理业绩其他证明材料; 技术标(暗标),包含但不限于: √ 初步设计文件; √ 项目管理组织方案(不包含项目管理机构); 商务标、技术标、资格审查文件需分开装订成册
投标有效期	投标截止日后 90 日历天
合同价格形式	√ 总价合同 □ 成本加酬金合同 □ 费率合同
计价原则	1. 设计计价原则: 参照《工程勘察设计收费标准》及相关规定 2. 施工图预算计价原则: (1) 工程施工费采用工程量清单计价模式进行计价; (2) 施工图预算为施工图经审查批准后,由咨询单位组织编制,发包人组织承包人核对会审后,报送备案;经批复的施工图预算作为工程计量支付和投资控制依据; (3) 工程施工费以经批准的施工图预算和经发包人审定的人工、主要材料价格调整差价以及变更签证价款为基础,按投标单位施工报价和合同约定的竣工结算价计算方法确定工程施工费用

条款名称	编列内容
计价原则	(4) 施工图预算编制原则: ① 分部分项工程清单综合单价的计价:以《建设工程工程量清单计价规范》(GB 50500—2013)、2014 版《江苏省建筑与装饰工程计价定额》、2014 版《江苏省市政工程计价定额》、2014 版《江苏省安装工程计价定额》、2007 版《江苏省园林定额》和《江苏省建设工程费用定额》(2014 年)及营改增后调整内容为计价依据;以合同基准期江苏省及南京市现行有关人工、机械费调整文件,以及《南京市工程造价管理》发布的材料(含设备)市场指导价为计价依据; ② 措施项目费计算原则:措施项目费按施工图和常规施工方法进行计算;按费率计取的措施项目费按费用定额给定的中间值作为计取依据; ③ 按国家及省、市规定计取规费及税金
投标保证金递交	投标保证金的金额 60(万元): 是否委托南京市公共资源交易中心浦口分中心代收代退:☑ 是 投标保证金的形式: ☑ 电汇 ☑ 转账支票 ☑ 汇票(以上必须是本单位基本账户开出)□ 保函 户名(收款人):南京市公共资源交易中心某某分中心 账号:开户银行:中国工商银行股份有限公司南京珠江支行 地点:
是否允许递交备选投标方案	□ 允许 √ 不允许
投标文件副本份数	正本壹份,副本捌份;当副本和正本不一致时,以正本为准,但副本和正本内容不一致造成的评标差错由投标人自行承担; 电子文件壹份,提供完整的投标内容含有设计方案电子文件以及商务标、技术标、资格审查文件所有电子文档,媒介为光盘或 U 盘
装订要求	投标文件的商务标、资格审查文件正本和副本用 A4 纸编制和复制,初步设计文件采用 A3 纸张编制和复制,项目管理组织方案采用 A4 纸张编制和复制。投标文件的正本和副本应采用胶装方式左侧装订,注明页码,不得采用活页夹等可随时拆换的方式装订,不得有零散页。投标文件应严格按照第七章"投标文件格式"的内容装订;若同一册的内容较多,可装订成若干分册,并在封面标明次序及册数。电子文件要求单独包封在一个密封袋中,在封袋上注明投标单位名称并加盖单位公章,与投标文件同时提交
封套上应载明的信息	招标人名称:南京某科技创新示范园区开发建设有限公司 项目名称: 工程总承包 投标文件在 年 月 日 时 分前不得开启
投标截止时间	2018 年 7 月 16 日 9 时 30 分
递交投标文件地点	
开标时间和地点	开标时间:同投标截止时间 开标地点:
开标程序	密封情况检查:投标人代表确认投标文件密封完整状况 开标顺序:投标签到的逆顺序

条款名称	编列内容
评标委员会的组建	评标委员会构成:9 人,其中招标人代表1 人,专家8 人; 拟建的评标委员会人员组成如下:9 人,其中招标人评委 1 人,抽取评标专家 8 人。评标委员会中招标人评委为技术评委且具备评标专家的相应条件。其余评标专家从南京市公共资源评委库中随机抽取的方式确定
是否授权评标委员会确定中标人	□ 是 √ 否,推荐的中标候选人数:3 人
履约保证金	履约担保的形式:银行保函、工程担保、工程保证保险,由投标申请人法人基本存款账户开户行出具; 履约担保的金额:中标价(签约合同价)的 10%; 提交履约担保的时间:在中标通知书发出后 30 日天内; 中标人不能按要求提交履约担保的,视为放弃中标,其投标保证金不予退还,给招标人造成的损失超过投标保证金数额的,中标人还应当对超过部分予以赔偿。 同时,招标人向中标人出具等额的支付担保
两阶段开评标要求	本项目采用两阶段评标。投标人应当按照招标文件的要求编制、递交投标文件(一般包括两部分:一是设计文件部分,二是投标文件的商务技术部分,包括资格审查材料、工程总承包报价、项目管理组织方案以及工程业绩等)。开标、评标活动分两个阶段进行: 第一阶段:先开启设计文件部分,并先对设计文件进行评审。在设计文件评审合格(得分 60% 以上)的投标人中,只有设计文件得分汇总排在前 5 名的,才能进入第二阶段开标、评标;设计文件评审合格的投标人少于 5 名的,全部进入第二阶段开标、评标。如发生得分相同的,则按照投标报价低的单位入围,如报价仍然相同,则采用随机抽签方式确定入围单位。 第二阶段:开启投标文件的商务技术部分(仅针对进入第二阶段的投标文件进行),并按照招标文件规定的评标方法完成评审,实行资格后审的,还应对投标人的资格进行审查

表 2.7　评标办法前附表

评审因素		评审标准
形式评审标准	投标人名称	与营业执照、资质证书一致
	投标函签字盖章	有法定代表人的签章并加盖法人印章
	报价唯一	只能有一个有效报价
	暗标	投标文件的技术标均采用宋体、字体小四、行间距 1.5 倍编制。其中:初步设计文件按 A3 规格单独装订成册,项目组织方案按 A4 规格单独装订成册。投标文件中技术标(含初步设计文件、项目管理组织方案)统一使用白色封面为暗标,应单独封装,密封在一个封袋内,并在封袋上标明"技术标"字样和写上投标单位名称,封袋内的"技术标"中不得出现可识别投标人身份的任何字符和徽标(包括文字、符号、图案、标识、标志、人员姓名、企业名称、投标人独享的企业标准或编号等),相关人员姓名应以职务或职称代替

续表

评审因素	评审标准	
资格评审标准	营业执照	提供营业执照复印件加盖公章;如果是联合体,则需提供牵头人和所有成员的营业执照的复印件加盖公章
	安全生产许可证	具备有效的证书
	资质证书	具备有效的资质证书
	资质等级	企业应当具备下列资质条件: ① 设计资质:具备工程设计综合甲级或建筑行业(建筑工程)甲级(含)以上; ② 施工资质:具备建筑工程施工总承包二级(含)以上资质且具备钢结构专业承包二级(含)及以上资质,并取得企业安全生产许可证。(提供相关复印件加盖公章)
	业绩要求	(1) 设计负责人业绩:设计负责人自 2014 年 6 月 1 日(时间以合同签订时间为准)以来承担过单项合同工程造价 12 000 万元(含)及以上或建筑面积 15 000 m²(含)及以上的公共建筑(不含住宅小区、厂房)EPC 工程总承包业绩(时间以合同签订时间为准,金额以中标通知书为准。须提供中标通知书、合同,缺一不可。相关特征须在中标通知书或合同中体现,其他证明文件均不予认可。以上材料需提供原件核查) (2) 施工业绩:企业自 2014 年 6 月 1 日以来承担过单项合同工程造价 12 000 万元(含)及以上或建筑面积 15 000 m²(含)及以上的公共建筑(不含住宅小区、厂房)施工业绩。(时间以竣工验收证明为准,金额以中标通知书为准。须提供中标通知书、合同及竣工验收证明材料,缺一不可。相关特征须在中标通知书或合同或竣工验收证明书中体现,其他证明文件均不予认可。以上材料需提供原件核查)
	拟派项目负责人要求	申请人拟委派的工程总承包项目负责人必须具备国家一级注册建筑师资格(若为联合体投标,工程总承包负责人必须由设计单位人员担任,与设计负责人不可兼任),(提供相关证书的复印件加盖公章,原件核查)并提供社保机构出具的近 6 个月(2017 年 12 月至 2018 年 5 月)投标申请人为其缴纳的养老保险金缴费证明材料(并加盖社保中心章或社保中心参保缴费证明电子专用章)
	设计负责人	申请人拟委派的设计负责人必须具备国家一级注册建筑师资格(提供相关证书的复印件加盖公章,原件核查)并提供社保机构出具的近 6 个月(2017 年 12 月至 2018 年 5 月)投标申请人为其缴纳的养老保险金缴费证明材料(并加盖社保中心章或社保中心参保缴费证明电子专用章)
	施工项目负责人	申请人拟委派的施工项目负责人必须具备建筑工程一级注册建造师,同时具有有效安全生产考核合格证书(B 证)资格。(提供相关证书的复印件加盖公章,原件核查)并提供社保机构出具的近 6 个月(2017 年 12 月至 2018 年 5 月)投标申请人为其缴纳的养老保险金缴费证明材料(并加盖社保中心章或社保中心参保缴费证明电子专用章)

续表

评审因素		评审标准
资格评审标准	承诺书	(1) 企业未处于被责令停业、投标资格被取消或者财产被接管,冻结和破产状态。(提供承诺书原件) (2) 企业没有因骗取中标或者严重违约以及发生重大工程质量、安全生产事故等问题被有关部门暂停投标资格并在暂停期内的。(提供承诺书原件) (3) 资格审查资料中的重要内容没有失实或弄虚作假。(提供承诺书原件) (4) 符合法律、法规规定的其他条件。(提供承诺书原件) (5) 投标人应无下列行为:(提供承诺书原件) 1) 有违反法律、法规行为,依法被取消投标资格且期限未满的; 2) 因招投标活动中有违法违规和不良行为,被有关招投标行政监督部门公示且公示期限未满的。 以上承诺书内容必须全部包含,由投标人自行草拟
	联合体投标	(1) 联合体申请人的牵头人必须为设计单位; (2) 所有联合体成员应共同签署联合体投标协议书,并且明确各方的权利与义务,提供联合体协议书原件并装订在资格后审申请书内; (3) 联合体单位不超过两家
	其他	本次招标不接受投标人红黄牌警示单位和项目负责人投标(红、黄牌警示信息均以南京市公共资源交易中心网上发布的信息为准)
响应性评审标准	投标内容	符合"投标人须知"规定
	工期	投标函中载明的工期符合第二章"投标人须知"
	工程质量	投标函中载明的质量符合第二章"投标人须知"
	投标有效期	投标函附录中承诺的投标有效期符合第二章"投标人须知"
	投标保证金	符合第二章"投标人须知"

表 2.8　评标办法

分值构成 (总分 100 分)			初步设计文件:20 分;工程总承包报价:68 分 项目管理组织方案:11 分;工程业绩:1 分
序号	评分项	评分因素	评分标准
1	初步设计文件(20)	1. 设计说明书(3分)	(1) 对项目的设计方案解读准确,构思新颖。(1 分≥优>0.8 分;0.8 分≥良>0.6 分;0.6 分≥中>0.4 分;差、无此部分内容不得分) (2) 简述各专业的设计特点和系统组成。(1 分≥优>0.8 分;0.8 分≥良>0.6 分;0.6 分≥中>0.4 分;差、无此部分内容不得分) (3) 项目设计的各项主要技术经济指标满足招标人功能需求。(1 分≥优>0.8 分;0.8 分≥良>0.6 分;0.6 分≥中>0.4 分;差、无此部分内容不得分)

续表

序号	评分项	评分因素	评分标准
1	初步设计文件(20)	2. 总平面设计(3分)	(1) 总平面设计构思及指导思想。(1分≥优>0.8分;0.8分≥良>0.6分;0.6分≥中>0.4分;差、无此部分内容不得分) (2) 总平面设计结合自然环境和地域文脉,综合考虑地形、地质、日照、通风、防火、卫生、交通及环境保护等要求进行总体布局,使其满足使用功能、城市规划要求。(1分≥优>0.8分;0.8分≥良>0.6分;0.6分≥中>0.4分;差、无此部分内容不得分) (3) 总平面设计技术安全、经济合理性、节能、节地、节水、节材等。(1分≥优>0.8分;0.8分≥良>0.6分;0.6分≥中>0.4分;差、无此部分内容不得分)
		3. 建筑设计(3分)	(1) 建筑设计各项内容完整合理并满足设计任务书要求、符合国家规范标准及地方规划要求要求。(2分≥优>1.6分;1.6分≥良>1.2分;1.2分≥中>0.8分;差、无此部分内容不得分) (2) 各项经济技术指标满足招标人功能需求。(1分≥优>0.8分;0.8分≥良>0.6分;0.6分≥中>0.4分;差、无此部分内容不得分)
		4. 结构设计(3分)	(1) 结构设计各项内容完整合理并符合计任务书、符合国家规范标准要求。(1分≥优>0.8分;0.8分≥良>0.6分;0.6分≥中>0.4分;差、无此部分内容不得分) (2) 结构布置图和计算书符合国家法律法规及规范标准要求。(2分≥优>1.6分;1.6分≥良>1.2分;1.2分≥中>0.8分;差、无此部分内容不得分)
		5. 设备设计(建筑电气、给水排水、供暖通风与空气调节、热能动力等专项设计)(4分)	(1) 各专业设计内容完整合理并满足设计任务书要求、符合国家规范标准及地方规划要求。(3分≥优>2.4分;2.4分≥良>1.8分;1.8分≥中>1.2分;差、无此部分内容不得分) (2) 各专业设计的经济技术指标满足招标人功能需求。(1分≥优>0.8分;0.8分≥良>0.6分;0.6分≥中>0.4分;差、无此部分内容不得分)
		6. 新技术、新材料、新设备和新结构应用(1分)	新技术、新材料、新设备和新结构的应用。(1分≥优>0.8分;0.8分≥良>0.6分;0.6分≥中>0.4分;差、无此部分内容不得分)
		7. 绿色建筑与装配式建筑设计(1分)	采用科学合理的绿色建筑(建筑节能)措施、装配式技术。(1分≥优>0.8分;0.8分≥良>0.6分;0.6分≥中>0.4分;差、无此部分内容不得分)
		8. 经济分析(1分)	概算文件编制内容完整、合理。(1分≥优>0.8分;0.8分≥良>0.6分;0.6分≥中>0.4分;差、无此部分内容不得分)

序号	评分项	评分因素	评分标准
1	初步设计文件(20)	9. 设计深度(1分)	符合设计任务书要求、符合国家规定的《建筑工程设计文件编制深度规定》。（1分≥优>0.8分；0.8分≥良>0.6分；0.6分≥中>0.4分；差、无此部分内容不得分）
2	工程总承包报价(68分)	报价评审（工程总承包范围内的所有费用）(68分)	以有效投标文件的工程总承包报价进行算术平均，该平均值下浮5%为评标基准价。工程总承包投标报价等于或者低于评标基准价的得满分，每高1%的所扣分值不少于0.6分。偏离不足1%的，按照插入法计算得分
3	项目管理组织方案(11分)	1. 总体概述(2分)	工程总承包的总体设想、组织形式、各项管理目标及控制措施、设计、施工实施计划、设计与施工的协调措施。（2分≥优>1.6分；1.6分≥良>1.2分；1.2分≥中>0.8分；差、无此部分内容不得分）
		2. 采购管理方案(1分)	采购工作程序、采购执行计划、采买、催交与检验、运输与交付、采购变更管理、仓储管理。（1分≥优>0.8分；0.8分≥良>0.6分；0.6分≥中>0.4分；差、无此部分内容不得分）
		3. 施工平面布置规划(1分)	施工现场平面布置和临时设施、临时道路布置。（1分≥优>0.8分；0.8分≥良>0.6分；0.6分≥中>0.4分；差、无此部分内容不得分）
		4. 施工的重点难点(2分)	关键施工技术、工艺及工程项目实施的重点、难点和解决方案。（2分≥优>1.6分；1.6分≥良>1.2分；1.2分≥中>0.8分；差、无此部分内容不得分）
		5. 施工资源投入计划(1分)	劳动力、机械设备和材料投入计划。（1分≥优>0.8分；0.8分≥良>0.6分；0.6分≥中>0.4分；差、无此部分内容不得分）
		6. 项目管理机构(2分)	（1）施工负责人：具备建筑工程一级注册建造师的，得0.5分；同时具有中级职称加0.25分，高级及以上职称加0.5分；满分1分。（提供证书的复印件加盖公章，原件核查） （2）设计负责人：具备国家一级注册建筑师资格，得0.5分；同时具有中级职称加0.25分，高级及以上职称加0.5分；满分1分。（提供证书的复印件加盖公章，原件核查）
		7. 新技术、新产品、新工艺、新材料(1分)	采用新技术、新产品、新工艺、新材料的情况。（1分≥优>0.8分；0.8分≥良>0.6分；0.6分≥中>0.4分；差、无此部分内容不得分）

序号	评分项	评分因素	评分标准
3	项目管理组织方案（11分）	8. 建筑信息模型（BIM）技术（1分）	建筑信息模型（BIM）技术的使用。（1分≥优＞0.8分；0.8分≥良＞0.6分；0.6分≥中＞0.4分；差、无此部分内容不得分）
		注：(1) 项目管理组织方案总篇幅不得超过100页，按A4纸张数量计取，每超出10页扣0.1分，扣完为止。 (2) 项目管理组织方案各评分点得分应当取所有技术标评委评分中分别去掉一个最高和最低评分后的平均值为最终得分。项目管理组织方案中（项目管理机构评分点除外）除缺少相应内容的评审要点不得分外，其他各项评审要点得分不应低于该评审要点满分的70%	
4	工程业绩（1分）	投标人类似工程业绩（1分）	投标人自2014年6月1日以来承担过单项合同工程造价12 000万元（含）及以上或建筑面积15 000平方米（含）及以上的公共建筑（不含住宅小区、厂房）EPC工程总承包业绩；得1分。 时间以竣工验收证明为准，金额以中标通知书为准。须提供中标通知书、合同及竣工验收证明材料，缺一不可。相关特征须在中标通知书或合同或竣工验收证明书中体现，其他证明文件均不予认可。如仅有设计业绩仅需提供设计合同，时间、金额以设计合同为准。以上证明材料需提供原件核查。 如仅有类似设计业绩乘0.8，如仅有类似施工业绩乘0.7。 注：联合体承担过的工程总承包业绩分值计算方法为：牵头方按该项分值的100%计取、参与方按该项分值的60%计取

注：①评标办法所涉及的所有材料均需提供复印件及原件核查，无原件或原件不全均不得分，公证件、彩色扫描件均不视为原件。

②投标单位提供的所有材料、人员证书必须真实可靠，如发现弄虚作假，则取消其本工程的中标资格，并向建设行政主管部门汇报。投标单位所提供的业绩证明材料必须真实可靠，招标人将对业绩的真实性及相关工程的实施情况进行调查，如发现投标人弄虚作假，则取消其本工程的投标资格，并向建设行政主管部门汇报；评标委员会成员按照上述评分细则进行评审、打分，设计工作组织方案由评委各自独立打分，打分的平均值即为该投标人该项的得分（当评标委员会组成人员为5人及以上时，去掉一个最高分、一个最低分后计算平均值），评委会根据总分由高到低排序，推荐一至三名中标候选人。若总分相同，以设计工作组织方案得分高者排名在前，若组织方案得分相同则由评委会抽取确定。

③本项目采用两阶段评标。投标人应当按照招标文件的要求编制、递交投标文件（一般包括两部分：一是设计文件部分，二是投标文件的商务技术部分，包括资格审查材料、工程总承包报价、项目管理组织方案以及工程业绩等）。开标、评标活动分两个阶段进行：第一阶段：先开启设计文件部分，并先对设计文件进行评审。在设计文件评审合格（得分60%以上）的投标人中，只有设计文件得分汇总排在前5名的，才能进入第二阶段开标、评标；设计文件评审合格的投标人少于5名的，全部进入第二阶段开标、评标。如发生得分相同的，则按照投标报价低的单位入围，如报价仍然相同，则采用随机抽签方式确定入围单位。第二阶段：开启投标文件的商务技术部分（仅针对进入第二阶段的投标文件进行），并按照招标文件规定的评标方法完成评审，实行资格后审的，还应对投标人的资格进行审查。

2.2 装配式建筑总承包的投标管理

投标是指投标人接到招标通知后，根据招标通知的要求填写、编制相关文件（统称投标文件),并将其送交给招标人的行为。投标人在编制投标文件时,一定要先获得投标资格。取得投标资格后,投标人再认真研究招标文件,并根据招标文件的要求进行填写和报价。

2.2.1 装配式建筑总承包商务标的编制

商务标是指投标人提交的证明其有资格参加投标和中标后有能力履行合同的文件,包括公司的资质、执照、获奖证书等,有的还需要安全生产许可证、企业简介,具体按照招标文件要求提供。

1)商务标内容

(1)投标函、投标函附录和保证金。

(2)身份证明与授权委托书。包括:法定代表人的身份证明,联合体牵头单位与成员单位身份证明;牵头单位与成员单位的授权委托书。

(3)工程总承包报价附表和工程量清单报价表。

(4)项目管理机构组成表。工程总承包项目经理和主要项目管理人员简历表(项目负责人、设计负责人、施工负责人)、投标人基本情况和项目管理机构组成人员情况、投标人(工程总承包项目经理)类似工程业绩一览表及证明材料等。

(5)其他资料。按照招标文件要求提供企业营业执照、企业资质证书、企业开户行许可证、安全生产许可证、投标人财务报表、投标人过往业绩等资料。

2)编制过程

(1)研究招标文件。首先查看本单位的资质、业绩、人员是否符合招标文件的强制性要求,弄清项目规模和合同条款;确定施工难易度、施工环境、资金落实情况,以便选择投标策略。同时,还要标注招标文件中的模糊内容以及不能完全理解的内容,以便在答疑会上进行澄清说明。

(2)拟定目录。拟定目录是编制投标书的首要环节,投标文件的目录不仅要响应招标文件还要与招标文件目录尽量保持一致,便于评标人能够对照阅读,尤其不能遗漏招标文件规定的强制性内容。可以适当插入能够体现企业优势的内容,以便突出企业优势。

(3)人员安排。投标文件中要附上参与项目的主要人员的简历,并要对应本企业的类似工程业绩,同时提供证明。

(4)业绩安排。若招标文件当中有对同类工程业绩的强制性要求,首先要满足其要求。如果没有强制性要求,则尽量列举最近3~5年内的同类或相似的工程施工业绩。

(5)审查投标书。审查内容有如下几点:是否满足强制性规定和标准,是否满足工期、质量、成本、安全以及招标文件规定的其他目标,机械设备的数量和配置是否合理,专业技术实力和企业的组织结构是否满足开工要求。

3)注意事项

(1)详尽了解招标文件,必要时勘查现场。编制商务标前,详尽了解招标文件要求的全部内容,例如:投标须知、范围、施工图纸、技术规范。必要时需到项目所在地对甲方或甲方委托的设计代表针对工程相关内容进行提问并认真听取解答。

（2）确定单价。单价包含直接费（人工费、材料费、机械费）、管理费以及利润三个部分。单价决定工程造价的高低。对于项目所处地区、施工环境和劳动力、工程性质、建筑材料供应条件等差别，以及工期长短等方面进行全面综合考虑。

（3）按照甲方意图细算造价。按照招标文件中的计价原则和投标报价构成等提供报价。商务标的编制与工程预决算的编制尽管相似之处，即都是以定额、规范、图纸为依据进行编制，但是它们的用途不一样。编制商务标的目的是在投标中中标，因此要按照业主的要求和意图进行编制，否则即使拥有其他优势条件，也不一定能中标。

（4）理解图纸和资料，准确计算工程量。按照设计图纸和工程任务单逐步计算工程量，注意图纸中的特别说明和工程任务单的单位，防止不算、少算工程量。

2.2.2　装配式建筑总承包技术标的编制

技术标是根据工程施工内容编制的项目管理方案、施工组织设计等内容，主要指投标产品的技术参数以及技术相应情况。如果是建设项目，则包括全部施工组织设计内容，用以评价投标人的技术实力和建设经验。应当认真按照规定填写标书文件中的技术部分，包括技术方案、产品技术资料、实施计划等。

1）技术标内容

（1）概述。主要包括本公司情况：项目简要介绍、项目范围、工程总承包的总体设想、组织形式、各项管理目标及控制措施、设计、施工实施计划与协调等。

（2）采购管理方案。该部分主要包括项目设备、材料、部品部件类型说明、采购组织构架，人员及工作职责、采购工作程序、采购执行计划、采买催交和检验、运输与交付、采购变更管理、仓储管理等。

（3）施工平面布置规划。

（4）施工的重点难点。

（5）施工资源投入计划。包括劳动力投入计划、机械设备投入计划、材料投入计划等等。

（6）新技术、新产品、新工艺、新材料。

（7）建筑信息模型。建筑信息模型（Building Information Modeling，BIM），是以建筑工程项目的各项相关信息数据作为模型的基础，进行建筑模型的建立，通过数字信息仿真模拟建筑物所具有的真实信息。它具有可视化、协调性、模拟性、优化性和可出图性五大特点。为了进一步强化装配式建筑的建造效果，需要将BIM技术融入建筑的设计阶段、施工阶段及运维阶段中去，能够展现出较强的应用性价值，对提升建筑产业现代化发展具有重要作用。因此，该部分内容应该特别关注。

2）注意事项

技术标编制要遵循"可行、经济、先进"的原则，并和商务标有机衔接。认真研究招标文件，对招标文件描述不清或隐含的条款，要积极向招标人咨询。对工程施工和大型设备安装,应当进行详细的现场勘查,对水、电、路等现场情况做到心中有数,对有可能发生的情况做出准确预测。针对发现的问题,要在规定时限内向招标人提出质疑,并积极参加答疑会。

施工方案是报价的前提和基础,也是影响评标结果的重要因素之一。重点是提高投标文件的技术含量,采用先进的管理技术,选择合理的施工工艺、机械设备;有效保障原材料和部品部件供应,降低二次搬运以及材料消耗率;在确保完成质量、工期、安全等目标的前提下科学地进行施工组织设计,以降低工程造价。

技术标应响应招标文件的实质性要求,要与招标文件要求的技术标内容逐项对应,做到"应有尽有",防止漏项。招标文件要求提交的技术图纸、会计报表、业绩信誉等,要注意其全面性、有效性。保证投标计算前确定好施工方法和施工进度,做到与合同计价协调一致。

技术标一般要求是"暗标",即提供统一技术标格式,不在技术标中体现投标人名称和相关信息。此时,投标人更应注意严格按照招标文件要求进行文档编辑、装订。

投标人应选择恰当的策略进行投标,在低价、信誉、改进设计、缩短工期、特殊、先进的施工方式等体现。采取的策略如:突出施工企业优势,如技术力量、装备、业绩等;强调自身质量管理的水平要高于业主要求的水平;突出工期管控优势,在满足业主工期要求的同时提出缩短工期的措施和方案。

2.2.3　装配式工程总承包投标案例分析

以某建筑设计股份有限公司和某建设有限公司组成的某装配式建筑联合体的投标资料为例。

1)商务标资料

投标文件的商务标目录参见表2.9。投标函参见表2.10。投标函附录参见表2.11。

表 2.9　商务标目录

一、投标函、投标函附录、保证金	7.2 工程总承包项目经理及主要项目管理人员简历表(设计负责人)
1.1 投标函	
1.2 投标函附录（表 2.10）	7.3 工程总承包项目经理及主要项目管理人员简历表(施工负责人)
1.3 投标保证金缴纳证明	
二、工程总承包报价附表	八、投标人(工程总承包项目经理)类似工程业绩一览表
三、法定代表人身份证明	
3.1 联合体牵头单位	九、拟再发包计划表(无)
3.2 联合体成员单位	十、拟分包计划表(无)
四、授权委托书	十一、设计文件标
4.1 (牵头单位)授权委托书	十二、工程总承包报价工程量清单报价表
4.2 (成员单位)授权委托书	十三、其他资料
五、联合体协议书	13.1 企业营业执照
六、投标人基本情况表	13.2 企业资质证书
6.1 联合体牵头单位	13.3 企业开户许可证
6.2 联合体成员单位	13.4 安全生产许可证
七、项目管理机构组成表	13.5 工程建设类注册执业资格证书或高级专业技术职称证书
7.1 工程总承包项目经理及主要项目管理人员简历表(项目负责人)	

13.5.1 项目负责人(一级注册建筑师证、高级建筑师证)	13.6.2 设计负责人养老保险缴费证明
	13.6.3 施工负责人养老保险缴费证明
13.5.2 设计负责人(一级注册建筑师证、高级建筑师证)	13.7 企业业绩、总承包项目经理业绩其他证明材料
13.5.3 施工负责人(安全生产 B 证、一级建造师证、工程师证)	13.7.1 工程总承包项目经理类似工程业绩证明材料(合同)
13.5.4 项目管理机构成员证书	13.7.2 设计负责人业绩证明材料(中标通知书、合同)
13.6 总承包项目经理、设计负责人、施工负责人养老保险缴费证明	13.7.3 施工企业业绩证明材料(中标通知书、合同、竣工验收证明)
13.6.1 总承包项目经理养老保险缴费证明	

表 2.10 投标函

投标函

1. 根据你方项目编号为 APK180422-03FG 的南京国家现代农业产业科技创新示范园区科创中心项目展示中心 EPC 工程总承包招标文件,遵照《中华人民共和国招标投标法》等有关规定,经踏勘项目现场和研究上述招标文件的投标须知、合同条款、工程建设标准、发包人要求及其他有关文件后,我方愿以人民币(大写:壹亿捌仟壹佰万零叁佰肆拾壹圆柒角)元(RMB¥181 000 341.7 元)的工程总承包报价,总工期 108 日历天,按合同约定实施本项目的设计—施工工程总承包,并承担任何质量缺陷保修责任。我方保证工程质量达到标准。

2. 我方承诺不存在第二章"投标人须知"第 1.4.3 项和第 1.4.4 项规定的任何一种情形。

3. 我方承诺拟派项目负责人满足第二章"投标人须知"第 1.4.1 项中对项目负责人是否有在建工程的相关要求。

4. 我方承诺在本次投标过程中无弄虚作假和串通投标等违法、违规行为,并愿意承担因弄虚作假和串通投标所引起的一切法律责任。

5. 我方承诺在投标有效期内不修改、撤销投标文件。

6. 如我方中标:

(1) 我方承诺在收到中标通知书后,在中标通知书规定的期限内与你方签订合同。

(2) 我方承诺按照招标文件规定向你方递交履约担保。

(3) 我方承诺在合同约定的期限内完成并移交全部合同工程。

投标人:南京某建筑设计股份有限公司、上海某建设有限公司(盖单位公章)

单位地址:×××　　×××

法定代表人或其委托代理人:(签字或盖章)

邮政编码:201900

电话:×××　　×××　　　传真:×××　　×××

日期:2018 年 7 月 15 日

表 2.11 投标函附录

条款名称	约定内容	备注
工程总承包项目经理	姓名:××× 职业资格证书(职称证书)名称及等级: 国家一级注册建筑师、高级建筑师	
☑设计负责人	姓名:××× 职业资格证书(职称证书)名称及等级: 国家一级注册建筑师、高级建筑师	

条款名称	约定内容	备注
☑施工项目经理	姓名：××× 职业资格证书（职称证书）名称及等级： 国家建筑工程一级注册建造师、工程师	
投标有效期	天数：90 日历天（从投标截止之日算起）	
工期	总工期：108 天， 设计开工日期：2018 年 7 月 20 日， 施工开工日期：2018 年 8 月 5 日， 工程竣工日期：2018 年 11 月 5 日。 节点工期：	
是否接受招标文件中的合同条款	是	
是否响应招标文件中的技术标准及要求	是	
工程质量	☑ 设计：初步设计、施工图设计、设计概算以及后期相关服务质量达到国家有关要求，并通过有关部门组织的专家审查。 □ 采购： ☑施工：施工质量符合设计图纸及国家有关标准规范要求，工程质量达到国家及行业现行施工验收规范合格标准。 □ 其他：	
再发包工程	无	
分包工程	无	
是否响应招标文件中的招标范围	是	

法定代表人身份证明

联合体牵头单位法定代表人身份证明 投标人：南京某建筑设计股份有限公司 单位性质：股份有限公司 地　　址：××× 成立时间：2009 年 10 月 23 日 经营期限：2009 年 10 月 23 日—2059 年 10 月 22 日 姓　　名：×××　　性　　别：男 年　　龄：×××　　职　　务：董事长 系（投标人名称）的法定代表人。 特此证明。 投标人：南京某建筑设计股份有限公司（盖单位章） 2018 年 7 月 15 日	联合体成员单位法定代表人身份证明 投标人：上海某建设有限公司 单位性质：国有企业 地　　址：××× 成立时间：2003 年 9 月 25 日 经营期限：2003 年 9 月 25 日—2023 年 9 月 24 日 姓　　名：×××　　性　　别：男 年　　龄：×××　　职　　务：总经理 系（投标人名称）的法定代表人。 特此证明。 投标人：上海某建设有限公司（盖单位章） 2018 年 7 月 15 日

2）技术标资料

投标文件中的技术标目录参见表2.12。施工组织总体设想参见表2.13。装配式建筑总承包项目组织机构参见图2.4。

表2.12　技术标目录

一、总体概述	3.2 临时设施、临时道路布置
1.1 项目简要介绍	四、施工的重点难点
1.2 项目范围	4.1 装配式施工技术
1.3 工程总承包的总体设想	4.2 EPC总承包管理难度大
1.4 组织形式	4.3 钢框架、钢排架、大面积玻璃幕墙等结构
1.5 各项管理目标及控制措施	五、施工资源投入计划
1.6 设计实施计划	5.1 劳动力投入计划
1.7 施工实施计划	5.2 机械设备投入计划
1.8 设计与施工的协调	5.3 材料投入计划
二、采购管理方案	六、新技术、新产品、新工艺、新材料
2.1 项目设备、材料、部品部件类型说明	6.1 四新技术介绍
2.2 采购组织构架、人员及工作职责	6.2 住建部建筑业十项新技术应用计划
2.3 采购工作程序	6.3 其他新技术应用计划
2.4 采购执行计划	七、建筑信息模型（BIM）技术
2.5 采买、催交与检验	7.1 前言
2.6 运输与交付	7.2 BIM组织体系
2.7 采购变更管理	7.3 BIM技术在装配式建筑设计阶段的应用价值
2.8 仓储管理	7.4 BIM技术在装配式建筑施工阶段的应用价值
三、施工平面布置规划	7.5 BIM技术在装配式建筑运维阶段的应用价值
3.1 施工现场平面布置	

表2.13　施工组织总体设想

序号	施工区域名称	施工任务
1	施工图设计文件	中标后，EPC总承包项目部设计管理部组织相应人员，在初步设计的基础上加快施工图设计进度，尽快拿出经审查合格的施工图文件，满足业主需求和现场施工为基本判定条件
2	设备和物资采购	工程中标后，EPC总承包项目部物资采购管理部，应主动同业主、设计管理部联系，尽早确认需要采购的材料品牌和范围，按照采购工期制订分类、分批采购计划，确保优质、高效、按期将各种设备和物资供应到场
3	现场道路	为确保能够顺利实施施工任务，施工现场设置环形道路，并将环形道路按照楼栋基本延伸到各个拟建建筑物周围，方便进行施工生产
4	垂直运输设备	因采用装配式钢结构施工，垂直运输拟采用履带吊、汽车吊等，在主体、幕墙、装饰、机电等施工阶段完全满足施工需求
5	场地布置设想	桩基施工阶段，在场内集中设置管桩堆放。地上结构施工阶段，在靠近各楼栋设置集中加工场地及材料堆场。采用叉车及小型运输车运输到各楼栋位置；机电安装、装饰装修及外幕墙工程场地设置在单体四周垂直运输设备周边

序　号	施工区域名称	施工任务
6	EPC 项目管理	整个施工过程中加强 EPC 总承包的管理与协调,发挥 EPC 总包管理职能和优势,对各专业施工流程、施工方法、系统试验、与其他专业配合交叉的施工办法、劳动、机具、材料等进行统筹安排,按工程总进度要求,合理布置工作面和工序交叉,确保按期交工
7	竣工验收和移交	机电综合调试及室外工程完成,且各专项验收完成后,进行竣工验收。并在过程管理中,及早准备,确保竣工验收和移交顺利进行

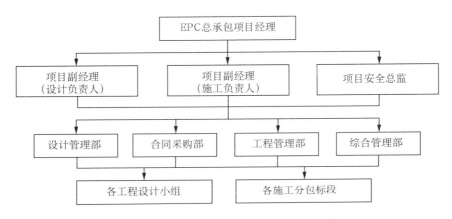

图 2.4　装配式建筑总承包项目组织机构图

3 装配式建筑总承包合同管理

3.1 装配式建筑总承包合同概述

3.1.1 装配式建筑总承包合同的定义和特点

1）装配式建筑总承包合同的定义

装配式建筑是用预制部品部件在工地装配而成的建筑。装配式建筑应坚持标准化设计、工厂化生产、装配化施工、一体化装修、信息化管理、智能化应用，提高技术水平和工程质量，促进建筑产业转型升级。国务院办公厅《关于大力发展装配式建筑的指导意见》（国办发〔2016〕71号）提出，装配式建筑原则上应采用工程总承包模式，可按照技术复杂类工程项目招投标，政府投资工程应带头采用工程总承包模式，加快推进装配式建筑项目采用工程总承包模式。

装配式建筑总承包是指承包人受发包人委托，按照合同约定对装配式建筑的设计、采购、生产、安装、施工、装修等实行全过程或若干阶段的工程承包。装配式建筑项目可采用"设计—采购—施工"（EPC）总承包或"设计—施工"（DB）总承包等工程项目管理模式。设计、施工、开发、生产企业可单独或组成联合体承接装配式建筑工程总承包项目，实施具体的设计、施工任务时应由有相应资质的单位承担。工程总承包企业要对工程质量、安全、进度、造价负总责。

装配式建筑总承包合同是指发包人与承包人之间为完成特定的装配式建筑总承包任务，明确相互权利义务关系而订立的合同。装配式建筑总承包合同的发包人一般是项目业主（建设单位）；承包人是持有国家认可的相应资质证书的工程总承包企业。按照住房和城乡建设部、国家发展改革委《房屋建筑和市政基础设施项目工程总承包管理办法》（建市规〔2019〕12号）第十条规定：工程总承包单位应当同时具有与工程规模相适应的工程设计资质和施工资质，或者由具有相应资质的设计单位和施工单位组成联合体。工程总承包单位应当具有相应的项目管理体系和项目管理能力、财务和风险承担能力，以及与发包工程相类似的设计、施工或者工程总承包业绩。设计单位和施工单位组成联合体的，应当根据项目的特点和复杂程度，合理确定牵头单位，并在联合体协议中明确联合体成员单位的责任和权利。联合体各方应当共同与建设单位签订工程总承包合同，就工程总承包项目承担连带责任。第十一条规定：工程总承包单位不得是工程总承包项目的代建单位、项目管理单位、监理单位、造价咨询单位、招标代理单位。政府投资项目的项目建议书、可行性研究报告、初步设计文件编制单位及其评估单位,一般不得成为该项目的工程总承包单位。政府投资项目招标人公开已经完成的项目建议书、可行性研究报告、初步设计文件的,上述单位可以参与该工程总承包项目的投标,经依法评标、定标,成为工程总承包单位。

《房屋建筑和市政基础设施项目工程总承包管理办法》第十二条规定,为了促进设计与施工融合,培育具有工程总承包能力的企业,鼓励设计单位申请取得施工资质,鼓励施工单位申请取得工程设计资质。已取得工程设计综合资质、行业甲级资质、建筑工程专业甲级资质的单位,可以直接申请相应类别施工总承包一级资质,具有一级及以上施工总承包资质的单位可以直接申请相应类别的工程设计甲级资质,完成的相应规模工程总承包业绩可以作为设计、施工业绩申报。

2) 装配式建筑总承包合同签订和管理的法律基础

装配式建筑总承包合同及其管理的法律基础主要是国家或地方颁发的法律、法规,主要有《中华人民共和国合同法》《中华人民共和国建筑法》《中华人民共和国招标投标法》、住房和城乡建设部、国家发展改革委《房屋建筑和市政基础设施项目工程总承包管理办法》(建市规〔2019〕12 号)、国家发展改革委会等部门编制的《标准设计施工总承包招标文件》(2012 年版)、《建设工程勘察设计资质管理规定》(建设部第 160 号令)、建设部发《关于培育发展工程总承包和工程项目管理企业的指导意见》(建市〔2003〕30 号)、建设部发《建设工程项目管理试行办法》(建市〔2004〕200 号)、《建设项目工程总承包管理规范》国家标准(GB/T 50358—2017)、国务院办公厅《关于大力发展装配式建筑的指导意见》(国办发〔2016〕71 号)、住房城乡建设部关于印发《"十三五"装配式建筑行动方案》等的通知(建科〔2017〕77 号)等。2017 年 2 月 21 日,国务院办公厅发布《关于促进建筑业持续健康发展的意见》(国办发〔2017〕19 号)提出加快推行工程总承包:装配式建筑原则上应采用工程总承包模式。政府投资工程应完善建设管理模式,带头推行工程总承包。要不断健全与装配式建筑总承包相适应的发包承包、施工许可、分包管理、工程造价、质量安全监管、竣工验收等制度,实现工程设计、部品部件生产、施工及采购的统一管理和深度融合,优化项目管理方式。支持大型设计、施工和部品部件生产企业通过调整组织架构、健全管理体系,向具有工程管理、设计、施工、生产、采购能力的工程总承包企业转型。按照总承包负总责的原则,落实工程总承包单位在工程质量安全、进度控制、成本管理等方面的责任。除以暂估价形式包括在工程总承包范围内且依法必须进行招标的项目外,工程总承包单位可以直接发包总承包合同中涵盖的其他专业业务。

为推进江苏省房屋建筑和市政基础设施项目工程总承包的发展,规范房屋建筑和市政基础设施项目工程总承包招标投标活动,江苏省建设工程招标投标办公室 2018 年 2 月 7 日印发了《江苏省房屋建筑和市政基础设施项目工程总承包招标投标导则》的通知(苏建招办〔2018〕3 号)。为加强对装配式建筑工程建设过程的管理,保障装配式建筑工程质量安全,江苏省住房和城乡建设厅 2019 年 9 月 6 日印发《关于加强江苏省装配式建筑工程质量安全管理的意见(试行)》的通知(苏建质安〔2019〕380 号)。

3)装配式建筑总承包合同的特点

装配式建筑总承包的内容、性质和特点,决定了装配式建筑总承包合同除了具备建设工程合同的合同标的特殊性、合同内容复杂性、合同履行长期性、合同监督严格性等特征外,还有自身的特点:

(1) 设计施工安装一体化

装配式建筑总承包商不仅负责装配式建筑的设计与施工(Design and Building),还需负责部品部件的生产、加工、运输以及材料与设备的供应工作(Procurement)。因此,如果装配式建筑出现质量缺陷,总承包商将承担全部责任,不会导致设计、施工等多方之间相互推卸责任的情况;同时设计与施工的深度交叉,有利于缩短装配式建筑的建设周期,不断降低工程造价。

(2) 投标报价复杂

装配式建筑总承包合同价格不仅包括设计与施工费用,根据双方合同约定情况,还可能包括部品部件的采购费用、设备购置费、总承包管理费、专利转让费、研究试验费、不可预见风险费用和财务费用等。签订总承包合同时,由于尚缺乏详细计算投标报价的依据,不能分项详细计算各个费用项目,通常只能依据项目环境调查情况,参照类似已完工程资料和其他历史成本数据完成项目成本估算。

(3) 合同关系单一

在装配式建筑总承包合同中,业主将规定范围内的装配式建筑项目实施任务委托给总承包商负责,总承包商一般具有很强的技术和管理的综合能力,业主的组织和协调任务量少,只需面对单一的总承包商,合同关系简单,工程责任目标明确。

(4) 合同风险转移

由于业主将装配式建筑完全委托给承包商,并常常采用固定总价合同,将项目风险的绝大部分转移给承包商。承包商除了承担施工过程中的风险外,还需承担设计及采购等更多的风险。特别是由于在只有发包人要求或只完成概念设计的情况下,就要签订总价合同,和传统模式下的合同相比,承包商的风险要大得多,需要承包商具有较高的管理水平和丰富的工程经验。

(5) 价值工程应用

在装配式建筑总承包合同中,承包商负责设计和施工,打通了设计与施工的界面障碍,在设计阶段便可以考虑设计的可施工性问题(Construction Ability),对降低成本、提高利润有重要影响。承包商常常还可根据自身丰富的工程经验,对发包人要求和设计文件提出合理化建议,从而降低工程投资,改善项目质量或缩短项目工期。因此,在装配式建筑总承包合同中常常包括"价值工程"或"承包商合理化建议"与"奖励"条款。

(6) 知识产权保护

由于工程总承包模式常常被运用于装配式建筑、石油化工、建材、冶金、水利、电厂等项目,常常设计成果文件中包含多项专利或著作权,总承包合同中一般会有关于知识产权及其相关权益的约定。承包商的专利使用费一般包含在投标报价中。

3.1.2 装配式建筑总承包合同文本和结构

3.1.2.1 国内工程总承包合同文本

1）标准设计施工总承包招标文件

国家发展改革委会同工业和信息化部、财政部、住房和城乡建设部、交通运输部、铁道部、水利部、国家新闻出版广电总局、中国民用航空局，编制了《标准设计施工总承包招标文件》（2012 年版），自 2012 年 5 月 1 日起实施，在政府投资项目中试行，其他项目也可参照使用。《标准设计施工总承包招标文件》第四章"合同条款及格式"，包括通用合同条款、专用合同条款以及 3 个合同附件格式（合同协议书、履约担保格式、预付款担保格式）。通用合同条款共 24 条，包括一般约定，发包人义务，监理人，承包人，设计，材料和工程设备，施工设备和临时设施，交通运输，测量放线，安全、治安保卫和环境保护，开始工作和竣工，暂停工作，工程质量，试验和检验，变更，价格调整，合同价格与支付，竣工试验和竣工验收，缺陷责任与保修责任，保险，不可抗力，违约，索赔，争议的解决。

2）建设项目工程总承包合同示范文本

为促进建设项目工程总承包的健康发展，指导和规范工程总承包合同当事人的市场行为，维护合同当事人的合法权益，依据《中华人民共和国合同法》《中华人民共和国建筑法》《中华人民共和国招标投标法》以及相关法律、法规，住房和城乡建设部、国家工商行政管理总局联合制定了《建设项目工程总承包合同示范文本（试行）》（GF—2011-0216），自 2011 年 11 月 1 日起试行。

（1）《示范文本》的适用范围

《示范文本》适用于建设项目工程总承包承发包方式。工程总承包是指承包人受发包人委托，按照合同约定对工程建设项目的设计、采购、施工（含竣工试验）、试运行等实施阶段，实行全过程或若干阶段的工程承包。为此，在《示范文本》的条款设置中，将"技术与设计、工程物资、施工、竣工试验、工程接收、竣工后试验"等工程建设实施阶段相关工作内容皆分别作为一条独立条款，发包人可根据发包建设项目实施阶段的具体内容和要求，确定对相关建设实施阶段和工作内容的取舍。

（2）《示范文本》的组成

《示范文本》由合同协议书、通用条款和专用条款三部分组成。

根据《合同法》的规定，合同协议书是双方当事人对合同基本权利、义务的集中表述，主要包括：建设项目的功能、规模、标准和工期的要求、合同价格及支付方式等内容。合同协议书的其他内容，一般包括合同当事人要求提供的主要技术条件的附件及合同协议书生效的条件等。

通用条款是合同双方当事人根据《建筑法》《合同法》以及有关行政法规的规定，就工程建设的实施阶段及其相关事项，双方的权利、义务做出的原则性约定。通用条款共 20 条，其中包括：

① 核心条款。这部分条款是确保建设项目功能、规模、标准和工期等要求得以实现的实施阶段的条款，共 8 条，包括一般规定、进度计划、延误和暂停、技术和设计、工程物资、施工、竣工试验、工程接收和竣工后试验。

② 保障条款。这部分条款是保障核心条款顺利实施的条款，共 4 条，包括质量保修责任、变更和合同价格调整、合同总价和付款、保险。

③ 合同执行阶段的干系人条款。这部分条款是根据建设项目实施阶段的具体情况，依法约定了发包人、承包人的权利和义务，共 3 条，包括发包人、承包人和工程竣工验收。合同双方当事人在实施阶段已对工程设备材料、施工、竣工试验、竣工资料等进行了检查、检验、检测、试验及确认，并经接收后进行竣工后试验考核确认了设计质量；而工程竣工验收是发包人针对其上级主管部门或投资部门的验收，故将工程竣工验收列入干系人条款。

④ 违约、索赔和争议条款。这部分条款是约定若合同当事人发生违约行为，或合同履行过程中出现工程物资、施工、竣工试验等质量问题及出现工期延误、索赔等争议，如何通过友好协商、调解、仲裁或诉讼程序解决争议的条款。

⑤ 不可抗力条款。约定了不可抗力发生时的双方当事人的义务和不可抗力的后果。

⑥ 合同解除条款。分别对由发包人解除合同、由承包人解除合同的情形做出了约定。

⑦合同生效与合同终止条款。对合同生效的日期、合同的份数以及合同义务完成后合同终止等内容做出了约定。

⑧ 补充条款。合同双方当事人需要对通用条款细化、完善、补充、修改或另行约定的，可将具体约定写在专用条款内。

专用条款是合同双方当事人根据不同建设项目合同执行过程中可能出现的具体情况，通过谈判、协商对相应通用条款的原则性约定细化、完善、补充、修改或另行约定的条款。

3.1.2.2　国际工程总承包合同文本

国际上著名的标准合同格式有：FIDIC（国际咨询工程师联合会）、ICE（英国土木工程师学会）、JCT（英国合同审定联合会）、AIA（美国建筑师学会）、AGC（美国总承包商协会）等组织制定的系列标准合同格式。ICE 和 JCT 的标准合同格式是英国以及英联邦国家的主流合同条件，AIA 和 AGC 的标准合同格式是美国以及受美国建筑业影响较大国家的主流合同条件，FIDIC 的标准合同格式主要适用于世界银行、亚洲开发银行等国际金融机构的贷款项目以及其他的国际工程，是我国工程界最为熟悉的国际标准合同条件。这些标准合同条件里，FIDIC 和 ICE 合同条件主要应用于土木工程，而 JCT 和 AIA 合同条件主要应用于建筑工程。比较典型的工程总承包标准合同条件介绍如下。

3.2　装配式建筑总承包合同的主要内容

以下主要按照住房和城乡建设部、国家工商行政管理总局联合制定的《建设项目工程总承包合同示范文本(试行)》(GF—2011-0216),以及国家发展和改革委员会等九部委联合编制的《标准设计施工总承包招标文件》第四章"合同条款及格式",结合装配式建筑的特点,介绍建设工程总承包合同的重点条款。

3.2.1 发包人权利和义务及主要工作

1)发包人的主要权利和义务

(1)负责办理项目的审批、核准或备案手续,取得项目用地的使用权,完成拆迁补偿工作,使项目具备法律规定的及合同约定的开工条件,并提供立项文件。

(2)履行合同中约定的合同价格调整、付款、竣工结算义务。

(3)有权按照合同约定和适用法律关于安全、质量、环境保护和职业健康等强制性标准、规范的规定,对承包人的设计、采购、施工、竣工试验等实施工作提议、修改和变更,但不得违反国家强制性标准、规范的规定。

(4)有权根据合同约定,对因承包人原因给发包人带来的任何损失和损害,提出赔偿。

(5)发包人认为必要时,有权以书面形式发出暂停通知。其中,因发包人原因造成的暂停,给承包人造成的费用增加由发包人承担,造成关键路径延误的,竣工日期相应顺延。

2)发包人代表

发包人委派代表,行使发包人委托的权利,履行发包人的义务,但发包人代表无权修改合同。发包人代表依据本合同仅在其授权范围内履行其职责。发包人代表根据合同约定的范围和事项,向承包人发出的书面通知,由其本人签字后送交项目经理。发包人代表的姓名、职务和职责在专用条款约定。发包人决定替换其代表时,应将新任代表的姓名、职务、职权和任命时间在其到任的 15 日前,以书面形式通知承包人。

3)监理人

发包人对工程实行监理的,监理人的名称、工程总监、监理范围、内容和权限在专用条款中写明。监理人按发包人委托监理的范围、内容、职权利权限,代表发包人对承包人实施监督。监理人向承包人发出的通知,以书面形式由工程总监签字后送交承包人实施,并抄送发包人。

工程总监的职权与发包人代表的职权相重叠或不明确时,由发包人予以协调和明确,并以书面形式通知承包人。除专用条款另有约定外,工程总监无权改变本合同当事人的任何权利和义务。发包人更换工程总监时,应提前 5 日以书面形式通知承包人,并在通知中写明替换者的姓名、职务、职权、权限和任命时间。

4)安全保证

(1)周围设施安全保护

除专用条款另有约定外,发包人应负责协调处理施工现场周围的地下、地上已有设施和邻近建筑物、构筑物、古树名本、文物及坟墓等的安全保护工作,维护现场周围的正常秩序,并承担相关费用。

（2）设置安全隔离设施

除专用条款另有约定外，发包人应负责对工程现场临近发包人正在使用、运行，或由发包人用于生产的建筑物、构筑物、生产装置、设施、设备等，设置隔离设施，竖立禁止入内、禁止动火的明显标志，并以书面形式通知承包人须遵守的安全规定和位置范围。因发包人的原因给承包人造成的损失和伤害，由发包人负责。

（3）涉及建筑主体及承重结构变动

本合同未做约定，而在工程主体结构或工程主要装置完成后，发包人要求进行涉及建筑主体及承重结构变动，或涉及重大工艺变化的装修工程时，双方可另行签订委托合同，作为本合同附件。发包人自行决定此类装修或发包人与第三方签订委托合同，由发包人或发包人另行委托的第三方提出设计方案及施工的，由此造成的损失、损害由发包人负责。

（4）人员安全教育

发包人负责对其代表、雇员、监理人及其委托的其他人员进行安全教育，并遵守承包人工程现场的安全规定。承包人应在工程现场以标牌明示相关安全规定，或将安全规定发送给发包人。因发包人的代表、雇员、监理人及其委托的其他人员未能遵守承包人工程现场的安全规定所发生的人身伤害、安全事故，由发包人负责。发包人、发包人代表、雇员、监理人及其委托的其他人员应遵守有关健康、安全和环境保护的相关约定。

5）保安责任

现场保安工作的责任主体由专用条款约定。承担现场保安工作的负责与当地有关治安部门联系、沟通和协调，并承担所发生的相关费用。发包人与承包人商定工程实施阶段及区域的保安责任划分，并编制各自的相关保安制度、责任制度和报告制度，作为合同附件。发包人按合同约定占用的区域、接收的单项工程和工程，由发包人承担相关保安工作，及因此产生的费用、损害和责任。

3.2.2　承包人权利和义务及主要工作

1）承包人的主要权利和义务

（1）承包人应按照合同约定的标准、规范、工程的功能、规模、考核目标和竣工日期，完成设计、采购、施工、竣工试验和（或）指导竣工后试验等工作，不得违反国家强制性标准、规范的规定。工程的具体承包范围，应依据合同协议书第一项"工程概况"中有关"工程承包范围"的约定。

（2）承包人应按合同约定，自费修复因承包人原因引起的设计、文件、设备、材料、部件、施工中存在的缺陷，或在竣工试验和竣工后试验中发现的缺陷。

（3）承包人应按合同约定和发包人的要求，提交相关报表。报表的类别、名称、内容、报告期、提交时间和份数，在专用条款中约定。

（4）承包人有权根据本通用合同条款的"承包人的复工要求""付款时间延误"和"不可抗力"的约定，以书面形式向发包人发出暂停通知。除此之外，凡因承包人原因的暂停，造成承包人费用增加的由其自负，造成关键路径延误的应自费赶上。

(5)对因发包人原因给承包人带来任何损失,或造成工程关键路径延误的,承包人有权要求赔偿和(或)延长竣工日期。

2)项目经理

(1)项目经理资格和要求

项目经理,应是当事人双方所确认的人选。项目经理经授权并代表承包人负责履行本合同。项目经理的姓名、职责和权限在专用条款中约定。项目经理应是承包人的员工,承包人应在合同生效后10日内向发包人提交项目经理与承包人之间的劳动合同,以及承包人为项目经理缴纳社会保险的有效证明,承包人不提交上述文件的,项目经理无权履行职责,由此影响工程进度或发生其他问题的,由承包人承担责任。

(2)项目经理常驻现场

项目经理应常驻项目现场,且每月在现场时间不得少于专用条款约定的天数。项目经理不得同时担任其他项目的项目经理。项目经理确须离开项目现场时应事先取得发包人同意,并指定一名有经验的人员临时代行其职责。承包人违反上述约定的,按照专用条款的约定,承担违约责任。

(3)项目经理实施项目

项目经理按合同约定的项目进度计划,并按发包人代表和(或)工程总监依据合同发出的指令组织项目实施。在紧急情况下,且无法与发包人代表和(或)工程总监取得联系时,项目经理有权采取必要的措施保证人身、工程和财产的安全,但须在事后48小时内向发包人代表和(或)工程总监送交书面报告。

(4)项目经理更换

承包人部更换项目经理时,提前15日以书面形式通知发包人,并征得发包人的同意,继任的项目经理须继续履行约定的职责和权限。未经发包人同意,承包人不得擅自更换项目经理。承包人擅自更换项目经理的,按专用条款的约定,承担违约责任。

发包人有权以书面形式通知更换其认为不称职的项目经理,应说明更换理由,承包人应在接到更换通知后15日内向发包人提出书面的改进报告。发包人收到改进报告后仍以书面形式通知更换的,承包人应在接到第二次更换通知后的30日内进行更换,并将新任命的项目经理的姓名、简历以书面形式通知发包人。新任项目经理继续履行约定的职责和权限。

3)工程质量保证

承包人应按合同约定的质量标准规范,确保设计、采购、加工制造、施工、竣工试验等各项工作的质量,建立有效的质量保证体系,并按照国家有关规定,通过质量保修责任书的形式约定保修范围、保修期限和保修责任。

4)安全保证

承包人应按照合同约定和国家有关安全生产的法律规定,进行设计、采购、施工、竣工试验,保证工程的安全性能。因承包人未遵守发包人按合同通知的安全规定和位置范围限定所造成的损失和伤害,由承包人负责。承包人全面负责其施工场地的安全管理,保障所有进入施工场地的人员的安全。因承包人原因所发生的人身伤害、安全事故,由承包人负责。

5）职业健康和环境保护保证

承包人应按照合同约定,并遵照《建设工程勘察设计管理条例》《建设工程环境保护条例》及其他相关法律规定进行工程的环境保护设计及职业健康防护设计,保证工程符合环境保护和职业健康相关法律和标准规定。承包人应遵守有关职业健康、安全和环境保护的约定。

6）进度保证

承包人按合同约定的项目进度计划,合理有序地组织设计、采购、施工、竣工试验所需要的各类资源,以及派出有经验的竣工后试验的指导人员,采用有效的实施方法和组织措施,保证项目进度计划的实现。

7）现场保安

承包人承担其进入现场、施工开工至发包人接收单项工程和(或)工程之前的现场保安责任(含承包人的预制加工场地、办公及生活营区)。并负责编制相关的保安制度、责任制度和报告制度,提交给发包人。

8）分包

（1）分包约定

承包人只能对专用条款约定列出的工作事项(含设计、采购、施工、劳务服务、竣工试验等)进行分包。专用条款未列出的分包事项,承包人可在工程实施阶段分批分期就分包事项向发包人提交申请,发包人在接到分包事项申请后的15日内,予以批准或提出意见。发包人未能在15日批准亦未提出意见的,承包人有权在提交该分包事项后的第16日开始,将提出的拟分包事项对外分包。

（2）分包人资质

分包人应符合国家法律规定的企业资质等级,否则不能作为分包人。承包人有义务对分包人的资质进行审查。承包人不得将承包的工程对外转包,也不得得以肢解方式将承包的全部工程对外分包。设计、施工和工程物资等分包人,应严格执行国家有关分包事项的管理规定。

（3）对分包人的付款

承包人应按分包合同约定,按时向分包人支付合同价款。除非专用条款另有约定外,未经承包人同意,发包人不得以任何形式向分包人支付任何款项。

（4）承包人对分包人负责

承包人对分包人的行为向发包人负责,承包人和分包人就分包工作向发包人承担连带责任。

3.2.3 进度控制条款

3.2.3.1 合同工期约定

工期是指在合同协议书约定的承包人完成工程全部实施阶段(包括设计、采购、施工、竣工试验、工程接收、竣工后试验至试运行考核等阶段)或若干实施阶段所需的期限,包括按照合同约定所做的期限变更,按总日历天数(包括法定节假日)计算的承包天数。合同期限是指从合同生效之日起,至双方在合同下的义务履行完毕之日止的期间。承发包双方必须在协议书中明确约定工期,包括设计开工日期(绝对日期或相对日期)、施工开工日期(绝对日期或相对日期)、工程竣工日期(绝对日期或相对日期)。施工开工日期是指合同协议书中约定的,承包人开始现场施工的绝对日期或相对日期。竣工日期是指合同协议书中约定的,由承包人完成工程施工(含竣工试验)的绝对日期或相对日期,包括按合同约定的任何延长日期。

对于群体工程,双方应在合同附件中具体约定不同单位工程的开工日期和竣工日期。对于大型、复杂工程项目,除了约定整个工程的开工日期、竣工日期和合同工期的总日历天数外,还应约定重要里程碑事件的开工与竣工日期,以确保工期总目标的顺利实现。

3.2.3.2 项目进度计划

1)项目进度计划编制

承包人负责编制项目进度计划,项目进度计划中的施工期限(含竣工试验),应符合合同协议书的约定。关键路径及关键路径变化的确定原则、承包人提交项目进度计划的份数和时间,在专用条款约定。

项目进度计划经发包人批准后实施,但发包人的批准并不能减轻或免除承包人的合同责任。

2)自费赶上项目进度计划

承包人原因使工程实际进度明显落后于项目进度计划时,承包人有义务、发包人也有权利要求承包人自费采取措施,赶上项目进度计划。

3)项目进度计划的调整

出现下列情况,竣工日期相应顺延,并对项目进度计划进行调整:

(1)发包人根据合同约定提供的项目基础资料和现场障碍资料不真实、不准确、不齐全、不及时,或未能按合同约定的预付款金额和付款时间付款,导致合同约定的设计开工日期延误,或合同约定的采购开始日期延误,或造成施工开工日期延误的。

(2)根据合同的约定,因发包人原因,导致某个设计阶段审核会议时间的延误。

(3)根据合同的约定,相关设计审查部门批准时间较合同约定的时间延长的。

(4)根据合同约定的其他延长竣工日期的情况。

4)发包人的赶工要求

合同实施过程中发包人书面提出加快设计、采购、施工、竣工试验的赶工要求,被承包人接受时,承包人应提交赶工方案,采取赶工措施。因赶工引起的费用增加,按合同的变更约定执行。

3.2.3.3 设计进度计划

1)设计进度计划编制

承包人根据批准的项目进度计划和合同约定的设计审查阶段及发包人组织的设计阶段审查会议的时间安排,编制设计进度计划。设计进度计划经发包人认可后执行。发包人的认可并不能解除承包人的合同责任。

2）设计开工日期

承包人收到发包人按合同约定提供的项目基础资料、现场障碍资料及预付款，收到后的第 5 日，作为设计开工日期。

3）设计开工日期延误

因发包人未能按合同约定提供设计基础资料、现场障碍资料等相关资料，或未按合同约定的预付款金额和支付时间支付预付款，造成设计开工日期延误的，设计开工日期和工程竣工日期相应顺延；因承包人原因造成设计开工日期延误的，按合同的约定，自费赶上。因发包人原因给承包人造成经济损失的，应支付相应费用。

4）设计阶段审查日期的延误

（1）因承包人原因，未能按照合同约定的设计审查阶段及其审查会议的时间安排提交相关阶段的设计文件，或提交的相关设计文件不符合相关审核阶段的设计深度要求时，造成设计审查会议延误的，由承包人依据合同约定，自费采取措施赶上；造成关键路径延误，或给发包人造成损失（审核会议准备费用）的，由承包人承担。

（2）因发包人原因，未能按照合同约定的设计阶段审查会议的时间安排，造成某个设计阶段审查会议延误的，竣工日期相应顺延。因此给承包人带来的窝工损失，由发包人承担。

（3）政府相关设计审查部门批准时间较合同约定时间延长的，竣工日期相应顺延。因此给双方带来的费用增加，由双方各自承担。

3.2.3.4 采购进度计划

1）采购进度计划编制

承包人的采购进度计划符合项目进度计划的时间安排，并与设计、施工和（或）竣工试验及竣工后试验的进度计划相衔接。采购进度计划的提交份数和日期，以及采购开始日期在专用条款约定。

2）采购进度延误

因承包人的原因导致采购延误，造成的停工、窝工损失和竣工日期延误，由承包人负责。因发包人原因导致采购延误，给承包人造成的停工、窝工损失，由发包人承担，若造成关键路径延误的，竣工日期相应顺延。

3.2.3.5 施工进度计划

1）施工进度计划提交

承包人应在现场施工开工 15 日前向发包人提交包括施工进度计划在内的总体施工组织设计。施工进度计划的开竣工时间，应符合合同协议书对施工开工和工程竣工日期的约定，并与项目进度计划的安排协调一致。发包人需承包人提交关键单项工程和（或）关键分部分项工程施工进度计划的，在专用条款中约定提交的份数和时间。

2）施工开工日期延误

施工开工日期延误的，根据下列约定确定延长竣工日期：

（1）因发包人原因造成承包人不能按时开工的，开竣工日期相应顺延。给承包人造成经济损失的应支付相应费用；

（2）因承包人原因不能按时开工的，需说明正当理由，自费采取措施及早开工，竣工日期不予延长；

（3）因不可抗力造成施工开工日期延误的，竣工日期相应顺延。

3）竣工日期

承包项目的实施阶段含竣工试验阶段时，按以下方式确定计划竣工日期和实际竣工日期：

（1）根据专用条款"工程接收"约定单项工程竣工日期，为单项工程的计划竣工日期；工程中最后一个单项工程的计划竣工日期，为工程的计划竣工日期；

（2）单项工程中最后一项竣工试验通过的日期，为该单项工程的实际竣工日期；

（3）工程中最后一个单项工程通过竣工试验的日期，为工程的实际竣工日期。

承包项目的实施阶段不含竣工试验阶段时，按以下方式确定计划竣工日期和实际竣工日期：

（1）根据专用条款"工程接收"中所约定的单项工程竣工日期，为单项工程的计划竣工日期；工程中最后一个单项工程的计划竣工日期，为工程的计划竣工日期；

（2）承包人按合同约定，完成施工图纸规定的单项工程中的全部施工作业，并符合约定的质量标准的日期，为单项工程的实际竣工日期；

（3）承包人按合同约定，完成施工图纸规定的工程中最后一个单项工程的全部施工作业，且符合合同约定的质量标准的日期，为工程的实际竣工日期。

承包人为竣工试验，或竣工后试验预留的施工部位，或发包人要求预留的施工部位，不影响发包人实质操作使用的零星扫尾工程和缺陷修复，不影响竣工日期的确定。

3.2.3.6 误期赔偿

因承包人原因，造成工程竣工日期延误的，由承包人承担误期损害赔偿责任。每日延误的赔偿金额，以及累计的最高赔偿金额在专用条款中约定。发包人有权从工程进度款、竣工结算款或约定提交的履约保函中扣除赔偿金额。

3.2.3.7 暂停

1）因发包人原因的暂停

因发包人原因通知的暂停，应列明暂停的日期及预计暂停的期限。双方应遵守合同的相关约定。

2）因不可抗力造成的暂停

因不可抗力造成工程暂停时，双方根据合同约定的不可抗力发生时的义务和不可抗力的后果的条款的约定，安排各自的工作。

3）暂停时承包人的工作

当发生合同约定的发包人的暂停和因不可抗力约定的暂停时，承包人应立即停止现场的实施工作。并根据合同约定负责在暂停期间，对工程、工程物资及承包人文件等进行照管和保护。因承包人未能尽到照管、保护的责任，造成损坏、丢失等，使发包人的费用增加和(或)竣工日期延误的，由承包人负责。

4）承包人的复工要求

根据发包人通知暂停的，承包人有权在暂停45日后向发包人发出要求复工的通知。不能复工时，承包人有权根据合同约定以变更方式调减受暂停影响的部分工程。

发包人的暂停超过45日且暂停影响到整个工程，或发包人的暂停超过180日，或因不可抗力的暂停致使合同无法履行的，承包人有权根据合同由承包人解除合同的约定，发出解除合同的通知。

5）发包人的复工

发包人发出复工通知后，有权组织承包人对受暂停影响的工程、工程物资进行检查，承包人应将检查结果及需要恢复、修复的内容和估算通知发包人，经发包人确认后，所发生的恢复、修复价款由发包人承担。因恢复、修复造成工程关键路径延误的，竣工日期相应延长。

6）因承包人原因的暂停

因承包人原因所造成部分工程或工程的暂停，所发生的损失、损害及竣工日期延误，由承包人负责。

7）工程暂停时的付款

因发包人原因暂停的复工后，未影响到整个工程实施时，双方应依据合同约定商定因该暂停给承包人所增加的合理费用，承包人应将其款项纳入当期的付款申请，由发包人审查支付。

因发包人原因暂停的复工后，影响到部分工程实施时，且承包人根据合同约定要求调减部分工程并经发包人批准，发包人应从合同价格中调减该部分款项，双方还应依据合同约定商定承包人因该暂停所增加的合理费用，承包人应将其增减的款项纳入当期付款申请，由发包人审查支付。

因发包人原因的暂停，致使合同无法履行时，且承包人根据合同约定发出解除合同的通知后，双方应根据由承包人解除合同的相关约定，办理结算和付款。

3.2.4　技术与设计控制条款

3.2.4.1　生产工艺技术、建筑设计方案

1）承包人提供工艺技术和(或)建筑设计方案

承包人负责提供生产工艺技术(含专利技术、专有技术、工艺包)和(或)建筑设计方案(含总体布局、功能分区、建筑造型和主体结构等)时，应对所提供的工艺流程、工艺技术数据、工艺条件、软件、分析手册、操作指导书、设备制造指导书和其他资料要求，以及(或)总体布局、功能分区、建筑造型及其结构设计等负责。

承包人应对专用条款约定的试运行考核保证值和(或)使用功能保证的说明负责。该试运行考核保证值和(或)使用功能保证的说明，作为发包人根据合同约定进行试运行考

核的评价依据。

2）发包人提供工艺技术和（或）建筑设计方案

发包人负责提供的生产工艺技术（含专利技术、专有技术、工艺包）和（或）建筑设计方案（含总体布局、功能分区、建筑造型和主体结构，或发包人委托第三方设计单位提供的建筑设计方案）时，应对所提供的工艺流程、工艺技术数据、工艺条件、软件、分析手册、操作指导书、设备制造指导书和其他承包人的文件资料、发包人的要求和（或）总体布局、功能分区、建筑造型和主体结构等，或第三方设计单位提供的建筑设计方案负责。

发包人有义务指导、审查由承包人根据发包人提供的上述资料所进行的生产工艺设计和（或）建筑设计，并予以确认。工程和（或）单项工程试运行考核的各项保证值，或使用功能保证说明及双方各自应承担的考核责任，在专用条款中约定，并作为发包人根据合同约定进行试运行考核和考核责任的评价依据。

3.2.4.2 设计工作

1）发包人的义务

（1）提供项目基础资料。发包人应按合同约定、法律或行业规定，向承包人提供设计需要的项目基础资料，并对其真实性、准确性、齐全性和及时性负责。工程场地的基准坐标资料（包括基准控制点、基准控制标高和基准坐标控制线），发包人应按约定的时间，有义务配合承包人在现场的实测复验。承包人因纠正坐标资料中的错误，造成费用增加和（或）工期延误，由发包人负责其相关费用增加，竣工日期给予合理延长。

发包人提供的项目基础资料中有专利商提供的技术或工艺包，或是第三方设计单位提供的建筑造型等，发包人应组织专利商或第三方设计单位与承包人进行数据、条件和资料的交换、协调和交接。

发包人未能按约定时间提供项目基础资料及其补充资料，或提供的资料不真实、不准确、不齐全，或发包人计划变更，造成承包人设计停工、返工或修改的，发包人应按承包人额外增加的设计工作量赔偿其损失。造成工程关键路径延误的，竣工日期相应顺延。

（2）提供现场障碍资料。除专用条款另有约定外，发包人应按合同约定和适用法律规定，在设计开始前，提供与设计、施工有关的地上、地下已有的建筑物、构筑物等现场障碍资料，并对其真实性、准确性、齐全性和及时性负责。因提供的资料不真实、不准确、不齐全、不及时，造承包人的设计停工、返工和修改的，发包人应按承包人额外增加的设计工作量赔偿其损失。造成工程关键路径延误的，竣工日期相应顺延。提供项目障碍资料的类别、内容、份数和时间安排，在专用条款中约定。

（3）承包人无法核实发包人所提供的项目基础资料中的数据、条件和资料的，发包人有义务给予进一步确认。

2）承包人的义务

（1）承包人与发包人（及其专利商、第三方设计单位）应以书面形式交接发包人提供与设计有关的项目基础资料和现场障碍资料。对这些资料中的短缺、遗漏、错误、疑问，承包人应在收到发包人提供的上述资料后15日内向发包人提出进一步的要求。因承包人未能在上述时间内提出要求而发生的损失由承包人自行承担;由此造成工程关键路径延误的,竣工日期不予顺延。其中,对工程场地的基准坐标资料(包括基准控制点、基准控制标高和基准坐标控制线),承包人有义务约定实测复验的时间并纠正其错误(如果有),因承包人对此项工作的延误,导致的费用增加和关键路线延误,由承包人承担。

(2)承包人有义务按照发包人提供的项目基础资料、现场障碍资料和国家有关部门、行业工程建设标准规范规定的设计深度开展工程设计,并对其设计的工艺技术和(或)建筑功能,及工程的安全、环境保护、职业健康的标准,设备材料的质量、工程质量和完成时间负责。因承包人设计的原因,造成的费用增加、竣工日期延误,由承包人承担。

3)遵守标准、规范

(1)合同约定的标准、规范,适用于发包人按单项工程接收和(或)整个工程接收。

(2)在合同实施过程中国家颁布了新的标准或规范时,承包人应向发包人提交有关新标准、新规范的建议书。对其中的强制性标准、规范,承包人应严格遵守,发包人作为变更处理;对于非强制性的标准、规范,发包人可决定采用或不采用,决定采用时,作为变更处理。

(3)依据适用法律和合同约定的标准、规范所完成的设计图纸、设计文件中的技术数据和技术条件,是工程物资采购质量、施工质量及竣工试验质量的依据。

4)操作维修手册

由承包人指导竣工后试验和试运行考核试验,并编制操作维修手册的,发包人应按合同约定,责令其专利商或发包人的其他承包人向承包人提供其操作指南及分析手册,并对其资料的真实性、准确性、齐全性和及时性负责,专用条款另有约定时除外。发包人提交操作指南、分析手册,以及承包人提交操作维修手册的份数、提交期限,在专用条款中约定。

5)设计文件的份数和提交时间

相关设计阶段的设计文件、资料和图纸的提交份数和时间在专用条款中约定。

6)设计缺陷的自费修复

因承包人原因,造成设计文件存在遗漏、错误、缺陷和不足的,承包人应自费修复、弥补、纠正和完善。造成设计进度延误时,应自费采取措施赶上。

3.2.4.3 设计阶段审查

1)发包人组织设计审查

本工程的设计阶段、设计阶段审查会议的组织和时间安排,在专用条款约定。发包人负责组织设计阶段审查会议,并承担会议费用及发包人的上级单位、政府有关部门参加审查会议的费用。

2)承包人提交设计文件

承包人应根据合同约定,向发包人提交相关设计审查阶段的设计文件,设计文件应符合国家有关部门、行业工程建设标准规范对相关设计阶段的设计文件、图纸和资料的深度规定。承包人有义务自费参加发包人组织的设计审查会议,向审查者介绍、解答、解释其设计文件,并自费提供审查过程中需提供的补充资料。

3）承包人修改设计文件

发包人有义务向承包人提供设计审查会议的批准文件和纪要。承包人有义务按相关设计审查阶段批准的文件和纪要，并依据合同约定及相关设计规定，对相关设计进行修改、补充和完善。

4）承包人未及时提交设计文件

因承包人原因，未能按合同约定的时间，向发包人提交相关设计审查阶段的完整设计文件、图纸和资料，致使相关设计审查阶段的会议无法进行或无法按期进行，造成的竣工日期延误、窝工损失，以及发包人增加的组织会议费用，由承包人承担。

5）发包人对设计文件确认

发包人有权在合同约定的各设计审查阶段之前，对相关设计阶段的设计文件、图纸和资料提出建议，进行预审和确认，发包人的任何建议、预审和确认，并不能减轻或免除承包人的合同责任和义务。

3.2.4.4 操作维修人员的培训

发包人委托承包人对发包人的操作维修人员进行培训的，另行签订培训委托合同，作为本合同的附件。

3.2.4.5 知识产权

双方可就本合同涉及的合同一方或合同双方（含一方或双方相关的专利商、第三方设计单位或设计人）的技术专利、建筑设计方案、专有技术、设计文件著作权等知识产权，签订知识产权及保密协议，作为本合同的组成部分。

3.2.5 部品部件及工程物资控制条款

3.2.5.1 工程物资的提供

1）发包人提供的工程物资

（1）发包人依据合同约定的设计文件规定的技术参数、技术条件、性能要求、使用要求和数量，负责组织工程物资（包括其备品备件、专用工具及厂商提交的技术文件）的采购，负责运抵现场，并对其需用量、质量检查结果和性能负责。由发包人负责提供的工程物资的类别、数量，在专用条款中列出。

（2）因发包人采购提供的工程物资（包括建筑构件等）不符合国家强制性标准、规范的规定，存在质量缺陷、延误抵达现场，给承包人造成窝工、停工，或导致关键路径延误的，按合同约定的变更和合同价调整的执行。在履行合同过程中，由于国家新颁布的强制性标准、规范，造成发包人负责提供的工程物资（包括建筑构件等）不符合新颁布的强制性标准时，由发包人负责修复或重新订货。如委托承包人修复，作为变更处理。

（3）发包人请承包人参加境外采购工作时，所发生的费用由发包人承担。

2）承包人提供的工程物资

（1）承包人应依据合同约定的设计文件规定的技术参数、技术条件、性能要求、使用要求和数量，负责组织工程物资采购（包括备品备件、专用工具及厂商提供的技术文件），负责运抵现场,并对其需用量、质量检查结果和性能负责。由承包人负责提供的工程物资的类别、数量,在专用条款中列出。

(2)因承包人提供的工程物资(包括建筑构件等)不符合国家强制性标准、规范的规定或合同约定的标准、规范,所造成的质量缺陷,由承包人自费修复,竣工日期不予延长。在履行合同过程中,由于国家新颁布的强制性标准、规范,造成承包人负责提供的工程物资(包括建筑构件等),虽符合合同约定的标准,但不符合新颁布的强制性标准时,由承包人负责修复或重新订货,并作为变更处理。

(3)由承包人提供的竣工后试验的生产性材料,在专用条款中列出类别和(或)清单。

3)承包人对供应商的选择

承包人应通过招标等竞争性方式选择相关工程物资的供货商或制造厂。对于依法必须进行招标的工程建设项目,应按国家相关规定进行招标。承包人不得在设计文件中或以口头暗示方式指定供应商和制造厂,只有唯一厂家的除外。发包人不得以任何方式指定供应商和制造厂。

4)工程物资所有权

承包人根据合同约定提供的工程物资,在运抵现场的交货地点并支付了采购进度款,其所有权转为发包人所有。在发包人接收工程前,承包人有义务对工程物资进行保管、维护和保养,未经发包人批准不得运出现场。

3.2.5.2 检验

1)工厂检验与报告

(1)承包人遵守相关法律规定,负责合同约定的永久性工程设备、材料、部件和备品备件,以及竣工后试验物资的强制性检查、检验、监测和试验,并向发包人提供相关报告。报告内容、报告期和提交份数,在专用条款中约定。

(2)承包人邀请发包人参检时,在进行相关加工制造阶段的检查、检验、监测和试验之前,以书面形式通知发包人参检的内容、地点和时间。发包人在接到邀请后的 5 日内,以书面形式通知承包人参检或不参检。

(3)发包人承担其参检人员在参检期间的工资、补贴、差旅费和住宿费等,承包人负责办理进入相关厂家的许可,并提供方便。

(4)发包人委托有资格、有经验的第三方代表发包人自费参检的,应在接到承包人邀请函后 5 日内,以书面形式通知承包人,并写明受托单位及受托人员的名称、姓名及授予的职权。

(5)发包人及其委托人的参检,并不能解除承包人对其采购的工程物资的质量责任。

2)覆盖和包装的后果

发包人已在合同约定的日期内以书面形式通知承包人参检,并依据约定日期提前或按时到达指定地点,但加工制造的工程物资未经发包人现场检验已经被覆盖、包装或已运抵启运地点时,发包人有权责令承包人将其运回原地、拆除覆盖、包装,重新进行检查或检验或检测或试验及复原,承包人应承担因此发生的费用。造成工程关键路径延误的,竣工日期不予延长。

3）未能按时参检

发包人未能按合同的约定时间参检,承包人可自行组织检查、检验、检测和试验,质检结果视为是真实的。发包人有权在此后,以变更指令通知承包人重新检查、检验、检测和试验,或增加试验细节或改变试验地点。工程物资经质检合格的,所发生的费用由发包人承担,造成工程关键路径延误的,竣工日期相应顺延;工程物资经质检不合格时,所发生的费用由承包人承担,竣工日期不予延长。

4）现场清点与检查

(1）发包人应在其根据合同约定负责提供的工程物资运抵现场前5日通知承包人。发包人(或包括为发包人提供工程物资的供应商)与承包人(或包括其分包人)按每批货物的提货单据清点箱件数量及进行外观检查,并根据装箱单清点箱内数量、出厂合格证、图纸、文件资料等,并进行外观检查。经检查清点后双方人员签署交接清单。经现场检查清点发现箱件短缺,箱件内的物资数量、图纸、资料短缺,或有外观缺陷的,发包人应负责补齐或自费修复,工程物资在缺陷未能修复之前不得用于工程。当发包人委托承包人修复缺陷时,另行签订追加合同。因上述情况造成工程关键路径延误的,竣工日期相应顺延。

(2）承包人应在其根据合同约定负责提供的工程物资运抵现场前5日通知发包人。承包人(或包括为承包人提供工程物资的供应商,或分包人)与发包人(包括代表,或其监理人)按每批货物的提货单据清点箱件数量及进行外观检查,并根据装箱单清点箱内数量、出场合格证、图纸、文件资料等,并进行外观检查。经检查清点后,双方人员签署开箱检验证明。经现场检查清点发现箱件短缺,箱件内的数量、图纸、资料短缺,或有外观缺陷的,承包人应负责补齐或自费修复,工程物资在缺陷未能修复之前不得用于工程。因此造成的费用增加、竣工日期延误,由承包人负责。

5）质量监督部门及消防、环保等部门的参检

发包人、承包人随时接受质量监督部门、消防部门、环保部门、行业等专业检查人员对制造、安装及试验过程的现场检查,其费用由发包人承担。承包人为此提供方便。造成工程关键路径延误的,竣工日期相应顺延。

因上述部门在参检中提出的修改、更换等意见所增加的相关费用,应根据合同约定的提供工程物资的责任方来承担;因此造成工程关键路径延误的,责任方为承包人时,竣工日期不予延长;责任方为发包人时,竣工日期相应顺延。

3.2.5.3 进口工程物资的采购、报关、清关和商检

工程物资的进口采购责任方及采购方式,在专用条款中约定。采购责任方负责报关、清关和商检,另一方有义务协助。

因工程物资报关、清关和商检的延误,造成工程关键路径延误时,承包人负责进口采购的,竣工日期不予延长,增加的费用由承包人承担;发包人负责进口采购的,竣工日期给予相应延长,承包人由此增加的费用由发包人承担。

3.2.5.4　运输与超限物资运输

承包人负责采购的超限工程物资(超重、超长、超宽、超高)的运输,由承包人负责,该超限物资的运输费用及其运输途中的特殊措施、拆迁、赔偿等全部费用,包含在合同价格内。运输过程中的费用增加,由承包人承担。造成工程关键路径延误时,竣工日期不予延长。专用条款另有约定除外。

3.2.5.5　重新订货及后果

依据合同的约定,由发包人负责提供的工程物资存在缺陷时,经发包人组织修复仍不合格的,由发包人负责重新订货并运抵现场。因此造成承包人停工、窝工的,由发包人承担所发生的实际费用;导致关键路径延误时,竣工日期相应顺延。

依据合同的约定,由承包人负责提供的永久性工程设备、材料和部件存在缺陷时,经承包人修复仍不合格的,由承包人负责重新订货并运抵现场。因此造成的费用增加、竣工日期延误,由承包人负责。

3.2.5.6　工程物资保管与剩余

1)工程物资保管

承包人应按说明书的相关规定对工程物资进行保管、维护、保养,防止变形、变质、污染和对人身造成伤害。承包人提交保管维护方案的时间在专用条款中约定,保管维护方案应包括:工程物资分类和保管、保养、保安、领用制度,以及库房、特殊保管库房、堆场、道路、照明、消防、设施、器具等规划。保管所需的一切费用,包含在合同价格内。由发包人提供的库房、堆场、设施和设备,在专用条款中约定。

2)剩余工程物资的移交

承包人保管的工程物资(含承包人负责采购提供的工程物资并受到了采购进度款,以及发包人委托保管的工程物资),在竣工试验完成后,剩余部分由承包人无偿移交给发包人,专用条款另有约定时除外。

3.2.6　工程施工及质量控制条款

3.2.6.1　发包人的义务

1)审查总体施工组织设计

发包人有权对承包人根据合同约定提交的总体施工组织设计进行审查,并在接到总体施工组织设计后 20 日内提出建议和要求。发包人的建议和要求,并不能减轻或免除承包人的任何合同责任。发包人未能在 20 日内提出任何建议和要求的,承包人有权按提交的总体施工组织设计实施。

2)进场条件和进场日期

除专用条款另有约定外,发包人应根据批准的初步设计和合同约定由承包人提交的临时占地资料,与承包人约定进场条件,确定进场日期。发包人应提供施工场地,完成进场道路、用地许可、拆迁及补偿等工作,保证承包人能够按时进入现场开始准备工作。进场条件和进场日期在专用条款约定。因发包人原因造成承包人的进场时间延误,竣工日期相应顺延。发包人承担承包人因此发生的相关窝工费用。

3）提供临时用水、用电等和节点铺设

除专用条款另有约定外，发包人应按合同的约定，在承包人进场前将施工临时用水、用电等接至约定的节点位置，并保证其需要。上述临时使用的水、电等的类别、取费单价在专用条款中约定，发包人按实际计量结果收费。发包人无法提供的水、电等在专用条款中约定，相关费用由承包人纳入报价并承担相关责任。

发包人未能按约定的类别和时间完成节点铺设，使开工时间延误，竣工日期相应顺延。未能按约定的品质、数量和时间提供水、电等，给承包人造成的损失由发包人承担，导致工程关键路径延误的，竣工日期相应顺延。

4）办理开工等批准手续

发包人在开工日期前，办妥须要由发包人办理的开工批准或施工许可证、工程质量监督手续及其他所需的许可、证件和批文等。

5）施工过程中须由发包人办理的批准

承包人在施工过程中根据合同的约定，通知须由发包人办理的各项批准手续，由发包人申请办理。因发包人未能按时办妥上述批准手续，给承包人造成的窝工损失，由发包人承担。导致工程关键路径延误的，竣工日期相应顺延。

6）提供施工障碍资料

发包人按合同约定的内容和时间提供与施工场地相关的地下和地上的建筑物、构筑物和其他设施的坐标位置。承包人对发包人在合同约定时间之后提供的障碍资料，可依据合同施工变更的约定提交变更申请，对于承包人的合理请求发包人应予以批准。因发包人未能提供上述施工障碍资料或提供的资料不真实、不准确、不齐全，给承包人造成损失或损害的，由发包人承担赔偿责任。导致工程关键路径延误的，竣工日期相应顺延。

7）承包人新发现的施工障碍

发包人根据承包人按照合同约定发出的通知，与有关单位进行联系、协调、处理施工场地周围及临近的影响工程实施的建筑物、构筑物、文物建筑、古树、名木、地下管线、线缆、设施以及地下文物、化石和坟墓等的保护工作，并承担相关费用。对于新发现的施工障碍，承包人可依据合同约定提交施工范围变更申请，对于承包人的合理请求发包人应予以批准。施工障碍导致工程关键路径延误的，竣工日期相应顺延。

8）职业健康、安全、环境保护管理计划确认

发包人在收到承包人根据合同约定提交的"职业健康、安全、环境保护"管理计划后20日内对之进行确认。发包人有权检查其实施情况并对检查中发现的问题提出整改建议，承包人应按照发包人合理建议自费整改。

3.2.6.2　承包人的义务

1）放线

承包人负责对工程、单项工程、施工部位放线，并对放线的准确性负责。

2）施工组织设计

承包人应在施工开工 15 日前或双方约定的其他时间内,向发包人提交总体施工组织设计。随着施工进展向发包人提交主要单项工程和主要分部分项工程的施工组织设计。对发包人提出的合理建议和要求,承包人应自费修改完善。总体施工组织设计提交的份数和时间,以及需提交施工组织设计的主要单项工程和主要分部分项工程的名称、份数和时间,在专用条款中约定。

3）提交临时占地资料

承包人应按专用条款约定的时间向发包人提交以下临时占用资料:

（1）根据合同约定的保管工程物资所需的库房、堆场、道路用地的坐标位置、面积、占用时间、用途说明,并须单列需要由发包人租地的坐标位置、面积、占用时间和用途说明;

（2）施工用地的坐标位置、面积、占用时间、用途说明,并须单列要求发包人租地的坐标位置、面积、占用时间和用途说明;

（3）进入施工现场道路的入口坐标位置,并须指明要求发包人铺设与城乡公共道路相连接的道路走向、长度、路宽、等级、桥涵承重、转弯半径和时间要求。

因承包人未能按时提交上述资料,导致合同约定的进场日期延误的,由此增加的费用和（或）竣工日期延误,由承包人负责。

4）临时用水、用电等

承包人应在施工开工日期 30 日前或双方约定的其他时间,按本专用条款中约定的发包人能够提供的临时用水、用电等类别,向发包人提交施工（含工程物资保管）所需的临时用水、用电等的品质、正常用量、高峰用量、使用时间和节点位置等资料。承包人自费负责计量仪器的购买、安装和维护,并依据 7.1.4 款专用条款中约定的单价向发包人交费,双方另有约定时除外。因承包人未能按合约约定提交上述资料,造成发包人费用增加和竣工日期延误时,由承包人负责。

5）协助发包人办理开工等批准手续

承包人应在工程开工 20 日前,通知发包人向有关部门办理须由发包人办理的开工批准或施工许可证、工程质量监督手续及其他许可、证件、批件等。发包人需要时,承包人有义务提供协助。发包人委托承包人代办并被承包人接受时,双方可另行签订协议,作为本合同的附件。

6）施工过程中需通知办理的批准

承包人在施工过程中因增加场外临时用地,临时要求停水、停电、中断道路交通,爆破作业,或可能损坏道路、管线、电力、邮电、通信等公共设施的,应提前 10 日通知发包人办理相关申请批准手续。并按发包人的要求,提供需要承包人提供的相关文件、资料、证件等。因承包人未能在 10 日前通知发包人或未能按时提供由发包人办理申请所需的承包人的相关文件、资料和证件等,造成承包人窝工、停工和竣工日期延误的,由承包人负责。

7）提供施工障碍资料

承包人应按合同约定,在每项地下或地上施工部位开工 20 日前,向发包人提交施工场地的具体范围及其坐标位置,发包人须对上述范围内提供相关的地下和地下的建筑物、构筑物和其他设施的坐标位置(不包括发包人根据合同约定已提供的现场障碍资料)。发包人在合同约定时间之后提出的现场障碍资料,按照合同约定的施工变更办理。发包人已提供上述相关资料,因承包人未能履行保护义务,造成的损失、损害和责任,由承包人负责。因此造成工程关键路径延误的,承包人按合同约定,自费赶上。

8)新发现的施工障碍

承包人对在施工过程中新发现的场地周围及临近影响施工的建筑物、构筑物、文物建筑、古树、名木,以及地下管线、线缆、构筑物、文物、化石和坟墓等,立即采取保护措施,并及时通知发包人。新发现的施工障碍,按照合同约定的施工变更办理。

9)施工资源

承包人应保证其人力、机具、设备、设施、措施材料、消耗材料、周转材料及其他施工资源,满足实施工程的需求。

10)设计文件的说明和解释

承包人应在施工开工前向施工分包人和监理人说明设计文件的意图,解释设计文件,及时解决施工过程中出现的有关问题。

11)工程的保护与维护

承包人应在开工之日起至发包人接收工程或单项工程之日止,负责工程或单项工程的照管、保护、维护和保安责任,保证工程或单项工程除不可抗力外,不受到任何损失、损害。

12)清理现场

承包人负责在施工过程中及完工后对现场进行清理、分类堆放,将残余物、废弃物、垃圾等运往发包人,或当地有关部门指定的地点。清理现场的费用在专用条款中写明。承包人应将不再使用的机具、设备、设施和临时工程等撤离现场,或运到发包人指定的场地。

3.2.6.3　施工技术方法

承包人的施工技术方法符合有关操作规程、安全规程及质量标准。发包人应在收到承包人提交的该方法后的 5 日内予以确认或提出建议,发包人的任何此类确认和建议,并不能减轻或免除承包人的合同责任。

3.2.6.4　人力和机具资源

1)承包人提交施工人力资源计划

承包人应按专用条款约定的格式、内容、份数和提交时间,向发包人提交施工人力资源计划一览表。施工人力资源计划应符合施工进度计划的需要;并按专用条款约定的报表格式、内容、份数和报告期,向发包人提供实际进场的人力资源信息。

承包人未能按施工人力资源计划一览表投入足够工种和人力,导致实际施工进度明显落后于施工进度计划时,发包人有权通知承包人按计划一览表列出的工种和人数,在合理时间内调派人员进入现场,并自费赶上进度。否则,发包人有权责令承包人将某些单项工程、分部分项工程的施工另行分包,因此发生的费用及延误的时间由承包人承担。

2)承包人提交主要施工机具资源计划

承包人应按专用条款约定的格式、内容、份数和提交时间,向发包人提交主要施工机具资源计划一览表。施工机具资源计划符合施工进度计划的需要。并按专用条款约定的报表格式、内容、份数和报告期,向发包人提供实际进场的主要施工机具信息。

承包人未能按施工机具资源计划一览表投入足够的机具,导致实际施工进度落后于施工进度计划时,发包人有权通知承包人按该一览表列出的机具数量,在合理时间内调派机具进入现场。否则,发包人有权向承包人提供相关机具,因此所发生的费用及延误的时间由承包人承担。

3.2.6.5 质量与检验

1)一般规定

(1)承包人及其分包人随时接受发包人、监理人所进行的安全、质量的监督和检查。承包人应为此类监督、检查提供方便。

(2)发包人委托第三方对施工质量进行检查、检验、检测和试验时,应以书面形式通知承包人。第三方的验收结果视为发包人的验收结果。

(3)承包人应遵守施工质量管理的有关规定,负有对其操作人员进行培训、考核、图纸交底、技术交底、操作规程交底、安全程序交底和质量标准交底,以及消除事故隐患的责任。

(4)承包人应按照设计文件、施工标准和合同约定,负责编写施工试验和检测方案,对工程物资(包括建筑构配件)进行检查、检验、检测和试验,不合格的不得使用。并有义务自费修复和(或)更换不合格的工程物资,因此造成竣工日期延误的,由承包人负责;发包人提供的工程物资经承包人检查、检验、检测和试验不合格的,发包人应自费修复和(或)更换,因此造成关键路径延误的,竣工日期相应顺延。承包人因此增加的费用,由发包人承担。

(5)承包人的施工应符合合同约定的质量标准。施工质量评定以合同中约定的质量检验评定标准为依据。对不符合质量标准的施工部位,承包人应自费修复、返工、更换等。因此造成竣工日期延误的,由承包人负责。

2)质检部位与参检方

质检部位分为:发包人、监理人与承包人三方参检的部位;监理人与承包人两方参检的部位;第三方和(或)承包人一方参检的部位。对施工质量进行检查的部位、检查标准及验收的表格格式在专用条款中约定。

承包人应将按上述约定,经其一方检查合格的部位报发包人或监理人备案。发包人和工程总监有权随时对备案的部位进行抽查或全面检查。

3)通知参检方的参检

承包人自行检查、检验、检测和试验合格的,按专用条款约定的质检部位和参检方,通知相关参检单位在 24 小时内参加检查。参检方未能按时参加的,承包人应将自检合格的结果于其后的 24 小时内送交发包人和(或)监理人签字,24 小时后未能签字,视为质检结果已被发包人认可。此后 3 日内,承包人可发出视为发包人和(或)监理人已确认该质检结果的通知。

4) 质量检查的权利

发包人及其授权的监理人或第三方,在不妨碍承包人正常作业的情况下,具有对任何施工区域进行质量监督、检查、检验、检测和试验的权利。承包人应为此类质量检查活动提供便利。经质检发现因承包人原因引起的质量缺陷时,发包人有权下达修复、暂停、拆除、返工、重新施工、更换等指令。由此增加的费用由承包人承担,竣工日期不予延长。

5) 重新进行质量检查

按合同约定,经质量检查合格的工程部位,发包人有权在不影响工程正常施工的条件下,重新进行质量检查。检查、检验、检测、试验结果不合格时,因此发生的费用由承包人承担,造成工程关键路径延误的,竣工日期不予延长;检查、检验、检测、试验的结果合格时,承包人增加的费用由发包人承担,工程关键路径延误的,竣工日期相应顺延。

6) 发包人代表和(或)监理人的指令失误

因发包人代表和(或)监理人的指令失误,或其他非承包人原因发生的追加施工费用,由发包人承担。造成工程关键路径延误,竣工日期相应顺延。

3.2.6.6 隐蔽工程和中间验收

1) 隐蔽工程和中间验收

需要质检的隐蔽工程和中间验收部位的分类、部位、质检内容、质检标准、质检表格和参检方在专用条款中约定。

2) 验收通知和验收

承包人对自检合格的隐蔽工程或中间验收部位,应在隐蔽工程或中间验收前的 48 小时以书面形式通知发包人和(或)监理人验收。通知应包括隐蔽和中间验收的内容、验收时间和地点。验收合格,双方在验收记录上签字后,方可覆盖、进行紧后作业,编制并提交隐蔽工程竣工资料以及发包人或监理人要求提供的相关资料。发包人和(或)监理人在验收合格 24 小时后不在验收记录上签字的,视为发包人和(或)监理人已经认可验收记录,承包人可隐蔽或进行紧后作业。经发包人和(或)监理人验收不合格的,承包人需在发包人和(或)监理人限定的时间内修正,重新通知发包人和(或)监理人验收。

3) 未能按时参加验收

发包人和(或)监理人不能按时参加隐蔽工程或中间验收部位验收的,应在收到验收通知 24 小时内以书面形式向承包人提出延期要求,延期不能超过 48 小时。发包人未能按以上时间提出延期验收,又未能参加验收的,承包人可自行组织验收,其验收记录视为已被发包人、监理人认可。因应发包人和(或)监理人要求所进行延期验收造成关键路径延误的,竣工日期相应顺延;给承包人造成的停工、窝工损失,由发包人承担。

4) 再检验

发包人和(或)监理人在任何时间内,均有权要求对已经验收的隐蔽工程重新检验,承包人应按要求拆除覆盖、剥离或开孔,并在检验后重新覆盖或修复。隐蔽工程经重新检验不合格时,由此发生的费用由承包人承担,竣工日期不予延长;经检验合格时,承包人因此增加的费用由发包人承担,工程关键路径的延误,竣工日期相应顺延。

3.2.6.7 施工质量结果争议处理

双方对施工质量结果有争议时,应首先协商解决。经协商未达成一致意见的,委托双方一致同意的具有相应资格的工程质量检测机构进行检测。

根据检测机构的鉴定结果,责任方为承包人时,因此造成的费用增加或竣工日期延误,由承包人负责;责任方为发包人时,因此造成的费用增加由发包人承担,工程关键路径因争议受到延误的,竣工日期相应顺延。

根据检测机构的鉴定结果,合同双方均有责任时,根据各方的责任大小,协商分担发生的费用;因此造成工程关键路径延误时,商定对竣工日期的延长时间。双方对分担的费用、竣工日期延长不能达成一致时,按合同约定的争议和裁决程序解决。

3.2.7 竣工试验、工程接收和竣工验收条款

3.2.7.1 竣工试验

1)承包人的竣工试验义务

(1)承包人应在单项工程和(或)工程的竣工试验开始前,完成相应单项工程和(或)工程的施工作业(不包括:为竣工试验、竣工后试验必须预留的施工部位、不影响竣工试验的缺陷修复和零星扫尾工程);并在竣工试验开始前,按合同约定需完成对施工作业部位的检查、检验、检测和试验。

(2)承包人应在竣工试验开始前,根据合同约定的隐蔽工程和中间验收部位,向发包人提交相关的质检资料及其竣工资料。

(3)由承包人指导发包人进行竣工后试验的,承包人须完成合同约定的操作维修人员培训,并在竣工试验前提交合同约定的操作维修手册。

(4)承包人应在达到竣工试验条件20日前,将竣工试验方案提交给发包人。发包人应在10日内对方案提出建议和意见,承包人应根据发包人提出的合理建议和意见,自费对竣工试验方案进行修正。竣工试验方案经发包人确认后,作为合同附件,由承包人负责实施。发包人的确认并不能减轻或免除承包人的合同责任。竣工试验方案应包括:竣工试验方案编制的依据和原则;组织机构设置、责任分工;单项工程竣工试验的试验程序、试验条件;单件、单体、联动试验的试验程序、试验条件;竣工试验的设备、材料和部件的类别、性能标准、试验及验收格式;水、电、动力等条件的品质和用量要求;安全程序、安全措施及防护设施;竣工试验的进度计划、措施方案、人力及机具计划安排等。

(5)承包人的竣工试验包括根据合同约定的由承包人提供的工程物资的竣工试验,及根据合同约定的发包人委托给承包人进行工程物资的竣工试验。

(6)承包人按照试验条件、试验程序,以及合同约定的标准、规范和数据,完成竣工试验。

2)发包人的竣工试验义务

(1)发包人应按经发包人确认后的竣工试验方案,提供电力、水、动力及由发包人提

供的消耗材料等。提供的电力、水、动力及相关消耗材料等须满足竣工试验对其品质、用量及时间的要求。

（2）当合同约定应由承包人提供的竣工试验的消耗材料和备品备件用完或不足时，发包人有义务提供其库存的竣工试验所需的相关消耗材料和备品备件。其中：因承包人原因造成损坏的或承包人提供不足的，发包人有权从合同价格中扣除相应款项；因合理耗损或发包人原因造成的，发包人应免费提供。

（3）发包人委托承包人对根据合同约定由发包人提供的工程物资进行竣工试验的服务费，已包含在合同价格中。发包人在合同实施过程中委托承包人进行竣工试验的，依据合同变更和合同价格调整的约定，作为变更处理。

（4）承包人应按发包人提供的试验条件、试验程序对发包人根据合同委托给承包人工程物资进行竣工试验，其试验结果须符合合同约定的标准、规范和数据，发包人对该部分的试验结果负责。

3）竣工试验的检验和验收

承包人应在竣工试验开始前，对各方提供的试验条件进行检查落实，条件满足的，双方人员应签字确认。因发包人提供的竣工试验条件的延误，给承包人带来窝工损失，由发包人负责。导致竣工试验进度延误的，竣工日期相应顺延；因承包人原因未能按时落实竣工试验条件，使竣工试验进度延误时，承包人应自费赶上。

承包人应在某项竣工试验开始 36 小时前，向发包人和（或）监理人发出通知，通知应包括试验的项目、内容、地点和验收时间。发包人和（或）监理人应在接到通知后的 24 小时内，以书面形式做出回复，试验合格后，双方应在试验记录及验收表格上签字。

竣工试验验收日期的约定：

（1）某项竣工试验的验收日期和时间：按该项竣工试验通过的日期和时间，作为该项竣工试验验收的日期和时间；

（2）单项工程竣工试验的验收日期和时间：按其中最后一项竣工试验通过的日期和时间，作为该单项工程竣工试验验收的日期和时间；

（3）工程的竣工试验日期和时间：按最后一个单项工程通过竣工试验的日期和时间，作为整个工程竣工试验验收的日期和时间。

4）竣工试验的安全和检查

承包人应按合同约定的职业健康、安全和环境保护要求，并结合竣工试验的通电、通水、通气、试压、试漏、吹扫、转动等特点，对触电危险、易燃易爆、高温高压、压力试验、机械设备运转等制定竣工试验的安全程序、安全制度、防火措施、事故报告制度及事故处理方案在内的安全操作方案，并将该方案提交给发包人确认，承包人应按照发包人提出的合理建议、意见和要求，自费对方案修正，并经发包人确认后实施。发包人的确认并不能减轻或免除承包人的合同责任。承包人为竣工试验提供安全防护措施和防护用品的费用已包含在合同价格中。

承包人应对其人员进行竣工试验的安全培训，并对竣工试验的安全操作程序、场地环境、操作制度、应急处理措施等进行交底。

发包人和(或)监理人有义务按照经确认的竣工试验安全方案中的安全规程、安全制度、安全措施等,对其管理人员和操作维修人员进行竣工试验的安全教育,自费提供参加监督、检查人员的防护设施。

发包人和(或)监理人有权监督、检查承包人在竣工试验安全方案中列出的工作及落实情况,有权提出安全整改及发出整顿指令。承包人有义务按照指令进行整改、整顿,所增加的费用由承包人承担。

5)延误的竣工试验

因承包人的原因使某项、某单项工程落后于竣工试验进度计划的,承包人应自费采取措施,赶上竣工试验进度计划。因承包人的原因造成竣工试验延误,致使合同约定的工程竣工日期延误时,承包人应承担误期赔偿责任。

发包人未能根据合同约定履行其义务,导致承包人竣工试验延误,发包人应承担承包人因此发生的合理费用,竣工试验进度计划延误时,竣工日期相应顺延。

6)重新试验和验收

承包人未能通过相关的竣工试验,可依据合同约定重新进行此项试验、检验和验收。

不论发包人和(或)监理人是否参加竣工试验和验收,承包人未能通过的竣工试验,发包人均有权通知承包人再次按合同约定进行此项竣工试验、检验和验收。

7)未能通过竣工试验

因发包人的下述原因导致竣工试验未能通过的,承包人进行竣工试验的费用由发包人承担,使竣工试验进度计划延误时,竣工日期相应延长:

(1)发包人未能按确认的竣工试验方案中的技术参数、时间及数量提供电力、动力、水等试验条件,导致竣工试验未能通过;

(2)发包人指令承包人按发包人的竣工试验条件、试验程序和试验方法进行试验和竣工试验,导致该项竣工试验未能通过;

(3)发包人对承包人竣工试验的干扰,导致竣工试验未能通过;

(4)因发包人的其他原因,导致竣工试验未能通过。

因承包人原因未能通过竣工试验,该项竣工试验允许再进行,但再进行最多两次,两次试验后仍不符合验收条件的,相关费用、竣工日期及相关事项按下述约定处理:

(1)该项竣工试验未能通过,对该项操作或使用不存在实质影响,承包人自费修复。无法修复时,发包人有权扣减该部分的相应付款,视为通过;

(2)该项竣工试验未能通过,对该单项工程未产生实质性操作和使用影响,发包人可相应扣减该单项工程的合同价款,可视为通过;若使竣工日期延误的,承包人承担误期损害赔偿责任;

(3)该项竣工试验未能通过,对操作或使用有实质性影响,发包人有权指令承包人更换相关部分,并进行竣工试验;发包人因此增加的费用,由承包人承担;使竣工日期延误时,承包人承担误期损害赔偿责任;

（4）未能通过竣工试验，使单项工程的任何主要部分丧失了生产、使用功能时，发包人有权指令承包人更换相关部分，承包人自行承担因此增加的费用；竣工日期延误，并应承担误期损害赔偿责任；发包人因此增加费用的，由承包人负责赔偿；

（5）未能通过的工试验，使整个工程丧失了生产和（或）使用功能时，发包人有权指令承包人重新设计、重置相关部分，承包人承担因此增加的费用（包括发包人的费用）；竣工日期延误的，并应承担误期损害赔偿责任；发包人有权根据发包人的索赔约定，向承包人提出索赔，或根据通用条款的约定，解除合同。

8）竣工试验结果的争议

双方对竣工试验结果有争议的，应首先通过协商解决。双方经协商，对竣工试验结果仍有争议的，共同委托一个具有相应资格的检测机构进行鉴定。经检测鉴定后，按下述约定处理：

（1）责任方为承包人时，所需的鉴定费用及因此造成发包人增加的合理费用由承包人承担，竣工日期不予延长；

（2）责任方为发包人时，所需的鉴定费用及因此造成承包人增加的合理费用由发包人承担，竣工日期相应顺延；

（3）双方均有责任时，根据责任大小协商分担费用，并按竣工试验计划的延误情况协商竣工日期延长。

当双方对检测机构的鉴定结果有争议，依据合同约定的争议和裁决的解决。

3.2.7.2　工程接收

1）工程接收一般规定

根据工程项目的具体情况和特点，在专用条款约定按单项工程和（或）按工程进行接收。

（1）根据合同竣工后试验的约定，由承包人负责指导发包人进行单项工程和（或）工程竣工后试验，并承担试运行考核责任的。在专用条款中约定接收单项工程的先后顺序及时间安排，或接收工程的时间安排。

（2）对不存在竣工试验或竣工后试验的单项工程和（或）工程，承包人完成扫尾工程和缺陷修复，并符合合同约定的验收标准的，按合同约定办理工程接收和竣工验收。

2）接收证书

承包人应在工程和（或）单项工程具备接收条件后的 10 日内，向发包人提交接收证书申请，发包人应在接到申请后的 10 日内组织接收，并签发工程和（或）单项工程接收证书。

对工程或（和）单项工程的操作、使用没有实质影响的扫尾工程和缺陷修复，不能作为发包人不接收工程的理由。经发包人与承包人协商确定的承包人完成该扫尾工程和缺陷修复的合理时间，作为接收证书的附件。

3）接收工程的责任

（1）保安责任。自单项工程和（或）工程接收之日起，发包人承担其保安责任。

（2）照管责任。自单项工程和（或）工程接收之日起，发包人承担其照管责任。发包人负责单项工程和(或)工程的维护、保养、维修,但不包括需由承包人完成的缺陷修复和零星扫尾的工程部位及其区域。

(3)投保责任。如合同约定施工期间工程的应投保方是承包人时,承包人应负责对工程进行投保并将保险期限保持到合同约定的发包人接收工程的日期。该日期之后由发包人负责对工程投保。

4)未能接收工程

(1)不接收工程。如发包人收到承包人送交的单项工程和(或)工程接收证书申请后的 15 日内不组织接收,视为单项工程和(或)工程的接收证书申请已被发包人认可。从第 16 日起,发包人应根据合同约定承担相关责任。

(2)未按约定接收工程。承包人未按约定提交单项工程和(或)工程接收证书申请的,或未符合单项工程或工程接收条件的,发包人有权拒绝接收单项工程和(或)工程。

发包人未能遵守本款约定,使用或强令接收不符合接受条件的单项工程和(或)工程的,将承担合同有关接收工程约定的相关责任,以及已被使用或强令接收的单项工程和(或)工程后进行操作、使用等所造成的损失、损坏、损害和(或)赔偿责任。

3.2.7.3 竣工后试验

1)竣工后试验程序

发包人应根据联合协调领导机构批准的竣工后试验方案,提供全部电力、水、燃料、动力、原材料、辅助材料、消耗材料以及其他试验条件,并组织安排其管理人员、操作维修人员和其他各项准备工作。

承包人应根据经批准的竣工后试验方案,提供竣工后试验所需要的其他临时辅助设备、设施、工具和器具,以及应由承包人完成的其他准备工作。

发包人应根据批准的竣工后试验方案,按照单项工程内的任何部分、单项工程、单项工程之间,或(和)工程的竣工后试验程序和试验条件,组织竣工后试验。

联合协调领导机构组织全面检查并落实工程、单项工程及工程的任何部分竣工后试验所需要的资源条件、试验条件、安全设施条件、消防设施条件、紧急事故处理设施条件和(或)相关措施,保证记录仪器、专用记录表格的齐全和数量的充分。

2)竣工后试验及试运行考核

按照批准的竣工后试验方案的试验程序、试验条件、操作程序进行试验,达到合同约定的工程和(或)单项工程的生产功能和(或)使用功能。

试运行考核:

(1)由承包人提供生产工艺技术和(或)建筑设计方案的,承包人应保证工程在试运行考核周期内达到专用条款中约定的考核保证值和(或)使用功能。

(2)由发包人提供生产工艺技术和(或)建筑设计方案的,承包人应保证工程在试运行考核周期内达到专用条款中约定的,应由承包人承担的工程相关部分的考核保证值和(或)使用功能。

(3)试运行考核的时间周期由双方根据相关行业对试运行考核周期的规定,在专用条款中约定。

（4）试运行考核通过后或使用功能通过后，双方应共同整理竣工后试验及其试运行考核结果，并编写评价报告。报告一式两份，经合同双方签字或盖章后各持一份，作为本合同组成部分。发包人并应合同约定颁发考核验收证书。

3）竣工后试验及考核验收证书

在专用条款中约定按工程和（或）按单项工程颁发竣工后试验及考核验收证书。

发包人根据合同约定对通过或视为通过竣工后试验和（或）试运行考核的，应颁发竣工后试验及考核验收证书。该证书中写明的试运行考核通过的日期和时间，为实际完成考核或视为通过试运行考核的日期和时间。

3.2.7.4　质量保修责任

1）质量保修责任书

按照相关法律规定签订质量保修责任书是竣工验收的条件之一。双方应按法律规定的保修内容、范围、期限和责任，签订质量保修责任书，作为本合同附件。接收证书中写明的单项工程和（或）工程的接收日期，或单项工程和（或）工程视为被接收的日期，是承包人保修责任开始的日期，也是缺陷责任期的开始日期。

承包人未能提交质量保修责任书、无正当理由不与发包人签订质量保修责任书，发包人可不与承包人办理竣工结算，不承担尚未支付的竣工结算款项的相应利息，即使合同已约定延期支付利息。如承包人提交了质量保修责任书，提请与发包人签订该责任书并在合同中约定了延期付款利息，但因发包人原因未能及时签署质量保修责任书，发包人应从接到该责任书的第11日起承担竣工结算款项延期支付的利息。

2）缺陷责任保修金

缺陷责任保修金的金额、缺陷责任保修金的暂扣，在专用条款中约定。发包人应依据缺陷责任保修金支付的合同约定，支付被暂扣的缺陷责任保修金。

3.2.7.5　工程竣工验收

1）竣工验收报告及完整的竣工资料

工程符合工程接收的相关约定，和（或）发包人已按合同约定颁发了竣工后试验及考核验收证书，且承包人完成了合同约定的扫尾工程和缺陷修复，经发包人或监理人验收后，承包人应向发包人提交竣工验收报告和完整的工程竣工资料。竣工验收报告和完整的竣工资料的格式、内容和份数在专用条款约定。

发包人应在接到竣工验收报告和完整的竣工资料后25日内提出修改意见或予以确认，承包人应按照发包人的意见自费对竣工验收报告和竣工资料进行修改。25日内发包人未提出修改意见，视为竣工资料和竣工验收报告已被确认。

2）竣工验收

（1）组织竣工验收。发包人应在接到竣工验收报告和完整的竣工资料，并根据合同约定被确认后的30日内，组织竣工验收。

（2）延后组织的竣工验收。发包人未能根据合同约定在30日内组织竣工验收时，应按照合同约定结清竣工结算的款项。

（3）分期竣工验收。分期建设、分期投产或分期使用的合同工程的竣工验收,按合同约定分期组织竣工验收。

3.2.8　投资控制条款

3.2.8.1　合同总价和付款

1）合同总价

本合同为总价合同,除根据合同约定的变更和合同价格调整,以及合同中其他相关增减金额的约定进行调整外,合同价格不做调整。在合同协议书中应明确约定合同价格、付款货币以及合同价格清单分项表。

2）合同支付

合同价款的货币币种为人民币,由发包人在中国境内支付给承包人。发包人应依据合同约定的应付款类别和付款时间安排,向承包人支付合同价款。承包人指定的银行账户,在专用条款中约定。

3.2.8.2　担保

1）履约保函

合同约定由承包人向发包人提交履约保函时,履约保函的格式、金额和提交时间,在专用条款中约定。

2）支付保函

合同约定由承包人向发包人提交履约保函时,发包人向承包人提交支付保函。支付保函的格式、内容和提交时间在专用条款中约定。

3）预付款保函

合同约定由承包人向发包人提交预付款保函时,预付款保函的格式、金额和提交时间在专用条款中约定。

3.2.8.3　预付款

1）预付款金额

发包人同意将按合同价格的一定比例作为预付款金额,具体金额在专用条款中约定。

2）预付款支付

合同约定了预付款保函时,在合同生效后,发包人收到承包人提交的预付款保函后10日内,根据合同约定的预付款金额,一次支付给承包人;未约定预付款保函时,发包人应在合同生效后10日内,根据合同约定的预付款金额,一次支付给承包人。

3）预付款抵扣

预付款的抵扣方式、抵扣比例和抵扣时间安排,在专用条款中约定。在发包人签发工程接收证书或合同解除时,预付款尚未抵扣完的,发包人有权要求承包人支付尚未抵扣完的预付款。承包人未能支付的,发包人有权按如下程序扣回预付款的余额:

（1）从应付给承包人的款项中或属于承包人的款项中一次或多次扣除;

（2）应付给承包人的款项或属于承包人的款项不足以抵扣时，发包人有权从预付款保函（如约定提交）中扣除尚未抵扣完的预付款；

（3）应付给承包人或属于承包人的款项不足以抵扣且合同未约定承包人提交预付款保函时，承包人应与发包人签订支付尚未抵扣完的预付款支付时间安排协议书；

（4）承包人未能按上述协议书执行，发包人有权从履约保函（如有）中抵扣尚未扣完的预付款。

3.2.8.4　缺陷责任保修金的暂扣与支付

1）缺陷责任保修金的暂时扣减

发包人可根据合同约定的缺陷责任保修金金额、条件和方式，暂时扣减缺陷责任保修金。

2）缺陷责任保修金的支付

（1）发包人应在办理工程竣工验收和竣工结算时，将暂时扣减的全部缺陷责任保修金金额的一半支付给承包人，专用条款另有约定时除外。此后，承包人未能按发包人通知修复缺陷责任期内出现的缺陷或委托发包人修复该缺陷的，修复缺陷的费用，从余下的缺陷责任保修金金额中扣除。发包人应在缺陷责任期届满后15日内，将暂扣的缺陷责任保修金余额支付给承包人。

（2）专用条款约定承包人可提交缺陷责任保修金保函的，在办理工程竣工验收和竣工结算时，如承包人请求提供用于替代剩余的缺陷责任保修金的保函，发包人应在接到承包人按合同约定提交的缺陷责任保修金保函后，向承包人支付保修金的剩余金额。此后，如承包人未能自费修复缺陷责任期内出现的缺陷或委托发包人修复该缺陷的，修复缺陷的费用从该保函中扣除。发包人应在缺陷责任期届满后15日内，退还该保函。保函的格式、金额和提交时间，在专用条款约定。

3.2.8.5　按月工程进度申请付款

按月申请付款的，承包人应以合同协议书约定的合同价格为基础，按每月实际完成的工程量（含设计、采购、施工、竣工试验和竣工后试验等）的合同金额，依据专用条款约定的格式、内容、份数和提交时间，向发包人或监理人提交付款申请。按月付款申请报告中的款项包括：工程进度款、合同价格调整款、预付款、缺陷责任保修金暂扣款、索赔款、合同补充协议增减款等。

如双方约定了按月工程进度申请付款的方式时，则不能再约定按付款计划表申请付款的方式。

3.2.8.6　按付款计划表申请付款

按付款计划表申请付款的，承包人应以合同协议书约定的合同价格为基础，按照专用条款约定的付款期数、计划每期达到的主要形象进度和（或）完成的主要计划工程量（含设计、采购、施工、竣工试验和竣工后试验等）等目标任务，以及每期付款金额，并依据专用条款约定的格式、内容、份数和提交时间，向发包人或监理人提交当期付款申请报告。

发包人按付款计划表付款时，承包人的实际工作和（或）实际进度比付款计划表约定的关键路径的目标任务落后 30 日及以上时,发包人有权与承包人商定减少当期付款金额,并有权与承包人共同调整付款计划表。承包人以后各期的付款申请及发包人的付款,以调整后的付款计划表为依据。

如双方约定了按付款计划表的方式申请付款时,不能再约定按月工程进度付款申请的方式。

3.2.8.7　付款条件与时间安排

1）付款条件

双方约定由承包人提交履约保函时,履约保函的提交应为发包人支付各项款项的前提条件;未约定履约保函时,发包人按约定支付各项款项。

2）工程进度款

（1）按月工程进度申请与付款。发包人应在收到承包人提交的每月付款申请报告之日起的 25 日内审查并支付。

（2）按付款计划表申请与付款。发包人应在收到承包人提交的每期付款申请报告之日起的 25 日内审查并支付。

3）付款时间延误

因发包人原因未能按合同约定的时间向承包人支付工程进度款的,应从发包人收到付款申请报告后的第 26 日开始,以中国人民银行颁布的同期同类贷款利率向承包人支付延期付款的利息,作为延期付款的违约金额。

发包人延误付款 15 日以上,承包人有权向发包人发出要求付款的通知,发包人收到通知后仍不能付款,承包人可暂停部分工作,视为发包人导致的暂停,并遵照合同约定的发包人的暂停执行。

双方协商签订延期付款协议书的,发包人应按延期付款协议书中约定的期数、时间、金额和利息付款;当双方未能达成延期付款协议,导致工程无法实施,承包人可停止部分或全部工程,发包人应承担违约责任,导致工程关键路径延误时,竣工日期顺延。

发包人的延误付款达 60 日以上,并影响到整个工程实施的,承包人有权根据合同约定向发包人发出解除合同的通知,并有权就因此增加的相关费用向发包人提出索赔。

3.2.8.8　税务与关税

发包人与承包人按国家有关纳税规定,各自履行各自的纳税义务,含与进口工程物资相关的各项纳税义务。合同一方享有本合同进口工程设备、材料、设备配件等进口增值税和关税减免时,另一方有义务就办理减免税手续给予协助和配合。

3.2.8.9　索赔款项的支付

经协商或调解确定的,或经仲裁裁定的,或法院判决的发包人应得的索赔款项,发包人可从应支付给承包人的当月工程进度款或当期付款计划表的付款中扣减该索赔款项。当支付给承包人的各期工程进度款中不足以抵扣发包人的索赔款项时,承包人应当另行支付。承包人未能支付,可协商支付协议,仍未支付时,发包人可从履约保函（如有）中抵扣。如履约保函不足以抵扣时,承包人须另行支付该索赔款项,或以双方协商一致的支付协议的期限支付。

经协商或调解确定的,或经仲裁裁决的,或法院判决的承包人应得的索赔款项,承包人可在当月工程进度款或当期付款计划表的付款申请中单列该索赔款项,发包人应在当期付款中支付该索赔款项。发包人未能支付该索赔款项时,承包人有权从发包人提交的支付保函(如有)中抵扣。如未约定支付保函时,发包人须另行支付该索赔款项。

3.2.8.10 竣工结算

1)提交竣工结算资料

承包人应在根据合同约定提交的竣工验收报告和完整的竣工资料被发包人确定后的30日内,向发包人递交竣工结算报告和完整的竣工结算资料。竣工结算资料的格式、内容和份数,在专用条款中约定。

2)最终竣工结算资料

发包人应在收到承包人提交的竣工结算报告和完整的竣工结算资料后的30日内,进行审查并提出修改意见,双方就竣工结算报告和完整的竣工结算资料的修改达成一致意见后,由承包人自费进行修正,并提交最终的竣工结算报告和最终的结算资料。

3)结清竣工结算的款项

发包人应在收到承包人按合同约定提交的最终竣工结算资料的30日内,结清竣工结算的款项。竣工款结清后5日内,发包人应将承包人提交的履约保函返还给承包人;承包人应将发包人提交的支付保函返还给发包人。

4)未能答复竣工结算报告

发包人在接到承包人根据合同约定提交的竣工结算报告和完整的竣工结算资料的30日内,未能提出修改意见、也未予答复的,视为发包人认可了该竣工结算资料作为最终竣工结算资料。发包人应结清竣工结算的款项。

5)发包人未能结清竣工结算的款项

(1)发包人未能按合同约定,结清应付给承包人的竣工结算的款项余额的,承包人有权从发包人提交的支付保函中扣减该款项的余额。合同未约定发包人提交支付保函或支付保函不足以抵偿应向承包人支付的竣工结算款项时,发包人从承包人提交最终结算资料后的第31日起,支付拖欠的竣工结算款项的余额,并按中国人民银行同期同类贷款利率支付相应利息。

(2)根据合同约定,发包人未能在约定的30日内对竣工结算资料提出修改意见和答复,也未能向承包人支付竣工结算款项的余额的,应从承包人提交该报告后的第31日起,支付拖欠的竣工结算款项的余额,并按中国人民银行同期同类的贷款利率支付相应利息。

发包人在承包人提交最终竣工结算资料的90日内,仍未结清竣工结算款项的,承包人可依据合同约定的争议和裁决处理。

6)未能按时提交竣工结算报告及完整的结算资料

工程竣工验收报告经发包人认可后的30日内,承包人未能向发包人提交竣工结算报告及完整的结算资料,造成工程竣工结算不能正常进行或工程竣工结算不能按时结清,发包人要求承包人交付工程时,承包人应进行交付;发包人未要求交付工程时,承包人须承担保管、维护和保养的费用和责任。

7）承包人未能支付竣工结算的款项

（1）承包人未能按合同约定,结清应付给发包人的竣工结算中的款项余额时,发包人有权从承包人提交的履约保函中扣减该款项的余额。履约保函的金额不足以抵偿时,承包人应从最终竣工结算资料提交之后的 31 日起,支付拖欠的竣工结算款项的余额,并按中国人民银行同期同类贷款利率支付相应利息。承包人在最终竣工结算资料提交后的 90 日内仍未支付时,发包人有权根据合同约定的争议和裁决处理。

（2）合同未约定履约保函时,承包人应从最终竣工结算资料提交后的第 31 日起,支付拖欠的竣工结算款项的余额,并按中国人民银行同期同类贷款利率支付相应利息。如承包人在最终竣工结算资料提交后的 90 日内仍未支付时,发包人有权根据合同约定的争议和裁决处理。

8）竣工结算的争议

如在发包人收到承包人递交的竣工结算报告及完整的结算资料后的 30 日内,双方对工程竣工结算的价款发生争议时,应共同委托一家具有相应资质等级的工程造价咨询单位进行竣工结算审核,按审核结果,结清竣工结算的款项。审核周期由合同双方与工程造价审核单位约定。对审核结果仍有争议时,依据合同约定的争议和裁决处理。

3.2.8.11　变更和合同价格调整

1）变更权

（1）变更指令

发包人拥有批准变更的权限。自合同生效后至工程竣工验收前的任何时间内,发包人有权依据监理人的建议、承包人的建议,以及合同约定的变更范围,下达变更指令。变更指令以书面形式发出。

由发包人批准并发出的书面变更指令,属于变更。包括发包人直接下达的变更指令,或经发包人批准的由监理人下达的变更指令。

承包人对自身的设计、采购、施工、竣工试验、竣工后试验存在的缺陷,应自费修正、调整和完善,不属于变更。

（2）变更建议权

承包人有义务随时向发包人提交书面变更建议,包括缩短工期,降低发包人的工程、施工、维护、营运的费用,提高竣工工程的效率或价值,给发包人带来的长远利益和其他利益。发包人接到此类建议后,应发出不采纳、采纳或补充进一步资料的书面通知。

2）设计变更范围

（1）对生产工艺流程的调整,但未扩大或缩小初步设计批准的生产路线和规模或未扩大或缩小合同约定的生产路线和规模;

（2）对平面布置、竖面布置、局部使用功能的调整,但未扩大初步设计批准的建筑规模,未改变初步设计批准的使用功能;或未扩大合同约定的建筑规模,未改变合同约定的使用功能；

（3）对配套工程系统的工艺调整、使用功能调整；

（4）对区域内基准控制点、基准标高和基准线的调整；

（5）对设备、材料、部件的性能、规格和数量的调整；

（6）因执行基准日期之后新颁布的法律、标准、规范引起的变更；

（7）其他超出合同约定的设计事项；

（8）上述变更所需的附加工作。

3）采购变更范围

（1）承包人已按发包人批准的名单，与相关供货商签订采购合同或已开始加工制造、供货、运输等，发包人通知承包人选择该名单中的另一家供货商；

（2）因执行基准日期之后新颁布的法律、标准、规范引起的变更；

（3）发包人要求改变检查、检验、检测、试验的地点和增加的附加试验；

（4）发包人要求增减合同中约定的备品备件、专用工具、竣工后试验物资的采购数量；

（5）上述变更所需的附加工作。

4）施工变更范围

（1）根据合同约定的设计变更，造成施工方法改变，设备、材料、部件、人工和工程量的增减；

（2）发包人要求增加的附加试验、改变试验地点；

（3）新增加的施工障碍处理；

（4）发包人对竣工试验经验收或视为验收合格的项目，通知重新进行竣工试验；

（5）因执行基准日期之后新颁布的法律、标准、规范引起的变更；

（6）现场其他签证；

（7）上述变更所需的附加工作。

5）变更程序

发包人的变更应事先以书面形式通知承包人。承包人接到发包人的变更通知后，有义务在10日内向发包人提交书面建议报告。

（1）如承包人接受发包人变更通知中的变更时，建议报告中应包括：支持此项变更的理由、实施此项变更的工作内容、设备、材料、人力、机具、周转材料、消耗材料等资源消耗，以及相关管理费用和合理利润的估算。相关管理费用和合理利润的百分比，应在专用条款约定。此项变更引起竣工日期延长时，应在报告中说明理由，并提交与此变更相关的进度计划。

承包人未提交增加费用的估算及竣工日期延长，视为该项变更不涉及合同价格调整和竣工日期延长，发包人不再承担此项变更的任何费用及竣工日期延长的责任。

（2）如承包人不接受发包人变更通知中的变更时，建议报告中应包括不支持此项变更的理由，理由包括：此变更不符合法律、法规等有关规定；承包人难以取得变更所需的特殊设备、材料、部件;承包人难以取得变更所需的工艺、技术;变更将降低工程的安全性、稳定性、适用性;对生产性能保证值、使用功能保证的实现产生不利影响等。

发包人应在接到承包人提交的书面建议报告后 10 日内对此项建议给予审查,并发出批准、撤销、改变、提出进一步要求的书面通知。承包人在等待发包人回复的时间内,不能停止或延误任何工作。

6) 紧急性变更程序

发包人有权以书面形式或口头形式发出紧急性变更指令,责令承包人立即执行此项变更。承包人接到此类指令后,应立即执行。发包人以口头形式发出紧急性变更指令的,须在 48 小时内以书面方式确认此项变更,并送交承包人项目经理。

承包人应在紧急性变更指令执行完成后的 10 日内,向发包人提交实施此项变更的工作内容,资源消耗和估算。因执行此项变更造成工程关键路径延误时,可提出竣工日期延长要求,但应说明理由,并提交与此项变更相关的进度计划。

承包人未能在此项变更完成后的 10 日内提交实际消耗的估算和(或)延长竣工日期的书面资料,视为该项变更不涉及合同价格调整和竣工日期延长,发包人不再承担此项变更的任何责任。

7) 变更价款确定

(1) 合同中已有相应人工、机具、工程量等单价(含取费)的,按合同中已有的相应人工、机具、工程量等单价(含取费)确定变更价款;

(2) 合同中无相应人工、机具、工程量等单价(含取费)的,按类似于变更工程的价格确定变更价款;

(3) 合同中无相应人工、机具、工程量等单价(含取费),亦无类似于变更工程的价格的,双方通过协商确定变更价款;

(4) 专用条款中约定的其他方法。

8) 建议变更的利益分享

因发包人批准采用承包人根据合同约定提出的变更建议,使工程的投资减少、工期缩短、发包人获得长期运营效益或其他利益的,双方可按专用条款的约定进行利益分享,必要时双方可另行签订利益分享补充协议,作为合同附件。

9) 合同价格调整

在下述情况发生后 30 日内,合同双方均有权将调整合同价格的原因及调整金额,以书面形式通知对方或监理人。经发包人确认的合理金额,作为合同价格的调整金额,并在支付当期工程进度款时支付或扣减调整的金额。一方收到另一方通知后 15 日内不予确认,也未能提出修改意见的,视为已经同意该项价格的调整。合同价格调整包括以下情况:

(1) 合同签订后,因法律、国家政策和需遵守的行业规定发生变化,影响到合同价格增减的;

(2) 合同执行过程中,工程造价管理部门公布的价格调整,涉及承包人投入成本增减的;

（3）一周内非承包人原因的停水、停电、停气、道路中断等，造成工程现场停工累计超过 8 小时的（承包人须提交报告并提供可证实的证明和估算）；

（4）发包人依据合同约定的变更程序中批准的变更估算的增减；

（5）本合同约定的其他增减的款项调整。

对于合同中未约定的增减款项，发包人不承担调整合同价格的责任。除非法律另有规定时除外。合同价格的调整不包括合同变更。

3.2.9 安全、健康和环境（SHE）控制条款

1）一般规定

（1）遵守有关健康、安全、环境保护的各项法律规定，是双方的义务。

（2）职业健康、安全、环境保护管理实施计划。承包人应在现场开工前或约定的其他时间内，将职业健康、安全、环境保护管理实施计划提交给发包人。该计划的管理、实施费用包括在合同价格中。发包人应在收到该计划后 15 日内提出建议，并予以确认。承包人应根据发包人的建议自费修正。职业健康、安全、环境保护管理实施计划的提交份数和提交时间，在专用条款中约定。

（3）在承包人实施职业健康、安全、环境保护管理实施计划的过程中，发包人需要在该计划之外采取特殊措施的，按 13 条变更和合同价格调整的约定，作为变更处理。

（4）承包人应确保其在现场的所有雇员及其分包人的雇员都经过了足够的培训并具有经验，能够胜任职业健康、安全、环境保护管理工作。

（5）承包人应遵守所有与实施本工程和使用施工设备相关的现场职业健康、安全和环境保护的法律规定，并按规定各自办理相关手续。

（6）承包人应为现场开工部分的工程建立职业健康保障条件、搭设安全设施并采取环保措施等，为发包人办理施工许可证提供条件。因承包人原因导致施工许可的批准推迟，造成费用增加或工程关键路径延误时，由承包人负责。

（7）承包人应配备专职工程师或管理人员，负责管理、监督、指导职工职业健康、安全保护和环境保护工作。承包人应对其分包人的行为负责。

（8）承包人应随时接受政府有关行政部门、行业机构、发包人、监理人的职业健康、安全、环境保护检查人员的监督和检查，并为此提供方便。

2）现场职业健康管理

（1）承包人应遵守适用的职业健康的法律和合同约定（包括对雇用、职业健康、安全、福利等方面的规定），负责现场实施过程中其人员的职业健康和保护。

（2）承包人应遵守适用的劳动法规，保护其雇员的合法休假权等合法权益，并为其现场人员提供劳动保护用品、防护器具、防暑降温用品、必要的现场食宿条件和安全生产设施。

（3）承包人应对其施工人员进行相关作业的职业健康知识培训、危险及危害因素交底、安全操作规程交底，采取有效措施，按有关规定提供防止人身伤害的保护用具。

（4）承包人应在有毒有害作业区域设置警示标志和说明。发包人及其委托人员未经承包人允许、未配备相关保护器具，进入该作业区域所造成的伤害，由发包人承担责任和费用。

（5）承包人应对有毒有害岗位进行防治检查，对不合格的防护设施、器具、搭设等及时整改，消除危害职业健康的隐患。

（6）承包人应采取卫生防疫措施，配备医务人员、急救设施，保持食堂的饮食卫生，保持住地及其周围的环境卫生，维护施工人员的健康。

3）现场安全管理

（1）发包人、监理人应对其在现场的人员进行安全教育，提供必要的个人安全用品，并对他们所造成的安全事故负责。发包人、监理人不得强令承包人违反安全施工、安全操作及竣工试验和（或）竣工后试验的有关安全规定。因发包人、监理人及其现场工作人员的原因，导致的人身伤害和财产损失，由发包人承担相关责任及所发生的费用。工程关键路径延误时，竣工日期给予顺延。

因承包人原因，违反安全施工、安全操作、竣工试验和（或）竣工后试验的有关安全规定，导致的人身伤害和财产损失，工程关键路径延误时，由承包人承担。

（2）双方人员应遵守有关禁止通行的须知，包括禁止进入工作场地以及临近工作场地的特定区域。未能遵守此约定，造成伤害、损坏和损失的，由未能遵守此项约定的一方负责。

（3）承包人应按合同约定负责现场的安全工作，包括其分包人的现场。对有条件的现场实行封闭管理。应根据工程特点，在施工组织设计文件中制定相应的安全技术措施，并对专业性较强的工程部分编制专项安全施工组织设计，包括维护安全、防范危险和预防火灾等措施。

（4）承包人（包括承包人的分包人、供应商及其运输单位）应对其现场内及进出现场途中的道路、桥梁、地下设施等，采取防范措施使其免遭损坏，专用条款另有约定除外。因未按约定采取防范措施所造成的损坏和（或）竣工日期延误，由承包人负责。

（5）承包人应对其施工人员进行安全操作培训，安全操作规程交底，采取安全防护措施，设置安全警示标志和说明，进行安全检查，消除事故隐患。

（6）承包人在动力设备、输电线路、地下管道、密封防震车间、高温高压、易燃易爆区域和地段，以及临街交通要道附近作业时，应对施工现场及毗邻的建筑物、构筑物和特殊作业环境可能造成的损害采取安全防护措施。施工开始前承包人须向发包人和（或）监理人提交安全防护措施方案，经认可后实施。发包人和（或）监理人的认可，并不能减轻或免除承包人的责任。

（7）承包人实施爆破、放射性、带电、毒害性及使用易燃易爆、毒害性、腐蚀性物品作业（含运输、储存、保管）时，应在施工前10日以书面形式通知发包人和（或）监理人，并提交相应的安全防护措施方案，经认可后实施。发包人和（或）监理人的认可，并不能减轻或免除承包人的责任。

（8）安全防护检查。承包人应在作业开始前，通知发包人代表和（或）监理人对其提交的安全措施方案，以及现场安全设施搭设、安全通道、安全器具和消防器具配置，对周围环境安全可能带来的隐患等进行检查，并根据发包人和（或）监理人提出的整改建议自费整改。发包人和（或）监理人的检查、建议，并不能减轻或免除承包人的合同责任。

4）现场的环境保护管理

（1）承包人负责在现场施工过程中保护现场周围的建筑物、构筑物、文物建筑、古树、名木，以及地下管线、线缆、构筑物、文物、化石和坟墓等。因承包人未能通知发包人，并在未能得到发包人进一步指示的情况下，所造成的损害、损失、赔偿等费用增加和（或）竣工日期延误，由承包人负责。

（2）承包人应采取措施，并负责控制和（或）处理现场的粉尘、废气、废水、固体废物和噪声对环境的污染和危害。因此发生的伤害、赔偿、罚款等费用增加和（或）竣工日期延误，由承包人负责。

（3）承包人及时或定期将施工现场残留、废弃的垃圾运到发包人或当地有关行政部门指定的地点，防止对周围环境的污染及对作业的影响。因违反上述约定导致当地行政部门的罚款、赔偿等增加的费用，由承包人承担。

5）事故处理

（1）承包人（包括其分包人）的人员，在现场作业过程中发生死亡、伤害事件时，承包人应立即采取救护措施，并立即报告发包人和（或）救援单位，发包人有义务为此项抢救提供必要条件。承包人应维护好现场并采取防止事故蔓延的相应措施。

（2）对重大伤亡、重大财产、环境损害及其他安全事故，承包人应按有关规定立即上报有关部门，并立即通知发包人代表和监理人。同时，按政府有关部门的要求处理。

（3）合同双方对事故责任有争议时，依据通用条款有关争议和裁决的约定程序解决。

（4）因承包人的原因致使建筑工程在合理使用期限、设备保证期内造成人身和财产损害的，由承包人承担损害赔偿责任。

（5）因承包人原因发生员工食物中毒及职业健康事件的，承包人应承担相关责任。

3.2.10　工程总承包合同的其他条款

3.2.10.1　不可抗力

不可抗力是指不能预见、不能避免并不能克服的客观情况，具体情形由双方在专用条款中约定。

1）不可抗力发生时的义务

（1）通知义务

觉察或发现不可抗力事件发生的一方，有义务立即通知另一方。根据本合同约定，工程现场照管的责任方，在不可抗力事件发生时，应在力所能及的条件下迅速采取措施，尽力减少损失；另一方全力协助并采取措施。需暂停实施的施工或工作，立即停止。

（2）通报义务

工程现场发生不可抗力时，在不可抗力事件结束后的48小时内，承包人（如为工程现场的照管方）须向发包人通报受害和损失情况。当不可抗力事件持续发生时，承包人每周应向发包人和工程总监报告受害情况。对报告周期另有约定时除外。

2）不可抗力的后果

因不可抗力事件导致的损失、损害、伤害所发生的费用及延误的竣工日期，按如下约定处理：

（1）永久性工程和工程物资等的损失、损害，由发包人承担；

（2）受雇人员的伤害，分别按照各自的雇用合同关系负责处理；

（3）承包人的机具、设备、财产和临时工程的损失、损害，由承包人承担；

（4）承包人的停工损失，由承包人承担；

（5）不可抗力事件发生后，因一方迟延履行合同约定的保护义务导致的延续损失、损害，由迟延履行义务的一方承担相应责任及其损失；

（6）发包人通知恢复建设时，承包人应在接到通知后的20日内，或双方根据具体情况约定的时间内，提交清理、修复的方案及其估算，以及进度计划安排的资料和报告，经发包人确认后，所需的清理、修复费用由发包人承担；恢复建设的竣工日期相应顺延。

2019年12月份原因不明的病毒性肺炎出现，2020年1月7日初步判定病原体为新型冠状病毒，2020年1月20日，国家卫生健康委员会将新型冠状病毒感染的肺炎纳入《传染病防治法》的防控范围。由于建设工程合同的当事人不具备专业的医学、病毒学等知识，因而对于本次疫情不具有可预见性。新型冠状病毒性肺炎爆发以来，医学界还尚未找到确切有效的治疗方法，应当认定本次疫情的爆发无论是对个人还是对企业而言都是不可避免也不能克服的。以上情况完全符合法律对于不可抗力不能预见、不能避免且不能克服的定义。

自疫情发生以来，国家和各地方密集采取了包括了春节假期延长、临时检查增加、高速公路关闭、延期复工复市、定点定时隔离等在内的一系列措施，企业和个人也都响应号召，暂停、延后生产活动或者减少了外出活动次数，这当然会对建设工程合同的履约行为产生影响。合同当事人应该按照《建设项目工程总承包合同示范文本（试行）》（GF—2011-0216）通用合同条款"不可抗力的后果"的约定，由双方分别承担。

已于2020年3月1日正式施行的《房屋建筑和市政基础设施项目工程总承包管理办法》，第15条对于工程总承包项目承发包双方的合理风险分担进行了规制："建设单位和工程总承包单位应当加强风险管理，合理分担风险。建设单位承担的风险主要包括：①主要工程材料、设备、人工价格与招标时基期价相比，波动幅度超过合同约定幅度的部分；②因国家法律法规政策变化引起的合同价格的变化；③不可预见的地质条件造成的工程费用和工期的变化；④因建设单位原因产生的工程费用和工期的变化；⑤不可抗力造成的工程费用和工期的变化"。根据本条规定，不可抗力发生后工程总承包项目费用增加和工期延长的风险将主要由发包方承担，相较于《建设项目工程总承包合同示范文本（试行）》

（GF—2011-0216）的损失范围划分条款是一个很大的变化，应当引起承发包双方的共同关注。

住房和城乡建设部办公厅关于加强新冠肺炎疫情防控有序推动企业开复工工作的通知（建办市〔2020〕5号）中第（五）：加强合同履约变更管理，提出疫情防控导致工期延误，属于合同约定的不可抗力情形。地方各级住房和城乡建设主管部门要引导企业加强合同工期管理，根据实际情况依法与建设单位协商合理顺延合同工期。停工期间增加的费用，由发承包双方按照有关规定协商分担。因疫情防控增加的防疫费用（如建立健全疫情防控管理体系；对工作、生活场所进行全面卫生消毒；设置体温检测点及配备必要的防护用品；落实应急处置措施等），可计入工程造价；因疫情造成的人工、建材价格上涨等成本，发承包双方要加强协商沟通，按照合同约定的调价方法调整合同价款。地方各级住房和城乡建设主管部门要及时做好跟踪测算和指导工作。

山东省住房和城乡建设厅关于新型冠状病毒性肺炎疫情防控期间建设工程计价有关事项的通知（鲁建标字〔2020〕1号）规定：

（1）关于工期调整

受新冠肺炎疫情影响，工期应按照《建设工程工程量清单计价规范》（GB 50500—2013）有关不可抗力的规定予以顺延。疫情防控期间未开复工的项目，顺延工期一般应从接到工程所在地管理部门停工通知之日起，至接到复工许可之日止；疫情防控期间内开复工的工程，顺延工期由工程发承包双方根据工程实际情况协商确定。合同工期内已考虑的正常春节假期不计算在顺延工期之内。

（2）关于费用调整

已发出招标文件但尚未开标的工程，发包人应针对各项已发生疫情影响事项和可预见疫情影响事项，以及时对招标文件进行修改、补遗、完善，明确疫情防控对工程价款确定、支付调整等相关合同条款，必要时应延后开标时间。招投标双方应充分考虑因疫情影响而产生的价格波动。

已发出中标通知书但尚未签订合同的工程、签订合同但尚未实施的工程，应充分考虑疫情对工程造价的影响，协商调整工程造价，并签订补充协议。

在建工程因防控疫情停工产生的各项费用，按照法律法规、合同条款及《建设工程工程量清单计价规范》（GB 50500—2013）有关不可抗力的有关规定，发承包双方应合理分担有关费用。

疫情防控期间开复工的，必须严格落实防疫措施，保证人员安全，防止疫情传播。因此导致的费用变化，发承包双方应根据合同约定及下列规定，本着实事求是、风险共担的原则协商调整工程造价：

（1）疫情防控期间增加疫情防控费。疫情防控费是指疫情防控期间，施工需增加的口罩、酒精、消毒水、手套、体温检测器、电动喷雾器等疫情防护物资费用，防护人工费用，因防护造成的施工降效及落实各项防护措施所产生的其他费用，根据工地施工人员和管理人员人数，按照每人每天40元的标准计取，列入疫情防控专项经费中，该费用只参与计取建筑业增值税。施工单位要把一线施工工人的生命安全和人身健康放在第一位,充分利用疫情防控费,专款专用。

(2)疫情防控期间人工、材料价格发生变化,按照《山东省住房和城乡建设厅关于加强工程建设人工材料价格风险控制的意见》(鲁建标字〔2019〕21号)有关规定调整工程造价。合同约定不调整的,疫情防控期间内适用情势变更原则,按照上述文件合理分担风险。

(3)疫情防控期间要求复工及疫情防控解除后复工的工程项目,如需赶工,赶工费用宜组织专家论证后,另行计算。

3.2.10.2　保险

1)承包人的投保

按适用法律和专用条款约定的投保类别,由承包人投保的保险种类,其投保费用包含在合同价格中。由承包人投保的保险种类、保险范围、投保金额、保险期限和持续有效的时间等在专用条款中约定。

保险单对联合被保险人提供保险时,保险赔偿对每个联合被保险人分别施用。承包人应代表自己的被保险人,保证其被保险人遵守保险单约定的条件及其赔偿金额。

承包人从保险人收到的理赔款项,应用于保单约定的损失、损害、伤害的修复、购置、重建和赔偿。

承包人应在投保项目及其投保期限内,向发包人提供保险单副本、保费支付单据复印件和保险单生效的证明。承包人未提交上述证明文件的,视为未按合同约定投保,发包人可以自己名义投保相应保险,由此引起的费用及理赔损失,由承包人承担。

2)一切险和第三方责任险

对于建筑工程一切险、安装工程一切险和第三者责任险,无论应投保方是任何一方,其在投保时均应将本合同的另一方、本合同项下分包商、供货商、服务商同时列为保险合同项下的被保险人。具体的应投保方在专用条款中约定。

3)保险的其他规定

由承包人负责采购运输的设备、材料、部件的运输险,由承包人投保。此项保险费用已包含在合同价格中,专用条款中另有约定时除外。

保险事项的意外事件发生时,在场的各方均有责任努力采取必要措施,防止损失、损害的扩大。

本合同约定以外的险种,根据各自的需要自行投保,保险费用由各自承担。

3.2.10.3　违约责任

1)发包人的违约责任

当发生下列情况时:

(1)发包人未能按照合同约定,按时提供真实、准确、齐全的工艺技术和(或)建筑设计方案、项目基础资料和现场障碍资料;

(2)发包人未能按照合同约定调整合同价格、有关预付款、工程进度款、竣工结算约定的款项类别、金额、承包人指定的账户和时间支付的相应款项；

（3）发包人未能履行合同中约定的其他责任和义务。

发包人应采取补救措施，并赔偿因上述违约行为给承包人造成的损失。因其违约行为造成工程关键路径延误时，竣工日期顺延。发包人承担违约责任，并不能减轻或免除合同中约定的应由发包人继续履行的其他责任和义务。

2）承包人的违约责任

当发生下列情况时：

（1）承包人未能按照合同约定对其提供的工程物资进行检验及对施工质量进行检验，未能修复缺陷；

（2）承包人经三次试验仍未能通过竣工试验，或经三次试验仍未能通过竣工后试验，导致的工程任何主要部分或整个工程丧失了使用价值、生产价值、使用利益；

（3）承包人未经发包人同意，或未经必要的许可，或适用法律不允许分包的，将工程分包给他人；

（4）承包人未能履行合同约定的其他责任和义务。

承包人应采取补救措施，并赔偿因上述违约行为给发包人造成的损失。承包人承担违约责任，并不能减轻或免除合同中约定的由承包人继续履行的其他责任和义务。

3.2.10.4 索赔

1）发包人的索赔

发包人认为，承包人未能履行合同约定的职责、责任、义务，且根据本合同约定，与本合同有关的文件、资料的相关情况与事项，承包人应承担损失、损害赔偿责任，但承包人未能按合同约定履行其赔偿责任时，发包人有权向承包人提出索赔。索赔依据法律及合同约定，并遵循如下程序进行：

（1）发包人应在索赔事件发生后的 30 日内，向承包人送交索赔通知；未能在索赔事件发生后的 30 日内发出索赔通知，承包人不再承担任何责任，法律另有规定的除外；

（2）发包人应在发出索赔通知后的 30 日内，以书面形式向承包人提供说明索赔事件的正当理由、条款根据、有效的可证实的证据和索赔估算等相关资料；

（3）承包人应在收到发包人送交的索赔资料后 30 日内与发包人协商解决，或给予答复，或要求发包人进一步补充提供索赔的理由和证据；

（4）承包人在收到发包人送交的索赔资料后 30 日内未与发包人协商、未予答复，或未向发包人提出进一步要求的，视为该项索赔已被承包人认可；

（5）当发包人提出的索赔事件持续影响时，发包人每周应向承包人发出索赔事件的延续影响情况，在该索赔事件延续影响停止后的 30 日内，发包人应向承包人送交最终索赔报告和最终索赔估算。

2）承包人的索赔

承包人认为，发包人未能履行合同约定的职责、责任和义务，且根据本合同的任何条款的约定，与本合同有关的文件、资料的相关情况和事项，发包人应承担损失、损害赔偿责任及延长竣工日期的,发包人未能按合同约定履行其赔偿义务或延长竣工日期时,承包人有权向发包人提出索赔。索赔依据法律和合同约定,并遵循如下程序进行:

(1) 承包人应在索赔事件发生后 30 日内,向发包人发出索赔通知。未在索赔事件发生后的 30 日内发出索赔通知,发包人不再承担任何责任,法律另有规定除外;

(2) 承包人应在发出索赔事件通知后的 30 日内,以书面形式向发包人提交说明索赔事件的正当理由、条款根据、有效的可证实的证据和索赔估算资料的报告;

(3) 发包人应在收到承包人送交的有关索赔资料的报告后 30 日内与承包人协商解决,或给予答复,或要求承包人进一步补充索赔理由和证据;

(4) 发包人在收到承包人按本款第(3)项提交的报告和补充资料后的 30 日内未与承包人协商、或未予答复、或未向承包人提出进一步补充要求,视为该项索赔已被发包人认可;

(5) 当承包人提出的索赔事件持续影响时,承包人每周应向发包人发出索赔事件的延续影响情况通知,在该索赔事件延续影响停止后的 30 日内,承包人向发包人送交最终索赔报告和最终索赔估算。

3.2.10.5　合同解除

1) 由发包人解除合同

(1) 由发包人解除合同

发包人有权基于下列原因,以书面形式通知解除合同或解除合同的部分工作。发包人应在发出解除合同通知 15 日前告知承包人。发包人解除合同并不影响其根据合同约定享有的任何其他权利。

① 承包人未能遵守有关履约保函的约定;

② 承包人未能执行有关通知改正的约定;

③ 承包人未能遵守有关分包和转包的约定;

④ 承包人实际进度明显落后于进度计划,发包人指令其采取措施并修正进度计划时,承包人无作为;

⑤ 工程质量有严重缺陷,承包人无正当理由使修复开始日期拖延达 30 日以上;

⑥ 承包人明确表示或以自己的行为明显表明不履行合同,或经发包人以书面形式通知其履约后仍未能依约履行合同,或以明显不适当的方式履行合同;

⑦ 根据合同约定,未能通过的竣工试验、未能通过的竣工后试验,使工程的任何部分和(或)整个工程丧失了主要使用功能、生产功能;

⑧ 承包人破产、停业清理或进入清算程序,或情况表明承包人将进入破产和(或)清算程序。

发包人不能为另行安排其他承包人实施工程而解除合同或解除合同的部分工作。发包人违反该约定时,承包人有权依据本项约定,提出仲裁或诉讼。

(2) 解除合同通知后停止和进行的工作

承包人收到解除合同通知后的工作。承包人应在解除合同 30 日内或双方约定的时

间内,完成以下工作:

① 除了为保护生命、财产或工程安全、清理和必须执行的工作外,停止执行所有被通知解除的工作;

② 将发包人提供的所有信息及承包人为本工程编制的设计文件、技术资料及其他文件移交给发包人;在承包人留有的资料文件中,销毁与发包人提供的所有信息相关的数据及资料的备份;

③ 移交已完成的永久性工程及负责已运抵现场的永久性工程物资;在移交前,妥善做好已完工程和已运抵现场的永久性工程物资的保管、维护和保养;

④ 移交相应实施阶段已经付款的并已完成的和尚待完成的设计文件、图纸、资料、操作维修手册、施工组织设计、质检资料、竣工资料等;

⑤ 向发包人提交全部分包合同及执行情况说明,其中包括:承包人提供的工程物资(含在现场保管的、已经订货的、正在加工的、运输途中的、运抵现场尚未交接的),发包人承担解除合同通知之日之前发生的、合同约定的此类款项;承包人有义务协助并配合处理与其有合同关系的分包人的关系;

⑥ 经发包人批准,承包人应将其与被解除合同或被解除合同中的部分工作相关的和正在执行的分包合同及相关的责任和义务转让至发包人和(或)发包人指定方的名下,包括永久性工程及工程物资,以及相关工作;

⑦ 承包人按照合同约定,继续履行其未被解除的合同部分工作;

⑧ 在解除合同的结算尚未结清之前,承包人不得将其机具、设备、设施、周转材料、措施材料撤离现场和(或)拆除,除非得到发包人同意。

(3)解除日期的结算

承包人收到解除合同或解除合同部分工作的通知后,发包人应立即与承包人商定已发生的合同款项,包括预付款、工程进度款、合同价格调整的款项、缺陷责任保修金暂扣的款项、索赔款项、本合同补充协议的款项,以及合同约定的任何应增减的款项。经双方协商一致的合同款项,作为解除日期的结算资料。

(4)解除合同后的结算

① 双方应根据解除合同日期的结算资料,结清双方应收应付款项的余额。此后,发包人应将承包人提交的履约保函返还给承包人,承包人应将发包人提交的支付保函返还给发包人。

② 如合同解除时仍有未被扣减完的预付款,发包人应根据预付款抵扣的约定扣除,并在此后将约定提交的预付款保函返还给承包人。

③ 发包人尚有其他未能扣减完的应收款余额时,有权从承包人提交的履约保函中扣减,并在此后将履约保函返还给承包人。

④ 发包人按上述约定扣减后,仍有未能收回的款项时;或合同未能约定提交履约保函和预付款保函时,仍有未能扣减应收款项的余额时,可扣留与应收款价值相当的承包人的机具、设备、设施、周转材料等作为抵偿。

（5）承包人的撤离

① 全部合同解除的撤离。承包人有权按合同约定，将未被因抵偿扣留的机具、设备、设施等自行撤离现场。并承担撤离和拆除临时设施的费用。发包人为此提供必要条件。

② 部分合同解除的撤离。承包人接到发包人发出撤离现场的通知后，将其多余的机具、设备、设施等自费拆除并自费撤离现场（不包括根据合同约定被抵偿的机具等）。发包人为此提供必要条件。

③ 解除合同后继续实施工程的权利。发包人可继续完成工程或委托其他承包人继续完成工程。发包人有权与其他承包人使用已移交的永久性工程的物资及承包人为本工程编制的设计文件、实施文件及资料，以及使用根据合同约定扣留抵偿的设施、机具和设备。

2）由承包人解除合同

（1）由承包人解除合同

基于下列原因，承包人有权以书面形式通知发包人解除合同，但在发出解除合同通知15日前告知发包人：

① 发包人延误付款达60日以上，或根据合同约定承包人要求复工，但发包人在180日内仍未通知复工的；

② 发包人实质上未能根据合同约定履行其义务，影响承包人实施工作停止30日以上；

③ 发包人未能按合同约定提交支付保函；

④ 出现合同约定的不可抗力事件，导致继续履行合同主要义务已成为不可能或不必要；

⑤ 发包人破产、停业清理或进入清算程序，或情况表明发包人将进入破产和（或）清算程序，或发包人无力支付合同款项。

发包人接到承包人根据本款第①项、②项、③项解除合同的通知后，发包人随后给予了付款，或同意复工、或继续履行其义务、或提供了支付保函时，承包人应尽快安排并恢复正常工作。因此造成关键路线延误时，竣工日期顺延；承包人因此增加的费用，由发包人承担。

（2）解除合同通知后停止和进行的工作

承包人发出解除合同的通知后，有权停止和必须进行的工作如下：

① 除为保护生命、财产、工程安全、清理和必须执行的工作外，停止所有进一步的工作；

② 移交已完成的永久性工程及承包人提供的工程物资（包括现场保管的、已经订货的、正在加工制造的、正在运输途中的、现场尚未交接的）；在未移交之前，承包人有义务妥善做好已完工程和已购工程物资的保管、维护和保养；

③ 移交已经付款并已经完成和尚待完成的设计文件、图纸、资料、操作维修手册、施工组织设计、质检资料、竣工资料等；应发包人的要求，对已经完成但尚未付款的相关设计文件、图纸和资料等，按商定的价格付款后，承包人按约定的时间提交给发包人；

④ 向发包人提交全部分包合同及执行情况说明，由发包人承担其费用；

⑤ 应发包人的要求，承包人将分包合同转让至发包人和（或）发包人指定方的名下，包括永久性工程及其物资，以及相关工作；

⑥ 在承包人自留文件资料中,销毁发包人提供的所有信息及其相关的数据及资料的备份。

3) 解除合同日期的结算资料

发包人收到解除合同的通知后,应与承包人商定已发生的工程款项,包括:预付款、工程进度款、合同价格调整款项、保修金暂扣与支付的款项、索赔款项、本合同补充协议的款项及合同任何条款约定的增减款项,以及承包人拆除临时设施和机具、设备等撤离到承包人企业所在地的费用(当出现合同约定的不可抗力的情况,撤离费用由承包人承担)。经双方协商一致的合同款项,作为解除日期的结算依据。

(4) 解除合同后的结算

① 双方应根据解除合同日期的结算资料,结清解除合同时双方的应收应付款项的余额。此后,承包人应返还发包人提交的支付保函,发包人将返还承包人提交的履约保函。

② 如合同解除时发包人仍有未被扣减完的预付款,发包人可根据合同约定扣除预付款抵扣,此后,应将预付款保函返还给承包人。

③ 如合同解除时承包人尚有其他未能收回的应收款余额,承包人可在合同约定的发包人提交的支付保函中扣减,此后,应将支付保函返还给发包人。

④ 如合同解除时承包人尚有其他未能收回的应收款余额,而合同未约定发包人提交支付保函时,发包人应根据合同约定,经协商一致的解除合同日期结算资料后的第 1 日起,按中国人民银行同期同类贷款利率,支付拖欠的余额和利息。发包人在此后的 60 日内仍未支付,承包人有权根据合同约定的争议和裁决解决。

⑤ 承包人的撤离。在合同解除后,承包人应将除为安全需要以外的所有其他物资、机具、设备和设施全部撤离现场。

(3) 合同解除后的事项

(1) 付款约定仍然有效

合同解除后,由发包人或由承包人解除合同的结算及结算后的付款约定仍然有效,直至解除合同的结算工作结清。

(2) 解除合同的争议

合同双方对解除合同或对解除日期的结算有争议的,应采取友好协商方式解决。经友好协商仍存在争议,或有一方不接受友好协商时,根据合同约定的争议和裁决解决。

3.2.10.6 争议和裁决

1) 争议的解决方式

发包人和承包人在履行合同中发生争议的,可以友好协商解决或者提请争议评审组评审。合同当事人友好协商解决不成、不愿提请争议评审或者不接受争议评审组意见的,可在专用合同条款中约定下列一种方式解决:①向约定的仲裁委员会申请仲裁;②向有管辖权的人民法院提起诉讼。

2) 友好解决

在提请争议评审、仲裁或者诉讼前,以及在争议评审、仲裁或诉讼过程中,发包人和承包人均应共同努力友好协商解决争议。

3）争议评审

①采用争议评审的，发包人和承包人应在开工日后的 28 天内或在争议发生后，协商成立争议评审组。争议评审组由有合同管理和工程实践经验的专家组成。

②合同双方的争议，应首先由申请人向争议评审组提交一份详细的评审申请报告，并附必要的文件、图纸和证明材料，申请人还应将上述报告的副本同时提交给被申请人和监理人。

③被申请人在收到申请人评审申请报告副本后的 28 天内，向争议评审组提交一份答辩报告，并附证明材料。被申请人应将答辩报告的副本同时提交给申请人和监理人。

④除专用合同条款另有约定外，争议评审组在收到合同双方报告后的 14 天内，邀请双方代表和有关人员举行调查会，向双方调查争议细节；必要时争议评审组可要求双方进一步提供补充材料。

⑤除专用合同条款另有约定外，在调查会结束后的 14 天内，争议评审组应在不受任何干扰的情况下进行独立、公正的评审，做出书面评审意见，并说明理由。在争议评审期间，争议双方暂按总监理工程师的确定执行。

⑥发包人和承包人接受评审意见的，由监理人根据评审意见拟定执行协议，经争议双方签字后作为合同的补充文件，并遵照执行。

⑦发包人或承包人不接受评审意见，并要求提交仲裁或提起诉讼的，应在收到评审意见后的 14 天内将仲裁或起诉意向书面通知另一方，并抄送监理人，但在仲裁或诉讼结束前应暂按总监理工程师的确定执行。

4）争议不应影响履约

发生争议后，须继续履行其合同约定的责任和义务，保持工程继续实施。除非出现下列情况，任何一方不得停止工程或部分工程的实施：

（1）当事人一方违约导致合同确已无法履行，经合同双方协议停止实施；

（2）仲裁机构或法院责令停止实施。

5）停止实施的工程保护

根据合同约定，停止实施的工程或部分工程，当事人按合同约定的职责、责任和义务，保护好与合同工程有关的各种文件、资料、图纸、已完工程，以及尚未使用的工程物资。

3.3 装配式建筑总承包合同管理要点

3.3.1 "发包人要求"规定

1）一般规定

"发包人要求"是指构成合同文件组成部分的名为"发包人要求"的文件，应列明项目的目标、范围、设计和其他技术标准，包括对项目的内容、范围、规模、标准、功能、质量、安全、节约能源、生态环境保护、工期、验收等的明确要求,以及合同双方当事人约定对其所做的修改或补充。

"发包人要求"是招标文件的有机构成,工程总承包合同签订后,也是合同文件的组成部分,对双方当事人具有法律约束力。承包人应认真阅读、复核"发包人要求",发现错误的,应及时书面通知发包人。"发包人要求"中的错误导致承包人增加费用和(或)工期延误的,发包人应承担由此增加的费用和(或)工期延误,并向承包人支付合理利润。发包人要求违反法律规定的,承包人发现后应书面通知发包人,并要求其改正。发包人收到通知书后不予改正或不予答复的,承包人有权拒绝履行合同义务,直至解除合同。发包人应承担由此引起的承包人全部损失。

2)基本构成

"发包人要求"应尽可能清晰准确,对于可以进行定量评估的工作,发包人要求不仅应明确规定其产能、功能、用途、质量、环境、安全,并且要规定偏离的范围和计算方法,以及检验、试验、试运行的具体要求。对于承包人负责提供的有关设备和服务,对发包人人员进行培训和提供一些消耗品等,在发包人要求中应一并明确规定。"发包人要求"通常包括但不限于以下内容:

(1)功能要求:包括工程的目的、规模、性能保证指标(性能保证表)、产能保证指标等。装配式建筑应明确达到的预制装配率及相关工业化要求。

(2)工程范围

①包括的工作:包括永久工程的设计、采购、施工范围,临时工程的设计与施工范围,竣工验收工作范围,技术服务工作范围,培训工作范围,保修工作范围等。②工作界区。③发包人提供的现场条件:包括施工用电、施工用水、施工排水。④发包人提供的技术文件:除另有批准外,承包人的工作需要遵照发包人需求任务书、发包人已完成的设计文件。

(3)工艺安排或要求(如有)。

(4)时间要求:包括开始工作时间、设计完成时间、进度计划、竣工时间、缺陷责任期和其他时间要求等。

(5)技术要求:包括设计阶段和设计任务,设计标准和规范,技术标准和要求,质量标准,设计、施工和设备监造、试验(如有),样品,发包人提供的其他条件,如发包人或其委托的第三人提供的设计、工艺包、用于试验检验的工器具等,以及据此对承包人提出的予以配套的要求。

(6)竣工试验:第一阶段,如对单车试验等的要求,包括试验前准备。第二阶段,如对联动试车、投料试车等的要求,包括人员、设备、材料、燃料、电力、消耗品、工具等必要条件。第三阶段,如对性能测试及其他竣工试验的要求,包括产能指标、产品质量标准、运营指标、环保指标等。

(7)竣工验收。

(8)竣工后试验(如有)。

(9)文件要求:包括设计文件及其相关审批、核准、备案要求,沟通计划,风险管理计划,竣工文件和工程的其他记录,操作和维修手册,其他承包人文件等。

（10）工程项目管理规定:包括质量、进度,包括里程碑进度计划(如果有)、支付、HSE(健康、安全与环境管理体系)、沟通、变更等。

（11）其他要求:包括对承包人的主要人员资格要求,相关审批、核准和备案手续的办理,对项目业主人员的操作培训,分包,设备供应商,缺陷责任期的服务要求等。

《标准设计施工总承包招标文件》中要求"发包人要求"用13个附件清单明确列出,主要包括性能保证表,工作界区图,发包人需求任务书,发包人已完成的设计文件,承包人文件要求,承包人人员资格要求及审查规定,承包人设计文件审查规定,承包人采购审查与批准规定,材料、工程设备和工程试验规定,竣工试验规定,竣工验收规定,竣工后试验规定,以及工程项目管理规定等。

3.3.2　设计管理

工程总承包项目的设计应由具备相应设计资质和能力的企业承担。设计应满足合同约定的技术性能、质量标准和工程的可施工性、可操作性及可维修性的要求。设计管理应由承包人的设计经理负责,并适时组建项目设计组。在项目实施过程中,设计经理应接受承包人的项目经理和设计管理部门的管理。工程总承包项目应将采购纳入设计程序。设计组应负责请购文件的编制、报价技术评审和技术谈判、供应商图纸资料的审查和确认等工作。

3.3.2.1　承包人的设计工作和要求

1）承包人的设计范围

按照我国工程建设基本程序,工程设计依据工作进程和深度不同,一般按初步设计和施工图设计两个阶段进行,技术上复杂的建设项目可按初步设计、技术设计和施工图设计三个阶段进行。民用建筑工程设计一般分为方案设计、初步设计和施工图设计三个阶段。国际上一般分为概念设计(Concept Design)、基本设计(Basic Design)和详细设计(Detailed Design)三个阶段。

方案设计(概念设计)是项目投资决策后,由咨询单位将项目策划和可行性研究提出的意见和问题,经与业主协商认可后提出的具体开展建设的设计文件,其深度应当满足编制初步设计文件和控制概算的需要。

初步设计(基本设计)的内容根据项目类型不同而有所变化,一般来说,它是项目的宏观设计,即项目的总体设计、布局设计、主要的工艺流程、设备的选型和安装设计、土建工程量及费用的估算等。初步设计文件应当满足编制施工招标文件、主要设备材料订货和编制施工图设计文件的需要,是下一阶段施工图设计的基础。

施工图设计(详细设计)的主要内容是根据批准的初步设计,绘制出正确、完整和尽可能详细的建筑、安装图纸,包括建设项目部分工程的详图、零部件结构明细表、验收标准、方法、施工图预算等。此设计文件应当满足设备材料采购、非标准设备制作和施工的需要,并注明建筑工程合理使用年限。

在工程总承包合同中应明确定义设计的范围,确定谁应该参与设计及参与的程度。承包人的设计范围可以是施工图设计,也可以是初步设计和施工图设计,还可以是包括方案设计、初步设计、施工图设计的所有设计,由双方在总承包合同中明确。

承包人应按合同约定的工作内容和进度要求,编制设计、施工的组织和实施计划,并对所有设计、施工作业和施工方法,以及全部工程的完备性和安全可靠性负责。承包人不得将设计和施工的主体、关键性工作分包给第三人。除专用合同条款另有约定外,未经发包人同意,承包人也不得将非主体、非关键性工作分包给第三人。

如某装配式住宅项目工程总承包合同规定的承包人的设计报价范围包括:初步设计费、施工图设计(包括基坑支护设计、供配电设计及其他的专项设计)及出图等所有相关费用、配合图纸审查(根据需要提供相应范围内的施工图预算,以满足施工图审查的需要),以及设计现场配合费、咨询调研论证(含专家费)等相关费用,另外设计报价还包含以下内容的费用:

(1)包括设计文件审查、专项设计、后续服务。后续服务包括:施工现场设计服务,设计修改、变更、专项方案咨询服务等服务工作(在合同履行过程中如由于国家政策或规范调整以及发包人提出的重大变更,需重新进行规划或施工图审查的不在此范围内)。

(2)还必须承担为保证本项目完整性的所有设计内容(含各专项、专业工程设计,垄断专业专项设计除外)和项目实施的全方位、全过程设计。

(3)设计任务书中的全部相关内容。

(4)设计及施工工程中的BIM集成管理等。

2)装配式建筑的设计要求

装配式建筑系统可划分为:主体结构系统、建筑设备及管线系统、建筑围护系统和装饰装修系统,四个系统下又有子系统(图3.1)。装配式建筑总承包需要系统的设计方法,应按照一体化、标准化集成设计方法,体现"设计、加工、装配"一体化和"建筑、结构、机电、内装"一体化,将装配式建筑的结构主体、内装系统、机电设备、围护结构集成为一个有机的整体。

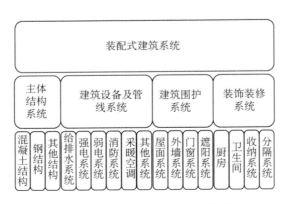

图3.1 装配式建筑设计系统构成

　　装配式建筑设计应按照住房城乡建设部印发《建筑工程设计文件编制深度规定（2016 版）》的相关要求,应包含装配式建筑专篇专项设计说明、图纸以及装配率计算书。装配式建筑专项设计说明书应单独成章,应采用建筑信息模型技术。装配式建筑初步设计文件一般内容参见表 3.1(供参考)。

表 3.1　装配式建筑初步设计文件一般内容

序号	项目	主要内容
1	概况	(1) 装配式建筑楼栋组成、项目特点和装配式建筑目标及预评价等级。 (2) 项目采用装配式建筑技术的选项内容及主要技术措施
2	设计依据	(1) 与装配式建筑设计有关的国家及重庆市技术标准、规定。 (2) 建设单位提供的有关使用要求或部品部件等技术资料。 (3) 政府主管部门对项目有关装配式建筑的管理要求
3	建筑设计说明	(1) 说明围护墙和内隔墙的材料性能要求(包括主要规格、墙体材质、密度、防火、防水、保温隔热、隔声、抗风、抗震、耐撞击、气密性、耐久性等)、施工方式(砌筑或者非砌筑)。 (2) 简述围护墙与保温隔热、装饰一体化的情况,内隔墙与管线、装修一体化的情况。 (3) 建筑全装修内容:建筑装修材料表(包含楼地面、墙面、天棚、门窗的建筑做法);建筑设施配置情况。 (4) 当采用楼地面的干式时应说明做法。 (5) 当采用集成厨房、集成卫生间、整体收纳等部品时应说明做法
4	结构设计说明	1) 结构设计 (1) 装配式建筑结构体系选用说明,抗震等级等。 (2) 竖向预制构件(墙、支撑、承重墙、延性墙板等)和水平预制构件(梁、板、楼梯、阳台、空调板等)布置情况。 (3) 采用高精度模板的说明。 (4) 关键技术问题的解决方法、特殊技术的说明,结构重要节点的说明或简图、结构预制构件的连接方式。 2) 主要结构材料 装配式建筑结构采用的混凝土强度等级、钢筋种类、钢绞线或高强钢丝种类、钢材牌号、预制构件连接材料、特殊材料或产品(如成品拉索、锚具、铸钢件、成品支座、阻尼器等)的说明。 3) 结构分析 (1) 对关键节点、接缝应根据实际情况进行补充分析;对超过《装配式混凝土建筑技术标准》GB/T 51231—2016 第 5 章规定的尚应进行性能化分析或专项论证。 (2) 装配式建筑结构分析输入的补充参数说明。 (3) 列出主要控制性计算结果,可以采用图表方式表示;对计算结果进行必要的分析和说明。 4) 简述生产、运输、施工要求 对预制构件生产、运输、施工安装提出原则性要求(如:构件规格、重量、堆放场地等要求)。 5) 其他需要说明的内容 必要时提出试验要求,如进行连接试验等

序号	项目	主要内容
5	建筑电气设计说明	1）与全装修相关的各功能房间设备、管线分离及一体化设计原则。 2）说明集成厨房、集成卫生间设备的选型和接口方式。 3）说明预留孔洞、沟槽的做法要求，预埋套管位置，管材材质及接口方式。 4）防雷设计应说明引下线的设置方式及确保有效接地所采用的措施
6	给水排水设计说明	1）与全装修相关的各功能房间设备、管线分离及一体化设计原则。 2）说明集成厨房、集成卫生间设备的选型和接口方式。 3）说明预留孔洞、沟槽的做法要求，预埋套管位置，管材材质及接口方式，管道、管件及附件、室内消火栓箱等在预制构件中的敷设方式及处理原则。 4）说明集成卫生间排水形式
7	供暖通风与空气调节设计说明	1）与全装修相关的各功能房间设备、管线分离及一体化设计原则。 2）说明管材材质及接口方式，预留孔洞、沟槽做法要求，预埋套管、管道安装方式和原则等

3）承包人的设计义务

承包人应按照法律规定，以及国家、行业和地方的规范和标准完成设计工作，并符合发包人要求。除合同另有约定外，承包人完成设计工作所应遵守的法律规定，以及国家、行业和地方的规范和标准，均应视为在基准日适用的版本。基准日之后，前述版本发生重大变化，或者有新的法律，以及国家、行业和地方的新的规范和标准实施的，承包人应向发包人或发包人委托的监理人提出遵守新规定的建议。发包人或其委托的监理人应在收到建议后7天内发出是否遵守新规定的指示。发包人或其委托的监理人指示遵守新规定的，按照变更条款执行，或者在基准日后，因法律变化导致承包人在合同履行中所需费用发生除合同约定的物价波动引起的调整以外的增减时，监理人应根据法律、国家或省、自治区、直辖市有关部门的规定，商定或确定需调整的合同价格。

4）设计审查

承包人的设计文件应报发包人审查同意。审查的范围和内容在发包人要求中约定。除合同另有约定外，自监理人收到承包人的设计文件以及承包人的通知之日起，发包人对承包人的设计文件审查期不超过21天。承包人的设计文件对于合同约定有偏离的，应在通知中说明。承包人需要修改已提交的承包人设计文件的，应立即通知监理人，并向监理人提交修改后的承包人的设计文件，审查期重新起算。装配式建筑初步设计专篇审查要点参见表3.2。

表3.2 装配式建筑初步设计专篇审查要点

项目	审查内容
一般要求	建筑信息模型是否符合本要点第18章的规定
专项设计说明书	摘自重庆市建筑工程初步设计文件技术审查要点（2017年版）·装配式建筑专篇审查要点（修订）

项目	审查内容
工程概况	1. 装配式建筑的基本信息、目标、等级是否正确。 2. 采用装配式建筑技术的选项及技术措施是否合理
设计依据	1. 采用的与装配式建筑设计有关的标准、规定是否齐全、正确,版本是否有效。 2. 部品部件的依据是否有效。 3. 采用的政府对项目有关装配式建筑的要求是否齐全、正确
建筑设计说明	1. 围护墙和内隔墙的材料选择是否合理。 2. 围护墙与保温隔热、装饰的一体化说明是否满足装配式建筑标准、评价标准的要求,内隔墙与管线、装修的一体化说明是否满足装配式建筑标准、评价标准的要求。 3. 全装修说明是否满足装配式建筑评价标准的要求。 4. 楼地面是否是干法作业。 5. 集成厨房、集成卫生间、整体收纳的做法是否满足装配式建筑标准、评价标准的要求
结构设计说明	
结构设计	1. 预制装配式建筑结构体系概述,如结构高度、高宽比、规则性、结构类型等是否符合《装配式混凝土建筑技术标准》(GB/T 51231—2016)第 5.1 节。结构体系对应抗震等级是否符合《装配式混凝土建筑技术标准》(GB/T 51231—2016)要求。 2. 预制构件布置(包括平面与竖向)是否表示明确;现浇部位设置是否符合《装配式混凝土建筑技术标准》(GB/T 51231—2016)第 5.1.7 条规定。 3. 高精度模板使用位置说明是否准确、合理。 4. 对本工程装配式建筑的关键技术问题的解决方法、特殊技术、结构重要节点及连接方式是否清楚合理。 5. 钢结构、木结构计算分析是否满足相应规范的要求
主要结构材料	预制装配式结构中使用的主要材料是否符合《装配式混凝土建筑技术标准》(GB/T 51231—2016)第 5.2 节规定。
结构分析	1. 装配式建筑结构分析所采用的软件是否通过有关部门的鉴定。 2. 装配式建筑结构分析所采用的计算假定和计算模型,是否符合工程实际,是否符合《装配式混凝土建筑技术标准》(GB/T 51231—2016)要求。 3. 当其房屋高度、规则性、结构类型、节点连接构造、构件形式和构造等不符合《装配式混凝土建筑技术标准》(GB/T 51231—2016)或者抗震设防标准有特殊要求时,是否进行了结构抗震性能化设计;结构在设防烈度及罕遇地震作用下的内力及变形分析,是否符合《装配式混凝土建筑技术标准》(GB/T 51231—2016)、《建筑抗震设计规范》(GB 50011—2010)的有关规定。 4. 装配式建筑结构分析时,主要参数的取值是否符合《装配式混凝土建筑技术标准》(GB/T 51231—2016)要求。 5. 控制性计算结果是否满足《装配式混凝土建筑技术标准》(GB/T 51231—2016)要求,对计算结果的分析、说明是否准确、合理。 6. 钢结构、木结构计算分析是否满足相应规范的要求
生产、运输、施工要求	对预制构件生产、运输、施工安装提出的原则性要求是否合理

项目	审查内容
建筑电气设计说明	1. 与全装修有关的设备、管线分离及一体化描述是否合理。 2. 集成厨房、集成卫生间设备选型和接口方式是否合理。 3. 管材接口方式、预留空洞、沟槽、预埋管线等设计原则是否合理。 4. 防雷设计是否合理
给水排水设计说明	1. 与全装修有关的设备、管线分离及一体化描述是否合理。 2. 集成厨房、集成卫生间设备选型和接口方式是否合理。 3. 管材接口方式、预留空洞、沟槽、预埋管线等设计原则是否合理。 4. 集成卫生间排水形式是否合理
供暖通风与空气调节设计说明	1. 与全装修有关的设备、管线分离及一体化描述是否合理。 2. 管材接口方式、预留空洞、沟槽、预埋套管等设计原则是否合理
装配式建筑预评价表	预评价表填写是否完整,与项目设计实际情况是否一致,评价是否符合装配式建筑评价标准的要求,评价结论是否合理
专项图纸	
总平面图	是否标注了装配式建筑的范围
建筑专业图纸	1. 平面图中非砌筑墙体、干法作业楼地面、集成厨房、集成卫生间、公用管井标注是否完整、正确。 2. 立面图中预制构件板块的立面示意及拼缝的位置是否完整、正确。 3. 重要构造做法是否合理
结构专业图纸	1. 预制结构构件标注是否完整。 2. 结构主要或关键性节点、支座及连接节点是否满足《装配式混凝土建筑技术标准》(GB/T 51231—2016)及钢结构、木结构相关标准的要求
建筑电气专业图纸	典型全装修功能房间的设备设施布置是否完整合理
给水排水专业图纸	典型全装修功能房间的设备设施布置是否完整合理
供暖通风与空气调节专业图纸	典型全装修功能房间的设备设施布置是否完整合理
专项计算书	
装配率计算书	装配率计算书是否和设计说明、图纸一致,是否满足渝建〔2017〕743 号文件的要求
结构计算书	装配式计算参数、结构模型选择、关键连接节点,是否符合《装配式混凝土建筑技术标准》(GB/T 51231—2016)及钢结构、木结构相关标准的要求

注:摘自重庆市建筑工程初步设计文件技术审查要点(2017 年版)·装配式建筑专篇审查要点(修订)。

发包人不同意设计文件的,应通过监理人以书面形式通知承包人,并说明不符合合同要求的具体内容。承包人应根据监理人的书面说明,对设计文件进行修改后重新报送发包人审查,审查期重新起算。合同约定的审查期满,发包人没有做出审查结论也没有提出异议的,视为承包人的设计文件已获发包人同意。

承包人的设计文件不需要政府有关部门审查或批准的,承包人应当严格按照经发包人审查同意的设计文件设计和实施工程。设计文件需政府有关部门审查或批准的,发包人应在审查同意承包人的设计文件后7天内,向政府有关部门报送设计文件,承包人应予以协助。

对于政府有关部门的审查意见,不需要修改发包人要求的,承包人需按该审查意见修改承包人的设计文件;需要修改发包人要求的,发包人应重新提出发包人要求,承包人应根据新提出的发包人要求修改承包人设计文件。上述情形还应适用变更条款、发包人要求中的错误条款的有关约定。

政府有关部门审查批准的,承包人应当严格按照批准后的承包人的设计文件设计和实施工程。

3.3.2.2 承包人的设计管理要点

1) 设计执行计划

设计执行计划应由设计经理或项目经理负责组织编制,经承包人有关职能部门评审后,由项目经理批准实施。

(1) 设计执行计划编制的依据

设计执行计划编制的依据应包括下列主要内容:

① 合同文件;

② 本项目的有关批准文件;

③ 项目计划;

④ 项目的具体特性;

⑤ 国家或行业的有关规定和要求;

⑥ 工程总承包企业管理体系的有关要求。

(2) 设计执行计划主要内容

设计执行计划一般包括下列主要内容:

① 设计依据;

② 设计范围;

③ 设计的原则和要求;

④ 组织机构及职责分工;

⑤ 适用的标准规范清单;

⑥ 质量保证程序和要求;

⑦ 进度计划和主要控制点;

⑧ 技术经济要求;

⑨ 安全、职业健康和环境保护要求;

⑩ 与采购、施工和试运行的接口关系及要求。

设计执行计划应满足合同约定的质量目标和要求,同时应符合承包人的质量管理体系要求。设计执行计划应明确项目费用控制指标、设计人工时指标,并宜建立项目设计执行效果测量基准。设计进度计划应符合项目总进度计划的要求,满足设计工作的内部逻辑关系及资源分配、外部约束等条件,与工程勘察、采购、施工和试运行的进度协调一致。

2)设计实施

设计组应执行已批准的设计执行计划,满足计划控制目标的要求。设计经理应组织对设计基础数据和资料进行检查和验证。设计组应按项目协调程序,对设计进行协调管理,并按承包人有关专业条件管理规定,协调和控制各专业之间的接口关系。

设计组应按项目设计评审程序和计划进行设计评审,并保存评审活动结果的证据。设计组应按设计执行计划与采购和施工等进行有序的衔接并处理好接口关系。

初步设计文件应满足主要设备、材料订货和编制施工图设计文件的需要;施工图设计文件应满足设备、材料采购,非标准设备制作和施工以及试运行的需要。设计选用的设备、材料,应在设计文件中注明其规格、型号、性能、数量等技术指标,其质量要求应符合合同要求和国家现行相关标准的有关规定。在施工前,项目部应组织设计交底或培训。设计组应依据合同约定,承担施工和试运行阶段的技术支持和服务。

3)设计控制

设计经理应组织检查设计执行计划的执行情况,分析进度偏差,制定有效措施。

(1)设计进度的控制点

设计进度的控制点应包括下列主要内容:

① 设计各专业间的条件关系及其进度;

② 初步设计完成和提交时间;

③ 关键设备和材料请购文件的提交时间;

④ 设计组收到设备、材料供应商最终技术资料的时间;

⑤ 进度关键线路上的设计文件提交时间;

⑥ 施工图设计完成和提交时间;

⑦ 设计工作结束时间。

(2)设计质量控制点

设计质量应按项目质量管理体系要求进行控制,制定控制措施。设计经理及各专业负责人应填写规定的质量记录,并向承包人职能部门反馈项目设计质量信息。设计质量控制点应包括下列主要内容:

① 设计人员资格的管理;

② 设计输入的控制;

③ 设计策划的控制;

④ 设计技术方案的评审;

⑤ 设计文件的校审与会签;

⑥ 设计输出的控制;

⑦ 设计确认的控制;

⑧ 设计变更的控制;

⑨ 设计技术支持和服务的控制。

设计组应按合同变更程序进行设计变更管理。设计变更应对技术、质量、安全和材料数量等提出要求。设计组应按设备、材料控制程序,统计设备、材料数量,并提出请购文件。请购文件包括请购单、设备材料规格书、数据表、设计图纸、适用的标准规范、其他有关的资料和文件。

设计经理及各专业负责人应配合控制人员进行设计费用进度综合检测和趋势预测,分析偏差原因,提出纠正措施。

4）设计收尾

设计经理及各专业负责人应根据设计执行计划的要求,除应按合同要求提交设计文件外,尚应完成为关闭合同所需要的相关文件。设计经理及各专业负责人应根据项目文件管理规定,收集、整理设计图纸、资料和有关记录,组织编制项目设计文件总目录并存档。设计经理应组织编制设计完工报告,并参与项目完工报告的编制工作,将项目设计的经验与教训反馈给承包人有关职能部门。

3.3.3 变更管理

1）变更指示

在履行合同过程中,经发包人同意,监理人可按照合同约定的变更程序向承包人做出有关发包人要求改变的变更指示,承包人应遵照执行。变更应在相应内容实施前提出,否则发包人应承担承包人损失。没有监理人的变更指示,承包人不得擅自变更。

2）承包人的合理化建议

在履行合同过程中,承包人对发包人要求的合理化建议,均应以书面形式提交监理人。合理化建议书的内容应包括建议工作的详细说明、进度计划和效益以及与其他工作的协调等,并附必要的设计文件。监理人应与发包人协商是否采纳建议。建议被采纳并构成变更的,应按照变更程序约定向承包人发出变更指示。承包人提出的合理化建议降低了合同价格、缩短了工期或者提高了工程经济效益的,发包人可按国家有关规定在专用合同条款中约定给予奖励。

3）变更程序

变更程序按照提出变更、变更估价、变更指示执行。

（1）变更的提出

①在合同履行过程中,监理人可向承包人发出变更意向书。变更意向书应说明变更的具体内容和发包人对变更的时间要求,并附必要的相关资料。变更意向书应要求承包人提交包括拟实施变更工作的设计和计划、措施和竣工时间等内容的实施方案。发包人同意承包人根据变更意向书要求提交的变更实施方案的,由监理人按合同约定发出变更指示。②承包人收到监理人按合同约定发出的文件,经检查认为其中存在对发包人要求变更情形的,可向监理人提出书面变更建议。变更建议应阐明要求变更的依据,以及实施该变更工作对合同价款和工期的影响,并附必要的图纸和说明。监理人收到承包人书面

建议后,应与发包人共同研究,确认存在变更的,应在收到承包人书面建议后的 14 天内作出变更指示。经研究后不同意作为变更的,应由监理人书面答复承包人。③承包人收到监理人的变更意向书后认为难以实施此项变更的,应立即通知监理人,说明原因并附详细依据。监理人与承包人和发包人协商后确定撤销、改变或不改变原变更意向书。

(2)变更估价

监理人应按照合同约定和合同当事人商定或确定变更价格。变更价格应包括合理的利润,并应按照合同约定考虑承包人提出的合理化建议的奖励。

(3)变更指示

变更指示只能由监理人发出。变更指示应说明变更的目的、范围、变更内容以及变更的工程量及其进度和技术要求,并附有关图纸和文件。承包人收到变更指示后,应按变更指示进行变更工作。

4)暂列金额

经发包人同意,承包人可使用暂列金额,但应按照合同中暂估价规定的程序进行,并对合同价格进行相应调整。

5)计日工

发包人认为有必要时,由监理人通知承包人以计日工方式实施变更的零星工作。其价款按列入合同中的计日工计价子目及其单价进行计算。

采用计日工计价的任何一项变更工作,应从暂列金额中支付,承包人应在该项变更的实施过程中,每天提交以下报表和有关凭证报送监理人批准:①工作名称、内容和数量;②投入该工作所有人员的姓名、专业/工种、级别和耗用工时;③投入该工作的材料类别和数量;④投入该工作的施工设备型号、台数和耗用台时;⑤监理人要求提交的其他资料和凭证。

计日工由承包人汇总后,按合同约定列入进度付款申请单,由监理人复核并经发包人同意后列入进度付款。

如果签约合同价包括计日工的,按合同约定进行支付。

6)暂估价

发包人在价格清单中给定暂估价的专业服务、材料、工程设备和专业工程属于依法必须招标的范围并达到规定的规模标准的,由发包人和承包人以招标的方式选择供应商或分包人。发包人和承包人的权利义务关系在专用合同条款中约定。中标金额与价格清单中所列的暂估价的金额差以及相应的税金等其他费用列入合同价格。

发包人在价格清单中给定暂估价的专业服务、材料和工程设备不属于依法必须招标的范围或未达到规定的规模标准的,应由承包人按照合同约定提供材料和工程设备。经监理人确认的专业服务、材料、工程设备的价格与价格清单中所列的暂估价的金额差以及相应的税金等其他费用列入合同价格。

发包人在价格清单中给定暂估价的专业工程不属于依法必须招标的范围或未达到规定的规模标准的,由监理人按照变更估价的约定进行估价,但专用合同条款另有约定的除外。经估价的专业工程与价格清单中所列的暂估价的金额差以及相应的税金等其他费用列入合同价格。

如果签约合同价包括暂估价的,按合同约定进行支付。

3.3.4 费用管理

1) 工程总承包费用构成

建设项目工程总承包费用项目一般由勘察费、设计费、建筑安装工程费、设备购置费、总承包其他费组成。工程总承包中所有项目均应包括成本、利润和税金。建设项目工程总承包应采用总价合同,除合同另有约定外,合同价款不予调整。

(1) 勘察费:发包人按照合同约定支付给承包人用于完成建设项目进行工程水文地质勘查所发生的费用。

(2) 设计费:发包人按照合同约定支付给承包人用于完成建设项目进行工程设计所发生的费用。包括方案设计、初步设计、施工图设计费和竣工图编制费;该费用应根据可行性研究及方案设计后、初步设计后的发包范围确定。

(3) 建筑安装工程费:发包人按照合同约定支付给承包人用于完成建设项目发生的建筑工程和安装工程所需的费用,不包括应列入设备购置费的设备价值。

(4) 设备购置费:发包人按照合同约定支付给承包人用于完成建设项目,需要采购设备和为生产准备的没有达到固定资产标准的工具、器具的费用,不包括应列入安装工程费的工程设备(建筑设备)的价值。

(5) 总承包其他费:发包人按照合同约定支付给承包人应当分摊计入相关项目的各项费用。主要包括:研究试验费、土地租用占道及补偿费、总承包管理费、临时设施费、招标投标费、咨询和审计费、检验检测费、系统集成费、财务费、专利及专有技术使用费、工程保险费、法律服务费等其他专项费。

(6) 暂列金额:发包人为工程总承包项目预备的用于项目建设期内不可预见的费用,包括项目建设期内超过工程总承包发包范围增加的工程费用,一般自然灾害处理、超规超限设备运输以及超出合同约定风险范围外的价格波动等因素变化而增加的,发生时按照合同约定支付给承包人的费用。已签约合同价中的暂列金额应由发包人掌握使用。暂列金额如有余额应归发包人所有。

2) 清单编制

工程总承包项目清单应由具有编制能力的招标人或受其委托、具有相应资质的工程造价咨询人编制。投标人应在项目清单上自主报价,形成价格清单。

清单分为可行性研究或方案设计后清单、初步设计后清单。编制项目清单应依据:相关计量计价规范;经批准的建设规模、建设标准、功能要求、发包人要求等。除另有规定和说明者外,价格清单应视为已经包括完成该项目所列(或未列)的全部工程内容。项目清单和价格清单列出的数量,不视为要求承包人实施工程的实际或准确的工程量。价格清单中列出的工程量和价格应仅作为合同约定的变更和支付的参考,不能用于其他目的。

如房屋建筑工程在初步设计后发包的装配式工程清单参见表3.3,钢结构工程清单参见表3.4,木结构工程参见清单见表3.5。

表3.3　装配式工程清单

项目编码	项目名称	计量单位	计量规则	工程内容
01XX07001	装配式钢筋混凝土柱	m³	按设计图示尺寸以体积计算	包括成品装配式钢筋混凝土构件、运输、安装、吊装、注浆、接缝处理、表面处理、打样、成品保护
01XX07002	装配式钢筋混凝土梁	m³	按设计图示尺寸以体积计算	
01XX07003	装配式钢筋混凝土叠合梁(底梁)	m³	按设计图示尺寸以体积计算	
01XX07004	装配式钢筋混凝土楼板(底板)	m³	按设计图示尺寸以体积计算	
01XX07005	装配式钢筋混凝土外墙面板(PCF)	m³	按设计图示尺寸以体积计算	
01XX07006	装配式钢筋混凝土外墙板	m³	按设计图示尺寸以体积计算	
01XX07007	装配式钢筋混凝土外墙挂板	m³	按设计图示尺寸以体积计算	
01XX07008	装配式钢筋混凝土内墙板	m³	按设计图示尺寸以体积计算	
01XX07009	装配式钢筋混凝土楼梯	m³	按设计图示尺寸以体积计算	
01XX07010	装配式钢筋混凝土阳台板	m³	按设计图示尺寸以体积计算	
01XX07011	装配式钢筋混凝土凸(飘)板	m³	按设计图示尺寸以体积计算	
01XX07012	装配式钢筋混凝土烟道、通风道	1. m³ 2. 根	按设计图示尺寸以体积计算 按设计图示数量以根计算	
01XX07013	装配式钢筋混凝土其他构件	m³	按设计图示尺寸以体积计算	
01XX07014	装配式隔墙	m³	按图示尺寸以垂直投影面积计算,扣除门窗洞口面积和每个面积>0.3 m²的孔洞所占面积,过梁、圈梁、反边、构造柱等并入轻质隔离面积计算	包括轻质隔墙:构造柱、过梁、圈梁、现浇带的混凝土、钢筋、模板及支架(撑);螺栓、铁件、表面处理、打样、成品保护

注:1. 装配式其他构件包括装配式空调板、线条、成品风帽等小型装配式混凝土构件。
　　2. 装配式隔墙是指由工厂生产的,具有隔声、防火、防潮等性能,且满足空间功能和关系要求的部品集成,并主要采用干式工法装配而成的隔墙。

表3.4 钢结构工程清单

项目编码	项目名称	计量单位	计量规则	工程内容
01XX08001	钢网架	1	按设计图示尺寸以质量计算,不扣除孔眼的质量、焊条、铆钉等不另增加质量	包括成品钢构件、运输、拼装、安装、吊装、探伤、防火、防腐、油漆及连接构造、表面处理、打样、成品保护
01XX08002	钢屋架、钢托架、钢桁架	1. 根 2. t	1. 按榀计量,按设计图示数量计算 2. 以吨计量,按设计图示尺寸以质量计算:不扣除孔眼的质量,焊条、铆钉、螺栓等不另增加质量	包括成品钢构件、运输、拼装、安装、吊装、探伤、防火、防腐、油漆及连接构造、表面处理、打样、成品保护
01XX08003	钢柱	t	按设计图示尺寸以质量计算,不扣除孔眼的质量、焊条、铆钉等不另增加质量	包括成品钢构件、运输、拼装、安装、吊装、探伤、防火、防腐、油漆及连接构造、表面处理、打样、成品保护
01XX08004	钢梁	t	按设计图示尺寸以质量计算,不扣除孔眼的质量、焊条、铆钉等不另增加质量	包括成品钢构件、运输、拼装、安装、吊装、探伤、防火、防腐、油漆及连接构造、表面处理、打样、成品保护
01XX08005	钢楼板、墙板	m²	按设计图示尺寸以铺设水平投影面积计算	包括成品钢构件、运输、拼装、安装、吊装、防火、防腐、油漆及连接构造、表面处理、打样、成品保护
01XX08006	钢楼梯	t	按设计图示尺寸以质量计算,不扣除孔眼的质量、焊条、铆钉等不另增加质量	包括成品钢构件、运输、拼装、安装、吊装、探伤、防火、防腐、油漆及连接构造、表面处理、打样、成品保护
01XX08007	其他钢构件	t	按设计图示尺寸以质量计算,不扣除孔眼的质量、焊条、铆钉等不另增加质量	包括成品钢构件、运输、拼装、安装、吊装、探伤、防火、防腐、油漆及连接构造、表面处理、打样、成品保护

表3.5 木结构工程清单

项目编码	项目名称	计量单位	计量规则	工程内容
01XX09001	木屋架	1. 榀 2. m³	1. 以榀计量,按设计图示数量计算; 2. 以立方米计量,按设计图示的规格尺寸以体积计算	包括木构件、运输、安装、吊装、防火、防潮、防腐、腻子、油漆、连接构造、表面处理、打样、成品保护
01XX09002	木柱	m³	按设计图示尺寸以体积计算	
01XX09003	木梁	m³	按设计图示尺寸以体积计算	
01XX09004	木檩	m³	按设计图示尺寸以体积计算	

项目编码	项目名称	计量单位	计量规则	工程内容
01XX09005	木楼梯	1. m² 2. m³	1. 按设计图示尺寸以水平投影面积计算:不扣除宽度≤300 mm的楼梯井,伸入墙内部分不计算; 2. 以立方米计量,按设计图示的规格尺寸以体积计算	包括木构件、运输、安装、吊装、防火、防潮、腻子、油漆、螺栓铁件、支座、填缝材料、连接构造、表面处理、打样、成品保护
01XX09006	其他木构件	m³	按设计图示尺寸以体积计算	包括木构件、运输、安装、吊装、防火、防潮、防腐、腻子、油漆、连接构造、表面处理、打样、成品保护
01XX09007	屋面木基层	m²	1. 按图示尺寸以体积计算 2. 按图示尺寸以斜面积计算	包括椽子、塑板、运输、安装、吊装、防火、防潮涂料、螺栓铁件、连接构造、表面处理、打样、成品保护

3)最高投标限价

国有资金投资的建设工程总承包项目招标,招标人应编制最高投标限价。最高投标限价应由具有编制能力的招标人或受其委托具有资质的工程造价咨询人编制和复核。工程造价咨询人接受招标人委托编制最高投标限价,不得再就同一工程接受投标人委托编制投标报价。招标人应在发布招标文件时公布最高投标限价。投标人的投标报价高于最高投标限价的,其投标报价应视为无效。

最高投标限价编制与复核依据如下:

(1)相关计量计价规范;

(2)国家或省级、行业建设主管部门颁发的相关文件;

(3)经批准的建设规模、建设标准、功能要求、发包人要求;

(4)拟定的招标文件;

(5)科研及方案设计,或初步设计;

(6)与建设工程项目相关的标准、规范等技术资料;

(7)其他的相关资料。

工程总承包项目清单费用应按下列规定计列:

(1)勘察费:根据不同阶段的发包内容,参照同类或类似项目的勘察费计列。

(2)设计费:根据不同阶段的发包内容,参照同类或类似项目的设计费计列。

(3)建筑安装工程费:在可行性研究或方案设计后发包的,按照现行的投资估算方法计列;初步设计后发包的按照现行的设计概算的方法计列;也可以采用其他计价方法编制计列,或参照同类或类似项目的此类费用并考虑价格指数计列。

(4)设备购置费:应按照批准的设备选型,根据市场价格计列。批准采用进口设备的,包括相关进口、翻译等费用。

设备购置费＝设备价格＋设备运杂费＋备品备件费

（5）总承包其他费：根据建设项目在可行性研究或方案设计或初步设计后发包的不同要求和工作范围计列：

① 研究试验费：根据不同阶段的发包内容，参照同类或类似项目的研究试验费计列。

② 土地租用、占道及补偿费：参照工程所在地职能部门的规定计列。

③ 总承包管理费：可参考财政部财建〔2016〕504 号附件 2 规定的项目建设管理费计算（参见表 3.6），按照不同阶段的发包内容调整计列；也可参照同类或类似工程的此类费用计列。

表 3.6　项目建设管理费总额控制数费率表

工程总概算	费率/％	算例 单位：万元	
		工程总概算	项目建设管理费
1 000 以下	2	1 000	1 000×2％＝20
1 001～5 000	1.5	5 000	20＋（5 000－1 000）×1.5％＝80
5 001～10 000	1.2	10 000	80＋（10 000－5 000）×1.2％＝140
10 001～50 000	1	50 000	140＋（50 000－10 000）×1％＝540
50 001～100 000	0.8	100 000	540＋（100 000－50 000）×0.8％＝940
1 000 000 以上	0.4	200 000	940＋（200 000－100 000）×0.4％＝1 340

④ 临时设施费：根据建设项目特点，参照同类或类似工程的临时设施计列，不包括已列入建筑安装工程费用中的施工企业临时设施费。

⑤ 招标投标费：参照同类或类似工程的此类费用计列。

⑥ 咨询和审计费：参照同类或类似工程的此类费用计列。

⑦ 检验检测费：参照同类或类似工程的此类费用计列。

⑧ 系统集成费：参照同类或类似工程的此类费用计列。

⑨ 财务费：参照同类或类似工程的此类费用计列。

⑩ 专利及专有技术使用费：按专利使用许可或专有技术使用合同规定计列，专有技术以省、部级鉴定批准为准。

工程保险费：按照选择的投保品种，依据保险费率计算。

法律服务费：参照同类或类似工程的此类费用计列。

（6）暂列金额：根据不同阶段的发包内容，参照现行的投资估算或设计概算计列。

4）合同价款约定

依法必须招标的项目，合同双方应在中标通知书发出之日起 30 日内，依据招标文件和投标文件的实质性条款签署书面协议。招标文件与投标文件不一致时，以投标文件为准。依法可以不招标的项目，合同双方可通过谈判等方式自主确定合同条款。

合同双方应在合同中约定如下条款：

（1）勘察费、设计费、设备购置费、总承包其他费的总额、分解支付比例及时间；

（2）建筑安装工程费计量的周期及工程进度款的支付比例或金额及支付时间；

（3）设计文件提交发包人审查的时间及时限；

（4）合同价款的调整因素、方法、程序、支付及时间；

（5）竣工结算价款编制与核对、支付及时间；

（6）提前竣工的奖励及误期赔偿的额度；

（7）质量保证金的比例或数额、预留方式及缺陷责任期；

（8）违约责任以及争议解决方法；

（9）与合同履行有关的其他事项。

承包人应在合同生效后合同约定时间内，编制工程总进度计划和工程项目管理及实施方案报送发包人审批。工程总进度计划和工程项目管理及实施方案应按工程准备、勘察、设计、采购、施工、初步验收、竣工验收、缺陷修复和保修等分阶段编制详细细目，作为控制合同工程进度以及工程款支付分解的依据。除合同另有约定外，承包人应根据项目清单的价格构成、费用性质、计划发生时间和相应工作量等因素，按照以下分类和分解原则，结合约定的合同进度计划，形成支付分解报告（见表 3.7）。

表 3.7 合同价款支付分解表

编码	项目名称	分项总额	首次支付	二次支付	三次支付	四次支付	五次支付	
	勘察费							
	（1）设计费 （2）方案设计费 （3）初步设计费 （4）施工图设计费 （5）竣工图编制费							
	总承包其他费							
	设备购置费							
	建安工程费							
	合计							

注：本表在承包人在投标报价时根据发包人在招标文件明确的进度款支付周期与报价填写，签订合同时，双方协商调整达成一致后，作为合同附件。

相关费用支付说明如下：

（1）勘察费。按照勘察成果文件的时间，进行支付分解。

（2）设计费。按照提供设计阶段性成果文件的时间、对应的工作量进行支付分解。

（3）总承包其他费。按照项目清单中的费用，结合约定的合同进度计划拟完成的工程量或者比例进行分解。

（4）设备购置费。按订立采购合同、进场验收、安装就位等阶段约定的比例进行支付分解。

（5）建筑安装工程费。宜按照合同约定的工程进度计划对应的工程形象进度节点和对应比例进行分解。

承包人应当在收到经发包人批准的合同进度计划后合同约定时间内,将支付分解报告以及形成支付分解报告的支持性资料报发包人审批,发包人应在收到承包人报送的支付分解报告后合同约定时间内予以批准或提出修改意见,经发包人批准的支付分解报告为有合同约束力的支付分解表。合同进度计划修订的,应相应修改支付分解表,并报发包人批准。

5）合同价款调整

基准日期后,因国家的法律、法规、规章、政策和标准、规范发生变化引起工程造价变化的,应调整合同价款。因发包人变更建设规模、建设标准、功能要求和发包人要求的,应按照下列规定调整合同价款：

（1）价格清单中有适用于变更工程项目的,应采用该项目的单价;

（2）价格清单中没有适用但有类似于变更工程项目的,可在合理范围内参照类似项目的单价;

（3）价格清单中没有适用也没有类似于变更工程项目的,应由承包人根据变更工程资料、计量规则,通过市场调查等取得有合法依据的市场价格提出变更工程项目的单价,并报发包人确认后调整。

因人工、主要材料价格波动超出合同约定的范围,影响合同价格时,根据合同中约定的价格指数和权重表(参见表 3.8),按以下公式计算差额并调整合同价款：

$$\Delta P = P_0\left[A + \left(B_1 \times \frac{F_{t1}}{F_{01}} + B_2 \times \frac{F_{t2}}{F_{02}} + B_3 \times \frac{F_{t3}}{F_{03}} + \cdots + B_n \times \frac{F_{tn}}{F_{0n}}\right) - 1\right]$$

式中：ΔP——需调整的价格差额;

P_0——约定的付款证书中承包人应得到的已完成工程量的金额。此项金额应不包括价格调整、不计质量保证金的扣留和支付、预付款的支付和扣回。约定的变更及其他金额已按现行价格计价的,也不计在内:

A——定值权重(即不调部分的权重):

B_1、B_2、$B_3 \cdots B_n$——各可调因子的变值权重(即可调部分的权重),为各可调因子在投标函投标总报价中所占的比例;

F_{t1}、F_{t2}、$F_{t3} \cdots F_{tn}$——各可调因子的现行价格指数,指约定的付款证书相关周期最后一天的前 42 天的各可调因子的价格指数;

F_{01}、F_{02}、$F_{03} \cdots F_{0n}$——各可调因子的基本价格指数,指基准日期的各可调因子的价格指数。

表 3.8　价格指数权重表

序号	名称		变值权重 B			基本价格指数 F_0		现行价格指数 F_t		备注
			代号	范围	建议	代号	指数	代号	指数	
	变值部分	人工费	B_1	___至___		F_{01}		F_{t1}		
		钢材	B_2	___至___		F_{02}		F_{t2}		
		水泥	B_3	___至___		F_{03}		F_{t3}		
		商品混凝土	B_4	___至___		F_{04}		F_{t4}		
定值部分权重 A										
合　计			1	—	—					

注:1."名称""基本价格指数"栏由招标人填写,基本价格指数应首先采用工程造价管理机构发布的价格指数,没有时,可采用发布的价格代替。
　　2."变值权重"由投标人根据该项人工、材料价值在投标总报价中所占的比例填写,1减去其比例为定值权重。
　　3."现行价格指数"按约定的付款证书相关周期最后一天的前42天的各项价格指数填写,该指数应首先采用工程造价管理机构发布的价格指数,没有时,可采用发布的价格代替。

6)工程结算与支付

(1)预付款及支付

发包人支付承包人预付款的比例一般不得低于签约合同价(扣除暂列金额)的 10%,不宜高于签约合同价(扣除暂列金额)的 30%。

承包人应按合同约定向发包人提交预付款支付申请。发包人应在收到支付申请的规定时间内进行核实,向承包人发出预付款支付证书,并在签发支付证书后的规定时间内向承包人支付预付款。

预付款应从每一个支付期应支付给承包人的工程进度款中扣回,直到扣回的金额达到发包人支付的预付款金额为止。

(2)期中结算与支付

合同双方应按照合同约定的时间、程序和方法,办理期中价款结算,支付进度款。

① 勘察费应根据勘察工作进度,按约定的支付分解进行支付,勘察工作结束经发包人确认后,发包人应全额支付勘察费。

② 设计费应根据分阶段出图的进度,按约定的支付分解进行支付,设计文件全部完成经发包人审查确认后,发包人应全额支付设计费。

③ 建筑安装工程进度款支付周期应与合同约定的形象进度节点计量周期一致。承包人应在每个计量周期计量后的规定时间内向发包人提交已完工程进度款支付申请,份数应满足合同要求。支付申请应详细说明此周期认为应得的款额,包括承包人已达到形象进度节点所需要支付的价款。承包人按照合同约定调整的价款和得到发包人确认的索赔金额应列入本周期应增加的金额中。

④ 设备采购前,承包人应将采购的设备名称、品牌、技术参数或规格、型号等报送发包人,经发包人认可后采购,发包人验收合格后应全额支付设备购置费。

⑤ 总承包其他费应按合同约定的支付分解的金额、时间支付。

发包人应在收到承包人进度款支付申请后的规定时间内,根据形象进度和合同约定对申请内容予以核实,确认后向承包人支付进度款。发包人未按照约定支付进度款的,承包人可催告发包人支付,并有权获得延迟支付的利息;发包人在付款期满后的规定时间内仍未支付的,承包人可在付款期满后的规定时间起暂停施工。发包人应承担由此增加的费用和(或)延误的工期,向承包人支付合理利润,并承担违约责任。

7)竣工结算与支付

竣工结算价为扣除暂列费用后的签约合同价加(减)合同价款调整和索赔。

合同工程完工后,承包人应在提交竣工验收申请时向发包人提交竣工结算文件。发包人应在收到承包人提交的竣工结算文件后的 28 天内审核完毕。发包人在收到承包人竣工结算文件后的 28 天内,不审核竣工结算或未提出审核意见的,视为承包人提交的竣工结算文件已被发包人认可,竣工结算办理完毕。承包人在收到发包人提出的核实意见后的 28 天内,不确认也未提出异议的,视为发包人提出的核实意见已被承包人认可,竣工结算办理完毕。

发包人委托造价咨询人审核竣工结算的,工程造价咨询人应在 28 天内审核完毕,审核结论与承包人竣工结算文件不一致的,应提交给承包人复核,承包人应在 14 天内将同意审核结论或不同意见的说明提交工程造价咨询人,工程造价咨询人收到承包人提出的异议后,应再次复核,承包人逾期未提出书面异议,视为工程造价咨询人审核的竣工结算文件已经承包人认可。

承包人应根据办理的竣工结算文件,向发包人提交竣工结算款支付申请。该申请应包括下列内容:

(1)竣工结算总额;

(2)已支付的合同价款;

(3)应扣留的质量保证金;

(4)应支付的竣工付款金额。

发包人应在收到承包人提交竣工结算款支付申请后 7 天内予以核实,向承包人支付结算款。发包人未按照约定支付竣工结算款的,承包人可催告发包人支付,并有权获得延迟支付的利息。竣工结算核实后 56 天内仍未支付的,除法律另有规定外,承包人可与发包人协商将该工程折价,也可直接向人民法院申请将该工程依法拍卖。承包人就该工程折价或拍卖的价款优先受偿。

8)质量保证金

承包人未按照合同约定履行属于自身责任的工程缺陷的修复义务的,发包人有权从质量保证金中扣除用于缺陷修复的各项支出。在合同约定的缺陷责任期终止后的 14 天内,发包人应将剩余的质量保证金返还给承包人。剩余质量保证金的返还,并不能免除承包人按照法律法规规定和(或)合同约定应承担的质量保修责任和应履行的质量保修义务。

9）最终结清

承包人应按照合同约定的期限向发包人提交最终结清支付申请。发包人对最终结清支付申请有异议的,有权要求承包人进行修正和提供补充资料。承包人修正后,应再次向发包人提交修正后的最终结清支付申请。发包人应在收到最终结清支付申请后的 14 天内予以核实,向承包人支付最终结清款。若发包人未在约定的时间内核实,又未提出具体意见的,视为承包人提交的最终结清支付申请已被发包人认可。发包人未按期最终结清支付的,承包人可催告发包人支付,并有权获得延迟支付的利息。承包人对发包人支付的最终结清款有异议的,按照合同约定的争议解决方式处理。

10）全过程进度—费用控制

总承包项目的综合管理是项目经理的职责。有经验的项目经理能熟练地协调、平衡和控制设计、采购、施工之间及项目管理各要素之间的相互影响,满足或超出项目业主的需求和期望。综合管理的重要表现就是在保证工程质量的前提下,尽量使项目进度深度交叉,从而缩短工程建设总周期。进度交叉会带来返工的风险,但同时创造缩短建设周期提高投资效益的机会。有经验的总承包商或项目经理能权衡和把握进度交叉的风险和机会,采取合理措施,在可接受的风险条件下,协调设计、采办、施工之间合理、有序和深度交叉,在保证各自合理周期的前提下,可使总承包项目的建设总周期缩短(如图 3.2 所示)。据统计,采用 EPC 模式建设工程比采用传统的 DBB 模式要节省 20%～30%的工期,既降低了融资费用,又能使工程提早投入运行产生收益。

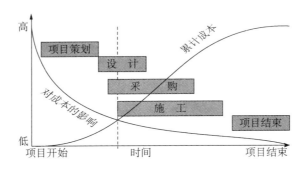

图 3.2　EPC 模式的各阶段交叉及成本关系

EPC 总承包项目管理着眼于全过程的费用控制,关注每一个经济增长点,因而有可能使工程总造价降至最低。如果 E、P、C 分别承包,虽然设计商要对初步设计做概算,然而对概算的准确性责任不大,设计人员更关注的是先进性和可靠性,经济性的观念比较薄弱。只有在 EPC 工程总承包的模式下,项目经理才会要求实行定额设计及设备、材料的采购定价,超出定额或定价要经过批准。

通过合格供货厂商采购设备、材料,既能保证供货进度和质量,价格又比较合理,还能避免返工造成的浪费。施工过程中 EPC 总承包商严格的管理和积极主动的变更控制,可以大大降低施工成本。EPC 全过程的费用控制,使工程造价相比传统的管理模式降低,使 EPC 总承包这种组织实施方式显示出强大的生命力。

3.3.5 质量管理

装配式建筑工程的建设、勘察、设计、施工、监理、部品部件生产等单位,要建立健全质量安全保证体系,依法依规对工程质量安全负责。为深入推进建筑产业现代化,进一步强化装配式建筑工程质量安全管理,2017 年 3 月 24 日江苏省住建厅制定发布了《装配式混凝土结构工程质量控制要点》,2019 年 9 月 6 日制定了《关于加强江苏省装配式建筑工程质量安全管理的意见(试行)》(苏建质安〔2019〕380 号),2019 年 10 月又制定发布了《装配式混凝土建筑工程质量检测工作指引》。

3.3.5.1 质量安全责任

1)建设单位质量安全责任

(1)在装配式建筑工程建设过程中,建设单位对其质量安全负首要责任,并负责装配式建筑工程设计、部品部件生产、施工、监理、检测等单位之间的综合协调。

(2)将装配式建筑工程交予有能力从事装配式建筑工程设计(含 BIM 应用)的设计单位进行设计。按有关规定将装配式建筑工程施工图设计文件送施工图审查机构审查。当发生影响结构安全或重要使用功能的变更时,应按规定进行施工图设计变更并送原施工图审查机构审查。

(3)将预制构件加工图交予有能力的单位进行设计。在部品部件生产前组织设计、部品部件生产、施工、监理等单位进行设计交底和会审工作。组织相关人员对首批同类型部品部件、首个施工段、首层进行验收。

(4)对采用无现行工程建设标准的技术、工艺、材料的,应当按照《建设工程勘察设计管理条例》《实施工程建设强制性标准监督规定》有关条款和相关标准规范的规定,经审定合格后使用。

2)工程总承包单位质量安全责任

采用工程总承包模式的项目,工程总承包单位对其承包工程的设计、采购、施工等全过程建设工程质量安全负责。

3)勘察单位质量安全责任

勘察单位应严格按照国家和我省有关法律法规、现行工程建设标准进行勘察,对勘察质量负责。

4)设计单位质量安全责任

(1)应严格按照国家和我省有关法律法规、现行工程建设标准进行设计,对设计质量负责。

(2)施工图设计文件的内容和深度应符合现行《建筑工程设计文件编制深度规定》及我省装配式建筑相关技术要求,满足后续预制构件加工图编制和施工的需要。在各专业施工图设计总说明中均应有装配式专项设计说明。结构专业装配式专项说明应包括设计依据、配套图集,以及预制构件生产和检验、运输和堆放、现场安装、装配式结构验收的要求;结构专业设计图纸中应包括预制构件设计图纸(含预制构件详图)。

(3)施工图设计文件对工程本体可能存在的重大风险控制应进行专项说明,对涉及工程质量和安全的重点部位及环节进行标注,提出保障工程周边环境安全和工程施工质量安全的意见,必要时进行专项设计。

(4)预制构件加工图设计的内容和深度应符合有关专项设计规定,依据施工图设计进行,满足制作、运输与施工要求。预制构件加工图由施工图设计单位完成,或由具备相应设计能力的单位完成并经施工图设计单位审核通过。

(5)施工图设计文件经审查合格后,设计单位受建设单位委托编制预制构件加工图,或审核其他单位编制的预制构件加工图。设计单位向部品部件生产、施工、监理单位进行设计交底,并参与装配式建筑专项施工方案的讨论;按照合同约定和设计文件中明确的节点、事项和内容,提供现场指导服务;参加建设单位组织的部品部件、装配式结构、施工样板质量验收,对部品部件生产和装配式施工是否符合设计要求进行检查。

5)部品部件生产单位质量安全责任

(1)对生产的部品部件质量负责。

(2)加强生产过程质量控制。根据有关标准、施工图设计文件、预制构件加工图等,编制生产方案,生产方案需经部品部件生产单位技术负责人审批;严格按照相关程序对部品部件的各工序质量进行检查,完成各项质量保证资料。

(3)加强成品部品部件的质量管理,建立部品部件全过程可追溯的质量管理制度。

(4)严格落实标准规范、施工图结构设计说明以及预制构件加工图设计中的运输要求,有效防止部品部件在运输过程中的损坏。

6)施工单位质量安全责任

(1)根据装配式建筑施工的特点,建立健全质量安全保证体系,完善质量安全管理制度。

(2)对部品部件施工关键工序编制专项施工方案,经施工单位技术负责人审核,并按有关规定报送监理单位或建设单位审查;对于超过一定规模的危险性较大的分部分项工程专项施工方案,组织专家论证会,论证通过后严格按方案实施。

(3)对进场部品部件的质量进行检验,建立健全部品部件施工安装过程质量检验制度和追溯制度。

(4)装配式建筑工程施工前,按照专项施工方案进行技术交底和安全培训,并编制装配式建筑工程施工应急预案,组织应急救援演练;应进行部品部件试安装。

(5)对关键工序、关键部位进行全程摄像,对影像资料进行统一编号、存档。

7)监理单位质量安全责任

(1)针对装配式建筑特点,编制监理规划、实施细则,必要时可安排监理人员驻厂。

(2)对施工组织设计、施工方案进行审查。

(3)核查施工管理人员及安装作业人员的培训情况;组织施工、部品部件生产单位对进入施工现场的部品部件进行进场验收；对部品部件的施工安装全过程进行监理，对关键工序进行旁站，并留存相应影像资料。

（4）逐层核查施工情况，发现施工单位未按要求进行施工时，签发监理通知单，责令其限时改正，并及时向建设单位或有关主管部门报告。

3.3.5.2 部品部件质量控制

1）预制构件加工图设计

部品部件生产前，应根据施工图设计文件对节点连接构造及水、电、暖通、装修集成等要求进行预制构件加工图设计。严格按审核通过的加工图进行生产。

2）试验检测手段

部品部件生产单位应当具备相应的生产工艺设施，并具有完善的质量管理体系和必要的试验检测手段。

3）材料质量检测及复试

部品部件生产单位应当按照有关规定和技术标准，对主要原材料以及与部品部件配套的材料进行质量检测及复试。

4）建立管理台账

部品部件生产单位针对原材料进场验收检验、加工图设计及审核、部品部件生产过程管理和质量检验等环节建立管理台账。部品部件的钢筋、预埋件、预留管线等隐蔽工程在隐蔽前应报监理等单位检查验收，并形成相关验收文件，留存对应影像资料。

5）套筒灌浆连接的抗拉强度试验

部品部件采用钢筋套筒灌浆连接时，由具有相应资质的检测单位在部品部件生产前进行钢筋套筒灌浆连接接头的抗拉强度试验，每种规格的连接接头每1 000个中试件数量不应少于3个，并出具相关报告。

6）受力构件和异形构件验收

对同类型主要受力构件和异形构件的首个构件，由部品部件生产单位通知建设、设计、施工、监理等单位进行验收，验收合格后批量生产。

7）部品部件标识

部品部件生产单位应对部品部件进行标识，并将标识设置在便于现场识别的部位。部品部件应当按品种、规格分区分类存放，并按照规定设置标牌。部品部件出厂时应附质量合格文件及相关证明材料（含钢筋、连接件、灌浆套筒、结构性能、混凝土强度等检测报告）。

3.3.5.3 施工过程质量安全控制

1）进入现场部品部件的检查验收

施工单位对进入现场的部品部件应全数检查验收，部品部件的预埋件、预留钢筋和洞口坐标偏差以及安全性等不符合要求的责令退场，不得使用。

2）模拟施工和工艺试验

施工单位在套筒灌浆施工前进行工艺试验和主要竖向受力构件的模拟节点施工，其他连接方式应按照标准或专项方案进行工艺试验。

3）部品部件节点连接要求

部品部件节点连接应符合以下要求：

（1）采用钢筋套筒灌浆连接、钢筋浆锚搭接连接的部品部件就位前，应对套筒、预留孔及被连接钢筋的规格、位置、数量、长度等进行检查，符合要求后方可吊装。

（2）部品部件安装就位后应及时校准，校准后应采取临时固定措施。

（3）安装完成后的节点应按有关规定及时采取有效的检测方法进行实体质量检查。

4）施工起重机械检验

施工起重机械的选用、安装、拆卸及使用执行相关规范、标准、规定，并经具有相应资质的检验检测机构检验合格后方可投入使用。施工起重机械设备安装（拆卸）单位，应当依法取得建设行政主管部门核发的资质证书和安全生产许可证书，其编制的起重机械安装（拆卸）工程专项施工方案，应在施工总承包和监理单位审核后，告知工程所在地县级以上建设主管部门。

5）部品部件吊装作业要求

部品部件吊装作业要遵循《建筑施工起重吊装工程安全技术规范》《江苏省装配式混凝土结构建筑工程施工安全管理导则》等规范的相关内容，并符合以下要求：

（1）严格执行吊装令制度。部品部件吊装前，施工、监理单位已对吊装的安全生产措施、条件等进行了全面检查，并取得吊装令；

（2）拟吊装的首批同类型部品部件已通过验收，出厂和进场检验措施已落实；施工组织方案及吊装专项方案经过评审，并向相关人员已交底；

（3）施工起重机械的司机、司索、信号工等特殊工种均持有效的特殊作业资格证书上岗作业；吊装人员、灌浆人员经培训并通过考核；灌浆连接已进行模拟操作，检测结果符合要求；

（4）现场吊装作业具备可靠的作业场所，无其他材料或机械妨碍吊装设备使用；高处作业专用操作平台、临时支撑体系等已按照方案落实，并经验收符合要求；

（5）吊装作业前已对吊具、吊点等进行检查，焊接类吊具应进行验算并经验收合格，严禁使用不合格吊具；

（6）作业过程中已设置警戒线，防止无关人员进入警戒区域。安全防护设施到位，有可行的应急预案；

（7）部品部件吊装就位后、固定前，应对部品部件的完好性进行检查，满足质量安全要求的，方可进行下道工序；

（8）部品部件安装就位后的临时固定措施应保证其处于安全状态。在部品部件连接接头未达到设计工作状态或未形成稳定结构体系前，不得拆除部品部件的临时固定措施。

6）装配式建筑质量检测

根据 2019 年 10 月江苏省住建厅制定发布的《装配式混凝土建筑工程质量检测工作指引》，明确了建设单位、设计单位、施工单位、监理单位、预制构件生产单位、检测机构的检测管理规定和责任。对于装配式混凝土建筑工程的质量检测，主要包括三大部分：

（1）预制构配件进场检验

① 质量技术资料；

② 预制构配件的外观质量检查；

③ 预制构件外观尺寸偏差检验；

④ 灌浆套筒的位置及外露钢筋位置、长度偏差检验；

⑤ 预制构件上的配件检查；

⑥ 预制构配件表面的标识检查；

⑦ 叠合构件的粗糙面检查；

⑧ 预制构件结构性能检验；

⑨ 饰面砖黏结强度的检验。

（2）预制构配件安装与连接检验

① 灌浆套筒及浆锚搭接材料检测；

② 座浆材料检查；

③ 钢筋机械连接检测；

④ 钢筋焊接连接检测；

⑤ 构件型钢焊接连接检测；

⑥ 构件螺栓连接检测；

⑦ 套筒灌浆连接、浆锚搭接节点质量检测；

⑧ 后浇混凝土强度检测；

⑨ 密封材料检测。

（3）装配式混凝土结构实体质量检测

① 缺陷检查；

② 工地现场后浇筑构件实体检验；

③ 安装质量检测；

④ 外围护部品检测；

⑤ 防水性能检测；

⑥ 其他相关工程检测。

3.3.5.4　工程验收

装配式混凝土结构工程验收除应当符合《装配式结构工程施工质量验收规程》（DGJ32/J 184—2016）规定外，还应当符合国家现行相关标准的规定。

1）首个施工段的专项验收

现场首层或首个施工段安装完成后，由建设单位组织设计、施工、监理和预制构件生产单位等相关责任主体对部品部件连接、灌浆、外围护部品部件密封防水等进行共同专项验收，并形成验收文件。

2）连接节点隐蔽验收

监理和施工单位应对每一个连接接头质量、接缝处理等进行隐蔽验收，特别要加强预制构件竖向套筒灌浆、浆锚搭接等连接节点的验收,形成隐蔽验收记录,对连接节点质量按有关规定进行检测,并应留存灌浆施工过程、连接节点检测和工序验收等相关影像资料,验收合格后方可进行下道工序。

3)质量问题处理

安装过程中出现影响结构安全及主要使用功能的质量问题时,由设计单位出具处理方案,处理完成后再由建设单位组织专项验收。

4)验收文件和记录

装配式混凝土结构工程施工质量验收时,提供下列文件和记录:

(1)设计及变更文件、预制构件制作和安装深化设计图、施工组织设计(专项施工方案);

(2)原材料、预制构配件等的出厂质量证明文件和进场抽样检测报告,钢筋灌浆套筒连接接头的抗拉强度试验报告;

(3)施工记录(测量记录、安装记录、钢筋套筒灌浆连接或者钢筋浆锚搭接连接的施工检验记录和影像资料等);

(4)监理旁站记录及影像资料;

(5)有关安全及功能的检验项目现场检测报告;

(6)外墙防水施工质量检验记录;

(7)隐蔽工程检验项目检查验收记录;

(8)分部(子分部)工程所含分项工程及检验批质量验收记录;

(9)工程重大质量事故处理方案;

(10)按照其他现行国家和江苏省地方标准要求应当提供的文件和记录。

4 装配式建筑总承包组织协调

工程项目组织是指为完成工程任务而建立起来的,从事项目工作的组织系统。工程项目组织包括两个层面,一是项目业主、承包商等管理主题之间的相互关系,即通常意义上的项目管理模式;二是某一管理主体内部针对具体过程项目所建立的组织关系。对于装配式建筑总承包项目,组织是实现有效的项目管理的前提和保障。项目组织管理是项目管理的首要职能,其他各项管理职能都要依托组织机构去执行,管理的效果以组织为保障。

4.1 总承包项目管理组织及项目机构设置

每一个装配式建筑工程项目都是一个涉及多学科、多专业的系统工程,具有不同的施工特点和施工条件,这就要求根据项目的不同,将多个专业的企业按照一定的组织方式联合起来,进行项目管理工作,因而,总承包项目管理的组织模式更具有复杂性。

总承包项目组织的具体职责、组织结构、人员构成和人数配备等会因项目性质、复杂程度、规模大小和持续时间长短等而有所不同。项目组织可以是另外一个组织的下属单位或机构,也可以是单独的一个组织。项目组织结构类型有许多,常见的有项目型、矩阵型和职能型,不同类型的组织结构适应不同的公司规模和项目需要。

4.1.1 总承包项目管理组织模式

装配式总承包项目管理的组织模式由项目的特点、业主(建设单位或项目法人)的管理能力和工程建设条件所决定。目前,装配式总承包的管理模式主要是:设计—采购—施工总承包管理模式、设计—施工总承包模式。

1)设计—采购—施工总承包管理模式(EPC)

EPC 模式是设计(Engineering)—采购(Procurement)—施工(Construction)模式的简称。它是由一家承包商或承包商联合体对整个工程的设计、采购、施工直至交付使用进行全过程的统筹管理,也称作 EPC 工程总承包或 EPC 全过程工程总承包。这种组织模式下,业主只需对拟建项目的要求和条件概略地提出一般意向,而由承包商按照合同约定,对工程项目进行可行性研究,并对工程项目的拟建计划、设计、采购、施工和竣工等全部建设活动实行总承包。其组织形式如图 4.1 所示。

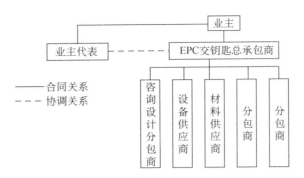

图 4.1 EPC 模式的组织模式

EPC 工程项目管理是指把设计、采购、施工作为一个整体，在一个管理主体的管理下组织实施。EPC 工程总承包有以下一些主要特征。

（1）业主把工程的设计、采购、施工和开车服务工作全部委托给工程总承包商负责组织实施，业主只负责整体的、原则的、目标的管理和控制。

（2）业主只与工程总承包商签订工程总承包合同。签订工程总承包合同后，工程总承包商可以把部分设计、采购、施工或开车服务工作，委托给分包商完成；分包商与总承包商签订分包合同，而不是与业主签订合同；分包商的全部工作由总承包商对业主负责。

（3）业主可以自行组建管理机构，也可以委托专业的项目管理公司代表业主对工程进行整体的、原则的、目标的管理和控制。

（4）业主把 EPC 的管理风险转移给总承包商，因而，工程总承包商要承包更多的责任风险，同时工程总承包商也拥有更多获利的机会。

（5）业主介入具体组织实施的程度较浅，EPC 工程总承包商更能发挥主观能动性，充分运用其管理经验，为业主和承包商自身创造更多的效益。

（6）EPC 工程总承包原承包范围有若干派生的模式，例如设计承包可以从方案设计开始也可以从详细设计开始；采购工作的某些部分委托给设备成套公司，施工工作可以自行完成，也可以分包给专业施工单位完成等。

2）设计—施工总承包管理模式（DB）

在设计—施工（Design-Build）总承包中，总承包商既承担工程设计任务，又承担工程施工任务。他可能把一部分或全部设计任务分包给其他专业设计单位，也可能把一部分或全部施工任务分包给其他承包商，但是由他与业主签订设计—施工总承包合同，向业主负责整个工程项目的设计和施工责任。这种模式把设计和施工紧密地结合在一起，能起到优化设计方案、提高设计的可施工性、加快工程建设进度和节省费用的作用，并有利于施工新技术在设计中的推广应用，也可加强设计与施工的配合，实现设计与施工的流水作业。但承包商既有设计职能，又有施工职能，难以实现设计和施工的互相制约和把关，这对监理工程师的监督和管理提出了更高的要求。设计施工总承包管理组织模式如图 4.2 所示。

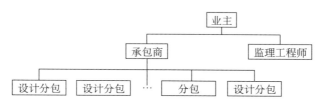

图 4.2 设计—施工总承包组织模式

4.1.2 总承包项目机构设置

总承包项目管理组织机构形式应根据总承包项目规模及特点、总承包项目组织模式和项目管理单位自身情况等确定,常见的工程项目组织形式有职能式、项目式和矩阵式等。

1)职能式项目组织形式

(1)职能式项目组织的含义和结构图

层次化的职能式管理组织形式是当今世界上最普遍的组织形式,是指企业按职能划分部门,如一般企业设有计划、采购、生产、营销、财务、人事等职能部门。采用职能式项目组织形式的企业在进行项目工作时,各职能部门根据项目的需要承担本职能范围内的工作,项目的全部工作可分解为各职能部门的工作进行。这样的项目组织没有明确的项目主管经理,项目中各种业务的协调只能由职能部门的主管来进行。项目组织的界限不十分明确,小组成员没有脱离原来的职能部门项目工作多属于兼职工作性质。一般职能式项目组织形式如图 4.3 所示。

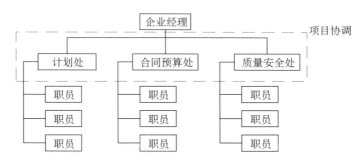

图 4.3 职能式组织结构示意图

(2)职能式项目组织的优点

资源利用上具有较大的灵活性。各职能部门主管可以根据项目需要灵活调配人力、财力等资源,待所分配的工作完成后,可做其他日常工作,降低了资源闲置成本,提高了资源利用率;有利于提高企业技术水平。职能式项目组织形式是以职能的相似性划分部门的,同一部门人员可交流经验,共同研究,提高业务水平;有利于协调企业整体活动。由于职能部门主管只向企业领导负责,企业领导可以从全局出发协调各部门的工作。

（3）职能式项目组织的缺点

责任不明,协调困难。由于各职能部门只负责项目的一部分,没有一个人承担项目的全部责任,各职能部门内部人员责任也比较淡化;不能以项目和客户为中心。职能部门的工作方式常常是面向本部门的,不是以项目为关注焦点,项目和客户的利益往往得不到优先考虑;技术复杂的项目,跨部门之间的沟通比较困难。

2）项目式组织形式

（1）项目式组织形式的含义和结构图

项目式组织形式是根据企业承担的项目情况从企业组织中分离出若干个独立的项目组织,项目组织有其自己的营销、生产、计划、财务、管理人员。每个项目组织有明确的项目经理,对上接受企业主管或大项目经理的领导,对下负责项目的运作,每个项目组之间相对独立。如某企业有甲、乙、丙三个项目,企业主管则按项目甲、乙、丙的需要分配人员和资源,形成甲、乙、丙三个独立的项目组。项目结束以后项目组织随之解散。项目式组织结构如图4.4所示。

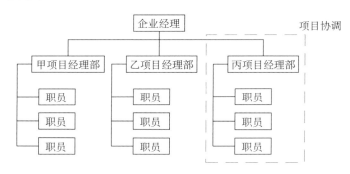

图4.4　项目式组织结构示意图

（2）项目式组织结构的优点

以项目为中心,目标明确。项目式组织是基于项目而组建的,项目组成员的中心任务是按合同完成工程项目,目标明确、单一,团队精神得以充分发挥。所需资源也是依据项目划分的,便于协调;权力集中,命令一致,决策迅速。项目经理对项目全权负责,项目组成员对项目经理负责,项目经理在项目范围内具有绝对控制权,避免了多重领导、无所适从的局面。权力的集中使项目组织能够对业主的需求和高层管理的意图做出更快的响应;项目组织从职能部门分离出来,使得沟通变得更为简洁。从结构上来说,项目式组织简单灵活,易于操作;有利于全面型管理人才的成长。项目组织涉及多种管理职能,为全面型管理人才提供了成长之路。

（3）项目式组织结构的缺点

机构重复,资源闲置。项目式组织按项目设置机构、分配资源,每个项目都有自己的一套机构,这会造成人力、技术、设备等的重复配置;项目式组织较难给成员提供项目组之间相互交流、相互学习的机会,不利于企业技术水平的提高;不利于企业领导整体协调,项目经理容易各自为政,项目成员无视企业领导,造成只重视项目利益,忽视企业整体利益;

项目成员与项目有着很强的依赖关系,但项目成员与其他部门之间有着清晰的界限,不利于项目与外界的沟通;项目式组织形式不允许同一资源同时分属不同的项目,对项目成员来说,缺乏工作的连续性和保障性,进一步加剧了企业的不稳定。

3)矩阵式项目组织形式

(1)矩阵式组织结构形式的含义和基本形式

职能式组织结构和项目式组织结构各有其优点和不足,为了最大限度地发挥项目式和职能式组织的优势,尽量避免其缺点,产生了矩阵式组织结构。事实上,职能式组织和项目式组织是两种极端的情况,矩阵式组织将按职能划分的纵向部门与按项目划分的横向部门结合起来,在职能式组织的垂直层次结构上,叠加了项目式组织的水平结构,构成类似于数学矩阵的管理组织系统。

作为职能式组织和项目式组织的结合,矩阵式组织可采取多种形式,这取决于它偏向于哪个极端,即取决于项目经理被授予的权力。一般有强矩阵组织形式、弱矩阵组织形式、平衡矩阵组织形式三种。

强矩阵形式。强矩阵组织类似于项目式组织,因此也称项目矩阵,但项目并不从公司组织中分离出来作为独立的单元。项目成员来自不同的职能部门,根据项目的需要,全职或兼职地为项目工作。在强矩阵组织中,项目经理直接向企业最高管理层或大项目经理负责,并由最高管理层授权,在项目活动的内容和时间方面对职能部门行使权力。而职能部门对各种资源做出合理的分配和有效的调度,如图4.5所示。

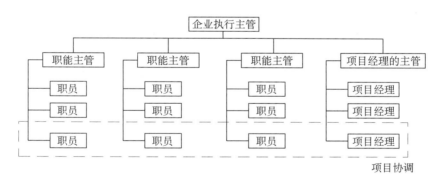

图4.5 强矩阵组织结构示意图

弱矩阵形式。矩阵式组织的另一极端是与职能式组织类似的弱矩阵形式,也称职能矩阵。与职能组织形式不同的是除项目经理被授权负责项目的协调外,职能经理负责项目大部分工作,项目成员不是项目全职人员,而是在职能部门为项目提供服务。项目所需要的技术、资源和其他的服务,都由相应职能部门提供,如图4.6所示。

平衡矩阵形式。在强矩阵和弱矩阵两个极端形式之间是平衡矩阵形式,这是一种经典的矩阵形式,项目经理负责设定需要完成的工作,负责制订项目计划、分配任务、监督工作进程。职能经理负责人事安排和项目完成的方式,并执行所属项目部分的任务,如图4.7所示。

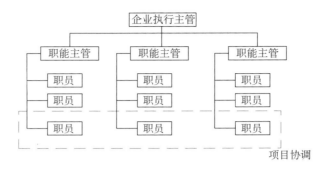

图 4.6 弱矩阵组织结构示意图

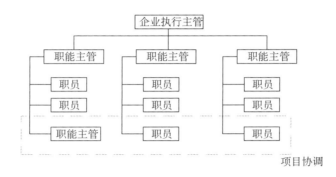

图 4.7 平衡矩阵组织结构示意图

（2）矩阵式组织结构的优点

矩阵式组织有专门项目经理负责管理整个项目,可以克服职能式组织责任不明,无人承担项目责任和协调困难的被动局面;矩阵式组织是将项目组织叠加在职能部门上的,可以共享各个部门的技术储备,摆脱项目式组织形式资源闲置的困境,尤其是当有多个项目时,这些资源对所有项目都是可用的,从而可以大大减少项目式组织中出现的资源冗余;当指定的项目结束时,项目人员有其职能归宿,大都返回原来的职能部门;对环境的变化以及项目的需要能迅速做出反应,而且对公司组织内部的要求也能做出较快的响应;矩阵式组织平衡了职能经理和项目经理的权力,企业领导可从总体上对资源进行统筹安排,以保证系统总目标的实现。

（3）矩阵式组织结构的缺点

尽管矩阵式组织形式结合了职能式组织形式和项目式组织形式的优点,但其缺点也是较明显的。

在矩阵式组织中,权力是均衡的,经验证明这容易加剧项目经理和职能经理之间的紧张局面,甚至在管理人员之间造成对立;多个项目在资源方面能够取得平衡,这既是矩阵式组织的优点,也是它的缺点,任何情况下的跨项目分享资源都会导致冲突和对稀缺资源的竞争;在矩阵式组织的项目中,项目经理主管项目的行政事务,职能经理主管项目的技术问题。但要分清两者的责任和权力,却不是件容易的事。由于责任不明、权力不清,项目的成功将受到影响；矩阵式组织与命令统一的管理原则相违背，项目成员至少有两个上级领导，即项目经理和部门经理，当他们的命令有分歧时，会令人感到左右为难，无所适从；项目经理需要花费相当多的时间与各职能部门之间协调，会影响决策的速度和效率，在平衡矩阵中尤其突出。

4.2　总承包项目管理目标与任务

4.2.1　总承包项目管理目标体系构成

作为建设项目，其管理目标可分得很多、很细，但其核心内容应是质量目标、进度目标和成本目标三大体系。它们之间可形象地视作一个三角形的关系，既相互联系，又相互影响；既追求优化，又讲究均衡；而且在具体管理过程中是分解落实、逐步细化的（图4.8）。

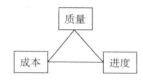

图 4.8　建设项目管理的三大目标体系的关系示意图

项目管理旨在为项目实施成功提供必要的思路设计、责权利框架、运作过程、操作技术和工具。而建设项目内容相对比较复杂，产品异质性较大，参与方较多，对三大目标（质量、成本和进度）控制较严，其运行除了遵循一般项目管理的原理之外，还要考虑自身的特点。

如果两两考察三大目标的关系，则它们之间也表现出一定的规律。如果工程进度不变，则质量与成本之间大体是单调变化，即质量越好，需要成本越高；如果工程成本不变，则质量与进度之间也是单调变化，质量越好，进度越慢；但如果工程质量不变，则进度与成本之间会表现出双向变化关系，当进度过快或过慢，引发的成本都升高。作为工程项目管理，根据其工程质量等级、进度要求和投资控制标准，需要客观理性地制订其合理的理论目标控制点。实际工程建设中，控制点会上下波动，只要实际控制点与理论标点大体重合，偏差幅度不大，则说明该项目是可控的，管理是正常的。当然，出现正向偏差往往是受欢迎的，毕竟质量、进度和成本比预期的更好；但若其偏差幅度超出一定范围，特别是往超期、超支或质量低下方向发展，则说明该项目进入失控状态，需要整合资源，调整计划，尽早进行纠偏，以达到管理目标要求。通常，这个理论目标点越明晰，越量化，且实际运行点与其越接近，则说明其项目管理水平越高。

项目目标分解的基本原则是"SMART"亦即：Specific（具体）、Measurable（可度量）、Achievable（可行）、Related（相关）、Traceable（可追踪），也有人认为是 Specific（具体）、Measurable（可度量）、Attainable（可行）、Result-based（基于结果）、Time-based（基于时限）。

项目目标分解的要点，首先是合理，比如分阶段、分层次、分部门、分工序等；其次，应方便明确"目标管理点",所谓"目标管理点"即关键问题或薄弱环节;最后,应便于责任落实。

建设项目目标可以按层次逐级分解,如图4.9所示。一般说来,大的建设项目具有总的设计意图,能综合发挥工程效益,这些大的建设项目又可以分解为多个单项工程。单项工程则是指具有独立设计文件、能独立发挥作用的工程,如办公楼、生产车间、体育馆等。单项工程可以分解为多个单位工程,单位工程通常也具有独立设计文件,可独立施工,但不能独立发挥效益,如土建工程、电气工程、机械安装工程、电梯工程等。单位工程可以进一步分解为分部工程,分部工程常按建筑物或构筑物的部位划分,如基础工程、墙体工程、楼地面工程、门窗工程等。分部工程可以分解为若干个分项工程,分项工程是项目的最小单元,也是工程的计量基础,如预制构件安装、单元式幕墙安装、非承重隔墙安装等。由于每个工程项目的复杂程度不一样,不一定每个建设项目都必须进行这样的目标分解。

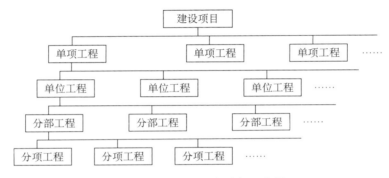

图4.9 建设项目目标分解示意图

目标管理(Management by Objectives,MBO)是一种行之有效的理念,即"目标指导行动",它认为管理的绩效等于目标方向与工作效率的乘积。因此,鼓励把项目组织任务转换为具体目标。其中,既包括成果性目标,如质量、进度、成本等;也包括效率性目标,如劳动生产率、材料消耗率、机械使用率等。通过目标管理,可以增强管理者的适应性,以人为本,合理配置人员,落实责任主体,明确责、权、利,实现个人价值;弱化监管,减少内耗,使组织结构优化,增强主动性和协作性,形成企业文化,提高整体业绩。

4.2.2 总承包项目结构分解

工程项目结构分解是项目管理的基础工作,结构分解文件是项目管理的中心文件,是对项目进行设计、计划、目标和责任分解、成本核算、质量控制、信息管理、组织管理的对象。在国外,工程项目结构分解被称为"工程项目管理最得力的、有用的工具和方法"。因此掌握工程项目结构分解就显得必不可少,本节主要介绍工程项目结构分解的概念、方法、原则、作用等。

1)总承包项目结构定义

建设工程项目结构简称项目结构图,就是用树状的结构图来表达建设工程项目的组织结构,该结构图通过层层分解,将要进行的建设工程项目进行分解,真实反映完成一个工程建设项目所有的工作任务,也就是通过组织结构图反映构成工程建设项目的组成。如图4.10所示。

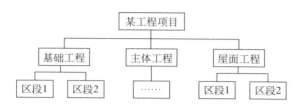

图4.10　总承包项目结构图

2)总承包项目结构分解

工程项目是由许多互相联系、互相影响、互相依赖的活动组成的行为系统,它具有系统性、集合性、相关性、整体性特点。将一个完整的工程项目分解成若干工作单元是工程项目管理最基本也是最重要的工作。工程项目结构分解的目的是明确一个工程项目所包含的各项工作,也就是将复杂的工程项目逐步分解成一层一层的要素(工作),直到具体明确为止。即通过定义这些要素(工作)的费用、进度和质量,以及它们之间的内在联系,并将完成这些工作的责任赋予相应的部门和人员,建立明确的责任体系,达到控制整个项目的目的。

工程项目分解的工具是工作结构分解原理。工作结构分解,即 WBS(Work Breakdown Structure)方法,是一种在项目全范围内分解和定义各层次工作的方法。它将项目按照其内在结构或是实施过程的顺序进行逐层分解,将项目分解到相对独立的、内容单一的、易于成本核算与检查的工作单元,并将各工作单元在项目中的地位与构成直观地表示出来。

工程项目结构分解模式并没有统的模式,每项工程建设项目的结构分解均应根据各自的特点进行分解。对于群体工程,可以参考以下方式进行结构分解。

(1)项目进展的总体部署;

(2)项目的组成;

(3)有利于项目实施任务(设计、施工和物资采购)的发包;

(4)有利于项目实施任务的进行;

(5)有利于项目目标的控制;

(6)结合合同结构;

(7)结合项目管理的组织结构等。

而对于单体建设工程项目而言,可以根据分部分项工程进行结构分解,例如,某栋高层办公大楼可分解为:地下工程、非承重墙装配工程、幕墙装配工程等。同时也可以根据建设工程项目管理中三大控制的需要进行分解,例如,根据投资控制、进度控制和质量控制的需要将单体工程按照分部分项工程进行分解。

3）总承包项目结构的编码

对建设工程项目进行结构分解就是为了更好地进行建设项目管理。在信息化的时代，要更加高效地进行沟通和管理，就应该充分利用信息网络技术带来的便利条件。在工程项目管理中首先就应该对项目进行结构分解，然后进行结构的编码，对建设工程项目进行结构的编码就是为了更好地运用计算机进行存储。

（1）建设工程项目结构编码的含义

建设工程项目的结构编码是依据工程项目的结构分解图，按照一定的规律进行编码，编码由一系列的符号和数字组成。这些符号和数字的排列工作应该保证建设工程项目各参与方之间的有效沟通，也是在建设工程领域中充分运用计算机科学技术发展的成果。

（2）建设工程项目结构编码的类型

一个建设工程项目有不同类型和不同用途的信息，为了有组织地存储信息，方便信息的检索和信息的加工整理，必须对项目的信息进行编码。因建设工程项目的信息种类繁多，其编码工作也分门别类。

按照不同的内容进行编制。建设工程项目的编码按照不同的内容可以分为建设工程项目管理的组织结构编码：建设工程项目的组织编码，如建设工程项目的政府主管部门和各参与单位的编码；工程项目实施的工程过程编码和工程项编码；业主方的建设工程项目投资控制编码；工程项目的进度控制编码；建设工程项目的进度计划工作、项目进展报告和各类报表编码；工程档案编码等。

依据不同的用途进行编制。建设工程项目的编码工作根据不同的用途可以分为服务于投资工作的投资项编码；用于成本控制工作的成本项编码；用于进度控制工作的进度项编码。

4.2.3 总承包项目管理任务分解

总承包项目管理贯穿于一个工程项目从拟定规划、确定规模、工程设计、工程施工直至建成投产未知的全部过程。设计建设部门、咨询单位、设计部门、施工部门、行政主管部门、材料设备供应部门等，他们在项目管理工作中有密切联系，根据项目管理组织形式的不同，各部门在不同阶段又承担着不同的任务。因此，工程项目管理包括：

（1）建设部门进行的项目管理；

（2）咨询单位为建设单位或其他单位进行的项目管理（项目监理）；

（3）设计部门进行的项目管理；

（4）施工部门进行的项目管理；

（5）为特大型工程组织的工程指挥部代表有关政府部门进行的项目管理。

工程项目管理有多种类型，不同类型的工程项目管理任务不完全相同，但主要内容有以下方面：

1）项目组织协调

工程项目组织协调是工程项目管理的职能之一，是管理的技术和艺术，也是实现工程项目目标必不可少的方法和手段。在工程项目的实施过程中，组织协调的主要内容有：

（1）外部环境协调。与政府管理部门之间的协调，如规划城建、市政、消防、人防、环保城管等部门的协调；资源供应方面的协调，如供水、供电、供热、电信、通讯运输和排水等方面的协调；生产要素方面的协调，如图纸材料、设备、劳动力和资金等方面的协调；社区环境方面协调等。

（2）项目参与单位内部的协调。项目参与单位内部各部门各层次之间及个人之间协调。

2）合同

合同管理包括合同签订和签订后合同管理两项任务。合同签订包括合同准备、谈判、修改和签订等工作；签订后合同管理包括合同文件的执行、合同纠纷和索赔事宜的处理。在执行合同管理任务时，要重视合同签订的合法性和合同执行的严肃性，为实现管理目标服务。

3）进度控制

进度控制包括方案的科学决策、计划的优化编制和实施有效控制等三个方面的任务。方案的科学决策是实现进度控制的先决条件，它包括方案的可行性论证、综合评估和优化决策。只有决策出优化的方案，才能编制出优化的计划。计划的优化编制，包括科学确定项目的工序及其衔接关系、持续时间，优化编制网络计划和实施措施，是实现进度控制的重要基础。实施有效控制包括同步跟踪、信息反馈动态调整和优化控制，是实现进度控制的根本保证。

4）投资（费用）控制

投资控制包括编制投资计划、审核投资支出、分析投资变化情况、研究投资减少途径和采取投资控制措施等五项任务。前两项是对投资的静态控制，后三项是对投资的动态控制。

5）质量控制

质量控制包括制定各项工作的质量要求及质量事故预防措施、各个方面的质量监督与验收制度，以及各个阶段的质量处理和控制措施等三个方面的任务。制定的质量要求具有科学性，质量事故预防措施要求具备有效性。质量监督和验收包含对设计质量、施工质量及材料设备质量的监督和验收，要严格检查制度和加强分析。质量事故处理与控制要对每一个阶段均严格管理和控制，采取细致而有效的质量事故预防和处理措施，以确保质量目标的实现。

6）风险管理

随着工程项目规模的不断大型化和技术复杂化，业主和承包商所面临的风险越来越多。工程建设客观现实告诉人们，要保证工程项目的投资效益，就必须对项目风险进行定量分析和系统评价，以提出风险防范对策，形成一套有效的项目风险管理程序。

7）信息管理

信息管理是工程项目管理的基础工作，是实现项目目标控制的保证。其主要任务就是及时、准确地向项目管理各级领导及各类人员提供所需的综合程度不同的信息，以便在项目进展的全过程中，动态地进行项目规划，迅速正确地进行各种决策，并及时检查决策执行结果，反映工程实施中暴露出来的各类问题，为项目总目标控制服务。

8）环境保护

工程项目建设既可以改造环境造福人类,优秀的设计作品还可以为环境景观增色,给人们带来观赏价值。但一个工程项目的实施过程和结果,同时也存在着影响甚至恶化环境的种种因素。因此,在工程项目建设中强化环保意识、切实有效地把保护环境和防止损害自然环境、破坏生态平衡、污染空气和水质、扰动周围建筑物和地下管网等现象的发生,作为工程项目管理的重要任务之一。

工程项目管理必须充分研究和掌握国家和地方的有关环保的法规和规定,对于涉及环保方面有要求的工程项目在项目可行性研究和决策阶段,必须提出环境影响报告及其对策措施,并评估其措施的可行性和有效性,严格按建设程序向环保管理部门报批。在项目实施阶段做到主体工程与环保措施工程同步设计、同步施工同步投入运行。在工程发承包过程中,必须把依法做好环保工作列为重要的合同条件加以落实,并在施工方案的审查和施工过程检查中,始终把落实环保措施、克服建设公害作为重要的内容并予以密切注视。

4.3　总承包项目工作与管理职责划分

工程项目的组织分工包括工程项目的工作任务分工和管理职责分工。工程项目工作任务分工是在组织结构确定后,对各个部门或个体的主要职责进行分配,是对项目组织结构的说明和补充,它是建立在工作分解结构（WBS）的基础上的,将组织结构中各个单位部门或个体的职责进行细化扩展。它体现的是组织结构中各个单位或个体的职责任务范围,从而为各单位部门或个体指出工作的方向。项目管理职能分工就是对项目管理班子（如内部项目经理、各工作部门等）进行职能分工,理顺各管理部门的任务,使之各司其职,各负其责,提高工作效率。

4.3.1　总承包项目管理职责分工

1）设计管理部

（1）负责完成满足本工程施工的施工图设计,并配备满足现场生产需要的设计人员。协助工程管理部完成工程施工期间工程各项施工技术方案的制定、优化和实施,协助项目设计负责人、施工经理制定重大技术决策、施工方案,并对所有技术方案实施情况进行跟踪并监督。

（2）协助各施工分包单位完成现场施工期间有关的各种技术管理工作。负责完成满足现场生产的图纸、设计成果的实施。全面复核厂家提供设备及产品是否满足合同及生产需要,并协助工程管理部完成相应的整改工作。

（3）配合工程管理部工程竣工资料的收集、整理,制定技术资料管理办法,指导、负责设计信息化管理日常事务。

2）工程管理部

（1）全面负责工程施工期间工程各项目的施工技术方案的制定、优化和实施,实施所有技术方案和进度。

（2）处理工程施工期间有关工程施工的具体技术事务。

（3）负责项目 HSE（健康、安全、环境）管理。

（4）负责施工信息化管理日常事务。

（5）负责工程竣工资料的收集、整理，制定资料管理办法，指导、协调各部门的资料管理满足竣工验收要求。

（6）负责各专项验收工作的检查、验收配合工作。

（7）负责各部门的资料汇总、归档、备案。

3）合同采购部

（1）负责有关工程建筑材料、机电设备及零配件的采购、运输及保管，按施工计划及时供应施工材料、设备，并负责维修保养现有设备；负责各种材料设备采购合同的编制、招投标及管理工作，全面负责设备厂家配合安装调试及试运行工作。协助工程管理部经理进行决策；协助工程管理部进行现场机械设备的调配；协助设计管理部对现场厂家设备及人员的协调管理。

（2）负责有关工程日常财务事务的处理、工程成本的控制、资金控制和管理，负责总承包项目部的资金、财务运作和保证，协助项目经理进行财务决策。

（3）根据项目建设总体组织计划要求，编制本项目的年度、季度、月度工程建设使用资金投入计划，按时上报。在实施中按实际进展进行合理调整。

（4）统计月度、季度、年度工程建设计划的执行情况，编制工程建设资金投入统计报表并上报。

（5）参与本项目工程内各种合同的谈判、跟踪、办理合同的审核、签订、公证手续和建档管理。

（6）监督合同的执行情况，办理合同付款审核，审核对违约方的罚款或索赔。

（7）由工程管理部对施工分包单位上报完成工程数量进行核查，合同采购部跟踪办理施工承包合同工程款计量、支付报表的审核。

（8）审核变更设计方案中数量和费用的增减。

（9）编制本项目工程建设决算报表。

（10）汇集、整理合同文件和中间计量审批报表，作为竣工资料组成部分归档。

4）综合管理部

（1）制定各种规章管理制度，为保障工程施工高效、快速、顺畅进行的各种后勤服务，也是总承包项目部的人力资源管理部门。

（2）负责党、工会、团的日常事务，组织开展劳动竞赛，负责总承包项目部的宣传工作，协助相关部门开展文明施工、环境保护、消防等工作。

（3）完成施工临时用地的征用，办理本工程的相关的手续申报，完成前期围墙内通水通电、场地平整、临设搭建等施工前期准备工程。

（4）配合发包人完成工程建设征地拆迁、管线迁改及恢复、绿化迁改及恢复等前期工作。

（5）负责协助建设单位施工期间与政府相关部门、产权单位、居民的协调工作等。

4.3.2 总承包项目管理工作划分

业主方、工程总承包单位和工程管理咨询单位等都有各自的项目管理的任务，上述各方都应该编制各自的项目管理任务分工表。

为了编制项目管理任务分工表，首先应对项目实施的各阶段的费用（投资或成本）控制、进度控制、质量控制、合同管理、信息管理和组织与协调等管理任务进行详细分解，在项目管理任务分解的基础上定义项目经理和费用（投资或成本）控制、进度控制、质量控制、合同管理、信息管理和组织与协调等主管工作部门或主管人员的工作任务。

1）工作任务分工

每一个建设项目都应编制项目管理任务分工表，这是一个项目的组织设计文件的一部分。在编制项目管理任务分工表前，应结合项目的特点，对项目实施的各阶段的费用（投资或成本）控制、进度控制质量控制、合同管理、信息管理和组织与协调等管理任务进行详细分解。某项目的项目管理任务分解示例如表 4.1 所示。在项目管理任务分解的基础上，明确项目经理和费用（投资或成本）控制、进度控制、质量控制、合同管理、信息管理和组织与协调等主管工作部门或主管人员的工作任务，从而编制工作任务分工表。

表 4.1　任务分解表

3. 设计阶段项目管理的任务			备注
	3.1 设计阶段的投资控制		
	3101	在可行性研究的基础上，进行项目总投资目标的分析、论证	
	3102	根据方案设计，审核项目总估算，供业主方确定投资目标参考，并基于优化方案协助业主对估算做出调整	
	3103	编制项目总投资切块、分解规划，并在设计过程中控制其执行；在设计过程中若有必要，及时提出调整总投资切块、分解规划的建议	
	3104	审核项目总概算，在设计深化过程中严格控制在总概算所确定的投资计划值中，对设计概算做出评价报告和建议	
	3105	根据工程概算和工程进度表，编制设计阶段资金使用计划，并控制其执行，必要时，对上述计划提出调整建议	
	3106	从设计、施工、材料和设备等多方面做必要的市场调查分析和技术经济比较论证，并提出咨询报告，如发现设计可能突破投资目标，则协助设计人员提出解决办法，供业主参考	
	3107	审核施工图预算，调整总投资计划	
	3108	采用价值工程方法，在充分满足项目功能的条件下考虑进一步挖掘节约投资的潜力	
	3109	进行投资计划值和实际值的动态跟踪比较，并提交各种投资控制报表和报告	
	3110	控制设计变更，注意检查变更设计的结构性、经济性、建筑造型和使用功能是否满足业主要求	

	3.2 设计阶段的进度控制	
	3201	参与编制项目总进度计划,有关施工进度与施工监理单位协商讨论	
	3202	审核详细的设计进度计划和出图计划,并控制其执行,避免发生因设计单位推迟进度而造成施工单位要求索赔	
	3203	协助起草主要甲供材料和设备的采购计划,审核甲供进口材料设备清单	
	3204	协助业主确定施工分包合同结构及招标投标方式	
	3205	督促业主对设计文件尽快做出决策和审定	
	3206	在项目实施过程中进行进度计划值和实际值的比较,并提交各种进度控制报表和报告(月报、季报、年报)	
	3207	协调室内外装修设计、专业设备设计与主设计的关系,使专业设计进度能满足施工进度的要求	
	3.3 设计阶段的质量控制	
	3301	协助业主确定项目质量的要求和标准,满足设计质监部门质量评定标准要求,并作为质量控制目标值,参与分析和评估建筑物使用功能、面积分配、建筑设计标准等,根据业主的要求,编制详细的设计要求文件,作为方案设计优化任务书的一部分	
	3302	研究图纸技术说明和计算书等设计文件,发现问题,及时向设计单位提出;对设计变更进行技术经济合理性分析,并按照规定的程序办理设计变更手续,凡对投资及进度带来影响的变更,须会同业主核签	
	3303	审核各设计阶段的图纸技术说明和计算书等设计文件是否符合国家有关设计规范、有关设计质量要求和标准,并根据需要提出修改意见,确保设计质量获得有关部门审查通过	

2) 工作任务分工表

在工作任务分工表(表 4.2)中应明确各项工作任务由哪个工作部门(或个人)负责,由哪些工作部门(或个人)配合或参与。在项目的进展过程中,应视必要对工作任务分工表进行调整。

表 4.2　工作任务分工表

工作部门 / 工作任务	项目经理部	投资控制部	进度控制部	质量控制部	合同管理部	信息管理部	……

　　某装配式总承包项目,在项目实施的初期,项目管理咨询公司建议把工作任务划分成24个大块,针对这24个大块任务编制了工作任务分工表(表4.3所示),随着工程的进展,任务分工表还将不断深化和细化,该表有如下特点:

　　(1) 任务分工表主要明确哪项任务由哪个工作部门(机构)负责主办,明确协办部门和配合部门,主办、协办和配合部门在表中分别用三个不同的符号表示;

　　(2) 在任务分工表的每一行中,即每个任务 ,都有至少一个主办工作部门;

　　(3) 运营部和物业开发部参与整个项目实施过程,而不是在工程竣工前才介入工作。

表 4.3　某装配式项目的工作任务分工表

序号	工作项目	经理室、指挥部室	技术委员会	专家顾问组	办公室	总工程师室	综合部	财务部	计划部	工程部	设备部	运营部	物业开发部
1	人事	☆					△						
2	重大技术审查决策	☆	△	○	○	△	○	○	○	○	○	○	○
3	设计管理			○		☆			○	△	△	○	
4	技术标准			○		☆				△	△	○	
5	科研管理			○		☆		○				○	
6	行政管理				☆					○	○	○	
7	外事管理			○	☆					○	○	○	
8	档案管理			○	☆	○			○	○	○	○	○
9	财务管理						○	☆				○	
10	审计						☆	○	○				
11	计划管理						○	○	☆	△	△	○	
12	合同管理						○	○	☆	△	△	○	
13	工程筹划			○						☆	○	○	
14	土建评定项目管理			○						☆	○		
15	工程前期工作			○				○	○	☆	○		○
16	质量管理			○		△				☆	△		
17	安全管理					○	○			☆	△		
18	设备选型			△		○					☆	○	
19	设备材料采购							○	○	△	△		☆
20	安装工程项目管理			○					○	△	☆	○	

续表

序号	工作项目	经理室、指挥部室	技术委员会	专家顾问组	办公室	总工程师室	综合部	财务部	计划部	工程部	设备部	运营部	物业开发部
21	运营准备			○		○				△		☆	
22	开通、调试、验收			○		△				△	☆	△	
23	系统交接			○	○	○	○	○	○	☆	☆	☆	
24	物业开发						○	○	○	○	○	○	☆

注:☆—主办;△—协办;○—配合部门。

4.4 装配式建筑产业工人技能

装配式建筑作为建筑产业重要的发展方向,其对工种的划分与常规建筑有所不同。目前已有的规章、制度等对装配式建筑产业工人的工种进行了明确的划分,各地也陆续出台了工人的技能标准。

4.4.1 装配式建筑产业工人技能构成

我国关于装配式建筑的制度、规划自 2015 年密集出台,全国各省市地区针对装配式建筑提出了不少政策建议以及相关规定,对装配式建筑工人的工种进行分类,对工人技能提出了明确要求。

根据相关标准,装配式混凝土建筑技术工人的关键工种,主要包括构件装配工、灌浆工、内装部品组装工、钢筋加工配送工、预埋工、打胶工等 6 个工种。构件装配工、灌浆工、内装部品组装工、钢筋加工配送工等 4 个工种技能等级分为初、中、高、技师、高级技师 5 个技能等级,预埋工、打胶工等 2 个工种技能等级分为初、中、高级工 3 个技能等级。不同的工种,其必备的技能如下。

1) 构件装配工

构件装配工在施工现场,按照设计图纸、构件装配工艺和检验标准,使用工具及设备完成预制混凝土构件装配过程中的吊装准备、引导九尾、安装校正和临时支撑搭设等工作的人员。

构件装配工应具备法律法规与标准、识图、材料、工具设备、构件装配技术、施工组织管理、质量检查、安全文明施工、信息技术与行业动态的相关知识。同时,应具备构件进场、装配准备、施工主持、预留预埋、构件就位、临时支撑搭拆、节点连接、施工检查、成品保护、班组管理、技术创新的相关技能。

2) 灌浆工

在施工现场、按照灌浆工艺和检验标准,使用工具及设备完成灌浆过程中的材料准备、分仓、灌浆和检验等工作的人员。

灌浆工应具备法律法规与标准、识图、材料、工具设备、构件装配技术、施工组织管理、质量检查、安全文明施工、信息技术与行业动态的相关知识。同时应具备施工准备、施工主持、分仓与接缝封堵、灌浆连接、灌浆后保护、施工检查、成品保护、班组管理、技术创新的相关技能。

3) 内装部品组装工

在施工现场，按照设计图纸、内装部品组装工艺和检验标准，使用工具及设备完成内装部品组装过程中的管道敷设、支撑搭设、内装部品组装和检验等工作的人员。

内装部品组装工应具备法律法规与标准、识图、材料、工具设备、构件装配技术、施工组织管理、质量检查、安全文明施工、信息技术与行业动态的相关知识。同时应具备施工准备、施工主持、测量放线、管道敷设、支撑搭设、内装部品组装、施工检查、成品保护、班组管理、技术创新的相关技能。

4) 钢筋加工配送工

在生产厂或钢筋加工配送中心，按照设计图纸及生产要求，使用自动数控设备和信息化管理手段完成成型钢筋加工和配送的人员。

钢筋加工配送工应具备法律法规与标准、识图、材料、工具设备、构件装配技术、施工组织管理、质量检查、安全文明施工、信息技术与行业动态的相关知识。同时应具备加工准备、加工主持、钢筋就位、加工检查、成品保护、班组管理、技术创新的相关技能。

5) 预埋工

在生产厂，根据构件的预埋工艺和检验标准，使用工具及设备完成预埋过程中的材料准备、放线定位、安装固定和校准检验等工作的人员。

预埋工应具备法律法规与标准、识图、材料、工具设备、构件装配技术、施工组织管理、质量检查、安全文明施工、信息技术与行业动态的相关知识。同时应具备施工准备、施工主持、埋件就位、埋件固定、施工检查、成品保护、班组管理、技术创新的相关技能。

6) 打胶工

在施工现场，按照打胶工艺和检验标准，使用工具及设备完成打胶过程中的材料准备、基层处理，打胶、刮胶和检验等工作的人员。

打胶工应具备法律法规与标准、识图、材料、工具设备、构件装配技术、施工组织管理、质量检查、安全文明施工、信息技术与行业动态的相关知识。同时应具备施工准备、施工主持、基层处理、表面遮掩、打胶、刮胶、施工检查、成品保护、班组管理、技术创新的相关技能。

4.4.2 装配式建筑产业工人技能提升

建筑业是支撑我国经济发展的支柱性产业，同时又是一个劳动密集型产业。随着我国人口红利逐渐消失，劳动力供给下降，劳动力成本不断上升，给建筑企业的持续健康发展带来了很大的挑战。装配式建筑产业与普通建筑产业又有区别，对于建筑工人的技能要求也有明显的不同。加强对装配式建筑产业工人技能的提升，打造一支高素质的装配式建筑产业劳务队伍，才能更好地促进建筑施工企业转型升级，实现经济增长模式的转变。

随着建筑行业的发展，大量新技术、新工艺、新材料的应用，工期、质量、成本的要求不断提高，以及国际化的竞争，我们的建筑行业急需大批专业性强的技术工人，所以我们的目光不应该局限在仅仅提升部分现役工人，即大量"农民工"的安装水平，而应该建立自身的安装工人培养体系，才能提升安装工人的整体技术水平，满足建筑业可持续良性发展的需要。

1）解决源头问题

建筑工人目前社会地位低下，如果不能提高其社会地位及薪酬福利，又如何能让安装工人静下心来安安心心做好一个装配式建筑工人并以此作为终身职业而为之奋斗呢，又有哪位家长会将自己的子女送到建筑业类职业技术学校进行培养的呢，显然一切都是空谈。目前我国一方面缺乏技术拔尖的建筑工人，一方面又有大量富余的大学生，国家虽然已经认识到了这个问题的严重性并采取了一些措施，比如带政府补贴性质的培训等，但是当前的力度还是不够，所以国家的有关政策应该向一线的建筑安装工人进一步的倾斜，比如提高安装工人的工资待遇和社会福利，缩短工人与管理人员的收入差距，解决农民工子女的教育、医疗问题，甚至是户口问题等。这一点可以借鉴人才引进的方式，将人才引进的范围进一步扩大，并不是高校毕业生才能算人才，具备高超技能的施工人员也应该是人才引进的对象，只有这样才能让安装工人看到奋斗的目标，从内心自发积极主动地想要提升自己的安装技能，其他配套的措施才能发挥事半功倍的效果。可喜的是据报道浙江宁波已经出台了相关政策，如规定高级技师与本科大学生一样也属于人才引进范畴，享受相关优惠政策。

另一方面并不是贬低农民工，而从实际出发想要将一位文化水平一般的农民工培养成一位高技能人才，其难度可想而知。从长远考虑，可以借鉴国外发达国家，比如德国的"二元化"职业教育的经验，建立安装工人职业教育体系，将教育机构与建筑企业有机结合，将理论与实际相结合，使得培养出来的职业安装工人技术水平更贴近建筑安装企业的需要，求职更容易，只有这样才能从根本上解决安装工人技术水平总体低下的局面，提高安装工人技术水平，并能够长期满足建筑安装行业的用人需求。

2）多种方式的培训

（1）完善行业培训取证

我国有比较全面的职业培训及取证体系，比如特种作业人员、消防安装专业人员等。这些培训都有一个相同的特点，那就是宽进宽出，而不是宽进严出，这也是目前我国职业资格考试的通病，说白了通过相对有限的一段时间学习及考试，取得的结果仅仅是一张证书，其培训的实际效果往往不令人满意，所以在这一点上还是要进一步提高要求，首先培训和考试应该分开组织，否则取证沦为形式；其次考试的形式要多样化，不仅要笔试还要口试和实际操作；再次考试的内容要细致化，比如考题中出现的法规强制性条款就必须满足一定的准确率,否则就算是达到合格分数线也应该视为不合格。通过完善取证制度,提高取证难度,迫使安装工人加强学习提高自身的安装技术水平。

（2）加强企业内部培训

这是安装行业中一种最为常用的提升安装工人技术水平的方法,可以采用专业技术人员集中授课的方式,比如利用技术交底、工艺评定等机会将安装要求、技术指标等传达给安装工人;通过专题培训的方式将新技术、新工艺、新材料或者是常见质量通病、技术案例总结等制作成简洁、易懂、实用的示范教材作详细讲解和灌输;也可以采用师徒带教的方式,签订师傅合同,明确带教要求,提高年轻工人的技术水平。需要强调的是无论采用何种方式,我们最关心的是培训计划和效果验证。首先,工人技能的提高是一个长远的过程,并不是一蹴而就的,只有制订了详尽的培训计划并明确了培训的时间、人员、预算,才能保证培训的有效实施;另外为了确保安装工人的技术水平真正得到提升,必须强调效果的验证。在效果的验证方面,笔者认为应建立有效的奖罚机制,通过对安装质量的评定和工程的验收结果,让会做与不会做的安装工人收入不一样,让做得好与不好不一样,让做得好与精不一样,只有这样安装行业的整体水平才会提高。在这一点上,江苏省推出的创建优质工程、具有优质工程奖的企业投标加分等系列措施是十分有益的,通过创优逼迫建筑安装企业提高施工质量,进而要求安装企业提升安装工人的技术水平。所以说只有当企业主看到提升安装工人技术水平能够产生实实在在地改益以后才会在这方面加大投入,切实要求安装工人不断提升技术水平。

（3）加强专业培训

目前安装行业新技术突飞猛进,专业性越来越强,设备集成度高、系统复杂,安装精度要求高,对安装工人提出了越来越高的要求。这种情况下,安装工人也应该向专业化的方向发展,以培养高精尖人才为培训目标,在面临技术难题的时候才能够迎刃而解。此时企业应该因材施教,根据工人本身所学以及个性爱好等制定不同的培养计划,即根据企业自身需要以及工人自身意愿建立职业发展规划,为安装工人提供晋升的渠道,并完善相应的薪资待遇制度,确保人尽其才,并且收入和付出相符,这样不仅能培养人才还能留住人才。

（4）加强自我学习

安装工人必须认识到,目前安装行业不缺普工,缺的是高精尖人才,技术高超的灰领薪酬待遇不比白领差,前景是光明的。如何能够在众多的安装工人中脱颖而出,与自身的学习是分不开的,将"要我学"变成"我要学",通过自学不断深化专业技术,同时弥补短板不足,努力将自己培养成高水平的安装技术人才。

2）发挥政府的促进作用

在政府大力鼓励推动装配式建筑发展的背景下,对于装配式工人技能培训也应严格要求,提高装配式施工技能,组建一批施工技能较高的装配式企业。其中对技能培训主要针对预制构件吊装、预制构件支撑,以及对现浇工人的灌浆工序、预制板之间的浇筑等工序的技能培训。主要装配式技能培训方式以装配式构件厂为培训基地,其中预制构件的吊装应注意起重机吊装重量、尺寸、吊装顺序等;预制构件支撑体系培训,如支撑角度、预防支撑底座滑动、支撑体系的拆除等。现浇工人技能培训主要内容是预制板之间的灌浆，以及现浇柱的浇筑。

对装配式建筑工人技能培训鉴定考核工作应以实际工程为基托，对装配式建筑工人进行职业技能培训和鉴定考核。通过在建装配式项目加强对建筑工人实际操作培训，同时利用业余时间或者晚间对建筑工人进行理论知识培训；在实际施工项目中将理论知识和实践操作相结合，加强装配式建筑工人职业技能实际操作能力。

以项目工程为基础开展技能鉴定考核工作，建筑企业为方便对建筑工人进行技能培训，应为其建立相应信息服务平台，实行建筑工人实名制管理，记录建筑工人基本信息、所参与过培训情况、职业技能水平、从业年限、建筑经历等详细信息，逐渐实现建筑企业信息化全覆盖，有利于建筑企业对工人管理以及专业技能提升。实现建筑工人职业技能培训和考核一体化，即"考培一体化"的培训鉴定方式。

加大对产业工人的激励和宣传力度，对有突出贡献的工人进行奖励。积极宣传和推介现有产业工人工作的好经验、好做法，相互学习和借鉴，提高做好产业工人队伍建设工作的能力和水平，营造有利于产业工人成长的良好舆论氛围。

完善在职人员继续教育培训办法，加强公共职业培训体系建设，实行与职称评聘、职务晋升、职业资格挂钩的人才培训制度，将技能水平与薪酬挂钩，定期开展科研课题培养计划。

加强对建筑工人的培养，引导企业现有的产业工人、工长等经验丰富人员对普通工人进行培训。紧扣用人单位发展需求，建立以岗位职责要求为基础，以能力业绩为导向，充分体现人才价值，科学化、社会化的人才评价发现机制。强化和落实企业培养产业工人的主体责任，引导企业结合生产经营和技术创新需要，制定本单位产业工人培养规划和培训制度，积极开展岗位练兵、技术比武、技能竞赛等。

3）制度创新

可参考其他国家的先进经验，具体内容如下：通过厂办技校、设立学徒工实训车间的培养方式，产教融合、工学一体；培养成本由企业和学徒工双方分担，政府通过设立公立技校和促进义务职业教育方式补贴部分成本，行业协会和工会通过集体协商签订合同保障学徒工收入待遇。

5 装配式建筑总承包设计管理

5.1 装配式建筑总承包设计内涵

5.1.1 装配式建筑设计定义

装配式建筑设计涉及对建筑的内装（内墙、吊顶、地面、管线集成等）、主体构造（框架结构、剪力墙结构等）、外装（围护系统、幕墙系统等）进行装配预制构件及其构造节点的设计，以此实现对装配式构件系统性加工、制造、施工装配的有效指导和技术优化，从而实现高质量建造与运维。

建筑的设计阶段影响较大，如何设计预制件，如何拆分预制件、组装、施工工艺都直接导致施工难度和成本的增加与否。装配式建筑的设计需要多个专业相互配合，如建筑、水电、结构设计、内装等。

装配式建筑设计主要包括以下几部分：

1) 拆分方案设计

从装配式建筑拆分方案设计到建筑专业扩初设计完成。根据装配式建筑拆分原则和预制装配率要求对户型进行拆分，要确保拆分的科学性、合理性、经济性。

2) 初步设计

从建筑专业扩初设计到结构、水暖电专业扩初设计完成。由结构专业根据相关规范确定底部加强层的层数。充分考虑水电专业管线的预留预埋。

3) 施工图设计

从装配式建筑的结构、水暖电扩初设计到装配式建筑全套施工图完成。要考虑外挂架设计、铝模设计对施工图设计的影响。各深化设计专业根据情况提供设计参数，由设计单位统一归纳入装配式建筑业施工图。

4) 构件加工图设计

从装配式建筑全套施工图到构件厂构件加工图完成。构件加工图纸一般由构件加工厂在施工图的基础上深化完成。构件加工图要充分考虑生产、运输和现场安装时的孔洞、吊钉的预留预埋。

5.1.2 装配式建筑设计特征

与现浇结构相比,装配式建筑的设计内容存在区别,其技术特点、设计模块、设计流程等均表现出不同的特点。设计阶段是工程总承包模式的基础与关键,设计的合理性可以确保后续施工的顺利,设计阶段方案的科学合理性是实现工程利润的关键,能够有效控制后续工程变更等所造成的利润损失,一定程度上控制工程质量。因此,有必要对装配式建筑的设计工作进行特征分析,以加深对装配式建筑设计工作的理解,形成设计准则。装配式建筑设计工作主要呈现出以下特征:

1)设计模块化

模块是装配式建筑设计工作的基本单元,模块化设计是装配式建筑采用的主要设计方法。具体表现为以模数协调为原则,进行单元模块的设计,随后将不同模块进行拼装组合以实现设计方案的标准化和多样化。相比于传统现浇结构,装配式建筑更强调模块之间的组合,模块之间相互依赖性较弱,模块内要素相互依赖性较强,模块化特征更凸显。装配式建筑可分为套型模块和公共空间模块两部分,套型模块主要满足使用者的日常生活需求,如起居、饮食、娱乐、会客、收纳、盥洗等需求,公共空间模块主要满足交通、给排水、供电、消防等功能,详见图5.1。

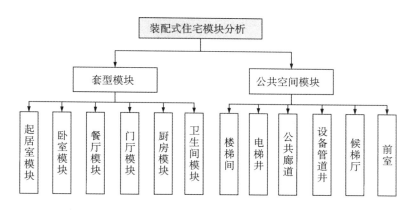

图5.1 装配式建筑模块分析

2)设计集成化

设计集成化是装配式建筑设计的显著特征,主要包括设计专业间集成和供应链集成两点。设计专业间集成指各设计专业间高度配合,进行协同性设计;供应链集成指设计单位应充分考虑预制构件厂、施工单位以及材料供应商等各方的能力与需求,在满足生产、运输、吊装和施工等各环节需求的基础上进行集成设计。

5.1.3 EPC模式下设计与施工配合的优势

EPC模式下设计与施工配合优势参见表5.1。

表 5.1　EPC 模式下设计与施工配合优势

序号	分类	内容
1	投资控制方面	EPC 模式通过设计与施工过程的组织集成化,促进设计与施工的紧密结合,从而在工程的具体实施过程中更好地达到本项目总体规划布局和发展战略及施工技术要求质量标准,这也是以施工方为龙头的总承包模式的主要优势所在
2	质量和技术控制方面	EPC 模式通过设计与施工过程的组织集成化,促进设计与施工的紧密结合,从而在工程的具体实施过程中更好地达到本项目总体规划布局和发展战略及施工技术要求质量标准,这也是以施工方为龙头的总承包模式的主要优势所在
3	进度控制方面	通过设计与施工一体化的实施与管理,减少传统模式设计单位与施工单位之间的配合与摩擦,克服由于设计和施工的不协调而影响建设进度的弊端,从而保证在招标人要求的工期内完成工程建设
4	合同管理方面	招标人只与 EPC 承包人签订工程合同。签订工程合同后,EPC 承包人可以把部分设计、施工服务工作,委托给分包商完成;分包商与 EPC 承包人签订分包合同,而不是与招标人签订合同。这样就减少了招标人合同管理和协调方面的工作

5.2　装配式建筑总承包项目一体化设计体系

5.2.1　装配式建筑设计管理工作内容

1)装配式建筑设计阶段划分

区别于现浇结构,装配式建筑在方案设计之前增加技术策划环节,根据项目定位与规模、产业化目标、建造成本以及外部环境等因素选择合适的结构体系,会同建设单位制定合理的技术方案,并对方案可行性与经济性进行分析。同时,为提高预制构件的可生产性,增设图纸深化设计环节,使构件满足精细化和标准化的要求。因此,装配式住宅的设计可分为技术策划、方案设计、初步设计、施工图设计、深化设计和现场服务共 6 个阶段,详见图 5.2。各设计专业间高度集成,进行协同设计,相互配合,共同完成设计工作。

图 5.2　装配式住宅设计阶段划分

(1)技术策划阶段

装配式建筑的技术策划具有先导性作用。设计单位各设计专业根据项目定位与规模、产业化目标、建造成本、外部环境等影响因素选择合适的结构体系,会同建设单位制定合理的技术方案,并对预制构件厂家和运输条件进行调研,分析方案的可行性与经济性。

（2）方案设计阶段

方案设计阶段的重点是做好平面设计与立面设计，提出建筑概念方案。平面设计以模数协调为原则，在保证满足使用功能的基础上，实现住宅套型设计的标准化与模块化。立面设计考虑构件的可生产性，根据装配式建筑建造方式的特点实现立面的个性化和多样化。

（3）初步设计阶段

初步设计阶段主要内容是各设计专业依据建筑深化方案进行协同设计，提出各专业初步设计方案，具体包括建筑初设、结构初设、机电初设和内装方案，在各专业初设基础上信息化专业进行 Revit 初步建模。

（4）施工图设计阶段

施工图设计阶段是根据初步设计阶段制定的技术措施进行设计。各专业根据预制构件、内装部品、设备设施等生产企业提供的设计参数，深化施工图中各专业预留预埋条件，并且充分考虑节点、接缝处的防水、防火、隔声等设计。构件专业结合各专业施工图纸进行构件方案设计，同时信息化专业进行错漏碰撞检验。

（5）图纸深化设计阶段

图纸深化设计阶段根据各专业的施工图设计阶段协同设计成果，进行预制构件深化设计。构件设计专业配合各设计专业进行相应的构件深化设计，如建筑构件、结构构件等，最终形成完整的构件深化加工图纸。信息化专业进行预制构件模拟拼装，优化调整。

（6）现场服务阶段

现场服务阶段主要是信息的传递与沟通，设计单位对现浇部分、构件生产和现场施工安装进行交底，对相关技术提供指导服务。构件生产阶段，对构件的模具加工以及构件制作进行技术交底。现场施工阶段，对现浇结构、构件的吊装及安装进行技术交底。

2）设计管理要点

（1）编制设计任务书

总承包设计管理部负责编制设计任务书，技术中心承担审核工作。设计任务书的编制要依据合同、招标文件和前期方案，满足项目整体利益。

（2）主专业设计方案评审

在拆分方案设计阶段以及初步设计阶段，设计管理部组织设计单位、总承包项目部、公司有关部门对主专业设计方案进行评审。设计单位提供相关文件、图纸，并进行方案汇报，公司技术中心负责审定工作，出具评审报告。

（3）施工图审查

在施工图设计阶段，设计单位应提供符合设计合同、设计任务书和招标文件要求的设计成果。设计管理部组织设计单位、总承包项目部、公司有关部门进行设计成果审查。合格后，由设计单位提交给专业审图单位审查。

（4）施工图出图

经专业审图单位审查合格后，完成施工图设计，正式出图。

（5）施工图会审

总承包商组织设计单位、建设单位、监理单位以及公司相关部门进行施工图会审工作，并形成《图纸会审纪要》。

3）设计管理

（1）设计计划管理

总承包商设计管理部负责编制设计管理工作计划，包括设计招标（如有）、拆分方案设计、初步设计、施工图设计、构件加工图设计、审图、出图、会审等各项工作内容。同时充分考虑设计对采购和施工的影响，合理安排供货周期长、制约施工关键路线的设计工作。

（2）设计质量管理

对设计标准、设计质量、建造成本必须在设计任务书中予以明确。各项设计成果需符合设计任务书的具体指标要求。组织相关专家对设计成果进行审核，对未满足设计任务书的地方，安排设计单位重新修改。

（3）设计成本管理

在正式进行设计前，总承包商必须完成设计费用分预算工作，纳入项目费用总预算，同时报公司审批。在设计各阶段实行严格的限额设计制度，控制构件拆分方案，严格控制构件拆分方案设计和初步设计概算。用初步设计概算控制施工图预算，在保证建筑功能及技术指标前提下，合理分解各专业限额，把技术和经济结合。

（4）图纸及档案管理

设计合同台账管理项目商务合约部负责建立合同台账，规范管理。项目设计管理部负责项目建立所有设计图纸台账，并及时更新。有效图纸加盖受控章，由设计管理部发放给相关单位，由接收人签字。作废图纸及时收回，并进行销毁。受控图纸发放和作废图纸的收回必须建立台账。

4）项目实施阶段管理

装配式建筑预制构件安装前期需要设计单位配置有丰富经验的设计人员驻场，及时解决现场问题。同时定期召开的设计协调会，对出现的问题共同研究解决方案。对需要立即解决的问题可增加临时会议。此外，安排设计单位及时进行设计交底。

5）竣工交付阶段管理

装配式建筑总承包项目在竣工交付阶段，总承包商要安排设计单位绘制竣工图。做好最终设计成果整理，参加工程竣工验收。

5.2.2　装配式建筑设计协同策划

装配式建筑的设计流程比传统现浇结构更复杂，如图 5.3 所示。区别于现浇结构，装配式建筑在方案设计之前增加技术策划环节，根据项目定位与规模、产业化目标、建造成本以及外部环境等因素选择合适的结构体系，会同建设单位制定合理的技术方案，并对方案可行性与经济性进行分析。同时，为提高预制构件的可生产性，增设图纸深化设计环节，使构件满足精细化和标准化的要求。

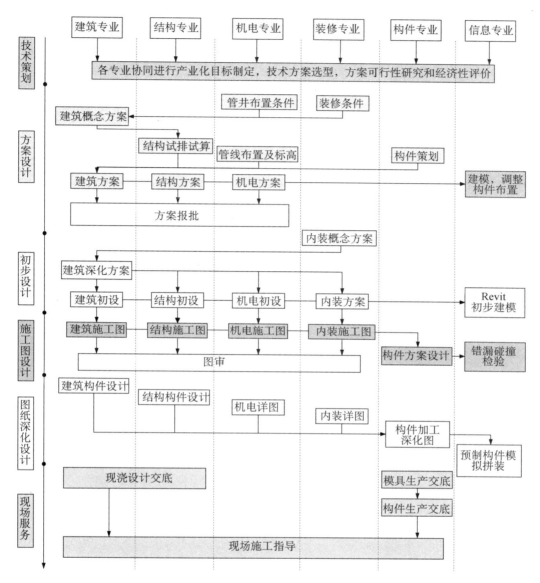

图 5.3 装配式建筑设计协同策划

（1）工业化策划

装配式住宅初步设计前各设计专业应充分配合，根据项目定位、建设规模、产业化目标、成本限额以及外部条件，确定装配式住宅的基本设计原则，如预制率、预制部位、预制构件类型和总图布局等，同时结合技术方案对项目的经济可行性进行评估。

（2）管线综合设计

装配式住宅的管线设计应与建筑设计同步进行，各类管线如给水排水、暖通空调、电气设备等进行综合设计，不同功能类别分类布置，避免交叉碰撞。

（3）信息化协同工具（BIM）

装配式住宅应基于信息化协同平台建立建筑信息模型（BIM），进行一体化设计，利用建筑信息模型汇集设计、施工、运维各阶段数据信息,实现全寿命期的有效衔接。

装配式住宅应在深化设计阶段使用 BIM 模型对关键节点、预留预埋件进行深化设计,同时对各专业冲突进行碰撞检查,在深化设计前提前解决专业碰撞。

装配式住宅的建筑信息模型应实现各阶段、各责任主体间的通用性,统一编码、统一建模、各自录入数据,各专业、各主体共享信息,实现装配式住宅全寿命期的管控。

(4) 全装修设计(内装设计前置)

装配式住宅应进行全装修设计,遵循模数协调的原则进行建筑结构体、内装体和设备管线的综合设计,装修专业应与建筑、结构、管线等各专业同步进行设计,紧密协同,及时提出内装条件。对功能模块化、部品部件模块化等方面研究和运用,对空间及部品进行模数化设计,进行部品的工业化生产。实现一体化设计,建立装修部品的信息产品库,进行标准化设计和资源合理配置,促进全过程的生产效率提高。

(5) 预留预埋件的协同设计

预制构件上的电气开关、接线盒、水电套管等预留预埋件应充分预留到位,建筑、结构、暖通及装修等各专业应结合自身要求向构件深化专业设计师提出要求,在预制构件生产阶段准确预留,避免现场二次开洞,影响构件质量,延误工期。

(6) 协同设计中的模数协调

① 土建模数协调

装配式住宅设计中应遵循模数协调的原则,建筑、结构及构件专业应相互配合,采用基本模数或模数扩大的方法进行同步设计,做到建筑结构体与构件和构件之间的模数协调。

② 土建与内装模数协调

建筑结构体应与内装部品在模数协调的原则下同步设计,采用模数网格来控制定位,实现主体结构与内装体的有机衔接。

③ 太阳能系统

装配式住宅的太阳能系统应与建筑主体结构进行一体化设计,储水罐、集热器等设备应提前做好预留预埋,避免现场开槽。

5.2.3 装配式建筑全寿命期设计

根据装配式住宅全寿命期的定义,其设计工作应考虑前期策划、设计与计划、施工、运行和拆除的全过程,如图 5.4 所示,包含可生产性设计、可运输性设计、可吊装性设计、可施工性设计、设计专业间协同性设计、可靠性与安全性设计、人性化设计、可维护性设计、空间适应性与可变性设计、环境友好型设计和全寿命期费用优化设计,共 11 条设计准则。

1) 可生产性设计

可生产性设计主要包括建筑模块的可生产性和预制构件的可生产性。建筑模块的可生产性是指遵循模数协调的原则进行标准化模块的拼装组合,从而实现平立面的多样化与个性化,满足使用和美观需求;预制构件的可生产性是指构件设计深度和精度应满足要

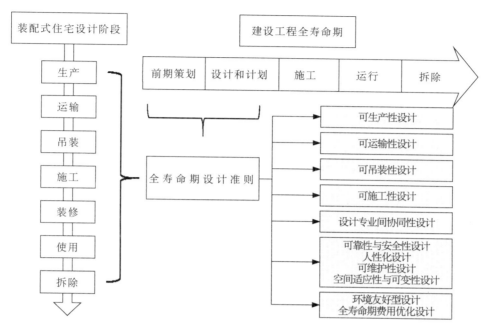

图5.4 装配式建筑全寿命期设计准则

求,避免正式施工出现问题,同时预制构件设计应便于构件厂生产,尽量减少构件种类,提高模板重复利用率,形成规模经济,降低建造成本。

① 模块组合

装配式住宅应在模数协调的基础上,形成户型模块、公共空间模块、集成式厨房、集成式卫生间等标准模块,采用模块组合的设计方法,遵循少规格、多组合的原则,将不同的模块进行拼接组合,以实现多样化和标准化。

② 模块标准化

装配式住宅设计中的模块应标准化,遵循模数协调的基本原则,制定相应规格的单元模块,满足重复使用率高、规格少的要求,同时实现组合的多样性。

③ 建筑模块模数协调

装配式住宅的建筑设计应以模数协调为最基本原则进行平立面设计,采取基本模数或扩大模数的设计方法,以实现各标准化模块之间及边界处的尺寸协调,同时实现住宅整体平立面布局的灵活性,组合的多样性。

④ 平立面设计标准化

装配式住宅平立面设计宜符合简单规则,采用标准化的设计方法,做到"少构件、多组合",建立通用的平立面模块组合方式。

2) 可运输性设计

可运输性设计是指预制构件设计应充分考虑运输条件,如运输方式、道路状况、构件排放方式和固定措施等,使构件便于运输,降低运输成本,提高运输效率,避免预制构件在运输过程中发生损坏。

3）可吊装性设计

可吊装性设计是指预制构件的设计应便于起吊和安装,如构件的吊点设置、吊具选择应合理可靠,构件节点设计应便于拼装。同时,预制构件堆场设置、起重设备选型等应满足吊装要求。

4）可施工性设计

可施工性设计是指装配式住宅的设计方案应便于施工,节点拼缝等关键部位的施工应易操作,预埋件的数量和位置应可靠、精确,同时应积极采用施工创新技术以实现高效率和可重复性,如铝模等。装配式住宅的内装修应实现装配化,减少现场湿作业,缩短工期。此外,设计方案应将施工埋件等临时性措施充分考虑以便于施工,如模板支撑体系、施工预留孔洞等。

（1）永久性预留预埋件

① 位置精确性

预制构件上预埋件及预留孔洞的位置应准确到位。预制构件与模板连接用的孔洞、螺栓或长螺母预留位置应符合设计要求,固定措施应可靠,形状尺寸和中心定位偏差应在误差范围内。

② 数量合适性

预制构件上预埋件、预留钢筋、预埋管线、预留孔洞等的数量应符合设计要求,避免"设计不足"或"设计过度"。

③ 规避二次开洞。

（2）施工措施

① 临时性预埋件

预制构件深化设计中应将施工用临时性埋件充分设计到位,其位置、规格、数量应在构件拆分图中明确,便于工厂生产,避免施工现场二次开洞。

② 施工模拟（实验楼）

装配式住宅正式施工前,宜选择具有代表性的施工段为样板,进行试拼装。根据试拼装的情况调整优化设计方案,明确关键质量控制点及控制措施,为大面积施工扫除障碍,提高施工效率。

③ 外架模板支撑体系

模板和支撑应依据模数协调的原则进行设计,应与预制构件相协调,尺寸应精确,误差应符合标准。外架模板上的预留件、预留孔洞、套筒和螺栓等应设计到位,位置和尺寸应在图纸上详细标明,预留位置应与模板模数相协调且便于模板安装。装配式住宅模板与混凝土的接触面应刷脱模剂,宜采用水性脱模剂,脱模剂应具有减少混凝土与模板间吸附力的良好作用。

（3）节点、拼缝施工的便利性

节点、拼缝的构造设计应充分考虑现场施工条件、施工能力和施工工艺,设计方案应便于施工,易于操作。

（4）内装装配化

装配式住宅装修应尽量采用工厂化生产的部品部件,实现干式装修,以提高施工效率,缩短工期。

① 内隔墙

装配式住宅宜采用工厂生产的轻质内隔墙板,实现现场无湿作业和二次加工。

② 地板

装配式住宅地面宜采用架空地板系统,在地面铺设轨道,依据轨道进行成品地板的安装,架空层内可敷设各类管线。

③ 厨卫

装配式住宅设计宜优先采用工厂化生产的集成式卫生间、集成式厨房,在施工现场进行部品部件的组装,减少现场的湿作业。

④ 部品部件接口

装配式住宅的部品部件应提前预留接口、孔洞,接口应遵循模数协调的原则,实现标准化。

（5）施工创新技术

装配式住宅设计中,应积极采用创新施工技术,以提高效率,缩短工期,从而增强施工便捷性。

① 铝模（免抹灰）

装配式住宅宜采用铝模体系,实现二次结构一次成型,无二次湿作业,缩短工期。同时,铝模体系可实现免抹灰作业,成型质量较佳,混凝土观感较好。

② 同层排水

装配式住宅宜采用同层排水系统,并结合房间净高、楼板跨度、设备管线等因素进行降板设计。

5）设计专业间协同性设计

装配式住宅设计中,建筑、结构、机电、装修和构件等设计专业应高度配合,建立协同设计机制。以模数协调为基本原则,以信息化工具（BIM）为交互平台,对设计方案的可操作性、经济性和可靠性进行讨论,协同完成技术策划、图纸深化设计以及土建与装修一体化设计等工作,使设计方案满足各专业要求。

6）可靠性与安全性设计

可靠性与安全性设计是最基本也是最重要的设计准则。可靠性是指工程在运行时不发生"故障",主要包括结构可靠性和系统可靠性,结构可靠性主要指结构的耐久性,系统可靠性主要是指管道系统、机电系统、信息化系统的可靠性。安全性是指工程在运行时不发生事故,保证工程在正常情况以及地震、火灾、暴雨等极端情况下能够保持安全状态,包括结构安全、抗震设计和建筑防火设计等。

7）人性化设计

人性化设计是使用功能的外延和细化,满足人的生活和交互需求,提高生活品质,如智能化控制系统、公共交互空间等。同时,设计方案还应考虑特殊人群的使用需求,如老人、小孩以及残疾人士等。

8）可维护性设计

工程寿命期中许多专业工程系统需要更换,可维护性设计就是指工程及其设备在运行中进行维护的便利性,主要包含管线可维护性和内装修部品部件可维护性。对于管线来说,装配式住宅应实现结构体与填充体的分离,进行管线集成设计,便于后期维护与更换;对于内装修部品部件来说,应采用工厂生产的标准化产品以实现通用性与互换性。

9）空间适应性与可变性设计

工程寿命期内,居住人群的不同导致使用需求也不尽相同,这就需要建筑的内部空间具有适应性与可变性。因此,装配式住宅的平面布局和功能分区应在标准化的基础上体现灵活性与可变性,可采用易更换的部品部件实现空间的可变性,如内部隔墙可采用轻质装配化隔墙,便于后期拆装。同时,插座接口等应充分考虑,预留到位,满足空间扩展需求。

10）环境友好型设计

环境友好型设计即"绿色设计",主要包括人与自然和谐发展和节约资源两方面。人与自然和谐发展是指工程设计应降低对环境的影响,充分利用自然条件做好工程空间规划,保护环境,设计时应考虑环境(声、光、热、空气)对人的影响,应创造舒适、宜居的居住环境。同时,设计中应尽量使用低碳、环保、可回收的材料以及高效、节能的设备,实现节能减排目标。

11）全寿命期费用优化设计

全寿命期费用优化是指统筹考虑装配式住宅的设计、生产、运输、吊装、施工、运维直至拆除的全过程费用和长期经济效益,使其全寿命期的费用达到最优,而不是仅仅着眼于单一环节,如预制构件的规模经济效应等。

装配式住宅全寿命期的设计准则是全寿命期理念的具体要求。设计人员应将设计准则作为心中准绳和工作中的基本原则,面向装配式住宅全寿命期进行设计,将生产、运输、吊装、施工等环节的问题充分前置于设计阶段解决,使设计方案满足各方需求,从而保障工程寿命期目标的实现。

5.3 装配式建筑设计与生产、施工的联动

传统现浇结构中,"设计变更"屡见不鲜。由于现浇结构容错率高,所以纠偏较易操作。但装配式建筑由于其构件生产、运输、吊装、施工的条件刚性,导致具有生产、施工间的顺次相互依赖性,可逆性低,后期产生问题纠偏成本高,详见图5.5。因此,装配式建筑需要将运输、吊装、施工和使用等阶段的问题前置于设计阶段充分考虑,明确设计要点,在构件生产完成之前将问题解决,避免后期发生质量问题。

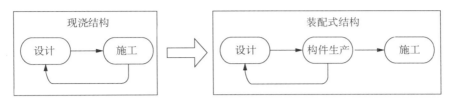

图 5.5 生产—施工的顺次相互依赖性

5.3.1 设计和施工的沟通协调机制

施工单位和设计单位应在发包人制定的建设项目管理制度的基础上,共同编制装配式建筑设计施工总承包管理制度,明确设计和施工两者之间沟通的形式、内部文件的流转程序、明确设计施工分别承担工作任务的清晰界面等内容。

设计单位在项目初始阶段就应建立与施工单位的沟通协调形式,以提高生产效率,避免因管理信息沟通不畅造成的工期延误。

1) 建立月报制度

项目月报制度是发包人定期了解项目进展的有效方式,每月月末设计单位以月报的形式向发包人报告本月项目建设进度、质量、安全文明、资金使用情况,以及项目存在的问题以及需要发包人协调的问题,报告上月问题的处理情况,报告下月的主要计划和安排。设计单位实行严格的现场日志、周报、月报的编写及汇报例会,定期存档,由项目部专人负责定期汇总施工承包商的现场记录,形成日志、周报、月报的报告的形式,并重点将月报装订抄送发包人及监理单位备查。

2) 建立有效的会议制度

通过召开各层次的会议,协调工程建设中与施工单位的关系,明确目标、制定工作措施、落实责任,解决相关问题。设计单位项目部每周召开一次例会,召集各施工分包商、材料设备供应商开会。以便项目部对已掌握设计进度、各工区的施工质量、安全、进度等情况进行通报,协调解决各专业、各工区、各部位之间存在的问题,督促设计供图、材料设备的及时供应,保证各分部分项工程的有序推进。根据项目建设需要,对于项目实施过程中出现的技术、质量、进度、安全等急需解决的问题,设计单位可与施工单位采用专题会议讨论协商解决。

3) 利用各种通信技术

设计单位和施工单位可以利用现代通信技术,建立 QQ 群、微信群等,群内人员在平台及时发布消息,实现各人员之间的信息共享,辅助提高沟通管理效率,沟通管理中还有建立沟通反馈机制,保持沟通的有效性。

5.3.2 施工对设计的优化

施工单位全过程参与设计,从施工角度与设计互动,确保设计方案综合最优。

1）了解设计意图

在正式开展施工作业之前，施工单位的技术部门要做好技术交底工作，使施工队伍可以精准地掌握每一预制构件的受力条件与情况，避免施工过程中对预制构件带来不良影响。另外施工方的项目经理部需与设计单位联系，进一步了解设计意图及工程要求。根据设计意图，完善施工方案，并协助设计单位完善施工图设计。施工单位应主持施工图审查，协助建设单位会同设计师、供应商（制造商）提出建议，完善设计内容和设备物资选型。对施工中出现的情况，除按建设单位、监理的要求及时处理外，还应积极修正可能出现的设计错误，并会同建设单位、设计、监理及分包方按照总进度与整体效果要求，对预制构件生产和施工进行验收。协调各施工分包单位在施工中需与设计协商解决的问题。

2）可施工性优化

施工单位应全程参与施工图设计的过程，全面考虑施工预留位置，例如依据各个建筑建材和设施的设计数据确定预留管线、窗户等的位置，从而优化预制件连接点的防水、隔音和防火的设置。此外，施工单位应注意相关技术的应用，帮助提出设计优化的方案，确保工程整体的质量水平。同时，细化可施工性审查流程，具体如下：

（1）成立可施工性研究小组

成立可施工性研究小组，应包含设计、施工、造价人员。随着 EPC 项目设计阶段的不断深入，EPC 项目经理应及时将研究人员扩大到施工单位、图纸分阶段设计，充分利用设计期推进项目建设。

（2）进行可施工性审查

① 确定可施工性研究的目标，编制可施工性清单

在这一步的工作中可以以 LCC 的价值工程为标准，充分利用可施工性审查表对工程的相关情况进行可施工性审查后，可施工性研究小组应将其中可能会影响到施工阶段顺利进行的问题按三阶段编制成相应的内容清单，形成可施工性清单，以便使设计审查的结果作为可施工性研究的依据。

② 研究提高设计可施工性的措施，并提出改善设计可施工性的建议

以满足项目的费用、工期、质量及安全等要求为前提，综合考虑施工阶段与运营阶段的需要，在保证项目的整体功能和价值的情况下对不同的可施工性研究对象进行研究，得到提高其可施工性的措施或方案。

在得出提高可施工性的措施后，接下来应对这些措施进行技术、经济评价，择优选择。这一步将对业主关心的效益问题、提高可施工性的措施、在工艺技术上的先进性和合理性等进行评估和优化，从而确定最优的提高可施工性的措施，提高投资效益。

③ 应用设计阶段的可施工性研究的成果。

④ 对设计可施工性研究活动及其实施效果进行评价。

⑤ 建立可施工性研究数据库。

每项建设工程都会得到若干可施工性的经验和数据，不能将之简单处理掉，而是要分析整理，然后建立专项经验数据库，逐渐生成 EPC 工程项目可施工性管理的组织结构、岗

位职责、程序文件、作业指导文件、工作手册等各个方面内容。

可施工性审查基本流程如图 5.6 所示。

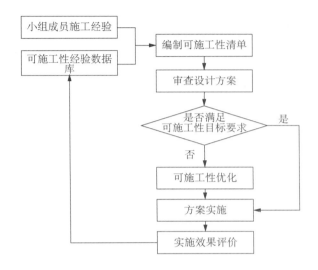

图 5.6　可施工性审查基本流程

3）处理连接节点

在设计施工一体化中关键节点就是预制构件与现浇段之间的连接，如果混凝土的浇注时间不一致，那么就会使得建筑物隐含着诸多质量风险。为了避免这些问题的出现，施工单位应该与设计单位做好沟通，同时应该协调好厂家与施工队伍之间的关系，确保关键节点中的混凝土浇筑同时完成，进而规避施工缝收缩不一致等问题的出现，最终提高整体施工质量。

5.3.3　设计对施工的指导

设计单位应根据施工需要向现场派遣设计代表，负责处理现场的有关设计问题。无论在现场是否派驻设计代表，设计单位均应负责及时处理现场提出的有关设计问题。现场设计代表应参加施工过程中的有关检查，参与处理施工过程中的质量事故。施工部有关人员应协助现场设计代表的工作，一起解决处理施工过程中的变更。所有设计变更，均应按变更控制程序办理，设计部和施工部应分别归档。

6　装配式建筑部品部件生产与物流管理

6.1　装配式建筑部品部件生产组织方式

6.1.1　装配式建筑部品部件的类型

装配式建筑部品部件指具有建筑使用功能、工业化生产、现场安装的建筑产品,通常由一个或者多个建筑构件、产品组合而成,其中,部品部件的类型具有区别于其他部品部件的标志性信息。规范和确定装配式建筑部品部件的类型有助于推动装配式建筑的标准化设计、工厂化生产、装配化施工、信息化管理和智能化应用,促进行业信息的高效传递和共享,不断提升装配式建筑部品部件生产的效率和效益,实现装配式建筑快速健康稳步发展。

根据《装配式建筑部品部件分类和编码标准(送审稿)》(以下简称《标准》),通用部品部件应采用国家现行有关标准的分类方法(《建筑信息模型分类和编码标准》GB/T 51269—2017),并根据装配式建筑的特点分类扩充。《标准》采用混合分类方法,根据结构类型和部品部件用途,将装配式建筑部品部件分为装配式混凝土建筑、钢结构建筑、木结构建筑、装饰装修及设备管线部品部件五部分,并按层级依次分为一级类目"大类"、二级类目"中类"、三级类目"小类"和四级类目"细类"。

6.1.2　装配式建筑部品部件的生产方式

1)装配式建筑部件生产方式

目前,预制装配混凝土结构生产方式主要有标准化结构生产方式和定制式生产方式。标准化结构生产系统主要从欧美国家引进,如南京大地集团引进的法国世构框架结构系统和安徽合肥引进的德国固得美标准化预制剪力墙结构生产系统。定制化生产方式在项目中能有最低限度的重复率,实现个性化设计。这种生产方式不仅能够配合建筑师的外观设计构想,也能够满足社会不同阶层对优质和环保房屋的要求。

2)我国常用的装配式建筑部件生产方式

标准化流水线生产方式是理论上较好的生产方式,但构件的标准化程度需要很高才能实现批量生产制造的优势,否则生产设备投资成本很难收回。然而标准化和用户的个性化是矛盾的,就地产公司开发住宅的策略而言,满足客户个性化、多样化才能体现用户价值。"十二五"期间,国家推广的装配式建筑也以标准化程度较高的保障性住房为主要试点对象。目前,国内采用装配式生产方式的商品房项目,在进行拆分后往往构件种类繁多,标准化流水线生产方式很难充分发挥优势。相比而言,定制式生产方式操作灵活,能够生产适应各种类型的非标准构件,优势明显。因此,我国的装配式部件生产厂大多采用定制式生产方式,其中,固定模台流水线生产方式是定制式生产系统的主要产品(如图 6.1 所示)。

固定模台法是指加工对象位置固定(通常指特制的地坪、台座等)而操作人员按不同工种依次在各个工位上操作的生产工艺。这种模式将传统的现浇技术异地建造,构件在固定台位上完成清模、布筋、成型、养护、脱模等全部工序,操作人员、工艺设备和材料顺次由一个台位移至下一个台位。固定台座法具有工艺布置灵活、设备简单等优点,但占地面积较大,劳动条件较差,劳动力投入多。

图 6.1 固定台座法生产装配式构件

3)装配式建筑部品部件生产线种类

装配式建筑部件生产线可分为钢筋加工生产线和构件加工生产线。目前,只有少数国外生产线技术将钢筋加工和构件加工整合成一体化生产线,国内往往将钢筋加工和构件加工生产线独立设计。

(1)按照设备功能,钢筋加工生产线包括:

① 钢筋网焊接生产线(如图 6.2 所示),主要用于钢筋网片加工,纵筋采用直条的形式,横筋采用全自动供给机构,承重 1 500 kg 左右,不需要人工参与。另外,采用 12 m 接网装置,形成全自动的生产过程。

② 钢筋桁架焊接生产线(如图 6.3 所示),主要用于桁架骨架的焊接,生产速度不大于 1 m/min;焊接性能稳

图 6.2 钢筋网焊接生产线

定,焊点牢固,更换规格调整方便,适应大批量生产要求。

图 6.3　钢筋桁架焊接生产线

③ 高效数控弯箍机(如图 6.4 所示),主要用于梁柱箍筋制作,可加工直径 5～12 mm 钢筋,产量为 1 t/h,仅需一人操作,弯曲箍筋单边长度可达 2.3 m。

图 6.4　高效数控弯箍机生产线

④ 数控钢筋调直机(如图 6.5 所示),用于 5～12 mm 盘条开卷调直,每分钟矫切 130 m,成品用于焊网机焊接用。

图 6.5　数控钢筋调直机生产线

⑤ 数控钢筋弯曲中心、数控钢筋切断生产线(如图 6.6 所示),两套设备可通过专用联动机构,形成整套切断弯曲生产线,相互配合工作,提高效率,节约用地。

图 6.6　数控钢筋弯曲中心、数控钢筋切断生产线

（2）按照预制构件品种，构件生产线可分为：

① 墙板生产线。主要生产复合保温外墙板和内墙板。该生产线在生产复合保温外墙板时，可以根据建筑设计对外装饰面的要求，采用国外流行的反打工艺（先浇筑外叶墙，后浇筑内叶墙），也可采用正打工艺（先浇筑内叶墙，后浇筑外叶墙），无论哪种工艺，都需要考虑两次混凝土浇筑振捣成型，分别形成结构层和保护层。

② 叠合板生产线。虽然叠合板体积量较小，但面积比例较大，应考虑单独建设流水线。

③ 异型构件生产线。主要生产楼梯、空调板、阳台板、拐角外墙板等异型构件，总体积虽然不大，但是生产工艺复杂。

3）按照生产工艺、自动化和智能化程度，构件生产线可分为：

①国产平模循环流水线（如图 6.7 所示）。适合生产叠合板、实心墙、体积较小的梁柱等构件，当构件几何尺寸要求不高时，可以采用磁盒进行边模板固定。当几何尺寸要求高时，应采用螺栓和定位销进行边模板固定。该类流水线自动化程度较低，属于半自动循环生产线，投资小，见效快。

图 6.7　国产平模循环流水线

② 进口平模循环流水线（如图 6.8 所示）。该类流水线针对叠合板、叠合墙等构件专门设计,具有较高的自动化和智能化程度,往往把钢筋自动加工成型、模台清理、划线、边模板装拆、混凝土浇筑成型、构件养护、翻板和脱膜等工序高度集成在一起。缺点是适合边模不出筋的板类构件,且一次投资额巨大,不适合生产装配整体式剪力墙结构。

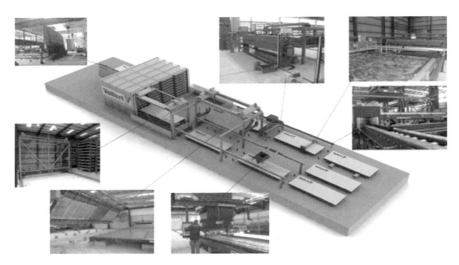

图 6.8　进口平模循环流水线

③ 高灵活性平模流水线（如图 6.9 所示）。该流水线和目前国内普遍采用的平模循环流水线有很大区别,采用了中央移动车模台循环系统设计理念。中央移动车将模台从多个工位间的固定线路式刚性移动变成随机存取式弹性移动,实现模台移动与各作业工位的分离,避免模台移动与作业工人的相互干扰,确保模台流通顺畅,减少模台移动期间工

图 6.9　高灵活性平模流水线

人等待时间,更灵活地生产结构复杂程度不同的多种产品,实现生产效率最大化。该系统适合生产工艺复杂的三明治外墙板,配筋复杂的内墙板,梁、柱等构件。

④ 配备自动化设备的固定模台生产线(如图 6.10 所示)。该类生产线在固定模台上配备振捣成型、蒸汽养护、脱膜翻转功能,并可配备移动式模台清理、划线、混凝土浇筑等设备,具有投资小、使用操作灵活等特点。

图 6.10　配备自动化设备的固定模台生产线

⑤ 立模生产线(如图 6.11、图 6.12 所示)。该类生产线适合几何尺寸标准化程度较高的内墙板、外墙板、楼梯板等构件,也有企业用于生产叠合板,不适合生产三明治外墙板等结构复杂构件。

图 6.11　叠合板立模流水线　　　　　图 6.12　EVE 剪力墙板立模生产线

6.1.3　装配式建筑部品部件的生产线设计产能

设计产能是指新建或改建企业在设计任务书和技术文件中规定的正常条件下达到的

生产能力,它是在正常情况下可能达到的年产量。装配式建筑部品部件的生产线设计产能以构件体积或面积计算均可,一般来说,年工作天数按 300 天计算,日生产班次 2 班,每班工作时间 10 小时。下面分别介绍装配式建筑部品部件生产线设计产能的关键设计参数:

1) 车间设计

目前,国内装配式建筑部件生产工厂厂房多设计为 3～5 联跨结构,长度为 150～200 m,跨度为 25～30 m。车间内起重机轨道标高大于 9 m。

2) 模台尺寸

建筑物的高度决定模台的宽度,模台的宽度一般在 3.5 m 左右,模台的长度要根据生产墙板的数量、间隔和宽度来决定,长度一般为 10 m 和 20 m。另外,为节省每个模台操作的时间,模台上布置的构件数一般不超过 3 个。

3) 工艺节拍

工艺节拍可以推算出年产能或日产能,一般根据码垛机运输到养护窑最远端的时间确定,需满足简单构件生产要求。一般来说,墙板生产线节拍设计为 15 min,即每小时可完成 4 个模台。

4) 混凝土运输

现代化流水线一般采用混凝土飞斗或筒式运输车将混凝土输送到车间不同浇筑地点,飞斗运行速度需根据搅拌站的位置和布局确定,平均速度可达 2.5 m/s,飞斗有效装载量要比搅拌机出料容积大,一般要多于 2.5 m^3。

6.1.4 装配式建筑总承包生产线设计案例

1) 工厂特征

根据预制构件厂调研情况,提炼出"中型预制构件厂、大型预制构件厂"两类工厂,制定了其主要特征为:年设计产能规模为 10 万 m^3 的大型预制构件厂和年设计产能规模为 5 万 m^3 中型预制构件厂,其产品、产能、生产线、生产车间面积、存放场面积、工厂用地面积等六大特征要素见表 6.1。

表 6.1 预制构件厂特征表

工厂分类	产品类别	产能/万 m^3	生产线/条	生产车间面积/万 m^2	存放场面积/万 m^2	工厂用地面积/ hm^2
大型预制构件厂	水平构件 竖向构件 综合构件	10	叠合板 外墙板 固定模位 钢筋加工	1.5～2	3～4	10～15
中型预制构件厂	水平构件 竖向构件	5	叠合板 固定模位 钢筋加工	1～1.5	1.5～2	7～10

2）预制工厂年产能计算

混凝土预制构件年生产产能是预制构件厂重要的特征参数，也是预制构件厂规划布局研究非常依赖的一个数据，该参数的准确性直接影响着预制构件厂规划布局在数量上的准确度，预制构件厂主要生产线理论年产能计算如下：

① 叠合板生产线

养护工位 42 个，模台尺寸 4 m×9 m（模台利用效率 75%），叠合板平均厚度 0.06 m，年生产天数 300 天，叠合板生产线全年产能计算为：

$$42×4×9×0.75×0.06×300=20\ 412\ （m^3）$$

② 外墙板生产线

养护工位 36 个，模台尺寸 4 m×9 m（模台利用效率 60%），外墙板平均厚度 0.25 m，年生产天数 300 天，外墙板生产线全年产能计算为：

$$36×4×9×0.6×0.25×300=58\ 320\ （m^3）$$

③ 固定模生产线

养护工位 20 个，模台尺寸 4 m×6 m（模台利用效率 60%），构件平均厚度 0.25 m，年生产天数 300 天，其他及异型构件生产线全年产能计算为：

$$20×4×6×0.6×0.25×300=21\ 600\ （m^3）$$

6.2 装配式建筑部品部件生产计划

6.2.1 基于施工进度计划的构件需求计划

装配式建筑部品部件的提前交付和延迟是影响构件现场存放及安装的主要原因。一方面，装配式建筑部品部件提前交付将产生对现场额外空间的需求，并导致材料处理的双倍工作量和设备时间的浪费。另一方面，部件生产企业交货延迟可能造成施工现场安装的中断，导致建筑周期的推迟和更高的劳动力成本，并造成构件生产厂的违约。因此，建立基于施工进度计划的构件需求计划是使建筑项目按时交付的关键环节，这要求施工方按照预定施工进度制订详细的构件需求计划。

编制构件需求计划所需的信息包括装配式建筑部品部件类型、部品部件需求日期与违约费。其中，装配式建筑部品部件类型及部品部件需求日期应由施工方根据设计方案和施工方案得到。

6.2.2 基于订单的构件生产计划

目前，我国的装配式建筑部品部件生产仍处于初步发展阶段，构件生产厂作为预制构件的生产主体，在成本控制方面拥有巨大的潜力和驱动力。由于预制构件与现浇结构在原材料用量和成本的差距微乎其微，设计良好的构件生产计划是构件生产厂商视角下实现成本控制、工效提升的最佳途径，同时也是各个构件厂生产管理能力和经验最直接的竞争。订单是制订生产计划的重要因素,构件生产厂在基于订单制订生产计划的过程中,如何研究市场动态,做好生产预测,并进行动态管理,是关系到构件生产厂是否能够充分满足市场需求以及能否全面提升生产效率的重要环节。

1) 加强订单的需求分析和生产预测

在面向订单的生产模式中,构件生产厂的生产活动呈现出产品多样化、需求多元化的特点,加强订单的需求分析和生产预测是保质保量完成交货目标的首要前提。利用生产预测保证生产资源分配均衡,同时提升对紧急订单和订单变更的快速反应能力,合理安排生产活动。其中,生产预测的依据是企业以前的生产数据和确定合理的预测模型。利用需求分析和生产预测,企业就可以根据未来的生产需求提前采购原材料,满足生产需求的变化。

2) 完善车间排产和订单的动态管理

构件生产厂面向订单生产要面对订单种类多、订单需求变动大等问题,优化生产车间的排产效率和加强订单的动态管理是重要工作。其中,车间排产问题主要包括订单变更、插单、原材料分配、总装线故障等问题,在发生插单和订单变更的情况下,不同种类的产品生产转换时间会大大影响生产线的生产效率。订单的动态管理是指通过神经网络算法、动态规划理论以及遗传算法等合理处理订单变更和订单管理问题,有效减少面向订单生产过程中不同种类产品在进行生产转换时的调整时间。

6.3 装配式建筑部品部件物流管理

在全流程的体系中,物流管理作为重要环节直接体现管理全流程协同能力的高低。装配式建筑部品部件的物流管理重点主要有两大方面,其一是部品部件成型之前的场内物流,其二是部品部件从堆场至现场的场外物流。

6.3.1 场内物流

1) 场内物流管理存在的问题

(1) 供货计划问题:不能及时根据现场施工进度计划调整,各部门的数据信息链无法打通形成信息孤岛,需要的构件未能及时准备,超生产导致堆场满载,生产车间不能出货无法持续生产。

(2) 堆场盘库问题:堆场"漫山遍野"寻找构件,装配式构件堆存时间过长,不清楚哪些构件已经开裂,无法进行及时修补。客户变更供货需求,发货部门无法第一时间获知信息,导致发货时堆场翻板,打乱调度安排。

2) 解决方案

(1) 生产管理看板:运用展示看板把项目进度和堆场每日库存情况实时展示到看板上,实时统计生产效率、堆场调度效率、每日运输效率,展示堆场装配式构件的产品质量分布,堆放时间过程养护分布。

（2）二维码＋RFID管理：采用预埋二维码＋RFID标签的方式实现对装配式构件生产过程控制、堆存管理、运输管理、现场安装以及装配式构件溯源等全生命期管理，帮助构件厂和施工现场，实现信息实时共享、规避风险、提高沟通效率、减少沟通成本，具体目的为以下几点：

① 对装配式构件的生产、质检、出厂、进入项目现场、质检、安装等各环节，实现识别记录装配式构件在各个环节经过的"时间、数量、操作者、规格"等相关信息。

② 在混凝土预制件生产过程中使用RFID或二维码技术，监控生产管理的全过程，达到质量监控、质量追溯的目的。

③ 利用网络技术，实现管理人员远程监控工地现场当前的工作进度和最新动态，为建筑企业打造实时、透明、可视的PC构件管理系统。

④ 利用二维码技术，使管理人员可以通过微信扫描，快速查询预制件的全生命周期信息。

（3）堆场可视化：对堆场进行合理规划分区，给每个分区进行编码，再分成堆垛，最终进行可视化展示，堆场情况一目了然。其中，主堆放区以叠合板为主，包括PCF板、内外墙板、隔板、阳台、楼梯等；备货区针对即将要发货的构件货架，提前把相应的构件堆放到此区域；退货区为当客户要求退货时，构件运回厂里后堆放的区域；修补区为退货区的构件经过检测可进行修补的构件移动到的区域；报废区为当构件达到报废的程度后移到的区域。

（4）移动App管理：通常构件质量检测，需要填写检测的各类文档和单据，里面有大量重复的记录工作，但是文件在传递过程中会有遗漏情况，数据无法实时共享，手工操作，数据一旦错误很难发现。通过引进管理App软件提高工作人员的效率，实现智能作业。针对建筑单位，移动App的功能包括实时通知厂家需要的构件三天滚动计划，查询货车具体定位位置，及时了解发货进度，使用二维码进行产品溯源；针对构件厂，移动App的功能包括接受客户下达的构件清单，接受生产计划下发的生产任务，生产工艺过程中使用手持机进行作业数据录入，质检过程中使用手持机进行质检报告数据录入，接受销售部发出的构件发货清单，堆场管理中进行构件快速检索，堆场发货进行构件扫描备货，完成退货处理；针对运输司机，移动App的功能包括接受堆场调度发出的送货任务单、任务单核对、GPS实时跟踪车辆信息、工地现场卸货操作。

6.3.2　场外物流

1）场外物流管理存在的问题

（1）构件运输问题：堆场发货效率低、装卸货时间长，发货时发现缺板漏板，补生产时间较长，运输过程中出现构件损坏退货，造成现场进度延误甚至索赔。

（2）构件存储、运输中的质量问题：收货时发现破损，无法判断哪个环节出现问题，出现质量问题无法溯源，构件二维码标签易磨损、脱落，导致PC构件身份信息丢失。

2）解决方案

（1）GPS车辆调度：根据发货安排进行车辆调度，在运输过程中进行实时定位跟踪，客户也可查看车辆运输情况。完善GPS车辆调度，工地客户可实时调取物流信息查看车辆行驶进度、装货状态等信息，构件厂可通过APP查看车辆在客户场地的卸货状态等信息，物流部门可根据首发车辆出发时间、到达时间、卸货时间，分析出单车运输立方和发车时间，科学安排用车、发车时间，提高构件厂发货效率。

（2）装配式构件质量溯源：实现国家、省市建筑行业主管部门对质量追溯管理的各项要求，功能模块包括：批次号管理、混凝土配方、钢筋材质报告、养护试块管理、成品质量报告等，也支持系统自定义质量类别功能。

6.4　装配式建筑部品部件生产与物流管控要点

6.4.1　驻场管控要点

隐蔽工程是指为后续的工序或分项工程所覆盖、包裹、遮挡的前一分项工程，直接影响工程质量、结构安全和使用功能。隐蔽工程施工完毕，施工单位应按有关技术规程、规范、施工图纸进行自检，自检合格后，填写《报验申请表》报送项目监理机构。监理工程师收到报验申请后首先对质量证明资料进行审查，并在合同规定的时间内到现场检查，承包单位的专职质检员及相关施工人员应随同一起到现场检查。经现场检查后，方可准予承包单位隐蔽、覆盖，进入下一道工序施工。项目部要求监理单位进行驻场质量延伸管控，对驻场人员进行专项培训，对不符合要求的构件严禁出厂。

其中，部分分部工程对隐蔽工程验收提出了具体的要求，如《装配式整体式混凝土结构工程施工及验收规程》（DB34/T 5043—2016）中规定，在浇筑混凝土之前，应进行钢筋隐蔽工程验收，其内容应包括：(1)纵向受力钢筋的牌号、规格、数量和位置；(2)灌浆套筒的型号、数量、位置；(3)钢筋的连接方式、接头位置、接头数量、接头面积百分率、搭接长度、锚固方式及锚固长度；(4)箍筋、桁架钢筋、横向钢筋的牌号、规格、数量、间距，箍筋弯钩的弯折角度及平直段长度；(5)预埋件的规格、数量、位置等。

为确保隐蔽工程各控制点的验收质量，工程开工之前，施工单位应明确装配式建筑隐蔽工程验收的程序及验收内容，列出主要部位或重点项目的验收计划，以便监理单位落实隐蔽工程验收的工作量及需要准备的资料。同时，监理单位也可在审查隐蔽工程验收计划的基础上，对监理工作方案进行补充，并落实到具体项目、内容、标准和监理人员。

6.4.2　运输管控要点

（1）合理策划运输路线，关注沿途限高、限行规定、路况条件等，对运输线路实地勘查，避免由于道路原因造成运输降效或者影响施工进度。

（2）对构件运输过程中稳定构件的措施提出明确要求,确保构件运输过程中的完好性。如预制外墙板须采用专用运输架竖立方式运输,且架体应设置于枕木上,避免外墙板运输损坏。

（3）制定相应的构件堆放和运输方案,包括对运输设备、时间、路线、顺序、构件固定方式、成品保护措施以及场地堆放方式、支垫材料、支垫方式等做出明确的规定。其中场地要求平整坚实并确保能够正常排水;构件与地面之间留有适当的空隙;堆垛之间留有机械操作和人员通道;竖放构件要有斜支撑支架,确保构件稳固牢靠;平放构件之间要有质地坚硬的垫块,确保构件相互间不发生磕碰;构件运输时的支垫材料选择、放置位置、放置方法要通过力学计算后确定;构件运输前需要进行相应的绑扎固定,避免运输过程中构件移动或倾倒,造成构件损坏。

（4）加大投入,购置合适的吊装机械,能够满足对构件重量、尺寸、起吊高度等相关技术参数的需要;对构件安装时使用的临时支撑体系也需要进行检验,待验收合格后才能进行使用;构件安装结束后,需要对构件的垂直度和水平度进行校验,以确保满足施工技术参数。

6.5 案例分析——液晶谷项目物流运输方案

6.5.1 项目简介

1）项目概况

项目位于江苏省南京市栖霞区天佑路与齐民东路交叉口,距离南京工厂里程 67 km 左右,共 6 栋单体组成,其中 1、2、4、5 栋共 24 层,3、6 栋共 27 层,预制构件砼方量总计约 3 269 m³,主要构件有楼板、楼梯等。

2）沿线路况（包含线路限宽、限高、限重等）

本线路运输车辆高度不能超过 4.5 m,宽度不能超过 3 m,道路转弯半径 18 m,限重 50 t,经过宁马高速时限制行驶时间为 17:00～19:00。

3）构件概况

构件概况参见表 6.2。

表 6.2 构件概况表

序号	构件类型	数量	方量/m³	装载类型	最大构件尺寸 /mm×mm×mm	最大构件重量
1	叠合板	7 336	2 712.26	货架堆放	4 020×2 490×60	1.5 t
2	楼梯	300	555	四块叠放	4 900×1 210×3 020	4.625 t

6.5.2 PC 构件整体配送流程

构件整体配送流程参见图 6.13。

PC构件整体配送流程				
项目部计划工程师	区域科技公司计划经理	区域科技公司品质工程师	区域科技公司物流工程师	子流程
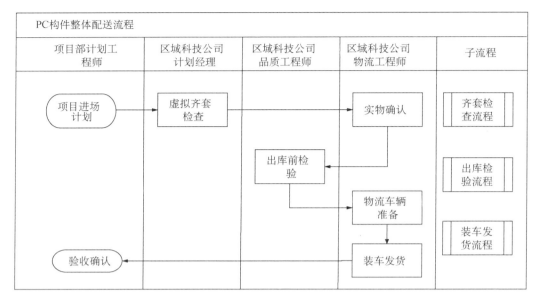

图 6.13　PC 构件整体配送流程

6.5.3　物流作业设备和工装

物流作业设备和工装参见表 6.3。

表 6.3　物流作业设备和工装表

序号	工具名称	类型	参数	需求数量	实例图片
1	运输车辆	13 m平板车	(13×2.5) m, 六桥, 最大载重 49 t, 自重 17 t		
2	运输工装	运输架	(9×2.5) m, 最大载重 40 t		
3	运输工装	运输架	(4×2.5) m (6×2.5) m		

续表

序号	工具名称	类型	参数	需求数量	实例图片
4	吊装设备	行车	40 t 16 t		
5	吊装设备	汽车吊			
6	工装	垫木	(60×80) mm		

6.5.4　装车方案制作

1）线路勘察

为保证构件安全及时送到现场，至少设置2条运输配送线路。

推荐线路一：中民筑友—喜燕路—景明大街—锦文大道—牛首大道—宁马高速—沪宁高速—二桥高速—玄武大道—312国道—齐民东路—天佑路与齐民东路交叉口。行驶时间：7：00～17：00 19：00～7：00。全程里程：68 km，此路线为首选路线。见图6.14。

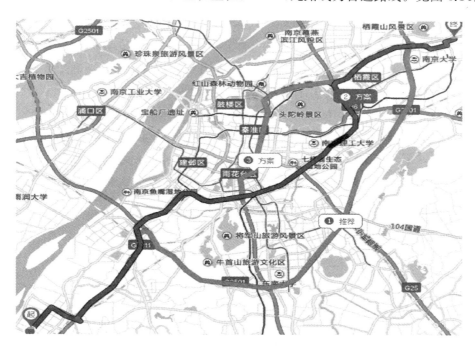

图6.14　推荐线路一

推荐线路二：中民筑友—喜燕路—景明大街—锦文大道—牛首大道—宁马高速—南京绕城高速—312国道—天佑路。行驶时间：全天。全程里程：76.5 km，此路线为备用路线。见图6.15。

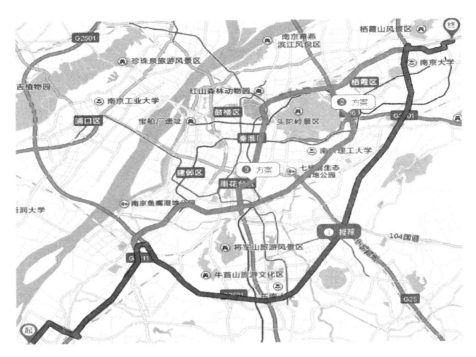

图 6.15　推荐线路二

2）装车方案

（1）核对构件基本信息（发货单、尺寸、编号等），注意钢筋的长度和方向。

（2）楼板叠层平放运输时，应注意构件堆放层数，垫木摆放按构件长度不大于 3 m 垫 2 根，构件长度每增加 1.5 m 增加 1 根垫木进行摆放，垫木垫的位置需用钢丝绳进行捆绑，保持垫木与钢丝绳捆绑在同一截面上，防止构件运输过程中开裂。

（3）根据工程装配元吊装顺序表制作装框堆码计划表及运输计划表。

（4）液晶谷项目装车方案计划表如表 6.4。

表 6.4　液晶谷装车方案计划表

序号	构件名称	构件编号	规格/mm			构件方量/m³	数量	方量/m³	车次	备注
			长	宽	高					
1	叠合楼板	PCB-01	3 120	2 150	60	0.4025	1	0.40		6♯2F
2	叠合楼板	PCB-02	3 120	1 860	60	0.3482	1	0.35		6♯2F
3	叠合楼板	PCB-03	4 020	2 420	60	0.5837	1	0.58		6♯2F
4	叠合楼板	PCB-04	3 120	1 220	60	0.2284	1	0.23	第一车	6♯2F
5	叠合楼板	PCB-05	3 120	2 160	60	0.4044	1	0.40		6♯2F
6	叠合楼板	PCB-06	3 120	2 150	60	0.4025	1	0.40		6♯2F
7	叠合楼板	PCB-07	3 520	2 720	60	0.5745	1	0.57		6♯2F

续表

序号	构件名称	构件编号	规格/mm			构件方量/m³	数量	方量/m³	车次	备注
			长	宽	高					
8	叠合楼板	PCB-08	3 320	1 320	60	0.2629	1	0.26		6#2F
9	叠合楼板	PCB-09	1 320	2 530	60	0.2004	1	0.20		6#2F
11	叠合楼板	PCB-10	1 320	4 500	60	0.3564	1	0.36		6#2F
13	叠合楼板	PCB-11	1 320	4 500	60	0.3564	1	0.36		6#2F
15	叠合楼板	PCB-12	1 320	4 500	60	0.3564	1	0.36		6#2F
16	叠合楼板	PCB-13	4 020	2 420	60	0.5837	2	1.17	第一车	6#2F
17	叠合楼板	PCB-14	4 020	2 490	60	0.6006	2	1.20		6#2F
18	叠合楼板	PCB-15	1 520	990	60	0.0903	2	0.18		6#2F
19	叠合楼板	PCB-14a	4 020	2 490	60	0.6006	1	0.60		6#2F
20	叠合楼板	PCB-16	3 120	2 520	60	0.4717	2	0.94		6#2F
21	叠合楼板	PCB-16a	3 120	2 520	60	0.4717	1	0.47		6#2F
22	叠合楼板	PCB-17	3 120	2 150	60	0.4025	2	0.80		6#2F

6.5.5 过程管控

工厂围墙之内所有物资(包括工装、PC构件、钢筋等)的质量、数量、安全由科技公司物流工程师负责;工厂围墙和项目围墙之间的所有物资(包括工装、PC构件、钢筋等)的质量、数量、安全由签订此项目运输合同的物流供应商负责;到达项目围墙内的所有物资(包括工装、PC构件、钢筋等)数量、安全由收货方负责,项目接收人签收以后的所有物资的质量由收货方负责。

6.5.6 运输应急预案

1)车辆在途发生异常情况

包括机械故障、交通事故、货物损毁、自然灾害等。

2)报告程序

司机或者随车员第一时间通知科技公司物流工程师,记录异常时间、地点、车辆情况、简单处理意见、现场信息等;科技公司物流工程师根据现场实际情况做出初步处理意见,能直接处理不影响配送时效的通知司机现场处理;如遇紧急情况或现场无法直接处理的,需立即通知部门主管及项目现场协调处理。

3)救助措施

由发货方负责人统一协调指挥安排处理;由物流供应商现场随时准备备用运输车辆1~2台和运输车辆配置必要工具。

4）处置措施

（1）成立事故应急小组,应急小组组长接到运输过程中的突发事件时,视情况派救援人员前去现场处理事件。

（2）救援人员随时向组长汇报处理情况,组长根据实际情况,调动备用车辆,完成事故车辆的运输任务。

6.5.7　需要配合事项

（1）收货方须保证场内道路路基须坚实可靠,运输车辆行驶通畅。道路宽度不小于 8 m,车辆拐弯半径不小于在 12 m。

（2）收货方须根据运输车辆的总重量,对发货人明确场内行驶路线,对承载力不满足要求位置（如地下室顶板等）,收货方须采取加固措施,否则由此对结构造成的破坏由收货方承担。

（3）保证运输车辆在场内行驶通畅,并安排每个装配单元有 2 个以上的车辆临时停放区域。

（4）提前 3 天发送电子版构件吊装滚动计划给发货方。

（5）为避免因物流突发事件对项目进度造成影响,建议收货方在塔吊吊装范围内设置可存放一层构件的临时存货区,面积约 700 m²。

（6）收货方保证每车构件到货 4 小时内完成卸货,收货单位应及时签收发货单据并返还给物流供应商司机。

（7）收货方需积极配合,及时、准数返还工装（运输架、垫放的木方和工装等）,并安排完整装车,物流供应商司机须负责清点工装数量,确保工装保质保量回收。

（8）出现异常情况,请收货方至少提前 3 天通知发货方。

6.5.8　物流成本控制

1）物流运输成本分析

物流运输成本分析参见表 6.5。

表 6.5　物流运输成本分析

项目路程 (km)	运输车辆趟次/次				运输车辆趟次价格/(元/次)				总价格	运输构件			实际成本		工装重量	满载率
	9.6 m	13 m	低板	17.5 m	9.6 m	13 m	低板	17.5 m		数量	体积 (m³)	重量 (t)	元/m³	元/t		
68		331				1 580			522 980	7 645	3 269	8 172.5	159.98	60.78	432	87%

2）物流成本管控方法

（1）物流供应商招标时,须参考集团物流成本目标成本进行招标,确保物流费用受控。

（2）物流方案的编制应优先依次考虑以下三原则:安全、吊装顺序、满载率（构件重量和工装重量之和除以最大载重量的比率)大于90%。

（3）装车计划制订后，计划部门以此作为生产依据，生产部门严格按此顺序生产制作，构件入库按此装车计划顺序执行。

（4）提高构件一次合格率，减少二次转吊，从而提高堆场吊装效率和质量。

（5）构件装车后，严格按要求存放和捆绑，避免因构件运输破损而产生的二次构件运输费用。

7 装配式建筑总承包项目进度控制

7.1 装配式建筑现场总装计划

7.1.1 装配式建筑现场总装计划设计目的与原则

1）装配式建筑现场总装计划设计的目的

项目管理理论认为，项目的三大基本目标是时间、成本和质量。其中，进度作为项目管理的目标之一，反过来又影响着项目的成本和总体质量，同时关系着企业的正常发展和经济效益。

装配式建筑与传统建筑在现场管理上最大的不同在于，装配式建筑多了预制构件。而预制构件有两个特点，一是重量较大，移动难度大；二是需要在工厂提前预制养护好，再运至现场。实际操作中，施工企业需要详细计算每个楼层的预制构件数量和开始吊装的时间，要求预制构件生产工厂在规定的时间内对构件进行定制生产并运输到施工现场。若生产时间比计划时间提前，将会造成工厂库存压力；若工厂无法按计划时间生产出来，则工地现场可能停工，影响进度；若运输调度不当导致构件进场顺序不对，在现场调整困难很大。

对于装配式建筑来说，由于其建造方式特殊，PC 构件生产和装配两地分离、项目参与方众多、对项目管理工作的要求更加严谨以及目前传统的进度管理体系不再能满足其需求等，都导致其施工进度按期完成的困难不断增加。因此，项目管理者需要在项目开始之初进行装配现场总装设计。总装计划是指施工现场的总体装配计划，出处是像造汽车一样造房子，把施工现场比作汽车厂的总装车间。在进行总装计划设计时，需要以施工现场为核心，首先对施工现场的施工计划进行总体安排，在此基础上结合预制构件的设计、生产及物流时间，安排项目的全过程生产计划。

通过总装设计，可以建立以预制构件吊装时间为核心，从而确定预制构件的生产时间、运输时间、进场顺序及到厂时间，进而确定设计单位出具设计图和预制构件生产厂商购买原材料的正确时间点的倒退进度机制。这样既可以确保项目关键节点按期完成，不影响项目进度，又可以使预制构件生产商合理确定生产计划，最大限度减少库存压力，还可以通过实践积累经验，丰富装配式建筑进度管理理论。

2）装配式建筑现场总装计划设计的原则

（1）及时性原则

按照装配式施工节拍要及时配送相应的构建，这是最基本的、最需要加以保证的原则。它追求运输批量的减少，运输频率的加快，库存的降低，最终实现零库存。

（2）需求拉动原则

准时制配送是以现场施工需求为核心的拉动式管理体系。施工需求是准时化配送的源头，当施工现场没有发出需求指令时，装配式构件厂的任何部分不为项目提供服务，当施工现场有需求时则下达构件制作、运输的指令，快速提供服务。

（3）准确性原则

准确包括：准确的信息传递、准确的库存、准确的现场需求、准确的构件数量、种类和质量等。

（4）低成本，高效率原则

通过合理配置资源，以需定产，充分合理地运用优势和实力进行快速反应，进行准时化配送，保证准时化生产，从而消除人员冗余、设备空闲、重复运输等各种形式的浪费。

（5）稳定性原则

因装配式建筑的构件存在重量较重、体积较大、吊装高度高等特点，且受计划工期紧等因素的制约，因此要求吊装过程要有较好的稳定性。

（6）协调配合原则

根据各个施工时期掌握的相关信息，根据装配式建筑的施工方案及时间安排，协调现场人材机的配备，尽量减少对安装施工的影响，从而保证整个项目的施工工期。

7.1.2　装配式建筑现场总装计划的设计

进行总装计划设计，必须牢牢抓住现场施工方案这个核心，围绕施工进度计划和预制构件吊装时间制订物流运输计划，预制构件厂再根据物流运输情况制定实际生产计划，这样才能减少各个主体成本，保证利益最大化。

1）施工实施方案的确定

施工方的实施方案关键是确保能顺利完成施工进度计划，并与其他参与方做好协同管理，实施方案的内容一般包括以下内容，如图 7.1 所示。

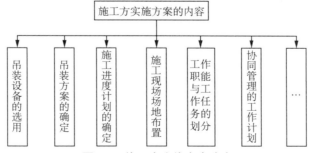

图 7.1　施工方实施方案确定

（1）吊装设备的选用。施工现场各种吊装设备常常同时作业，不同的吊装设备旋转半径和吊装重量一般不同，比如什么吨位的塔吊最经济划算，最远吊距是多少，最大的起吊重量是多少。如果事先计算错误，只要有一个构件无法吊装，现场的施工进度将会造成重大影响。施工方需要根据场地的规划和构件的重量，进行施工模拟，选择最优与现场施工条件最匹配吊装设备，避免出现吊装设备之间的干扰和构件无法吊装的问题。

（2）吊装方案的确定。吊装方案的确定需要根据各层的构件吊装工艺特点和建筑的结构形式，以提高吊装效率和减少施工干扰为目标，合理确定每层构件的吊装顺序。

（3）施工进度计划的确定。施工方需要根据项目的总工期要求，设置里程碑节点。同时，统计各楼层的构件种类和构件数量，并根据以往经验确定各个构件的吊装节拍，根据施工吊装方案制订标准层的进度计划，最后得出详细的施工进度计划。

（4）施工现场场地布置。装配式建筑的施工要实现现场吊装工作的顺利地布置主要体现在两个方面：第一个是垂直吊装问题做好现场平面布置非常重要，装配式建筑的施工所需的构件体型大，不可能采用人工搬运的方式，所以在进行施工平面布置时必须对吊装进行精确计算。第二个是 PC 构件运输进场时的交通布置问题，PC 构件的运输车与传统的材料运输车相比，荷载量很大，必须考虑一次运输到吊点附近卸车，避免二次转运和与现场发生矛盾。因此需要对场内的运输道路提前科学规划，安排好进出场的路线，以免对现场施工造成干扰和影响其他车辆的进场。

（5）工作职能与工作任务的划分。施工方工作职能和工作任务的划分在于确定施工方内部的部门、各部门的工作职能以各部门人员的工作任务。明确企业内部各参与人员之间的工作流程、工作方法以及与其他参与方的任务处理流程、计划管理流程和问题处理方法等。

（6）协同管理的工作计划。协同管理的工作计划主要是确定施工阶段施工现场的施工进度计划、库存计划和采购计划等的制定方法和实施方法，以及如何实现与其他参与方之间计划的协同。

2）运输方实施方案的确定

运输方需要提前做好运输方案，确保项目实施过程中能够顺利完成构件的配送任务，运输方实施方案的确定应包括车辆的选型、运输路线的调研与规划和协同管理的工作计划等几个方面，如图 7.2 所示。

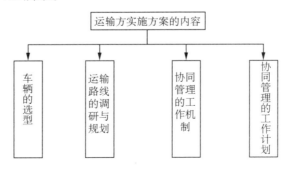

图 7.2 运输方案的确定

（1）车辆的选型。运输方应根据需要运输的各种构件的特点，为项目运输提前规划好车辆的选型问题，以提高运输效率、降低运输成本和保证构件运输质量为目标。根据各种车型的运载能力、可用空间和构件的堆放特点等，提前做好运输模拟，优化码放方式，了解各种车型所能运输的构件种类和最大载货量，最终选定出合适的运输车型。

（2）运输路线的调研和规划。构件的运输一般是远距离运输，从构件厂到施工现场往往有多个运输路线可以选择，不同的路线路况不一，运输方需要提前调研了解各条运输路线的路况和沿途关于对车辆限高、限宽和限载等的要求，综合分析各条运输线路的特点，在项目施工阶段规划好运输路线。

（3）协同管理的工作机制。运输方在开展运输工作前需要明确企业内部各参与人员的工作权责、工作流程和与其他参与方协同的方法，解决实施过程的任务处理、计划协同和问题交流管理的问题，形成一套协同管理的工作机制。

（4）协同管理的工作计划。协同管理的工作计划主要是确定施工阶段的配送计划制定方法和实施方法，以及如何与其他参与方实施计划的协同。

3）构件厂实施方案的确定

构件厂选择的实施方案在于实现构件在施工阶段的顺利生产，提高构件厂的生产效率和与其他参与方的协同管理水平，实施方案应包括生产线的选择、原材料的采购方案、确定生产工艺流程、场地堆放区的规划、部门职能的划分以及协同管理的工作计划等，具体如图7.3所示。

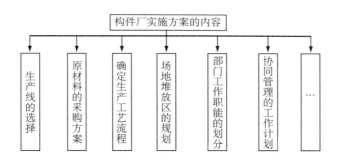

图7.3 构件厂总装计划

（1）生产线的选择。从分类上，常见的混凝土预制构件有叠合楼板、空心楼板、实心楼板、叠合双面墙、实心墙、夹心三明治墙、柱、梁、阳台和楼梯等。构件厂的生产基地一般规划有外墙板生产线、内墙板生产线、固定模台生产线、基础设施生产线，并配置钢筋加工设备和搅拌站等配套设置等。构件厂在选择生产线时应根据项目的特点合理地选择生产线，提高构件生产的柔性和生产效率。

（2）原材料的采购方案。构件厂在生产前先根据合同签订的构件生产任务，了解项目施工阶段中需要生产的构件总量，统计构件生产所需要的各种原材料的需求量，然后分析各种原材料的市场供应情况，对紧缺程度和运输难度不同的原材料制定不同的采购策略，避免出现原材料供应不足的情况，最后制定出相应的采购方案。

（3）生产工艺流程的确定。预制构件从原材料采购加工到变成一个符合要求的构件成品，其间要经历一系列生产工艺，构件厂需要为各种构件的生产分析所需的工艺环节、不合格的处理方式以及如何提高生产效率和辅助材料的利用率等，然后设计出构件的生产工艺流程。

（4）场地堆放区的规划。构件生产前，构件厂应根据项目的工程量和施工进度计划，分析构件厂在构件生产过程中需要为构件堆放准备的场地，根据各种构件的生产量和堆放特点，分析各类构件所需的堆放空间以及各分区之间的通道宽度，然后合理对堆放场地做好分区规划，以方便构件的堆放和装车，提高构件堆放过程中的场地周转效率。

（5）部门工作职能的划分。构件厂需要根据施工阶段的生产任务进行内部的部门划分和各部门工作职能的界定，明确各部门的工作任务和管理方法，以保证构件原材料采购、生产工艺流程和场地管理之间密切配合，提高构件厂的生产管理水平。明确项目施工阶段构件厂内部的协同工作机制和与其他参与方的工作机制，内部工作机制需要明确各部门之间的协同管理方法和工作流程，外部机制需要明确各参与方之间的工作流程、计划协同和对问题的处理流程等。

（6）协同管理的工作计划。协同管理的工作计划主要是确定施工阶段构件厂的出厂计划、库存计划和生产计划等的制定方法和实施方法，以及如何实现与其他参与方之间计划的协同。

7.1.3　装配式建筑现场总装计划设计的比选

1）装配式建筑现场总装计划设计方案比选的内容

方案比选是技术经济评价的重要方法之一，也是管理决策中的核心内容。在实际生产过程中，为了解决某一问题往往提出多个备选方案，然后经过技术经济分析、评价、论证，从中选出一个较优的方案。最初的方案比选往往比较简单、直观。这是因为受认识能力、客观条件的限制，所能提出的方案较少，涉的因素不多，故评选准则多为单目标决策。后来，随着社会生产力的不断进步，人类认识能力的提高，使人们进行选择的范围与能动性越来越大，同时决策的后果对自然、对社会影响的深度、广度也越来越明显，对工程项目实施后所产生的经济、社会、环境等方面的要求也越来越高，因此，方案选择逐渐由少量方案单一目标发展到多方案多目标的决策上来。

从实践的角度看，因为现实世界中绝大多数决策问题都是多目标的，所以用多目标的观点解决方案决策问题更符合实际；从理论上来说，现代数学知识（包括数理统计、数理方程、模糊数学等）及灰色理论、计算机知识的发展与应用为多目标决策问题提供了理论依据和强有力的运算工具。比选方法也由简单的几种方法过渡到以现代数学知识为基础的新方法上来，这样使得方案比选体系逐渐丰富起来。

2）评价指标体系的建立

为了将多层次、多因素、多阶段、多目标的复杂评价决策问题用科学的计量方法进行量化，首先必须建立能够衡量方案优劣的标准，即建立设计方案多目标评价决策指标体系。该指标体系是决策者进行设计方案评价和选择的基础,因此它必须是科学的、客观的,并且能够尽可能全面地反映影响设计方案优劣的各种因素,同时也有利于采用一定的评价方法进行多目标评价。

为了保证设计方案多目标评价决策的科学性、合理性,指标体系的设计应遵循以下原则:

(1) 全面性与科学性原则。评价指标体系中的各项指标概念要科学、确切,有精确的内涵和外延,计算范围要明确,不能含糊其词;指标体系应尽可能全面、合理地反映施工方案涉及的基本内容;建立指标体系应尽可能减少评价人员的主观性,增加客观性,为此要广泛征求专家意见;设立指标体系时,必须要有先进科学的理论做指导,这种理论能够反映设计方案的客观实际情况。

(2) 系统优化原则。系统优化原则要求设立指标的数量多少及指标体系的结构形式,应以全面系统地反映设计方案多目标评价决策的评价指标为原则,从整体的角度来设立评价指标体系。指标体系必须层次结构合理、协调统一,比较全面地反映施工方案的基本内容。系统优化首先要求避免指标体系过于庞杂,使得评价难于实施,还要避免指标过少而忽略了一些重要因素,难以反映设计方案的基本内容。所以既不能顾此失彼,也不可包罗万象,尽可能以较少的指标构建一个合理的指标体系,达到指标体系整体功能最优的目的。其次要统筹兼顾当前与长远、整体与局部、定性与定量等方面的关系。

(3) 定性分析与定量分析相结合的原则。为了进行设计方案多目标评价决策,必须将反映设计方案特点的定性指标定量化、规范化,把不能直接测量的指标转化为具体可测的指标。

(4) 可行性和可操作性原则。设计方案多目标评价决策的指标体系必须含义明确、数据规范、繁简适中、计算简便易行。评价指标所规定的要求应符合建筑行业的实际情况,即所规定的要求要适当,既不能要求过高,也不能要求过低。为了实际应用方便,设立的指标必须具有可采集和可量化的特点,各项指标能够有效度量或统计。同时指标要有层次、有重点,定性指标可进行量化,定量指标可直接度量,这样才使评价工作简单、方便、节省时间和费用。

(5) 灵活性原则。设计方案多目标评价决策指标体系的结构应具有可修改性和可扩展性,针对不同的工程以及不同的设计要求,可对评价指标体系中的指标进行修改、添加和删除,依据不同的情况将评价指标进一步具体化。

(6) 目标导向原则。设计方案多目标评价决策指标体系必须能够全面地体现评价目标,能充分反映以目标为中心的基本原则,这就要求指标体系中各指标必须与目标保持一致。

3) 评价指标体系建立的基本方法

(1) 个人判断法。是指当事人遇到问题时向其所聘请的个别专家、顾问征求解决问题的意见或者向个别专家进行咨询。

(2) 专家会议法。聘请知识面广的专家成立专家组,将当事人的问题通过专家组进行充分的分析讨论,以获得所求问题的结果。

（3）德尔菲法。这是最常用的一种方法,由美国兰德公司首创。此法是采用匿名的通信方式用一系列简明的征询表向各位专家进行调查,通过有控制的反馈进行信息交换,最后汇总得出结果。

（4）头脑风暴法。将专家及有代表性的相关人员请到一起,人员的选择领域要广,各抒己见,碰撞出智慧的火花,然后将有代表性和建设性的意见汇总整理,得出结果。

4）装配式建筑总装计划方案比选范围及流程

（1）总装计划方案比选范围

① 项目总体方案的比选一般包括:建设规模与产品方案;总体技术路线;厂址比选方案;总体布局和主要运输方案,环境保护方案;其他总体性建设方案等。

② 分项建设项目的方案比选主要包括:各车间建设方案;各生产装置建设方案;各专项建设项目(道路、管线、码头等)建设方案;其他分项建设项目建设方案等。

③ 各专业建设项目的方案比选主要包括:公用建设项目配套设施建设方案及主要设备比选方案等。

（2）总装计划方案比选的步骤

① 比选问题的命题和准备。每个比选问题应针对一组特定的条件和要求,并明晰这些条件和要求,作为组织专题方案比选的基础。

② 比选的组织形式。

③ 建设方案初审。

④ 确定比较方法。针对比选专题的特点,提出各参选方案的比较因素,并比选定性和定量分析对比的方法。

⑤ 开展参选方案比选工作。专家评议组或咨询人员开展具体分析、计算工作,提出报告。

7.2 装配式建筑现场总平面布置

7.2.1 装配式建筑现场总平面布置的原则

1）施工现场平面布置的依据

现浇混凝土建筑的施工现场平面布置的依据主要有以下五方面:

（1）工程的原始资料,包括区域规划图、施工总平面图、地形地貌图、工程勘察报告、既有建筑和拟建建筑的工程施工图。

（2）建设项目的建筑概况,招投标文件、合同文件以及施工部署、施工方案、施工总进度计划、施工资源需求计划等。

（3）建设项目施工用地范围和水源、电源位置,以及项目安全施工标准和防火标准。

（4）各类建筑材料、预制构件、半成品、施工机械设备的供应计划及现场储备周期,建筑材料、预制构件和设备设施的供货及运输方式。

（5）各类材料、预制构件堆场、仓库、其他临时设施的类型、数量以及其他有关参数。

2）施工现场平面布置的原则

施工现场平面布置应满足《建筑施工组织设计规范》（GB/T 50502—2009）等普适性布置要求，主要考虑以下布置原则：

（1）合理布局规划，协调紧凑，充分利用施工空地，顺应生产流程，避开拟建建筑物、构筑物，减少二次性临时设施建设的费用。

（2）施工道路与总平面规划道路力求一致，减少施工道路建设费用，并能缩短总平面规划道路施工时间。

（3）合理布置仓库、材料堆场、材料加工场等设施的位置，减少工地内部运输费用，尤其是二次搬运费用。充分利用各种永久性建筑物、构筑物和原有的设施，减少临时设施的建造费用。

（4）各类生产生活设施，应当方便生产和生活，合理布置办公生活用房的位置，使工作人员的往返损失时间最少。

（5）满足劳动保护、安全、环境保护和防火功能等其他要求。

7.2.2　装配式建筑现场总平面布置的内容

施工现场平面布置是装配式建筑施工现场管理的重要组成部分，要使得施工过程能够顺利进行，达到预期的建设目标，就必须采用科学的方法进行施工现场平面布置。与传统现浇混凝土建筑的施工现场平面布置相比，装配式建筑施工现场平面布置要考虑的设施和影响因素更多。

普通现浇混凝土建筑施工现场平面布置需要考虑的因素有：①已建和拟建建筑、构筑物、地下管道的位置；②垂直起重运输机械的位置；③施工临时设施位置，包括办公设施、生活设施、生产设施、辅助设施，如表 7.1 所示；④施工运输道路，临时供水、排水管线，临时供电线路和变配电设施位置；⑤绿化区域、消防设施、安全防汛设施的位置。

表 7.1　施工现场设施分类

名称	内容
办公设施	办公室、会议室、保安室等
生活设施	宿舍（含厕所、淋浴室）、食堂、休息室（含阅览室、娱乐室、卫生室）等
生产设施	防护棚、加工棚（含砂浆搅拌站、木材加工厂、钢筋加工场）、操作棚、仓库、堆场（预制构件、周转材料、其他材料等）
辅助设施	围墙、大门

除了普通现浇混凝土建筑需要考虑的因素外，装配式建筑在施工现场平面布置时，还需要重点考虑各类预制构件堆放场地、周转场地、临时卸车点的位置。由于构件堆场、垂直运输机械的利用频率非常高，即使摆放的位置相差很小，在高频的工序重复操作下，距离差和成本差也会被放大，从而影响到项目的工期和效益，因此选择垂直运输机械和预制

构件堆场的最优位置对装配式建筑的平面布置是至关重要，这也是装配式建筑区别于传统现浇混凝土建筑的施工现场平面布置的最大差异之一。

另外，装配式建筑施工现场平面布置与施工项目的安全、效率联系更加紧密，最终将影响施工单位的经济效益。

普通现浇混凝土建筑的施工现场平面布置之所以得不到足够的重视，因为很多施工单位认为机械设备和临时设施的位置对最终的成本效益没有太大影响，或者施工单位的布置人员还没有足够的前瞻性来预期施工过程中将可能发生的物流关系、工艺流程等所有环节。但装配式建筑施工过程中各类起重机、运输车辆等工作台班数目激增，位置设计稍有偏差就会导致成本费用的大幅度增加，所以装配式建筑现场布置方案对施工项目安全、效率的影响更加深远。例如，装配式建筑现场布置对安全方面的影响除了上一节中提到的安全风险外，施工现场预制外墙板处的对拼接缝一般需要进行防水条焊接，因此楼面上经常放置有临时用电箱和电线，有可能因为电箱位置设计不合理，导致工人频繁经过该位置而引发触电，危及人身安全。再如，装配式建筑现场布置对施工效率也会产生影响，施工现场材料堆放位置对于施工进度影响较大，施工中构件堆放合理，可以方便塔吊施工和构件拼装就位，可以大大加快施工进度和效率；相反，一旦堆放场地位置设计不合理，不仅会导致吊装效率低下，甚至导致塔吊或构件的碰撞。

7.2.3 基于 BIM 的装配式建筑塔吊的平面布置及选型方法

塔吊是建筑施工过程中最重要的垂直运输设备，必须满足相应工作面的材料、构配件垂直运输需求。在传统建筑施工中，因为吊装频率不高，有时只要覆盖面满足要求，多栋建筑可以共用 1 台塔吊，覆盖面积在 $800 \sim 1\ 000\ \text{m}^2$ 比较合适。传统建筑也不强制要求完全覆盖工作面，只要覆盖建筑物的大部分工作面即可。但是装配式结构施工，塔吊除承担建筑材料、构配件、施工机具的运输，还要负责每一块预制构件的吊装、安装，预制构件吊装、安装占用时间较长，因此必须每栋楼单独设置塔吊，不得和其他楼栋共用，同时因装配式建筑施工特殊性，塔吊必须覆盖建筑物的全部工作面，不得有盲区产生。

针对装配式建筑中的塔吊问题，可以采用一种基于 BIM 的装配式建筑塔吊的平面布置及选型方法来确定，在这种方法下，步骤如图 7.4 所示。

（1）根据装配式建筑图纸建立三维整体 BIM 模型，建立的三维整体 BIM 模型为构件拆分深化后的 BIM 模型，可以很快提取出各拆分构件的基本属性信息；

（2）通过 BIM 模型统计分析装配式建筑中最重的结构构件所处楼层；

（3）建立初步的塔吊三维模型，根据装配式建筑楼层高度及最顶部起重构件竖向尺寸及安全距离，确定塔吊高度，并将此信息存储到三维塔吊模型中；

（4）将楼宇所在地的地质报告等影响塔吊基础的安全性参数存储录入到三维塔吊模型中，建立当地塔吊的进出场费、租赁费的数据库，将参数存储到三维塔吊模型；

（5）考虑塔吊水平附墙距离，塔吊模型沿建筑物外围一圈布置，形成塔吊平面布置的包络图，塔吊行走的包络线为闭合线，与建筑物平面外的边线平行；

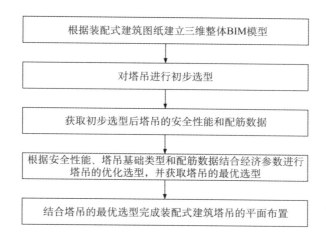

图 7.4　基于 BIM 的装配式建筑塔吊的平面布置及选型思路

（6）以装配式建筑构件中最重构件为圆心，以步骤 5 中形成的塔吊包络图为塔吊运行轨迹，通过起重量及塔吊悬臂长度选择可能的塔吊型号；

（7）根据边型塔吊标准节重量等其他基本参数、塔吊高度以及地质参数计算塔吊安全性（如塔吊稳定系数）及塔吊基础类型及配筋，影响塔吊布置及边型的基本性能参数较多，重要的有起重臂长、平衡臂长、最大起重量、自由高度、端部起重量、标准节尺寸及重量等；

（8）在保证使用功能、安全性的基础上，综合考虑塔吊基础类型、进出场费、租赁费等经济参数，最终确定最优的塔吊边型，完成装配式建筑塔吊的平面布置及最终选型。

7.2.4　装配式建筑现场临时设施的设置

对装配式建筑施工项目布置对象的选取，应该根据工程的实际情况和需求来确定，但是不同的装配式建筑施工现场的设施类型，具有一定的共性。因此在进行研究对象的选取之前，首先对装配式建筑施工现场所包含的所有设施进行罗列，采用归类分析法，对各个设施进行分类，从而能够保障布置对象的选取全面、准确没有遗漏。

首先提取装配式建筑施工现场设施共有的属性"移动性"作为分类依据，将现场空间中的设施分为位置固定的设施、可移动的设施、流动的设施三类。位置固定的设施为从开工到完工的整个工程持续过程中，具有固定不变的唯一平面坐标位置的对象，如高压线，高大植物，永久性建筑物、构筑物等。该类设施的特点是一旦确定了位置，一般是不能被重新安置的，因为移动这些对象将会大幅度增加移动的成本和时间，甚至根本就是不可行的；可移动的设施通常具有固定的平面坐标，但为了满足施工要求，也可以在需要的时候重新被安置，例如，混凝土测试实验设备可能在项目早期阶段位于靠近建筑物的区域，以减少搬运费用，但随着使用的减少后期装饰装修阶段可以被重新移动到较远的位置，以释放建筑物周边的有限空间流动的对象是通过不断移动自身的平面位置来完成施工任务的对象，例如：装配式施工现场上的汽车吊、叉车、挖掘机等，这些对象的位置很大程度上取决于其所执行的活动类型。装配式建筑施工现场设施的分类情况如图 7.5 所示。

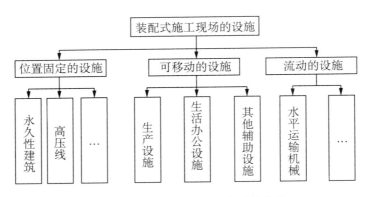

图 7.5 装配式建筑施工现场设施分类

图 7.5 中的"可移动的设施"中包含许多装配式建筑的现场设施,为了进一步明确图7.5 所示的第二子类"可移动的设施"中的详细布置物,表 7.2 明确了装配式建筑施工现场空间中的可移动设施的具体类型及实例。

表 7.2 装配式建筑施工现场设施分类及实例表

一级分类	二级分类	三级分类	部分实例
生产设施	物资存放设施	露天堆场	预制构件堆场
			砂石堆场
		物资仓库	贵重原材料
			耗材类
			化工类易燃易爆品
			半成品
			工具机具
	加工棚、防护棚、操作棚	加工棚	钢筋加工棚
			木工加工棚
		防护棚	一二级配电箱防护棚
			施工电梯防护棚
			钢模板防护棚
		操作棚	物料提升机操作棚
			施工升降机操作棚
	垂直运输机械		塔式起重机
			井字架物料提升机
办公生活设施	办公设施		办公室
	生活设施		宿舍、食堂、浴室、厕所
其他辅助设施			大门、围墙、垃圾池
			临时用水、临时用电

之所以按照设施的移动性进行分类,是因为在装配式施工现场平面布置中,"位置固定的设施"在施工现场平面布置前就已经明确了位置坐标,因此该类设施是作为已知条件被输入到模型中的。而"流动的设施"在施工过程中没有固定位置而无法被选取为布置的对象,并且一般现场平面布置不对其进行研究。所以,装配式建筑施工现场平面布置的主要任务是确定各"可移动的设施"的位置。

（1）垂直运输设施。垂直运输设施是指担负垂直运送材料和施工人员上下的机械设备和设施。垂直运输设施的位置直接影响预制构件堆场、材料加工场等其他垂直运输对象的布置,因此它是装配式建筑施工现场平面布置的中心环节,是布置难度最高的设施之一。由于装配式建筑的装配率、施工工艺不同,因此其采用的垂直运输设施也不相同,常见的垂直运输设备主要有塔式起重机、龙门架、井字架、施工电梯等。通常在装配式建筑施工现场中选择塔式起重机作为最主要的垂直运输设备。由于垂直运输设备对施工安全影响很大,例如,在塔吊的旋转半径内,预制构件始终处于悬吊的状态,容易发生吊运物的掉落;同时,垂直运输设备具有升降操作、回转操作、伸缩操作等多种操作状态,容易与装配式建筑施工现场的其他建筑物、机械设备、工作人员发生碰撞事故,影响施工安全。因此本文选择以垂直运输设备作为"基于垂直运输安全的设施布置"的主要布置物之一。

（2）预制构件堆场。在装配式建筑施工中,预制构件堆场的布置区域与吊装的安全密切相关,预制构件堆场内部及周边区域容易发生构件倒塌事故,而造成严重损失,所以应该着重将预制构件堆场作为装配式建筑施工现场平面布置中重要的安全控制区域。依据目前我国装配式建筑的发展阶段和技术成熟度,本书按照构件的类型将预制构件堆场分为:预制墙板堆放区、预制楼板堆放区、预制楼梯堆放区、预制阳台及预制飘窗堆放区等多个堆放区域。

（3）与全局平面安全相关的生产性临时设施。与安全相关的生产性临时设施主要有垂直运输设备、预制构件堆场、施工配电箱防护棚,电焊机防护棚,油类、氧乙炔等物资仓库等。从全局平面安全来看,垂直运输设备的覆盖范围需要满足施工要求,同时由于其作业噪音较大,需要避免对办公区域造成影响;施工配电箱周围施工现场的工作人员的不安全行为可能会由于工作上的失误和疏忽,造成身体直接或间接地接触配电箱而引起触电事故;电焊机进行焊接、切割作业时,容易火星飞溅,如果作业地点周围落入或遗漏了易燃易爆物品,或者误碰高、低压侧接线柱,则容易发生火灾、触电事故;装配式建筑施工现场的易燃易爆品种类较多,涉及使用的场所、工种也分布在施工现场的不同地方,如果位置布置不合理,例如在其影响半径内,出现碘钨灯、高温、明火等危险源,将容易发生爆炸、火灾事故。通过以上安全风险的初步分析,可以总结出装配式建筑施工现场平面布置执行劳动保护和安全生产等标准要求时,要求各个设施之间保持一定的距离,以防止安全事故的发生。因此,需要将这些具有潜在安全风险的设施挑选出来,作为装配式建筑施工现场平面的布置对象。

（4）与全局平面安全相关的生活办公设施。生活办公类设施包括办公区域、宿舍休息区域等,这些临时性建筑是现场办公人员的主要活动场所,同时也是几乎所有办公人员和施工工人的休息区域,因此在这些区域中涉及的人数众多,物资财产金额高,需要在施工现场的安全管理中重点关注、重点保护。一旦由于装配式建筑施工现场平面布置不合理而在生活办公区发生安全事故,极有可能造成严重的人身财产损失,所以由于其自身需要高度保护,并且与安全隐患深度隔离,所以生活办公区也被设置为布置对象之一。

7.3 装配式建筑项目进度综合协调控制

7.3.1 装配式建筑项目进度影响因素

1)工程相关因素

装配式建筑虽然减少了现场湿作业,但是其结构形式多样,预制构件体积大,质量重,就需要更大的吊装工作面和场地堆放空间,但有些工程项目施工现场并不能提供充足的空间,导致安排预制构件进场及吊装耗费大量时间。除此之外,装配式建筑公司未能充分掌握先进技术,装配式建筑又需要精准度更高的施工,尤其是当项目中节点形式复杂的竖向构件较多时,经常因为安装时间超过计划时间而导致延误。所以,施工难度较大、吊装工作面不足、场地堆放空间不足这些和工程项目本身相关的因素都会在一定程度上影响装配式建筑的工期。

2)人员因素

依据流程分析可以得知,装配式建筑的诸多施工工艺都与传统建筑有着本质上的区别,如果整个流程上的产业工人缺乏装配式建筑经验,且操作熟练度不高,生产效率低将导致进度计划中的工序会出现延时现象,进而导致装配式建筑项目的工期达不到预期目标。

3)资源因素

在装配式建筑流程中,生产阶段需要模具、钢筋、预埋件、搅拌混凝土等材料的供应,在现场施工阶段需要预制构件、施工材料的供应,当施工过程中所需资源不能及时供应或因为存储不当导致材料损坏时,将影响下一个工序的开始,会增加个别工序的等待时间。

4)机械因素

装配式建筑采用工业化的生产方式,预制构件生产、运输、吊装均需要特殊的机械设备,当所需的机械设备出现故障或未能及时到位时都会使进度出现偏差。

5)业主方因素

施工过程中的相关信息均会反馈到业主方,由于装配式建筑企业缺乏管理经验,会出现决策缓慢,甚至中途对工程提出变更要求。

6)承包商因素

装配式建筑总承包企业在装配式建筑项目进度管理中担任重要角色,其初期制订计划及方案的合理性将会影响工程的整体进度。基于流程分析,装配式建筑在预制构件生产阶段和现场施工阶段质检环节相对较多,当发现预制构件设计错误或质量出现问题时,需要花费时间返修或重新生产,且构件在工厂和施工现场堆放时存在二次倒运问题,甚至还会出现构件吊装错误的现象,装配式建筑施工工序更多,管理过程信息量大,如果参与方之间信息协同度低,沟通不及时,必然会影响到工程的进度。

7)外部环境因素

装配式建筑作为建设项目,进度依然会受到政府政策、天气、交通等外部环境的影响。

7.3.2　装配式建筑准时化采购管理

准时化采购管理是在制造业准时制生产的精益思想的基础上发展而来的,它按照项目需求,准时的、保质保量的拉动式地开展采购活动。通过高效的采购管理实现准时采购,达到减少库存,缩短工期、消除浪费、降低成本的目的。

准时化采购除了要保证项目需求信息的准确外,还要求项目需求数据的及时传输,这需要 BIM 信息平台的支持。在以 BIM 5D 模型为基础的信息平台上,通过将物资使用的数量、需求时间等参数与项目施工进度相结合,可使项目的需求计划更准确、合理,并可以根据项目的进展情况实时更新,使项目的采购更精准。为此,可将项目的 BIM 5D 数据库系统与材料设备供应商的供应链数据库集成,这样可将资源需求信息及时准确地传递给供应商,形成拉动式的供应机制。项目准时化采购模式如图 7.6 所示。

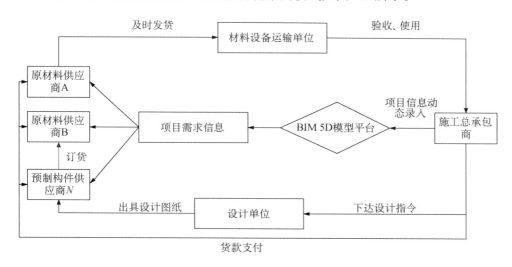

图 7.6　基于 BIM 的准时化采购模式

从承包商角度来看,为保障准时化采购的实现,在施工过程中,还需要保持项目现场物资消耗量的稳定性。在施工过程中,应该科学、合理地安排施工计划、进行施工组织与协调来控制物料的需求,并根据施工节点的变化,对物资的投入进行合理的安排,使得物资,尤其是预制构件不会因为错误、重复的施工而造成浪费,也不会因为要赶工而需求量大增,保证物资使用的稳定性与合理性。

从构件供应商的角度来看,为达到交货时间点和库存的平衡,最佳方式是根据合同约定的交货时间点安排生产计划。构件厂在接到来自承包商的订单之后,根据自身生产情况安排开工时间,再确定原材料采购时间。根据构件厂的开工时间,可以确定设计方出具最终设计图纸的时间。这样既可以保证生产活动在时间上的连续性,又可以使各主体方最优化安排自身工作,最大限度地优化生产,减少库存。

7.3.3 装配式建筑项目的工艺流程

流水施工是应用流水作业的基本原理,结合装配式建筑项目的特点,科学安排施工生产活动的一种组织形式。在装配式建筑项目中组织流水施工,可充分利用时间和空间,保证生产过程的连续、均衡和节奏性,从而提高施工效率。但是由于建筑产品固定性、多样性及施工活动的流动性和单体性的特点,建筑流水施工和一般工业生产相比,具有不同的特点和要求,组织与管理也更为复杂和繁重。

1)流水施工原理

(1)施工进度表

施工进度表是在建筑产品生产过程中用以表达工程开展、工艺顺序和工作时间的计划工具,它具有多种形式,其中最常见的是横道图,它起源于美国甘特发明的甘特图进度表,具有直观易懂、一目了然的优点,是一种传统的进度计划安排方法。其应用比较普遍,但它在表现上仍有许多不足之处,如不能准确地反映各工作之间的制约关系,不能反映工作的主次部分,也难以用计算机进行计算调整和优化。因此,它通常与其他的进度计划方法配合使用。

(2)施工过程组织

施工过程组织是指对工程系统内所有生产要素进行合理的安排,以最佳的方式将各种生产要素结合起来,使其形成一个协调的系统,从而达到作业时间省、物资资源耗费低、产品或服务质量优的目标。合理组织施工过程,应考虑以下基本要求:

① 施工过程的连续性

这是指在施工过程中各阶段,各部位的人流、物流始终处于不停的运动状态之中,避免不必要的中断、停顿和等待现象,且使流程尽可能短。增加生产过程的连续性,可以缩短产品的生产周期,降低库存,提高资源利用率。

② 施工过程的比例性

这是指在施工过程中基本施工过程和辅助施工过程之间,各道工序之间以及各种机械设备之间在生产能力上要保持适当数量和质量要求的比例关系。工程管理工作的任务之一就是协调和平衡施工生产能力,保持生产效率的持续增长。

③ 施工过程的均衡性

这是指在工程施工的各个阶段,力求保持相同的工作节奏,避免忙闲不均、前松后紧、突击加班等不正常现象。均衡性有利于最充分地利用企业及各个环节的生产能力,减少窝工现象。

④ 施工过程的平衡性

这是指各项施工活动在时间上实行平行交叉作业,尽可能加快速度,缩短工期。

⑤ 施工过程的适应性

这是指在工程施工过程中对由于各项内部和外部因素影响引起的变动情况具有较强的应变能力。实践经验告诉我们,计划变更是绝对的,不变是相对的。适应性要求建立信息迅速反馈机制,注意施工全过程的控制和监督,并及时进行调整。

在工程施工中,常见的组织形式有:依次施工、平行施工、搭接施工和流水施工等,它们的特点和效果是不同的。假如有四幢相同类型的房屋 A、B、C、D,每幢房屋有四道施工过程分别以 Ai、Bi、Ci、Di,则有如下各种情况:

① 依次施工

依次施工是指在第一幢房屋竣工后才开始第二幢房屋的施工,即按照次序一幢幢地进行施工。这种方法虽然单位时间内投入的劳动力和物资资源较少,但建筑专业工作队(组)的工作是有间歇的,工地物资资源的消耗也有间歇性,工期显然拉得很长。

② 平行施工

平行施工是指所有 M 幢房屋同时开工,同时竣工,这样工期虽然可以大大缩短,但建筑专业工作队(组)数目却大大增加,现场临时设施增加,物资资源的消耗集中,工作面利用率也不多,这些情况都会带来不良的经济效果。

③ 搭接施工

最常见的施工方法是搭接施工,它既不是将 M 幢房屋依次施工,也不是平行施工,而是陆续开工,陆续竣工,交叉进行,这就是说,把房屋的施工搭接起来,而其中有若干幢房屋处在同时施工状态,但形象进度各不相同。

④ 流水施工

在各施工过程连续施工的条件下,把各幢房屋作为劳动大致相同的施工段,组织施工队伍在建造过程中最大限度地搭接起来,就是流水施工。流水施工是以接近恒定的生产效率进行生产的,保证了各工作队(组)的工作和物资资源的消耗具有连续性和均衡性。可见流水施工方法能克服依次和平行施工方法的缺点,同时保留了它们的优点。

(3)流水施工的条件

流水施工是指各施工专业队按一定的工艺和组织顺序,以统一的施工速度,连续不断地通过预先确定的流水段(区),在最大限度搭接的情况下组织施工生产的一种形式。组织流水施工,必须具备以下条件:

① 整幢建筑物(工程项目)建造过程分解成若干个施工过程。每个施工过程由固定的专业工作队负责实施完成;施工过程划分的目的,是为了对施工对象的建造过程进行分解,以明确具体工作任务,便于操作实施。

② 建筑物(工程项目)尽可能地划分成劳动量或工作量大致相等的施工段(区),也称流水段(区);流水段(区)划分目的,是为了把建筑物划分成批量的"假定产品",从而形成

流水作业的前提,每一个段(区),就是一个"假定产品"。

③ 确定个施工专业队在各施工段(区)内的工作持续时间。这个持续时间又称流水节拍,代表施工的节奏性;

④ 各工作队按一定的施工工艺,配备必要的机具,依次、连续地由一个施工段(区)转移到另一个施工段(区),反复地完成同类工作;建筑产品是固定的,所以只能有一个专业工作队进行流水,连续地、逐个对"假定产品"进行专业生产。

⑤ 不同工作队完成各施工过程的时间适当地搭接起来。不同工作队之间的关系,表现在工作空间上的交接和工作时间上的搭接。搭接的目的是节省时间,也是连续作业或工艺上的要求。

(4) 流水施工参数

在研究工程特点和施工条件的基础上,为了表现流水施工在时间上和空间上的开展情况及相互关系,必须引入一些描写流水施工特征和各类数量关系的参数,这些参数称为流水参数。按其性质和作用不同,可以分为以下三大类。

2) 流水施工组织

(1) 等节奏专业流水施工

等节奏专业流水施工是指各施工过程的流水速度相等,是最理想的组织流水施工方法。在可能情况下,尽量采用这种方法。

(2) 成倍节拍专业流水施工

异节奏流水的特点是各专业施工队的工作有不相等的节奏,在进行异节奏流水的设计时,可能遇到非主导施工过程所需要的人数或机械设备台数超出施工段上工作面所能容纳的数量的情况。这时某些非主导施工过程只能按施工段所能容纳的人数或机械台数来确定其流水节拍,从而可能出现某些施工过程的流水节拍为其他施工过程流水节拍的倍数,这样就形成了成倍节拍流水。

(3) 无节奏专业流水

在项目实际施工中,通常每个施工过程在各个施工段上的工程量彼此不等,各专业工作队的生产效率相差较大,导致大多数的流水节拍彼此不相等,不可能组织成等节拍专业流水或异节拍专业流水。在这种情况下,往往利用流水施工的基本概念,在保证施工工艺,满足施工顺序要求的前提下,按照一定的计算方法,确定相邻专业工作队之间的流水步距,使其在开工时间上最大限度、合理地搭接起来,形成每个专业工作队都能连续作业的流水施工方式,成为无节奏专业流水,它是流水施工的普遍形式。

3) 流水节拍计算

(1) PERT 三点估计法介绍

项目工作时间可采用 PERT 三点估计法进行计算,PERT 的三点估计包含以下三方面的内容:

乐观时间:项目持续的乐观时间就是在项目实施过程中不会有任何意外情况出现,项目会在最短时间内完成,项目完成所对应的时间就是乐观时间,用 a 表示;

最可能时间:在正常情况下完成工作所需要的时间,用 m 表示;

悲观时间:进行悲观时间估算的过程中要尽量多考虑对于项目实施不利的因素,这样项目实施的持续时间应该最长,对应的时间就是悲观时间,用 b 表示。

期望时间的方差计算公式:

$$T = \frac{(a + 4m + b)}{6} \qquad\qquad \sigma^2 = \left(\frac{b - a}{6}\right)^2$$

2)PERT 三点估计法实施

在项目实施过程中,PERT 三点估计法计算流水节拍的具体步骤如下:

① 施工过程容易受到法律法规等外部因素的影响或者施工时间不够明确的情况下一般会采用类比估计法,该方法的核心是通过分析其他类似工程的实施时间并根据本工程的实际情况对一些参数做出修改来计算工期。

② 工程实施时间可以通过施工效率和总工程量计算得出的时候就可以使用计算法,公式如下:

$$T_{j,i} = \frac{Q_{j,i}}{S_j \times R_j \times N_j} = \frac{P_j}{R_j \times N_j} \ \text{或} \ T_{j,i} = \frac{Q_j \times H_j}{R_j \times N_j} = \frac{P_j}{R_j \times N_j}$$

式中 $T_{j,i}$——第 j 个施工队在第 i 个施工段的流水节拍;

      $Q_{j,i}$——第 j 个施工队在第 i 个施工段的工作量;

      $P_{j,i}$——第 j 个施工队在第 i 个施工段所需机械台班数;

      S_j——第 j 个施工队的计划产量定额;

      R_j——第 j 个施工队投入的机械台班数;

      N_j——第 j 个施工队的工作班次;

      H_j——第 j 个施工队的计划时间定额。

7.3.4 装配式建筑项目进度管控

目前,总承包单位主要有设计单位牵头和施工单位牵头两种情形。从实践来看,不同类型的牵头单位会导致对项目各个流程的关注度和把握能力有差异。但是要对装配式建筑项目进行合理的进度管控,必须从项目的设计、生产、运输和施工各个阶段入手。

1)构件设计工期保证措施

(1)搭建 BIM 平台

对于总承包模式下的装配式建筑项目来说,做好设计阶段的进度管理工作是提高生产阶段和施工阶段进度管理工作效率的前提。施工总承包商在这一阶段要充分发挥设计的主导作用,对企业的各项资源进行综合利用,保证项目的各个参与方能够进行及时的、充分的沟通与交流;业主对于关键节点进行总体把控。针对装配式建筑项目的特点,施工总承包商搭建统一的 BIM 平台,构建 BIM 信息中心并负责 BIM 平台的运营和维护。各专业的设计人员将各自的 BIM 模型上传到 BIM 平台,利用其强大的碰撞检测功能,发现设计中存在的碰撞冲突问题,提前解决并完成优化设计工作,避免由于设计问题引起的进度延误以及后续现场施工阶段的进度滞后。采用 BIM 技术进行设计阶段的进度管理工作,使得进度管理更加全面高效,避免不必要的进度延误,为生产阶段和现场装配施工阶段的进度管理工作打下良好的基础。

（2）加强设计的可施工性

在设计阶段,施工总承包商还应在专业的设计团队中组织构件生产人员和现场施工人员的加入进行协助设计,设计时充分考虑构件生产以及现场施工时的要求,保证设计的可生产性和可施工性,减少因构件可施工性差而引起的设计变更,避免在施工过程中出现返工现象,影响整体工程项目的进度管理。总承包模式下装配式建筑设计阶段进度管理示意图如图 7.7 所示。

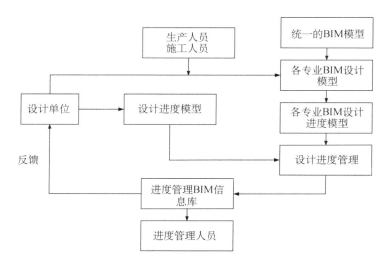

图 7.7　总承包模式下装配式建筑设计阶段进度管理示意图

2）构件生产、运输工期保证措施

构件的生产和运输是连接前期设计和后期现场施工的重要环节,这一环节的进度计划对于整个工程进度计划完成情况的影响尤为明显。在构件的生产、运输阶段,进度管理的内容主要是编制构件生产进度计划,合理安排运输路线以及运输时间规划。

（1）构件生产工期保证措施

在进行构件生产时,业主方对构件的型号和标准提出要求,构件生产方可以从 BIM 信息中心快速获取本工程所需预制构件的种类、数量以及详细参数;并以构件深化设计阶段所形成的数据为基础数据库,对每个构件进行编码,应用 RFID 无线射频技术将带有构件详细信息（如构件尺寸、重量、养护信息等）的芯片植入构件内部。施工总承包管理人员通过 BIM 平台结合 RFID 技术可以实时查看相关数据,对构件的生产情况实现动态监控,并对生产进度的提前和滞后做出一定的预判,从而可以将问题及时反馈给生产方。另外在构件生产阶段,施工总承包商要安排设计人员代表参与到构件生产工作中,帮助生产人员理解设计意图,更好地进行构件生产工作,避免出现构件的生产与设计不匹配的情况。此外,生产方还要与施工方保持密切的沟通与交流,向施工现场及时传达构件生产的进度信息,施工方也可以根据预制构件生产进度合理调整自己的施工进度,减少待工待料情况的出现,从而有利于整个生产阶段的进度管理工作。总承包模式下装配式建筑构件生产阶段进度管理示意图如图 7.8 所示。

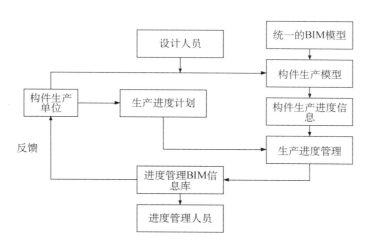

图 7.8 总承包模式下装配式建筑生产阶段进度管理示意图

（2）构件运输工期保证措施

在构件运往施工现场的运输阶段,通过定位软件对于运输车辆进行实时定位,掌握其运输动态,结合交通情况寻求最短路径和最短的时间线路,降低运输费用,减少运输阶段的时间消耗,确保运输阶段进度管理目标的实现。最后在运输车辆入场时,门禁系统中的读卡设备可以自动识别所载构件的标签信息,现场负责检验的工作人员验收无误后按照场地布置要求和吊装顺序将构件存放到指定位置,并将构件的准确入场信息录入到 RFID 芯片当中,方便以后查阅构件的相关信息。

3）施工现场工期保证措施

在现场施工阶段,项目负责人进行进度计划编制工作,计划中主要包括各个分部分项工程工序之间的逻辑关系以及时间要求,预制构件运到现场的时间,构件吊装同后浇混凝土之间的衔接工序等内容。施工总承包商在这一阶段要充分利用自身各项资源,对管理层次进行简化,加快施工进度信息反馈速度,提升工作效率,确保各个施工环节能够紧密衔接。并结合设计图纸要求,合理使用新材料、新工艺,提高施工效率,加快现场施工进度。

（1）合理安排平面布置

装配式建筑施工区域通常场地较为狭小、布置较为紧凑、受干扰因素较多,给现场施工带来了很大的不便,很难按照进度计划顺利施工。所以现场施工要充分利用 BIM 技术,综合考虑施工区域构件垂直起吊要求,参考场地运输路线和构件存放位置(拟建建筑物周围要留出足够堆放预制构件的经过硬化处理的存放场地),根据现场总平面图合理进行场地的布置,建立三维场地模型,立体直观地展示出场地布置,实现构件一次性堆放到位,避免二次搬运,节省施工前的准备时间。

（2）复杂节点可视化

由于混凝土装配式建筑施工工艺较为复杂且不成熟,如果还沿用传统的二维图纸交底,很难对节点连接形成清晰的整体性表达。在开始施工前,为了让现场施工人员更好、更深入地理解施工方案和设计意图,现场要利用 BIM 技术开展施工模拟,就复杂的节点连接和施工工艺对施工人员进行三维可视化交底。同时在 BIM 模型的基础上关联进度计划形成 4D 施工模拟,通过模拟形象直观地展示施工进度。通过应用 BIM 技术可以使施工人员更加清楚地理解构件拼装顺序以及施工流程,从而使得工人在正式施工时能够更加熟练地进行现场施工操作。通过三维可视化技术交底,可以更好地指导现场的起吊安装与后浇混凝土施工,加快施工阶段的进度。

（3）组织协调措施

在施工总承包模式下应用 BIM 技术可以使得人、材、机高效地按计划施工,能够实现预制构件吊装同后浇混凝土施工合理穿插工序,紧密衔接。利用 BIM 技术进行施工进度模拟,可以实时更新进度信息,将实际进度信息与模拟计划进度信息进行对比,如有滞后现象,找出滞后原因并及时采取措施解决。另外在现场吊装施工时,施工总承包商应安排负责构件生产的人员代表去到施工现场协助施工人员进行安装,提高安装质量的同时保证施工进度能够按照进度计划进行。

（4）材料采购措施

① 技术部每月月底编制下月进度计划,工程部根据进度计划提出下月需用材料计划报物资部,物资部根据需用材料计划,及时联系各材料供货商组织材料进场,材料进场时间应在施工前至少三天内进场就位。

② 与各材料供货商签订供销合同,明确材料进场时间。

③ 工程部与物资部要及时沟通所需材料进场时间,避免误解或遗忘造成材料进场延期,确保施工不因材料而临时中断。

④ 地方材料采购,充分做好市场调查工作,落实货源,确保工程对材料的需求。

⑤ 需业主认价的材料,提前申报,缩短不必要的非作业时间。

（5）劳动力配置及保障措施

① 施工劳务层是施工过程的实际操作人员,是施工进度最直接的保证者。

② 农忙季节劳动力保障措施

a. 在选择专业劳务队时就加以考虑农忙季节的出工率。对不受农忙季节影响且工人技术水平、操作技能好的劳务队优先考虑。

b. 到农忙季节前,事先落实劳务队的最大出工率。

c. 对选好的专业劳务队在签订劳务合同时,对其不影响农忙季节出工率收风险抵押金,兑现承诺时给奖励,否则加倍处罚。

d. 对工期进度计划进行合理编排,在不影响总工期的情况下,大量使用力工和一般作业的工序尽量不安排在农忙季节。

　　e. 对在农忙季节坚守岗位的工人进行经济补助。

7.4　案例分析

7.4.1　工程概况及特点

1）工程概况

　　A 项目位于江苏省南京市,属政府投资项目。其施工范围为地块内 01-05♯、07-08♯、10-14♯楼(12 栋单体)12 栋单体建筑的桩基、土建、水电安装、智能化、太阳能等;本工程总建筑面积 32 019.68 m² ,均为地上 6 层住宅,建筑高度均为 17.1m(檐口至室外地坪),屋面防水等级均为 Ⅰ 级。本工程结构形式为装配式剪力墙结构,安全等级为二级,基础为钻孔灌注桩(孔径 600 mm),地上部分采用部分装配、部分现浇的装配式剪力墙结构,其中采用装配式方式的构件为:预制叠合板、预制空调板、预制楼梯。

　　具体预制构件信息统计情况如表 7.3。

表 7.3　预制构件信息统计情况

单体户型	楼栋号	预制叠合板		预制空调板		预制楼梯		楼层数
		各单体构件数量	单个最重重量	各单体构件数量	单个最重重量	各单体构件数量	单个最重重量	
BB	01♯、05♯、07♯	280	1.25 t	60	0.3 t	22	4.33 t(首层)、1.64 t(标准层)	6
BBB	02♯、03♯、08♯、11♯	420	1.25 t	90	0.3 t	33	4.33 t(首层)、1.64 t(标准层)	6
AA	10♯	160	1.25 t	40	0.3 t	22	4.33 t(首层)、1.64 t(标准层)	6
AAA	04♯、12♯、13♯、14♯	240	1.25 t	60	0.3 t	33	4.33 t(首层)、1.64 t(标准层)	6
合计		3 640		820		352		6

2）工程特点如下

　　(1) 单体较多,工期紧张。本工程共计 12 栋单体,总工期 300 日历天,若采取单体之间流水施工,则总工期目标较难实现,只能采取各单体平行施工,确保总工期目标;由此引起资源配置数量比较多,且现场施工作业面全面开花,前期主体阶段预制构件的进场组织需要统筹协调,避免构件无组织进场造成混乱;后期装修阶段施工队伍比较多,交叉作业比较多,需要良好的综合协调组织,避免出现窝工或工序冲突现象。

　　(2) 02-03 地块内两家总包单位共同施工。根据建设单位的标段划分情况,02-03 地块内出现 2 家总包单位同时施工,由于各家的组织思路、生产安排方面各不相同,容易出现施工现场 2 家单位互相掣肘现象,特别是在土方开挖及回填安排上,为了不受到相邻标段施工单位的工序影响,可以拟定按照从西往东逐个开挖(也可以与相邻施工单位沟通开挖顺序),为了保持正常的主体施工进度,考虑从二层楼面开始采用悬挑脚手架,待下方基坑具备回填条件后安排土方回填。

(3)各单体屋面均为坡屋面。经查图纸,各单体屋面均为坡屋面,坡比均为 1∶1.5,相对比较陡,混凝土浇筑相对比较困难,且成型质量可能会出现问题;针对此情况,拟从混凝土的配合比控制、进场坍落度控制、浇筑单元及顺序优化等方面进行控制,确保坡屋面混凝土的成型质量符合要求。

(4)各单体均采用预制叠合板、预制楼梯等装配式构件。本工程采用的是异性框架柱+剪力墙装配整体式结构,采用的预制构件有:预制叠合板、预制空调板、预制楼梯三种预制构件,预制构件数量也比较大(约 5 000 个),在构件运输、进场、堆放及吊装作业,工作量比较大,也容易发生现场找板现象;因此,在现场存货堆放时,各个单体附近分别堆放预制构件,做到各单体的构件分别堆放、不混堆,此项工作一定要在单体吊装作业前一天完成,避免吊装作业时出现找板现象;另外,在构件进场时,加强质量验收工作,避免不合格的构件用到楼层结构上;安全方面,预制构件吊装作业期间,划定起吊危险避让区,加强现场安全监护力度。

7.4.2　装配式现场总平面布置

本工程现场施工平面部署遵循动态调整的原则进行,分为 2 个阶段进行布置。即:按基础及主体、装修阶段进行调整布置。由于受场地影响,场区内无法布置办公、生活区,拟定在场区外西侧空地上布置办公、生活区。

基础及主体施工阶段,现场设置钢筋原材及加工场、周转材堆场、预制构件堆场;结合各单体的预制构件最大重量及所处位置,计划采用 QTZ80/QTZ63 塔吊进行构件吊装及传统部分施工的材料吊运,对于重量较大的首层楼梯,采用 16 t 汽车吊进行吊装;选择塔吊有效覆盖范围内的空地布置 PC 构件堆场、钢筋堆场及加工场、周转材堆场等;预制叠合板、空调板最多重叠 6 层堆放,预制楼梯最多重叠 3 层堆放,堆放时要考虑构件的吊装顺序进行堆放,避免先吊的放在底下,每次堆放的数量为单层所需量。

装修施工阶段,保留各台塔吊,负责吊运屋面材料(找平层砂浆、保温材料、防水材料、钢筋网片、防腐防虫木条、机制瓦等)、各楼层装饰材料;利用主体阶段的硬化场地,用作装饰材料的堆场。

VI 形象策划,按照安全标化工地的要求及总包单位的安全文明施工标准图集进行,包括:大门、冲洗台、加工场防护棚、安全通道、脚手架、安全防护等,并在大门处设置一道门禁系统,所以进出工地人员必须刷卡进出,管理人员实行指纹考勤制度。项目总平面布置图详见图 7.9。

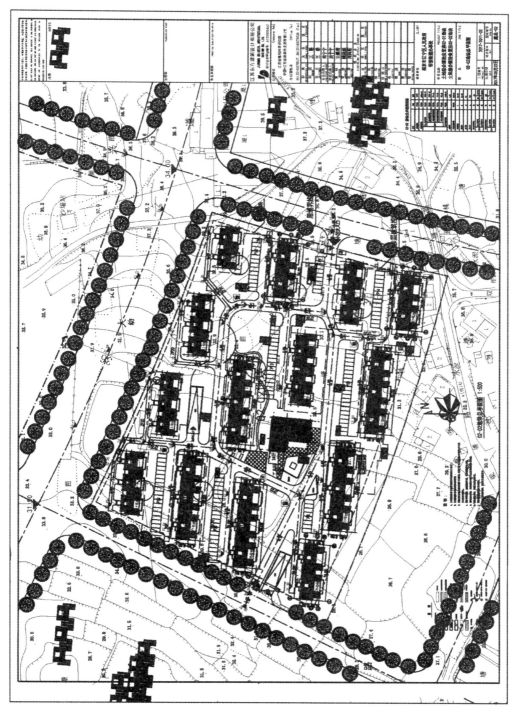

图7.9 项目总平面布置图

布置图各个细节及计算依据如下。

1）施工场区布置

（1）围挡及出入口

① 现场共设置有 4 个大门。1♯大门旁边设置实名制门禁系统,2♯、3♯、4♯大门平时关闭,仅用于车辆出入时开启,大门净宽 8 m,门头高度 7 m,详见图 7.10。

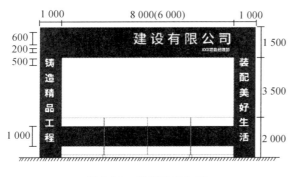

图 7.10　围挡及出入口　　　　　　图 7.11　成品冲洗台

大门处设置的成品冲洗台参见图 7.11。

② 现场围墙:具体做法详见图 7.12。

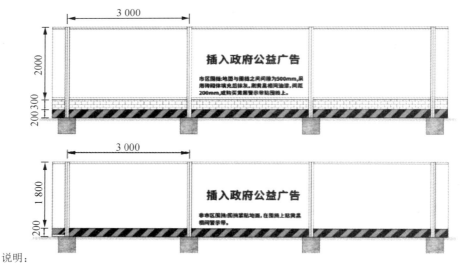

说明:
1. 采用成品PVC材质围挡,颜色为双面钛白;地基夯实。基础为柱墩形式,大小为400 mm×400 mm× 500 mm,间距3 m,C20混凝土。
2. 当地政府要求布置公益广告,在logo和公司名之间插入。

图 7.12　现场围墙

③ 门卫室及实名制通道:出入口大门处设门卫室及实名制通道,门卫 24 小时值班,具体做法详见图 7.13。

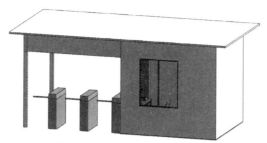

图 7.13　门卫室及实名制通道

（2）临时道路

车行道做法：素土夯实——400 mm 厚道渣垫层——150 mm C25 素砼，人行道及堆场硬化做法：素土夯实——100 mm 厚 C20 素砼，未硬化区域做法：防尘网覆盖土层。

临时设施房屋四周设置 200 mm×400 mm 的排水沟与主要排水沟相连，本工程沿围墙设置 1 条通长排水沟，与市政接入口连接（此排水出口需进场后与甲方协商解决）。

（3）材料堆场及加工场地

一些常用材料堆场及加工场地，如：钢筋加工及堆放场地、模板加工厂、周转材料场地以及装配构件堆放场地等按照上述原则进行布置。对以下材料予以说明。

① NALC 板及装饰材料堆场

装修施工时，将材料堆放在硬化场地（利用主体施工阶段硬化堆场）。

② 试验室、库房、临时厕所、吸烟休息亭

试块标准养护室采用成品养护箱，设置在施工现场门卫室内划定隔离间内，以便于装车送检。施工现场设置临时厕所，采用砖砌。

库房设置在办公区，班组库房设置在工人宿舍首层单个房间内。

2）临时用水

（1）临时用水计算

现场给水系统包括：生产给水、消防给水、生活给水三个系统，因无特殊用水机械，所以不考虑机械用水，水源由建设单位给定点引入，供水干管直径 65 mm，埋地敷设。

① 施工工程用水量 q_1 计算

每立方米现浇混凝土养护用水量按 $N=200$ L/m³ 计，养护混凝土量按最大浇筑量 Q_1 600 m³ 计算，未预计施工用水系数 K_1 取 1.05，用水不均匀系数 K_2 取 1.5。

$$q_1 = K_1 Q_1 N K_2/(8 \times 3\ 600) = 1.05 \times (200 \times 600) \times 1.5/(8 \times 3\ 600) = 6.56\ \text{(L/s)}$$

② 施工现场生活用水量 q_2 计算

现场施工高峰期现场总人数按 $P_1=560$ 人计，每人每天用水 $N_2=20$ L，施工现场生活用水不均匀系数 $K_3=1.3$。每天工作班数 $t=8$。

$$q_2 = P_1 N_2 K_3/t(8 \times 3\ 600) = 560 \times 20 \times 1.3/(64 \times 3\ 600) = 0.06\ \text{(L/s)}$$

③ 消防用水量 q_3：取 $q_3=5$ L/s

④ 现场总用水量 Q：

因 $$q_1 + q_2 > q_3$$

则 $Q = 6.62$ L/s,满足消防用水要求即可满足施工生产及生活用水要求。

⑤ 供水管径:取水管内水流速为 1.5 m/s

$$D = \sqrt{\frac{4Q}{\pi \times V \times 1\,000}} = \sqrt{\frac{4 \times 6.62}{\pi \times 1.5 \times 1\,000}} = 0.065\,(\text{m})$$

所以,甲方需提供的供水管径 DN65 mm 的水源才能满足现场临时高峰用水要求。

(2) 临时用水布置

① 临时用水概况

本工程临时水水源由市政自来水管网供给,本工程市政自来水水源接驳点位由甲方提供(现场踏勘未见接驳点)。按照招标文件的要求,将在水源接入点加装水表进行计量。根据有关施工消防用水的要求,本工程室外消防用水量为 15 L/s,室内消防用水量为 10 L/s,其中室外消防给水由市政管网直接供给。

② 管路布置

a. 生产给水系统

基础及主体结构施工阶段:地上楼层均为 6 层,市政管网+室外消防水池供水能满足主楼施工用水及消防用水供给。

b. 生活给水系统:生活区的生活用水由市政管网提供。

c. 消防给水系统:根据"南京市公安消防局宁公消〔2008〕59 号文件",进一步加强建设工程消防安全管理工作,对施工用临时消防给水设施的设置做了明确要求。我公司据此文件并结合本工程特点,部署如下:

室外临时消防水总体思路及部署。基坑周边及室外场内部分,沿道路边设置室外消火栓。每个室外消火栓支管直接接至布置在场内的临时施工用水管上。

室内临时消防水总体思路及部署。室内消火栓系统设计采用临时高压系统。在 ±0 设置消防泵房,配置两台水泵互为备用,消火栓泵采用自动启动装置,利用室外消防水池吸水,较高楼层施工或火灾时启动水泵加压。

3) 临时用电

① 用电量计算

施工现场有许多用电设备,如塔吊、物料提升机、振捣器、木工加工机械以及水泵、电焊机、照明等,但本工程用电高峰期将出现在地上主体结构施工期内,故以结构施工阶段为基准进行施工用电量计算。根据现场总体部署以及机械设备投入情况,主要用电机械设备如表 7.4 所示。

表 7.4　主要用电机械设备表

序号	机械设备名称	型号规格	数量	产地	额定功率/kW
1	塔　吊	QTZ80/QTZ63	6		37

序号	机械设备名称	型号规格	数量	产地	额定功率/kW
2	钢筋弯曲机	GW40-I	6	南通	3
3	钢筋切断机	GJ5-40	6	南通	3
4	滚压直螺纹机	SGZL16-40	2	徐州	5
5	钢筋调直机	JK-2	6	南通	3
6	电渣焊电焊机	ZX5-350	12	南京	30
7	木工圆锯	MJ-104	6	山东	1.5
8	砂轮切割机	Φ500	6	南京	1.5
9	交流电焊机	B×1-300	6	南京	23
10	振捣器	Φ50	10		1.5
11	电动套丝机	DN15-50	3	南京	2.2
12	电动套丝机	DN65-150	3	南京	4.6
电动机设备总功率					471.4
电焊机设备总功率					498

施工现场所用全部电动机设备总功率 $\sum P_1 = 471.4$ kW，需用系数取 $K_1 = 0.5$，$\cos\varphi = 0.75$；施工现场所用全部电焊机设备总功率 $\sum P_2 = 498$ kW，需用系数取 $K_2 = 0.5$；办公、生产、生活照明用电量按照动力用电的 10% 考虑可满足要求：$\sum P_3 = 0.1 \times (\sum P_1 + \sum P_2) = 96.94$ kW，$K_3 = 0.8$。

$$P = 1.05 \sim 1.1(K_1 \sum P_1 / \cos\varphi + K_2 \sum P_2 + K_3 \sum P_3)$$
$$= 1.05 \times (0.5 \times 471.4 \div 0.75 + 0.5 \times 498 + 0.8 \times 96.94) = 672.86 \text{ (kVA)}$$

② 供电方式及线路布局

本工程现场临时用电采取 TN-S 供电系统，将电缆从总配电房引至各施工区段的分配电箱，再由施工区段分配电箱引至楼栋分配电箱，然后由楼栋分配电箱向塔吊、电梯、楼层用电分配电箱引线。

③ 导线和配电器类型规格确定

根据施工现场建筑的布局及施工设备用电的情况，需从总配电柜（配电房内）分出 3 条主干线路引至各区段配电箱，采用 BX 型铜芯线埋地或穿管。

a. 主干线导线的选择

第一、二条主干线用电设备：楼层用电、塔吊用电、钢筋加工场设备供电等。用电量分别约为：271.94 kW。

计算干线电流：

$$I = KP/(\sqrt{3}U\cos\varphi)$$
$$= 0.6 \times 271.94 \times 1\,000/(1.732 \times 380 \times 0.75) = 330.46 \text{ (A)}$$

根据以上计算查表，选用 120 mm² 的 YJV 型铜芯橡皮线。

第三条主干线用电设备:办公区、生活区用电等。用电量约为:96.94 kW。

计算干线电流:

$$I = KP/(\sqrt{3}U\cos\varphi)$$
$$= 0.6 \times 96.94 \times 1\,000/(1.732 \times 380 \times 0.75) = 140.6\,(\text{A})$$

根据以上计算查表,选用 70 mm² 的 YJV 型铜芯橡皮线。

b. 单台设备用电量计算及其导线的选择

塔吊用电导线:

$$I = KP/(\sqrt{3}U\cos\varphi)$$
$$= 0.7 \times 37 \times 1\,000/(1.732 \times 380 \times 0.75) = 52.47\,(\text{A})$$

根据以上的计算值,按照电流容许截面选择导线截面,选用 16 mm² 的 YJV 型铜芯橡皮线。

④ 配电电器的选择

配电电器的选择,包括空气开关、漏电保护开关等,主要根据住建部规定的标准选择工地标准电箱 XW 系列。

7.4.3　项目进度综合协调控制

1) 进度目标

本工程计划开工日期:2018 年 4 月 20 日,计划竣工日期:2019 年 2 月 13 日,总工期300 日历天。参见图 7.14。暂定工程进度计划如下:

(1) 工程桩完成时间:2018 年 6 月 1 日(含桩基检测);

任务名称	工期	开始时间	完成时间	前置任务
02-03 地块(01-05#、07-08#、10-14#楼)施工进度计划	300 个工作日	2018年4月20日	2019年2月13日	
桩基施工	43 个工作日	2018年4月20日	2018年6月1日	
土方开挖	18 个工作日	2018年6月2日	2018年6月19日	
04#楼施工进度	236 个工作日	2018年6月5日	2019年1月26日	
07#楼施工进度	244 个工作日	2018年6月5日	2019年2月3日	
01#、10#楼施工进度	244 个工作日	2018年6月8日	2019年2月6日	
02#楼施工进度	239 个工作日	2018年6月11日	2019年2月4日	
12#楼施工进度	244 个工作日	2018年6月11日	2019年2月9日	
03#楼施工进度	239 个工作日	2018年6月14日	2019年2月7日	
13#楼施工进度	236 个工作日	2018年6月14日	2019年2月4日	
05#、14#楼施工进度	236 个工作日	2018年6月17日	2019年2月7日	
08#、11#楼施工进度	239 个工作日	2018年6月20日	2019年2月13日	

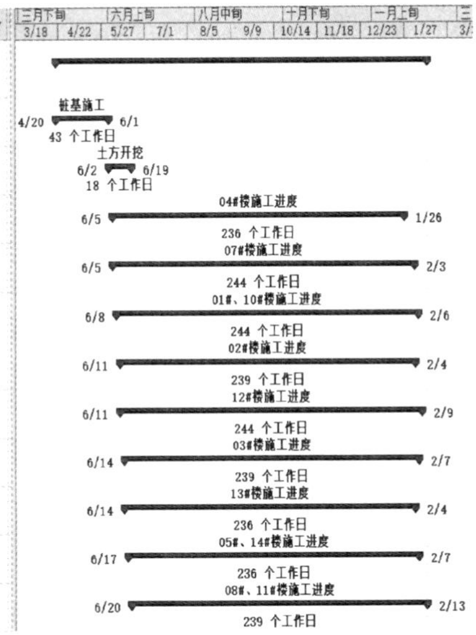

图 7.14　02-03 地块 01-05♯、07-08♯、11♯、10-14♯楼工程(装配式)进度计划图

（2）基础完成至正负零结构完成时间：2018 年 7 月 2 日；

（3）主体结构封顶完成时间：2018 年 9 月 1 日；

（4）主体结构验收完成时间：2018 年 9 月 30 日；

（5）外架拆除完成时间：2019 年 1 月 29 日；

（6）室内水电、消防安装完成时间：2019 年 1 月 29 日；

（7）室外工程完成时间：2019 年 2 月 13 日；

（8）竣工预验收完成时间：2019 年 2 月 14 日。

2）穿插流水施工

不同施工段的流水安排及不同工序之间的合理穿插可加快单层 PC 吊装进度，在进行施工流程策划时需考虑以下因素和原则：不同工序穿插时应满足流水节拍相等或呈倍数关系；工序穿插时应有足够工作面，便于施工；关键工序的进度控制是所有工序进度控制的重点。

本项目 04♯楼单层穿插流水施工的关键线路为：楼层放线、PC 预制楼梯吊装→墙、柱钢筋绑扎→墙、柱模板制作，架体搭设→现浇梁、板模板铺设→墙、柱模板加固→楼层混凝土浇筑。

穿插工序为：在加固墙、柱模板的同时，开始叠合板吊装，并在叠合板吊装完成后，进行楼层钢筋的绑扎和水电的预留，最终加固工作和预留工作同步完成。

通过对关键线路的进度控制可保证单层施工 7 天完成。参见图 7.15。

图 7.15　04♯楼单层施工进度计划

3）进度管控措施

传统项目管理中，要保证项目的进度，需要对材料采购、人员调配等进行合理安排。本项目的进度管理中，这些因素也属于应该考虑的范畴。同时，由于预制构件的特殊性，需要把控预制构件生产、运输、进场、吊装等关键节点，工地现场的调度也需要重点考虑。详细进度管理措施可参考 7.3.4 节。

8 装配式建筑总承包项目成本控制

8.1 装配式建筑总承包项目成本构成及特点

装配式建筑是将各类通用预制部品部件经过专有连接技术提升为工业化生产、现场机械化装配为主的专用建筑技术体系,是实现节能、减排、低碳和环保,构建"两型社会"的有力保障,是建筑产业走可持续发展道路的一种新型建设模式。工程总承包模式中,工程总承包商以设计为主导,统筹项目设计、采购、施工各环节,承担质量、进度、成本的风险。工程总承包模式具有管理上的先进性,融合管理现代化的诸多因素,有效实现了建筑企业的快速发展,使建筑行业的发展逐步由传统的粗放型向专业化、现代化、系统化方向发展,实现了对建筑工程资源的高效整合与利用,解决了工程项目中所涉及的技术、管理的衔接等问题。装配式建筑的设计、生产、施工等的发展特点与工程总承包模式具有极强的融合性,可以有效提高项目工程的管理效率,具体体现在组织结构、施工进度控制、成本控制等诸多方面。本章将从成本的角度,结合装配式建筑和工程总承包模式的特点,将整个建设过程分为设计、生产、物流、安装四个阶段。故本节所探讨的装配式建筑总承包项目成本将从设计、生产、物流、安装这四个方面进行分析。

8.1.1 设计成本

装配式部品部件的生产以图纸为依据,装配式建筑对设计图纸的要求很高。在传统图纸的基础上,对预制部品部件的单独设计、拆分设计说明、部品部件的三视图及剖切图、连接节点图、预埋预设详图等工作导致设计工作量增大。由于目前装配式建筑设计技术尚不成熟,图纸量大,除了初步设计之外,还需要将部品部件分解进行深化设计,并根据工厂模具尺寸设计模具详图,故装配式部品部件从初步设计到深化设计的设计全过程流程如图 8.1 所示。

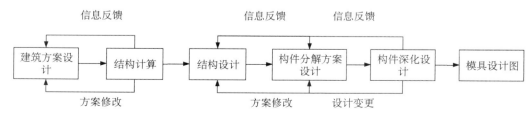

图 8.1 装配式建筑设计流程图

相较于传统建筑设计,装配式部品部件的深化设计增加了设计人员的工作量,也增加了设计成本尤其是深化设计成本。目前常见的深化设计是设计单位做出预制部品部件设计方案后交由部品部件厂深化设计人员,再由项目各参与方将需求传递给深化设计人员,深化设计人员再结合部品部件自身的生产工艺需求完成深化设计任务,现阶段深化设计流程如图 8.2 所示。

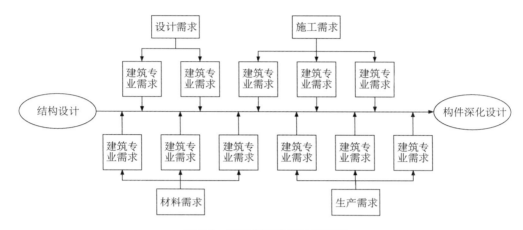

图 8.2　现阶段深化设计流程图

根据 2015 年发布的《建筑设计服务计费指导》,设计单位提供的服务包括设计基本服务和设计其他服务。设计基本服务是指设计人根据发包人的委托,按国家法律、技术规范和设计深度要求向发包人提供编制方案设计、初步设计(含初步设计概算)、施工图设计(不含编制工程量清单及施工图预算)文件服务,并相应提供设计技术交底、解决施工中的设计技术问题、参加竣工验收服务,其服务计费为设计基本计费。设计其他服务是指发包人要求设计人另行提供且发包人应当单独支付费用的服务,包括:总体设计、主体设计协调(包括设计总包服务)、采用绿色建筑设计、应用 BIM 技术、采用被动式节能建筑设计、采用预制装配式建筑设计、编制施工招标技术文件、编制工程量清单、编制施工图预算、建设过程技术顾问咨询、编制竣工图、驻场服务;提供概念性规划方案设计、概念性建筑方案设计、建筑总平面布置或者小区规划方案设计、绿色建筑设计标识评价咨询服务;提供室内装修设计、建筑智能化系统设计、幕墙深化设计、特殊照明设计、钢结构深化设计、金属屋面设计、风景园林景观设计、特殊声学设计、室外工程设计、地(水)源热泵设计等服务,其服务计费为设计其他服务计费。

设计基本服务计费方式包括投资费率计费、单位建筑面积计费和工日定额计费,也可以由发包人与设计人协商确定。设计其他服务计费方式包括:(1)以设计基本服务计费乘附加系数取值;(2)以用地面积、建筑面积计取;(3)以单项工程投资额计费。其中,预制装配式建筑设计的计费公式为:

$$预制装配式建筑设计计费=设计基本服务计费×(0.3～0.5) \tag{8-1}$$

由于流程复杂程度不同,预制装配式建筑设计成本要高于现浇建筑设计成本,其计费基础是设计基本服务费用。在实务中,设计作为一种服务,它的计费势必会受到其他因素例如市场供需,竞争能力和设计水平等的影响。

当然,装配式建筑在设计过程中,如何合理拆分和设计预制部品部件是装配式建筑项目实施的关键。部品部件拆分决定了部品部件的数量、部品部件的重量、部品部件标准化程度、部品部件安装难易程度等。所以在拆分设计时应尽量标准化设计,使部品部件种类最少、重复数量最多,这样部品部件厂生产所需的周转模具少、生产效率高,能最大限度地降低部品部件生产的成本。

8.1.2　生产成本

根据国家统计局公布的《大中型工业企业产品制造成本构成(乙表)》,产品生产成本是指企业在生产工业产品和提供劳务过程中实际消耗的直接材料、直接人工、其他直接费用和制造费用。预制部品部件厂作为工业产品生产企业的一种类型,在生产预制部品部件时,主要产生以下费用:

1)直接材料费:预制部品部件生产材料费,如生产中涉及的材料钢筋、混凝土、保温板、镀锌预埋安装件及吊装件,保温连接件、塑料薄膜及一些辅助材料。

2)直接人工费:生产车间工人的费用等。

3)直接材料消耗:直接材料消耗是指企业在生产工业产品和提供劳务过程中实际消耗的、直接用于产品生产、构成产品实体的原材料、燃料、动力、包装物、外购半成品(外购件)、修理用备件(备品配件)、其他直接材料。注意直接材料消耗必须是外购的产品,不包括生产过程中回收的废料以及自制品的价值。

4)制造费用:部品部件生产机械费及模具摊销费、工厂摊销费、蒸汽养护费等。

总的来说,在装配式总承包项目中,建筑预制部品部件生产成本主要包括:人工费、原材料费、机械设备折旧、厂房折旧、基建成本摊销、企业管理费、利润、税金以及能源消耗等费用。

2016年12月23日,住房和城乡建设部正式发布《装配式建筑工程消耗量定额》,它是分部分项、措施项目所需的人工、材料、施工机械台班的消耗量标准,也是编制工程投资估算、投标控制价、施工图预算、竣工结算的依据。消耗量定额决定着单项工程的成本和造价。

2017年2月20日,江苏省住房和城乡建设厅正式发布《江苏省装配式混凝土建筑工程定额(试行)》。该定额包括成品部品部件安装、施工措施项目、成品部品部件运输和成品部品部件制作。表8.1是《江苏省装配式混凝土建筑工程定额(试行)》中墙板制作的定额。综合考虑应纳税额,1 m³的墙板制作出厂参考价是2 561元。

表 8.1 《江苏省装配式混凝土建筑工程定额(试行)》

墙板

工作内容:钢筋(网片)制安,模具制安,安装铁件与吊装埋件制安, 计量单位:m³

混凝土浇筑,蒸养,场内运输,堆放等全部制作过程。

定额编号				4-6	
项目名称		单位	单价	墙板	
				数量	合价(元)
综合单价				2 380.87	
其中	人工费(元)			448.33	
	材料费(元)			1 208.62	
	制造费用(元)			360.12	
	管理费(元)			266.79	
	利润(元)			97.01	
制作工		工日	107.00	4.19	448.33
材料	01010100 钢筋(综合)	t	4 020.00	0.106	426.12
	80212117 预拌混凝土(非泵送型)C30	m³	353.00	1.030	363.59
	03590807 支撑铁件	t	4 080.00	0.003	12.24
	03410205 电焊条	kg	5.80	0.921	5.34
	其他材料费	元	1.00	5.93	5.93
	03590800 吊装埋件	套	10.00	4.82	48.20
	03670122 套筒	个	30.00	8.740	262.20
	蒸养费	项	85.00	1.00	85.00
应纳税额测算值 出厂参考价				180.13 2 561	

8.1.3 物流成本

1) 企业物流成本

根据国家标准《物流术语》(GB/T 18354—2006),企业物流成本是指企业物流活动中所消耗的物化劳动和活劳动的货币表现,包括货物在运输、存储、包装、装卸搬运、流通加工、物流信息、物流管理等过程中所耗费的人力、物力和财力的总和以及与存货有关的流动资金占用成本、存货风险成本和存货保险成本。

按成本项目划分,物流成本由物流功能成本和存货相关成本构成。其中物流功能成本包括物流活动过程中所发生的运输成本、仓储成本、包装成本、装卸搬运成本、流通加工成本、物流信息成本和物流管理成本。存货相关成本包括企业在物流活动过程中所发生的与存货有关的资金占用成本、物品损耗成本、保险和税收成本。具体内容如表 8.2 企业物流成本项目构成表所示。

表 8.2　企业物流成本项目构成表

		成本项目	内容说明
物流功能成本	物流运作成本	运输成本	一定时期内,企业为完成货物运输业务而发生的全部费用,包括从事货物运输业务的人员费用、车辆(包括其他运输工具)的燃料费、折旧费、维修保养费、租赁费、养路费、过路费、年检费、事故损失费、相关税金等
		仓储成本	一定时期内,企业为完成货物储存业务而发生的全部费用,包括仓储业务人员费用、仓储设施的折旧费、维修保养费、水电费、燃料与动力消耗等
		包装成本	一定时期内,企业为完成货物包装业务而发生的全部费用,包括包装业务人员费用,包装材料消耗,包装设施折旧费、维修保养费,包装技术设计、实施费用,以及包装标记的设计、印刷等辅助费用
		装卸搬运成本	一定时期内,企业为完成装卸搬运业务而发生的全部费用,包括装卸搬运业务人员费用,装卸搬运设施折旧费、维修保养费、燃料与动力消耗等
		流通加工成本	一定时期内,企业为完成货物流通加工业务而发生的全部费用,包括流通加工业务人员费用,流通加工材料消耗,加工设施折旧费、维修保养费,燃料与动力消耗费等
	物流信息成本		一定时期内,企业为采集、传输、处理物流信息而发生的全部费用,指与订货处理、储存管理、客户服务有关的费用,具体包括物流信息人员费用,软硬件折旧费、维护保养费、通信费等
	物流管理成本		一定时期内,企业物流管理部门及物流作业现场所发生的管理费用,具体包括管理人员费用,差旅费、办公费、会议费等
存货相关成本	资金占用成本		一定时期内,企业在物流活动过程中负债融资所发生的利息支出(显性成本)和占用内部资金所发生的机会成本(隐性成本)
	物品损耗成本		一定时期内,企业在物流活动过程中所发生的物品跌价、损耗、毁损、盘亏等损失
	保险和税收成本		一定时期内,企业支付的与存货相关的财产保险费以及因购进和销售物品应交纳的税金支出

2) 装配式建筑物流成本

(1) 装配式建筑物流成本定义。在装配式建筑项目建设中,需要业主单位或者施工单位采购工程物资后运至施工现场或者其他指定的放置地点,以便使用和保管。在这一过程中,产生工程物料的运输、仓储、包装、装卸搬运、流通加工等行为形成的项目物流成本和存货相关成本共同构成装配式建筑物流成本,即广义上的物流成本。而狭义上的项目物流,是指项目建设物流,即围绕项目建设,由物流企业提供某一环节或全过程的服务,目的是通过物流的专业技术服务,给予投资方最安全的保障和最大的便利,即物流功能成本。它包括项目建设所需的工程设备及建设材料的采购、包装、搬运、装箱、固定、物流、拆箱、拆卸、安装、调试、废弃或者回收的全过程。无论是从广义还是狭义方面来讲,它们在理论体系和方法上是基本一致的。

(2)装配式建筑物流特点。同一般的项目物流活动一样,装配式建筑物流也是现代物流的重要组成部分,但和一般的物流活动相比,又具有自身独有的特性:

① 一次性。在实际项目中,每一个项目都有自己的特点,虽然施工流程相同,但也因项目的不同而导致具体的实施方案不同,因此项目物流方案也很少有完全一样的情况,再好的物流方案可能也只能使用一次,一个项目的经验对其他项目而言只能是参考,组织者需要根据其他项目的经验制定符合自己项目的物流实施方案。

② 整体的关联性。每个项目的物流活动都是由多个环节或多个部分组成,这些环节或部分之间是相互联系的,一个环节或者组成内容发生改变,那么与之相关的环节或者组成内容都要随之产生相应的变动。

③ 工序的不确定性。影响项目施工进度的因素有很多,施工进度计划往往会因为一些外界因素而发生改变,比如相关政策的变化、自然灾害等。因此对于物流活动的服务商而言,他们在提供项目物流服务前,通常需要设立多种服务方案,以应对施工进度发生变化而带来的变动。

④ 技术的复杂性。由于项目技术的复杂性,因此项目的物流作业活动一般都没有标准化可言,这就要求组织者要有丰富的项目物流作业组织经验,同时还有可能会用到各种专用的设备,对物流环境的要求比较特殊,技术含量相对较高。

⑤ 过程的风险性。项目物流往往投资较大,服务对象也不尽相同,随时随地都有可能发生不可预见的情况,因而是一项很有风险的作业活动。所以,在项目物流的管理中,要认真开展各种风险的评估和管理工作,最大限度地降低风险和因风险可能造成的损失。

(3)装配式建筑物流成本内容。装配式建筑的物流成本是根据项目建设中的物流过程来决定的,主要包括三个方面:一是物流供应成本,即将使用的施工材料从供应地运送到施工现场或仓库的费用;二是生产物流成本,包括场内运输加工,施工材料从储存仓库到施工现场的二次搬运等费用;三是回收物流成本。

对于物料供应商来说,物流成本的管理主要侧重于降低产品的生产成本和产品生产出来以后在仓库的存储成本、装卸及搬运等成本。如果在物料采购合同中供应商有产品运输责任,则还需考虑车辆调度安排问题,而运输成本的高低也会直接影响到供应商的物流成本。通过合理控制运输费用,选择合适的运输路线和运输方式等途径,都可以达到降低成本的目的。

根据《江苏省装配式混凝土建筑工程定额(试行)》中成品部品部件运输定额,如表8.3所示,可以发现混凝土部品部件运输,不区分部品部件类型,按运输距离执行相应定额。成品部品部件运输定额综合考虑城镇、现场运输道路等级、上下坡等各种因素,当运输距离在 25 km 以内的时候，1 m³ 的部品部件运输单价是 199.06 元。

表8.3 《江苏省装配式混凝土建筑工程定额(试行)》

成品部品部件运输

工作内容:设置支架、垫方木、装车绑扎、运输、按规定地点卸车堆放、支架稳固。　　　　计量单位:m³

定额编号				3-1		3-2	
项目名称		单位	单价	部品部件运输			
				距离在 25 km 以内		距离在 25 km 以外每增加 5 km	
				数量	合价(元)	数量	合价(元)
综合单价				199.06		27.21	
其中	人工费(元)			16.40		4.92	
	材料费(元)			4.78			
	机械费(元)			122.37		14.52	
	管理费(元)			38.86		5.44	
	利润(元)			16.65		2.33	
二类工		工日	82.00	0.200	16.40	0.060	4.92
材料	32090101 模板木材	m³	1 850.00	0.001	1.85		
	01050101 钢丝绳	kg	6.70	0.030	0.20		
	03570217 镀锌铁丝 8-12♯	kg	6.00	0.310	1.86		
	32030121 钢支架、平台及连接件	kg	4.16	0.210	0.87		
机械	99453572 运输机械Ⅱ、Ⅲ类部品部件	台班	580.85	0.148	85.97	0.025	14.52
	99453575 装卸机械Ⅱ、Ⅲ类部品部件	台班	649.97	0.056	36.40		

8.1.4　安装成本

1) 建筑安装成本

建筑安装工程成本简称"建安成本"或"工程成本",指建筑安装工程在施工过程中耗费的各项生产费用。建筑安装工程成本按其是否直接耗用于工程的施工过程,分为直接费和间接费。其中直接费包括直接工程费和措施费,间接费包括规费和企业管理费。直接费由直接工程费和措施费组成。

(1) 直接工程费:是指施工过程中耗费的构成工程实体的各项费用,包括人工费、材料费、施工机械使用费。

① 人工费:是指直接从事建筑安装工程施工的生产工人开支的各项费用。

$$人工费＝\sum（工日消耗量×日工资单价）\qquad(8-2)$$

其中,日工资单价的内容包括:

a. 基本工资:是指发放给生产工人的基本工资。

b. 工资性补贴:是指按规定标准发放的物价补贴,煤、燃气补贴,交通补贴,住房补贴,流动施工津贴等。

c. 生产工人辅助工资:是指生产工人年有效施工天数以外非作业天数的工资,包括职工学习、培训期间的工资,调动工作、探亲、休假期间的工资,因气候影响的停工工资,女工哺乳时间的工资,病假在六个月以内的工资及产、婚、丧假期的工资。

d. 职工福利费:是指按规定标准计提的职工福利费。

e. 生产工人劳动保护费:是指按规定标准发放的劳动保护用品的购置费及修理费,徒工服装补贴,防暑降温费,在有碍身体健康环境中施工的保健费用等。

② 材料费:是指施工过程中耗费的构成工程实体的原材料、辅助材料、构配件、零件、半成品的费用,装配式建筑的主要部品部件的制造、物流、损耗、保管等费用,在生产制造成本和物流成本中已经算入,在此不再赘述。

③ 施工机械使用费:是指施工机械作业所发生的机械使用费以及机械安拆费和场外运费。在装配式建筑安装中,部品部件吊装需要用到大量的机械设备。

$$施工机械使用费＝\sum（施工机械台班消耗量×机械台班单价）\qquad(8-3)$$

其中,施工机械台班单价应由下列七项费用组成:

a. 折旧费:指施工机械在规定的使用年限内,陆续收回其原值及购置资金的时间价值。

b. 大修理费:指施工机械按规定的大修理间隔台班进行必要的大修理,以恢复其正常功能所需的费用。

c. 经常修理费:指施工机械除大修理以外的各级保养和临时故障排除所需的费用。包括为保障机械正常运转所需替换设备与随机配备工具附具的摊销和维护费用,机械运转中日常保养所需润滑与擦拭的材料费用及机械停滞期间的维护和保养费用等。

d. 安拆费及场外运费:安拆费指施工机械在现场进行安装与拆卸所需的人工、材料、机械和试运转费用以及机械辅助设施的折旧、搭设、拆除等费用;场外运费指施工机械整体或分体自停放地点运至施工现场或由一施工地点运至另一施工地点的物流、装卸、辅助材料及架线等费用。

e. 人工费:指机上司机(司炉)和其他操作人员的工作日人工费及上述人员在施工机械规定的年工作台班以外的人工费。

f. 燃料动力费:指施工机械在运转作业中所消耗的固体燃料(煤、木柴)、液体燃料(汽油、柴油)及水、电等。

g. 养路费及车船使用税:指施工机械按照国家规定和有关部门规定应缴纳的养路费、车船使用税、保险费及年检费等。

（2）措施费：是指为完成工程项目施工，发生于该工程施工前和施工过程中非工程实体项目的费用。包括内容：

① 环境保护费：是指施工现场为达到环保部门要求所需要的各项费用。

② 文明施工费：是指施工现场文明施工所需要的各项费用。

③ 安全施工费：是指施工现场安全施工所需要的各项费用。

④ 临时设施费：是指施工企业为进行建筑工程施工所必须搭设的生活和生产用的临时建筑物、构筑物和其他临时设施费用等。

⑤ 夜间施工费：是指因夜间施工所发生的夜班补助费、夜间施工降效、夜间施工照明设备摊销及照明用电等费用。

⑥ 二次搬运费：是指因施工场地狭小等特殊情况而发生的二次搬运费用。

⑦ 大型机械设备进出场及安拆费：是指机械整体或分体自停放场地运至施工现场或由一个施工地点运至另一个施工地点，所发生的机械进出场物流及转移费用及机械在施工现场进行安装、拆卸所需的人工费、材料费、机械费、试运转费和安装所需的辅助设施的费用。

⑧ 混凝土、钢筋混凝土模板及支架费：是指混凝土施工过程中需要的各种钢模板、木模板、支架等的支、拆、物流费用及模板、支架的摊销（或租赁）费用。

⑨ 脚手架费：是指施工需要的各种脚手架搭、拆、物流费用及脚手架的摊销（或租赁）费用。

⑩ 已完工程及设备保护费、施工排水、降水费。已完工程及设备保护费：是指竣工验收前，对已完工程及设备进行保护所需费用。施工排水、降水费：是指为确保工程在正常条件下施工，采取各种排水、降水措施所发生的各种费用。

间接费由规费、企业管理费组成。

（1）规费：是指政府和有关权力部门规定必须缴纳的费用（简称规费）。包括：

① 工程排污费：是指施工现场按规定缴纳的工程排污费。

② 工程定额测定费：是指按规定支付工程造价（定额）管理部门的定额测定费。

③ 社会保障费

养老保险费：是指企业按规定标准为职工缴纳的基本养老保险费。

失业保险费：是指企业按照国家规定标准为职工缴纳的失业保险费。

医疗保险费：是指企业按照规定标准为职工缴纳的基本医疗保险费。

住房公积金：是指企业按规定标准为职工缴纳的住房公积金。

危险作业意外伤害保险：是指按照建筑法规定，企业为从事危险作业的建筑安装施工人员支付的意外伤害保险费。

（2）企业管理费：是指建筑安装企业组织施工生产和经营管理所需费用。内容包括

① 管理人员工资：是指管理人员的基本工资、工资性补贴、职工福利费、劳动保护费等。

② 办公费：是指企业管理办公用的文具、纸张、账表、印刷、邮电、书报、会议、水电、烧

水和集体取暖(包括现场临时宿舍取暖)用煤等费用。

③ 差旅交通费:是指职工因公出差、调动工作的差旅费、住勤补助费,市内交通费和误餐补助费,职工探亲路费,劳动力招募费,职工离退休、退职一次性路费,工伤人员就医路费,工地转移费以及管理部门使用的交通工具的油料、燃料、养路费及牌照费。

④ 固定资产使用费:是指管理和试验部门及附属生产单位使用的属于固定资产的房屋、设备仪器等的折旧、大修、维修或租赁费。

⑤ 工具用具使用费:是指管理使用的不属于固定资产的生产工具、器具、家具、交通工具和检验、试验、测绘、消防用具等的购置、维修和摊销费。

⑥ 劳动保险费:是指由企业支付离退休职工的易地安家补助费、职工退职金、六个月以上的病假人员工资、职工死亡丧葬补助费、抚恤费、按规定支付给离休干部的各项经费。

⑦ 工会经费:是指企业按职工工资总额计提的工会经费。

⑧ 职工教育经费:是指企业为职工学习先进技术和提高文化水平,按职工工资总额计提的费用。

⑨ 财产保险费:是指施工管理用财产、车辆保险。

⑩ 其他:包括财务费、税金、技术转让费、技术开发费、业务招待费、绿化费、广告费、公证费、法律顾问费、审计费、咨询费等。

2)装配式建筑安装成本

装配式建筑的安装成本是指工程建设中安装装配式部品部件及其辅助工作所产生的费用,是工程建设施工图设计阶段安装价值的货币表现。在装配式建筑中,除了现浇部分在现场施工产生的费用外,在安装预制部品部件的过程中,会产生以下费用:部品部件安装人工费,安装部品部件需要使用的连接件、后置预埋件等材料费,部品部件安装机械费,部品部件垂直运输费等,其中部品部件安装人工费和部品部件安装机械费分别计入人工费和机械费中,为安装部品部件使用的连接件、预埋件等材料计入材料费中,部品部件垂直运输费计入措施项目费中。

目前装配式混凝土建筑部品部件种类主要有:柱、梁、楼板、墙、楼梯、阳台及其他。以装配式混凝土建筑外墙板为例,安装施工工艺流程为柱和剪力墙钢筋绑扎、外墙板吊装、墙柱模板安装、墙板模板支筑、梁板钢筋绑扎、水电预埋、梁板混凝土浇筑等工序。

根据《江苏省装配式混凝土建筑工程定额(试行)》中外墙板安装的定额,如表8.4所示,可以发现外墙板安装不分外形尺寸、截面类型,按墙厚套用相应定额。外挂墙板安装定额综合考虑了不同的连接方式,当墙厚≤200 mm时,1 m³的外墙板安装单价是221.01元。

预制装配式建筑比起传统现浇式建筑的造价相对较高。其中,人工费部分主要集中在预制构件的生产当中,这需要有较高专业技能的机械工人操作。建筑材料费占总成本费用的比例大幅度增加,由于国内生产预制构件没有标准化的流程,构件生产无法规模化,对新技术、新材料、新工法不熟悉,严重影响了建筑造价。机械费用占总工程造价的比重并没有很大变化,然而大量的现场安装工作,需要的机械操作,如果管理安排不合理很容易导致机械费用增高。

表 8.4 《江苏省装配式混凝土建筑工程计价定额(试行)》

墙

工作内容:结合面清理,部品部件吊装、就位、支撑、校正、垫实、固定　　　　　　　　计量单位:m³

定额编号				1-6		1-7	
项目名称	单位	单价(元)		实心剪力墙			
				外墙板			
				墙厚(mm)			
				≤200		>200	
				数量	合价(元)	数量	合价(元)
综合单价				221.01		171.10	
其中	人工费(元)			141.10		108.80	
	材料费(元)			23.47		18.78	
	机械费(元)			—		—	
	管理费(元)			39.51		30.46	
	利润(元)			16.93		13.06	
一类工		工日	85.00	1.660	141.10	1.280	108.80
材料	04291406	预制混凝土外墙板	m³		(1.000)		(1.000)
	03590100	垫铁	kg	5.00	1.250	6.25	0.960	4.80
	34021701	垫木	m³	1 800.00	0.002	3.60	0.002	3.60
	02110910	PE棒	m	1.80	4.080	7.34	3.120	5.62
	32020130	支撑杆件	套	80.00	0.074	5.92	0.056	4.48
		其他材料费	元	1.00	0.36	0.36	0.28	0.28

注:预制墙板安装设计采用橡胶气密条时,增加橡胶气密条材料费。

对于措施项目,现浇结构在施工现场需要大量的模板和支撑来现场浇筑梁板柱等构件,装配式结构由于是工厂预制现场安装,预制构件既可以作为楼板,也可以做模板,所以在装配式建筑中可以大量减少模板和脚手架的使用,制作模具周转率比现场现浇模板周转率大幅提高,节省了大量的措施费用。但是,目前由于很多项目的装配整体式建筑预制率较低和施工管理模式落后等导致装配式建筑措施费用还是相当高。因此,对装配式建筑总承包项目成本的分析及控制是目前亟待解决的问题。

8.2　装配式建筑总承包项目成本计划

8.2.1　成本计划的概念

项目成本控制体系的工作包括成本计划、成本核算、成本分析。成本计划是通过计划限制最高成本额；成本核算是关注项目动态成本的变化，做出超支预警；最后利用成本分析找出超支原因，采取控制措施。该成本控制体系为工程总承包商提供了控制框架，便于掌控项目动态成本变化，控制流程如图 8.3。成本控制的前提是制订成本计划即目标成本，本节内容主要介绍装配式总承包项目成本控制体系中的第一步成本计划。

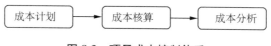

图 8.3　项目成本控制体系

成本计划是规定一定时期内为完成一定生产任务所需的生产费用和实现既定的产品成本水平的一种计划。一份合理的成本计划，是充分考虑到当前的生产计划、劳动工资计划、物料供应计划、各项消耗定额以及成本预测资料和降低成本的技术组织措施，并参考以前年度的成本水平而制定的。

成本计划可以从不同角度进行定义。从计划制订过程看，它是指根据工程技术资料和行业数据等相关资料，计算和预测建设工程全部费用，制定出控制建设工程成本方案的过程。从计划成果使用看，成本计划是工程项目实施过程中成本控制的基础、依据和指南，可作为用于指导和控制工程项目各项投资的纲领性文件。

成本计划是一个持续的、循环的、渐进的过程。由粗略到详细，贯穿于项目全寿命周期而逐步形成，它随着项目建设进展不断具体化，同时又不断地修改和调整，形成一个前后相继的体系，体现一系列的指标值和具体实施方案。建设工程成本计划用于衡量开支、计算各种偏差，进而确定预防或整改措施。编制和执行成本计划，是成本管理的重要环节，对于控制装配式建筑生产费用，厉行节约，消除浪费，挖掘降低成本的潜力，完成企业利润计划，有着重要的意义。通过成本计划还可把目标成本层分解，落实到施工过程的每个环节，以调动全体职工的积极性，有效地进行成本控制。

8.2.2　成本计划的程序

成本计划的编制是一项非常重要的工作，是预测建设工程成本，形成工程成本管理目标的过程，也是项目管理人员寻求降低工程计划成本的过程。成本计划不能局限于仅仅是估算造价，它是和成本控制相互联系和相互重叠、交织在一起的。不应仅仅把它看作是几张计划表的编制，更重要的是项目成本管理的决策过程是项目成本的统筹过程，同时要兼顾到技术上的可行性和经济上的节约性。同时，通过成本计划把目标成本层层分解，落实到施工过程的每个环节，以调动全体职工的积极性，有效地进行成本控制，其编制的基本程序如下：

1）遍查资料并整理归纳

任何的成本计划编制都离不开相关资料作为基础。这些资料的类别主要是：

① 合同类，如：与分包商签订的相关合同。

② 责任书类，如：给生产商企业下达的规定与成本相关的责任书，工程项目的总成本

预算和投标书。

③ 施工设计图纸。

④ 机械类,如:工程项目使用的设备能力和利用率。

⑤ 消耗类,如:工程项目需要的耗材,资源的供应,员工的工资和劳动力效率等。

⑥ 定额类,如:工程项目资源消耗的额定量,劳动力的工时,成本的额定量。

⑦ 借鉴类,如:与本项目相类似的工程项目对成本的规划和曾经出现的问题。

⑧ 其他类,如:施工项目单位的自身状况等。

2) 估算计划成本,即确定目标成本

财务部门在掌握了丰富的资料后加以整理分析,特别是在对基期成本计划完成情况进行分析的基础上,根据有关的设计、施工等计划,按照工程项目应投入的物资、材料、劳动力、机械、能源及各种设施等,结合计划期内各种因素的变化和准备采取的各种增产节约措施,进行反复测算、修订、平衡后,估算生产费用支出的总水平,进而提出全项目的成本计划控制指标,最终确定目标成本。

对于装配式建筑总承包项目而言,一个合理、有效的工作分解结构是成本控制的基础。工作分解结构 WBS(Work-Breakdown-Structure)是项目管理者对项目工作包进行定义,划分为若干更容易控制和执行的单元,依据特定的分解方式,赋予相应的属性的过程,其工作模式如图 8.4 所示。WBS 是指通过以交付项目的成果为目的的导向对项目要素进行的分组,它归纳和定义了项目的整个工作范围每下降一层级代表对项目工作的更详细定义。进行项目管理过程中,WBS 处于计划核心位置,也是制订进度计划、配置资源、测算成本、风险管理和采购计划等的重要基础。

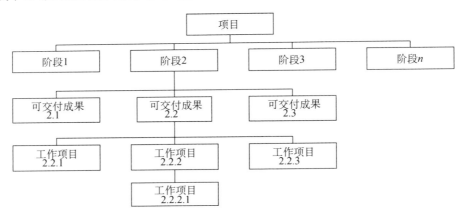

图 8.4 WBS 工作分解图

依据建设程序,成本计划的编制一般分为以下几个阶段:

(1) 在项目建议书阶段,编制初步投资估算。

(2) 在可行性研究阶段,编制投资估算,作为计划控制成本。

(3) 在初步设计阶段,编制初步设计总概算,作为控制工程成本的最高限额。对初步设计阶段,通过建设项目招投标签订承包合同的,其合同价也应在最高限价(总概算)相应的范围以内。

（4）在施工图设计阶段，编制施工图预算，用以核实施工图阶段成本是否超过批准的初步设计总概算，作为结算工程价款的依据。

（5）在施工准备阶段，编制招标工程的标底，参与合同谈判，确定工程承包合同价格。

（6）在工程施工阶段，根据施工图预算、合同价格，编制资金使用计划，作为工程价款支付、确定工程结算价的计划目标。

简单地说，确定建设工程成本的文件主要有：投资估算、设计总概算、施工图预算、合同价、结算价、竣工决算等。

3）编制成本计划草案

对大中型项目，经项目经理部批准下达成本计划指标后，各职能部门应充分发动群众进行认真的讨论，在总结上期成本计划完成情况的基础上，结合本期计划指标，找出完成本期计划的有利和不利因素，提出挖掘潜力、克服不利因素的具体措施，以保证计划任务的完成。为了使指标真正落实，各部门应尽可能将指标分解落实下达到各班组及个人，使得目标成本的降低额和降低率得到充分讨论、反馈、再修订，使成本计划既能够切合实际，又成为群众共同奋斗的目标。各职能部门亦应认真讨论项目经理部下达的费用控制指标，拟定具体实施的技术经济措施方案，编制各部门的费用预算。

4）综合平衡，编制正式的成本计划

在各职能部门上报了部门成本计划和费用预算后，项目经理部首先应结合各项技术经济措施，检查各计划和费用预算是否合理可行，并进行综合平衡，使各部门计划和费用预算之间相互协调、衔接；其次，要从全局出发，在保证企业下达的成本降低任务或本项目目标成本实现的情况下，以生产计划为中心，分析研究成本计划与生产计划、劳动工时计划、材料成本与物资供应计划、工资成本与工资基金计划、资金计划等的相互协调平衡。经反复讨论多次综合平衡；最后确定成本计划指标，编制各类成本计划表：

（1）工程成本任务计划表。此表主要反映的是项目的预计成本，规划成本等相关成本控制文件。

（2）工程成本的间接项目表，指现场管理费用的计划表。

（3）工程技术组织方法表。首先，此表的编制人是项目管理部门的相关人员，他们应该根据工程技术组织需要采取的措施进行分析，并预测它的效果，最后汇编成册。此表的目的在于能够不断地应用最新的科学技术，对整个工程的实施过程予以改善，让施工中更多的是采用产业化和工业化的方法，以便能够达到降低成本的效果。

（4）工程成本降低规划表。此表是指工程项目的责任方下达给该工程项目的成本降低任务和该项目相关管理部门做出的成本降低规划。此表的意义在于给编制工程成本降低规划表提供依据。它其实是依据项目的总体和分包的分工，工程中各个相关部门给予的与成本降低有关的资料和计划。在编制此表时还需要对承包工程企业内部和外部同类别项目成本规划进行比较分析和借鉴。

8.2.3　成本计划的编制方法

成本计划工作主要是在项目经理负责下,在成本预算、决算基础上进行的。编制中的关键前提是确定目标成本,这是成本计划的核心,是成本管理所要达到的目的。成本目标通常以项目成本总降低额和降低率来定量地表示。项目成本目标的方向性、综合性和预测性,决定了必须选择科学的确定目标的方法。

常用的成本计划表达方式有以下几种:

(1) 表格形式,例如成本—时间表和成本对比分析表。

(2) 曲线形式,可细分为直方图形式和累计曲线(如累计成本—时间曲线)。

(3) 其他形式,如各种表达成本要素份额的圆(柱)形图等。

编制建设工程成本计划随工程项目的规模大小、管理要求不同而不同,但编制的关键前提是先确定目标成本。目标成本是成本计划的核心,是成本管理所要达到的目的。

大中型项目一般采用分级编制的方式,即先由各部门提出部门成本计划,再由项目经理部汇总编制全项目的工程成本计划;小型项目一般采用集中编制方式,即由项目经理部先编制各部门成本计划,再汇总编制全项目的成本计划。无论采用哪种方式,其编制的方法主要包括以下四种:

(1) 预算法。用工程实物量,套以工料消耗定额,计算工料消耗量,汇总并统一以货币形式反映其生产耗费水平。施工预算法,是指主要以施工图中的工程实物量,套以施工工料消耗定额,计算工料消耗量,并进行工料汇总,然后统一以货币形式反映其施工生产耗费水平。以施工工料消耗定额所计算施工生产耗费水平,基本是一个不变的常数。一个施工项目要实现较高的经济效益(即提高降低成本水平),就必须在这个常数基础上采取技术节约措施,以降低消耗定额的单位消耗量和降低价格等措施,来达到成本计划的目标。因此采用施工预算法编制成本计划时,必须考虑结合技术节约措施计划,以进一步降低施工生产耗费水平。用公式来表示:

$$施工预算法的计划施工预算＝施工生产耗费－技术节约措施 \qquad (8-4)$$

$$成本(目标成本)＝水平(工料消耗费用)－计划节约额 \qquad (8-5)$$

(2) 技术措施法:以建设工程项目计划采取的技术组织措施和节约措施所能取得的经济效果为施工项目成本降低额,然后求出建设工程计划成本的方法。用公式表示:

$$计划成本＝施工项目预算成本－技术节约措施计划节约额 \qquad (8-6)$$

(3) 成本习性法:是固定成本和变动成本在编制成本计划中的应用,主要按照成本习性,将成本分成固定成本和变动成本两类,以此作为计划成本。具体划分可采用费用分解法分为以下几类:

① 材料费。与产量有直接联系,属于变动成本。

② 人工费。在计时工资形式下,生产工人工资属于固定成本。因为不管生产任务完成与否,工资照发,与产量增减无直接联系。如果采用计件超额工资形式,其计件工资部

分属工变动成本,奖金、效益工资和浮动工资部分,亦应计入变动成本。

③ 机械使用费。其中有些费用随产量增减而变动,如燃料、动力费,属于可变成本。有些费用不随产量变动,如机械折旧费、大修理费、机修工、操作工的工资等,属于固定成本。此外还有机械的场外运输费和机械组装拆卸、替换配件、润滑擦拭等经常修理费,由于不直接用于生产,也不随产量增减成正比例变动,而是在生产能力得到充分利用、产量增长时,所分摊的费用就少些,在产量下降时,所分摊的费用就要大一些,所以这部分费用为介于固定成本和变动成本之间的半变动成本,可按一定比例划归固定成本与变动成本。

④ 其他直接费。水、电、风、气等费用以及现场发生的材料二次搬运费,多数与产量发生联系,属于变动成本。

⑤ 施工管理费。其中大部分在一定产量范围内与产量的增减没有直接联系,如工资及附加、办公费、差旅交通费、固定资产使用费、职工教育经费、上级管理费等,基本上属于固定成本。

⑥ 检验试验费、外单位管理费等与产量增减有直接联系,则属于变动成本范围;此外,劳动保护费中的劳保服装费、防暑降温费、防寒用品费,劳动部门都有规定的领用标准和使用年限,基本上属于固定成本范围,技术安全措施、保健费,大部分与产量有关,属无变动性质。工具用具使用费中,行政使用的家具费属固定成本、工人领用工具,随管理制度不同而不同,有些企业对机修工、电工、钢筋、车、钳、刨工的工具按定额配备,规定使用年限,定期以旧换新,属于固定成本,而对民工、木工、抹灰工、油漆工的工具采取定额人工数、定价包干,则又属于变动成本。

(4) 按实计算法:由有关职能部门(成本管理人员)以项目施工图预算的工料分析资料作为控制计划成本的依据。根据项目经理部执行施工定额的实际水平和要求,由各职能部门归口计算各项计划成本。

① 人工费的计划成本,由项目管理班子的劳资部门(人员)计算。

$$人工费的计划成本=计划用工量×实际水平的工资率 \qquad (8-7)$$

② 材料费的计划成本,由项目管理班子的材料部门(人员)计算。

建设工程成本费用可分成两大块,一块是可控费用,包括完成工程需要的工、料、机和其他直接费用,另一块是不可控费用,包括上级管理费、各项基金和各种税费等。制订成本计划时应考虑这些因素的影响。

8.2.4 装配式建筑总承包项目成本计划

装配式建筑企业是在一般建筑工程成本计划的指导下,开展成本管理工作,并结合装配式建筑企业总承包项目经营的特点,为后期的成本控制、分析和考核提供依据。

装配式总承包项目依据装配式建筑建造流程(生产—运输—安装)以及工程总承包模式一体化管理(设计—采购—施工)的特点,将成本控制工作按照项目实施过程进行分解。装配式建筑以施工图设计为基础,以本企业做出的项目施工组织设计及技术方案为依据,以实际价格和计划的物资、材料、人工、机械等消耗量为基准,估算工程项目的实际成本费用。该项分解方式在一般工程成本计划阶段的基础上,考虑到装配式建筑的特殊性,进行成本计划编制。如图 8.5 所示。

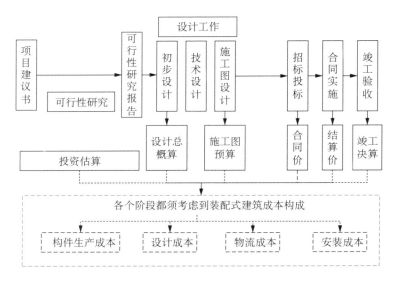

图 8.5 装配式建筑总承包项目成本计划

1)设计成本

预制装配式混凝土建筑设计不是单纯的设计施工图纸,而是要根据施工图纸进行部品部件拆分和深化设计,既要符合工程设计规范要求的图纸要求,又能满足工厂生产的部品部件加工图纸的要求,同时,还要考虑其运输的可能性和便利性,增加了设计工作量和难度。

与传统现浇建筑设计相比,预制装配式混凝土建筑设计要将所有部品布置、部品部件深化设计均包含在设计阶段。在设计阶段需综合考虑部品部件的种类、生产工艺、设备情况、制作成本等因素,进行比较优选合适的部品部件拆分方案。预制部品部件的制作和生产要以预制装配混凝土建筑设计的部品部件拆分图纸为依据,其拆分设计的合理性会直接影响建筑的成本。

预制装配混凝土建筑设计通常分为两个阶段,第一阶段为按设计技术规范进行的建筑整体设计,第二阶段为预制部品部件拆分和专业集成后的加工图设计阶段。由于预制建筑设计有其特殊性,设计是否合理对预制混凝土部品部件的生产、运输、施工等环节的造价和经济性将产生很大的影响,所以在设计阶段要综合各阶段的影响因素,各专业间互为条件、相互制约,必须建立一体化同步设计的理念,通过相互配合与协助达到成本的降低。

2)部品部件生产成本

预制装配式混凝土结构的生产方式是"先工厂生产部品部件、后现场装配施工",彻底打破传统现浇施工的工序和流程,多个专业的多个工序可以在构件厂里进行集成生产,并且质量更好、成本更低,实现更好效果。

预制部品部件生产厂在制作生产时严格按照预制方案、设计图纸及相关质量要求进行生产。依据预制部品部件的生产数量、形状大小、型号规格、部品部件自重等确定合理高效的生产方案,严格把握生产质量要点,编写配套的部品部件制作生产方案,提高生产效率,做好预制部品部件生产全过程的质量管理和计划成本管理,使预制部品部件产品质量和经济效益得到更好的保证。

3)运输成本

预制部品部件在工厂制造,在现场安装,运输过程中产生的成本是不容回避的。部品部件从制作完成到安装到位,要经历加工厂存放、道路运输、施工现场临时堆放、吊装就位四个阶段,要对这四个阶段进行合理规划,才能相互衔接,达到少占用堆场、流水不窝工的目的,从而降低成本。预制部品部件搬运的距离和运输情况以及运输安放质量如何,将很大程度影响运输成本。做好运输工作,减少人工费、机械费,从而预制部品部件成本会随之降低,所以在发货过程中吊车转运人员等应积极配合调度,高质、高效地完成装卸工作。

① 根据预制部品部件的数量及形状、施工现场的安装预制部品部件数量确定合理的运输车辆类型和数量的选择,减少运输次数。

② 对不同的运输路线在路程、路况、道路质量等方面的进行勘察比较,选择最优化的路线,提高运输效率。

③ 根据预制部品部件生产制作效率、施工现场安装效率、堆放量等考虑,确定运输量,避免二次搬运产生的费用、过长时间的堆放产生的管理费用及对预制部品部件的损害。

④ 又重又长的部品不容易调头又不容易卸车就位,更要考虑其安装方向确定装车方向。

⑤ 确保运输过程的安全,为防止在运输中部品部件倾倒或甩出,部品要安置固定牢靠。在运输途中车辆二侧设置明显的安全标志。

⑥ 为避免二次倒运部品部件进场时,应按其吊装平面布置图的位置堆放。

4)现场施工安装阶段

预制装配式建造的关键主要是预制部品部件的安装技术、施工工序及连接技术工法。采用不同施工工法和技术路线,经济性差异相当大,将直接影响现场施工组织设计和安装成本。一些烦琐的施工工艺和工法在满足设计标准化的基础下可相应地简化生产和安装工序,便于控制工程质量,减少人工费用和建筑原料的损耗,并可以加快制作和安装的效率,减少总的成本。

施工过程中的施工工艺和施工顺序对于造价的影响很大,各工序之间的衔接不紧密会导致造价升高。制定标准化的预制装配式混凝土建筑施工技术,合理安排工序和施工工艺,合理降低工程造价。

8.3 装配式建筑总承包项目成本管控要点

装配式建筑总承包项目成本控制的重点在于项目的设计和施工阶段,设计阶段的成本控制直接影响项目建设成本,而施工阶段的成本计划是以装配式建筑总承包项目为对象,在设计阶段的成本计划及控制的基础上,对整个施工过程进行动态控制,故本节主要分析了装配式建筑总承包项目设计及施工阶段成本控制的要点。

8.3.1 设计阶段的成本控制要点

工程设计对成本的影响首先体现在设计方案直接影响项目建设成本。在设计中,诸如建筑与结构方案选择、建筑材料的选用、性能标准的确定等设计内容对建设项目的成本均有直接影响;"笔下一条线,投资花千万"正是设计影响直接投资的形象体现。工程设计对成本的影响其次体现在设计质量间接地影响项目建设成本。设计质量一直以来均是引起工程质量事故的主要原因。由于设计质量差导致工程施工停工、返工的现象十分严重,有的甚至造成质量事故和安全隐患,从而引起成本费用的极大浪费。设计的建筑结构方案、建筑材料的选择,预制部品部件的选择、装配率及建造指标等都会直接影响成本,严重的甚至造成安全质量事故,引发极大的成本浪费。

在实践中,设计阶段应充分考虑到国家或地方法规、顾客对产品性能的要求,力求在满足要求的前提下,不要出现质量过剩和质量不足两种情况,同时技术人员必须从产品的设计、制造、销售和服务等整体过程考虑,防止因设计的模块化单元不合理,造成生产成本、物流成本以及施工成本的增加。

设计阶段成本控制具备项目成本的最大可控权,是企业项目成本控制的关键。做好设计阶段成本控制,有必要对其经济和技术上的合理性进行评审,避免因为设计方案不合理造成随后各阶段增加额外的成本,从以下几点提出控制重点。

1) 优选设计单位,加强设计管理

对设计阶段造价影响较大的主要因素是设计费用以及设计计划在工程建造过程当中投入的费用,因此在设计单位选择上应当选取综合实力强的设计单位或者具有装配式建筑设计经验的设计单位。装配式建筑在设计阶段主要进行的工作是工程设计、技术标准的选择、项目资源环境分析以及项目施工图设计。为了能够更好地控制设计阶段成本,在工程设计阶段,应结合项目具体特点和定位标准,合理地进行建筑平立面、装饰装修设计;在技术标准选择时,充分地对构部件的制作方案、拆装安装方案、维护以及装修方案,进行深入细致的论证;在项目资源环境分析时应当充分地进行市场调研,足量地获取资源环境信息;在施工图设计时,应当结合设计方案综合考虑预制部件的生产过程、运输过程、安装过程,并做好施工图设计的详细规划。

2) 做好资源准备与技术准备

由于装配式建筑在我国的发展还处于起步阶段,因此在进行项目建设时采用装配式方式进行建造需充分地做好资源准备以及技术准备,对工程建设的合理性,以及必要性进行充分论证。在资源准备过程当中需要充分地考察、调研相应的设计单位、施工单位、构配件生产制造厂家等。在进行技术准备的时候,主要是通过引入相应的专家学者对企业员工进行培训,或者组织人员进行装配式建筑的技术知识的学习,在条件成熟的状况下还可以选派人员到比较成熟的项目中进行考察学习。

3)通过设计达到规模效应

规模化的生产能够在一定程度上降低产品的生产成本,当装配式建筑的建筑体量达到一定程度过后,就会对部分设计费用进行分摊,随着标准化通用部品或者部件的大量生产和推广,设计费会随之而降低。此外,建筑企业可通过发展开发、设计、部件制造以及施工一体化来实现成本的控制。

4)优化设计,提高部品部件使用重复率

在设计环节时通过相应的改进,来提升部品部件的重复使用率,减少模具的种类以及周转次数,进而让成本大幅度的降低。此外对预制部品部件在生产和安装过程当中遇到的问题进行充分考虑,不断优化预制部品部件的设计,提升现场施工的容易程度,在部品部件连接点处实施标准化作业,提升建筑的整体性以及美化性,提高部品部件使用重复率。

5)做好预制部件的拆分

设计阶段是装配式建筑成本控制的关键环节,在设计阶段既要提升项目的精细化管理水平以及集约化经营能力,同时在设计时还需要考虑如何提升资源的利用效率、降低产品生产制造成本、提升工程设计的质量以及施工的质量水平。为了能够达到通过批量生产来降低企业生产成本的目的,则必须实现预制部品部件的拆分做到科学合理,让构建能够进行标准化生产,而这一目标的实现来源于构建先进性、通用性的模具,通过对模具各个功能模块的尺寸和类别的优化,让不同模具之间实现互通以及互换,以实现产品部件基础功能的同时,造价和建筑的整体美观性得到优化。通过在设计阶段深化产品的经济适用性和多样选择性,来保证产品设计的完整度、可控度得以实现,基本做法就是以设计图纸作为基本出发点,充分考虑设计阶段当中对成本影响较大的问题,同时在部件设计时对其进行科学合理拆分并进行成本的预算。

8.3.2　生产阶段成本控制要点

生产阶段是承上启下的阶段,将设计图纸输出为实物,部品部件生产成本由人工费、材料费、设备厂房分摊费、模具分摊费、管理费组成。部品部件生产需要专业技术工人,对技术工人的技术水平要求较高,而目前产业工人缺乏,无相应的技能和经验,工厂生产效率提高不明显,专业技术工人的工薪较高导致部品部件生产人工费用高。目前国内规模较小的工厂生产部品部件以人工为主,部品部件的生产周期及质量受人工操作的影响极大。例如人工进行钢筋的绑扎和混凝土浇筑振捣,因疏忽部品部件尺寸、质量产生偏差,则现场无调整的可能性,只能返工重来,造成成本浪费,影响工期。且预制部品部件建筑、结构、机电、装修一体化,在生产阶段有大量精准的预埋工作,人力成本大。人工操作质量和精度都难以保证。

对于部品部件生产阶段,可以采取相应措施完善该阶段成本管理:

1)为充分发挥总承包模式的优势,工厂管理者要树立集成管理的逻辑,部品部件的设计、生产、安装这三个环节是密切联系的整体,需培养产业工人懂设计图纸、懂生产、懂安装。

2)部品部件生产厂采用自动化生产线,以流水线方式进行,使生产流程标准化。

3)在生产环节,严格控制生产任务单和限额领料单的管理。对具体项目的每个分项目实际消耗的材料成本与前期预算做对比,无论是盈是亏都做好记录,对于材料的超耗及时找出原因,为后期项目成本管理提供可靠资料,同时为项目考核提供依据。

4)部品部件生产阶段,为了区分不同的部品部件,可对部品部件置入标签,标签内包含有部品部件单元的各种信息,具有唯一性,以便于在运输、堆放、施工吊装的过程中对部品部件进行管理,避免运输错误、安装错误。

5)对总承包企业,在选择构件类型,优化方案时,可以少选择墙板和柱等竖向构件。竖向构件牵涉套筒灌浆工艺,成本较高。

6)产品的生产是由生产工人直接来完成的,产品成本的高低,与操作人员业务素质水平的高低有很大的关系。因此,应不断提高生产人员理论知识水平和实际操作能力,要严格按照规章制度、操作标准办事,树立"质量是产品生命力"的观念,由被动地接受检验转变为我要检验、自我检验、相互检验,使整个生产过程处于材料定额控制与质量监督体系之下,只有这样才能在保证产品质量的同时,降低产品的成本费用,提高企业的经济效益。另外生产环节还要重视生产效率和项目进度的管理,只有效率提高了,单位人工成本和费用才会降低。

8.3.3　运输阶段成本控制要点

在装配式部品部件运输阶段,由于装配式部品部件有着产品种类多、体积大、重量大等特点,很大程度上制约着产品的装载、运输。大型预制部品部件吊装运输时部品部件装卸不合理也是一个重要问题,实际工作中会容易出现装运顺序混乱的现象。由于部品部件体积和重量很大,一旦装运顺序不合理,造成卸车时重复倒运,过程中容易造成部品部件损坏。为节约运输成本,可以从以下几个方面进行管控:

1)制定运输方案。充分考虑部品部件大小形状,明确运输车辆,合理设计并制作运输架等装运工具,提高运输架的通用性。模块化单元生产并打包完毕物流发运环节,需要对运输方案进行必要的筹划。如根据产品运输的紧急程度,选择水路运输、陆路运输或航空运输(需求的紧急配件),不同途径的运输方式,运费成本差异巨大,因此在交期允许的前提下尽量使用水路运输,在水路运输不能通达的情况下,选择陆路运输,仅在国外项目中临时现场补货,才可使用航空快递运输;安排运输时需要考虑产品运输体量,根据产品外形尺寸选择合适的运输车型,避免大车小用;在运输过程中需要考虑产品保护,预防损坏,因此装车方案需要充分考虑防压、防撞等必要保护,避免产品损坏造成补货。

2）正确放置部品部件。采用预制部品部件专用运输车、带货厢,起安全防护作用,并且可以做到预制部品部件储存和运输一体化。

3）避免二次倒运。在部品部件出厂时应仔细核对部品部件的种类及数量,查看是否符合项目上需求,以免产生装载错误,产生运输浪费,且易造成对项目上供应不足出现窝工。部品部件堆放地点应距离安装位置较近,避免二次倒运,减少吊装机械使用。单元模块发运先后顺序要与现场施工需求进度相匹配,避免已发货的现场暂时不需要,需要的未及时发货,导致现场施工人员窝工或者额外产生现场材料仓储费、二次搬运费等成本。

8.3.4 现场施工安装环节成本控制要点

预制部品部件安装费主要包括机械费（灌浆机、电焊机、切割机等小型机械设备费吊车等台班费及进出场费）、人工费、耗材费（接缝处理、封堵灌浆、填充密封胶等）、周转材料费（斜撑、固定件、拉结件）和税费。具体成本分析如表 8.5 所示。

表 8.5　装配式建筑安装环节成本分析

类别	差异	说明
机械费用	主体部分工期	工期缩短
	机械型号变化	因吊装预制部品部件导致增加塔吊重量、基础费用、进出场费用等
预制部品部件施工费用	安装人工费用	安装预制部品部件人员费用、配合预制部品部件卸货人工费
预埋铁件及支撑费用	支撑	外墙支撑数量＝外墙块数×2,周转使用 梁、板、楼梯:不增加 柱:每个柱两根支撑,每根≤3 m,可伸缩
	预埋件	预埋部分可周转使用,可按 kg 计价
	吊装用铁件	配一套周转使用,可按 kg 计价
接缝处理	密封胶条(含 PE 棒)	目前使用密封胶为 SUNSTAR（企鹅）牌,为外墙接缝时使用,其他 PC 部品部件均无
	欧米茄胶条	此部分主要用于外墙防水,体现在部品部件工厂费用中
其他费用	外墙保护膜	有特殊要求的可考虑外墙保护膜,外饰面为面砖的则需要考虑采用外墙保护膜
	管理费用	视项目配置而定,若项目配置 PC 部品部件专门主管工程师,则需要计取此部分费用,若同用则不需考虑
	安全文明	按常规考虑

施工环节项目成本管理包括材料成本控制、施工计划控制、人员调度、设备管理以及现场费用控制等几个方面,它们之间都是互相关联和互相促进的,基于成本目标和施工计

划,对成本控制实施控制,并结合实际情况进行及时纠偏。

　　工程结束后,项目部要尽快组织施工人员、施工机械及时退场,安排技术人员做好资料的整理工作,完善各种材料手续,组织人员在规定时间进行工程验收,提交竣工报告,为工程的决算提供依据。在工程竣工结算办理时,认真检查、核对工程项目,确认其实际建设情况与合同签订时的要求相符合,认真清理施工过程中的实际的签证工作和实际计量,对工程的人工费用、机械使用费、管理费、材料费等各种费用进行分析、比较、查缺补漏,以便准确办理项目结算,确保结算的完整性和正确性。传统的管理模式无法提高施工队伍工作效率及项目管理水平,让装配式建筑施工效率高的优势无法体现,因此安装阶段成本控制是成本管理过程中的重要一环,其控制重点主要有以下几点:

　　(1) 组织措施

　　① 优化项目管理合理安排工期。部品部件的生产与安装工期应相匹配减少库存和堆放费用。现场堆放位置应与施工吊装顺序相符并处于相应的塔吊工作范围内降低安装成本。

　　② 提高施工安装水平降低安装成本。预制部品部件安装作为装配式建筑施工环节中的关键技术,施工中安装的快速准确直接决定安装成本。为了达到较高的安装速度可采用分段流水安装方式实现不同工序,同时展开提高安装效率从而达到节省成本的目标。

　　③ 加强工人专业技术能力培训,提高施工安装效率,另外可组织多支预制部品部件安装的专业技术队伍可以有效节约装配时间、提高施工安装质量从而减少成本。

　　④ 提高安装施工水平。作为装配式建筑施工环节中的关键技术,预制部品部件安装技术水平的高低以及安装质量的好坏直接影响到建筑成本的高低。基于此,相关部门在进行生产成本管控的过程中,需要加强对于安装施工水平的提高。

　　(2) 施工顺序的选择

　　施工顺序是按照项目工期的要求,建筑结构的特点,劳动力、材料、机械供应等具体情况,考虑工期、质量、成本目标等因素综合确定的。判断施工顺序的合理性,是审核施工方案和施工进度计划需要考虑的主要问题。施工顺序合理与否,对工程成本具有显著影响。其表现如下:

　　① 合理安排施工顺序可以提高人、材、机械等的使用效率,防止窝工,均衡资源的使用,从而直接降低项目成本。

　　② 合理安排施工顺序在不影响总工期的情况下,可以利用对非关键线路工序的调整,进行资源的优化,达到降低工程成本,合理安排资金使用的目的。

　　③ 合理安排施工顺序可以影响工期,从而对项目建设成本产生影响。

　　(3) 施工机械的选择

　　施工机械是现代化工程建设中必不可少的设施,对其的选择是施工方法选择的重要内容。施工机械的选择需要综合考虑施工现场条件、建筑结构特征、施工工艺和方法、施工组织与管理、机械设备性能、建筑技术经济等因素。施工机械的选择是工程承包商的主要技术决策,对承包商的施工成本有显著影响。承包商需要根据上述因素对是否选择机械施工,选择何种机械施工做出决策。施工机械的选择除了对承包商的施工成本有明显的影响之外,对建设单位的建设成本也有一定的影响。这些影响主要体现在:

① 施工机械的选择是施工方法选择的中心环节,而施工方法,尤其是关键或主导施工方法,对项目的设计方案、投标价格等均有重要的影响。

② 施工机械的选择关系到项目的施工效率和施工进度,从而进一步影响到项目的建设成本和投资效益的及时发挥。

③ 承包商施工机械的选择直接影响到承包商的分部分项工程报价和施工过程中的一些技术措施费用,而承包商的报价在施工中是双方结算和变更价款确定的依据。

④ 承包商不同的施工机械选择会影响到承发包双方的机械费用索赔。例如,台班价格高的施工机械,在发生由于业主的原因导致的机械窝工时,业主需要支付的窝工费用会较高。而尽可能选用承包商自有的机械,对于降低索赔费用有益,因为当发生由于业主的原因导致的机械窝工时,通常,承包商的自有机械按照折旧费予以补偿,而承包商的租赁机械则可能需要按照租赁费用予以补偿(不包括运转费用)。

⑤ 若采用成本加酬金合同形式,由于施工机械的选择直接影响承包商的施工成本,从而进一步直接影响建设单位的建设成本。

⑥ 此外,承包商选择不同的施工机械还会影响到建设单位对整个施工现场的分配和使用,从而在一些情况下间接影响建设单位的费用支出。

除上述施工方法、施工顺序、施工机械的选择外,施工平面图布置、施工技术准备、资源优化、废物重复利用等因素对承包商施工成本均会产生一定的影响,从而进一步根据合同内容可能会影响到建设工程项目成本。

8.4　案例分析

8.4.1　工程概况

某项目工程(图 8.6),二层以下的结构采用现浇剪力墙结构,自三层至十四层为标准层,面积 920.23 m²,均为装配式预制剪力墙结构,构件之间的节点采用现场二次浇筑的方法。楼面采用预制预应力混凝土叠合板,外墙采用预制三明治夹心保温墙板,室内承重内墙为预制剪力墙板、内隔墙为整体轻质墙板、楼梯为预制楼梯。其中所使用到的预制部品包括:预制剪力墙部品、预制隔墙部品、预制叠合板部品、预制楼梯部品等。根据装配式建筑的特点,预制部品都在产业化基地生产,生产完成后运输到施工现场。同时将根据工程的进度计划安排,合理安排产业化基地进行各楼

图 8.6　工程案例效果图

层、各预制部品的生产、运输。

以标准层为例,计算单层预制部分现场施工安装(不包含构件出厂费用)和现浇现场施工部分各自的成本费用,通过调查并经过计算得出下列数据。

1) 预制部分现场施工安装费用成本计算(表 8.6)

表 8.6　预制部分费用成本计算表

序号	名称	包含事项	单价/元	总价/元	备注
1	吊装	人工费、安装所需所有设备,三级电箱、电缆	40	36 809.2	不含塔机、吊车
2	木工	制作,安装,打磨,拆除,辅材,辅助材料,机具等	52	47 851.96	
3	周转材料		25	23 005.75	含木方、模板、支撑架体等
4	钢筋	制作、安装、辅材、钢筋对焊、电渣压力焊、电焊机钢筋机械链接、植筋的下料	17	15 643.91	不含钢筋主材费用
5	外架	制作、安装、拆除、所需的辅材器具等、临边防护	8	7 361.84	
6	砼	振捣、养护、楼层清理	12	11 042.76	不含砼主材价格
7	支撑杆件		10	9 202.3	
8	辅材	膨胀剂、找平丝、连接螺丝、发泡剂、泡沫条、海绵条、安全网、安全带、安全帽	8	7 361.84	含安装垫片
9	安全文明施工	包括成品的保护,工地文明建设,材料堆放整齐,施工范围内的卫生清理,工地安全保卫巡守,材料的上、下车用工及工地零星用工	8	7 361.84	
10	管理费	现场管理,协调	8	7 361.84	
11	利润		12	11 042.76	
12	注浆	注浆及注浆所需的辅材机具等	5	4 601.15	不含注浆料
13	小型机具		10	9 202.3	
14	放线		4	3 680.92	
15	税点		15	13 803.45	按国家规定
	合计		234	215 333.82	

2）现浇部分费用计算（表8.7）

表8.7 现浇部分费用成本计算表

序号	名称	工程量	单位	单价/元	总价/元
1	现场浇筑砼	128	m³	320	40 960
2	厨房、阳台、卫生间抗渗砼(PC35砼)	12.83	m³	335	4 298.05
3	三级钢直径6钢筋	0.24	t	3636	872.64
4	三级钢直径8钢筋	8.619	t	3 357.5	28 938.29
5	三级钢直径10钢筋	0.992	t	3 357.5	3 330.64
6	三级钢直径14钢筋	5.783	t	3 128	18 089.22
7	三级钢直径16钢筋	0.766	t	3 079	2 358.51
8	三级钢直径18钢筋	0.074	t	3 079	227.85
9	水泥(P.42.5)	0.84	t	380	319.2
10	座浆料	0.84	t	1 800	1 512
11	沙子	2.24	m³	130	291.2
12	连续灌注(含套筒灌浆料)	1.31	t	6 600	8 646
13	人工费	816.81	m²	260	212 370.6
14	塔吊司机人工费	10	天	400	4 000
15	塔吊费	10	天	1 666	16 660
合计					342 874.21

3）工期计算

由于预制构件是从构件厂运到施工现场，天气对施工进度的影响小，不会像传统现浇式建筑一样影响工期。进度在某种程度上与预制率有关，预制率越高，需要进行现浇的部分就越少，从而节省时间，缩短工期，加快进度。进度的加快，从工期方面考虑可以降低人工、机械费用。

本工程为预制剪力墙结构，主体是由各预制构件现场安装、预制墙体底部灌浆、浇筑后浇带混凝土板、浇筑预制叠合板上层混凝土等材料构成。因此大部分部品部件均在工厂生产完成，预制部品部件生产完成后运输到施工现场，将大量高空作业转移到工厂室内，现场施工对机械需求增加、操作要求增高。根据工程开工时间及工程形象进度，考虑季节性特点，合理安排施工工序，尽量减少雨季的影响，以保证工程施工质量，并降低费用。装配式结构从三层至十四层，一、二层结构计划工期12天，标准层计划工期6天，总工期96天。

8.4.2 预制构件成本分析

1）预制外墙分析

传统方式的现浇工程，在外墙施工需要钢筋绑扎、支模板、浇筑混凝土、养护、外保温施工、外饰面施工这些工序,但是预制外墙就跟以前有很大区别,外墙结构部分以及外保温和外墙装饰面层都是在工厂一次加工完成,只需要进行现场的吊装,同时通过预埋件与主体进行固定。

本工程采用夹心保温外墙,主要是内侧为 100 mm 厚的钢筋混凝土,中间加入 50 mm 厚挤塑板保温层,最外面为 50 mm 厚钢筋混凝土,形成具有保温功能的预制外墙。现分析预制外墙的单方成本计算(表 8.8)。

表 8.8 预制外墙单方成本

序号	子项名称	单位	单方用量	材料单价	小计/(元/m³)
1	混凝土	m³	1.00	320.00	320.00
2	钢筋	kg/m³	106.96	3.36	359.39
3	金属埋件	kg/m³	11.68	8.30	96.94
4	夹心保温	m²/m³	4.82	130.00	626.60
5	空调埋管	m/m³	0.03	70.00	2.10
6	水电及其他材料费	m³	1.00	89.00	89.00
7	模具摊销费	kg/m³	70.12	4.60	322.55
8	制作人工费	m³	1.00	410.30	410.30
9	蒸汽养护费	m³	1.00	120.00	120.00
10	直接费小计	m³			2 346.88
11	运费	m³	1.00		340.00

2)楼板分析

本工程采用预制叠合楼板,总厚度 140 mm,工厂预制 40 mm 平板、50 mm 肋板的预制钢筋混凝土板,然后剩余部分在现场浇筑连接,混凝土强度等级为 C30 叠合楼板,属于部分预制装配式构件,在叠合楼板浇筑时,预制底板可以充当模板,但预制底板间存在缝隙,所以还是要进行配置模板。现进行叠合板的单方成本计算(表 8.9)。

表 8.9 叠合板单方成本

序号	子项名称	单位	单方用量	材料单价	小计/(元/m³)
1	混凝土	m³	1.00	320.00	320.00
2	钢筋	kg/m³	35.98	3.36	120.89
3	金属埋件	kg/m³	35.73	8.10	289.41
4	钢绞线	kg/m³	9.68	4.80	46.46
5	钢丝	kg/m³	11.89	5.20	61.83
6	水电及其他材料费	m³	1.00	95.00	95.00
7	模具摊销费	kg/m³	128.62	4.60	591.65

序号	子项名称	单位	单方用量	材料单价	小计/(元/m³)
8	制作人工费	m³	1.00	210.36	210.36
9	蒸汽养护费	m³	1.00	120.00	120.00
10	直接费小计	m³			1855.61
11	运费	m³	1.00		430.00

3）阳台楼梯分析

本工程阳台为开敞式阳台,可后期安装铝合金制栏板。楼梯的标准化程度普遍较高,与现浇楼梯相比,预制楼梯的安装效率提高。现进行阳台和楼梯的单项成本计算(表8.10)(表8.11)。

表 8.10　阳台单方成本

序号	子项名称	单位	单方用量	材料单价	小计/(元/m³)
1	混凝土	m³	1.00	330.00	330.00
2	钢筋	kg/m³	147.12	3.70	544.34
3	金属埋件	kg/m³	7.80	9.20	71.76
4	水电及其他材料费	m³	1.00	23.00	23.00
5	模具摊销费	kg/m³	33.89	4.20	142.34
6	制作人工费	m³	1.00	293.00	293.00
7	蒸汽养护费	m³	1.00	120.00	120.00
8	直接费小计	m³			1 524.44
11	运费	m³	1.00		280.00

表 8.11　楼梯单方成本

序号	子项名称	单位	单方用量	材料单价	小计/(元/m³)
1	混凝土	m³	1.00	320.00	320.00
2	钢筋	kg/m³	70.11	3.36	235.57
3	金属埋件	kg/m³	9.38	8.20	76.92
4	水电及其他材料费	m³	1.00	68.00	68.00
5	模具摊销费	kg/m³	121.96	4.60	561.02
6	制作人工费	m³	1.00	287.00	287.00
7	蒸汽养护费	m³	1.00	120.00	120.00
8	直接费小计	m³			1 688.50
9	运费	m³	1.00		200.00

8.4.3　工程造价对比

通过对本工程整个建造过程的跟踪调查,进行计算出工程的造价的数据。为进行对传统和装配式建筑结构的造价对比,形成数据支持,在现有工程的基础上,将本工程以现浇方式进行模拟,按照现浇式设计图纸对工程进行土建计算。

下述装配式剪力墙结构中的材料费是指预制部件的建筑材料费、人工水电机械等成本费用、构件模具费、工厂摊销费、预制部件厂利润等;构件安装费主要是构件场地内垂直运输、安装等费用,还包括部品部件运输费(预制构件从工厂运输至工地的运费、短期仓储费和施工场地内的二次搬运费);措施费是包括现场脚手架、模板等。

表 8.12　现浇式剪力墙结构与装配式剪力墙结构造价对比(土建部分)

序号	名称	现浇结构	装配式结构
1	工程总造价(元)	14 568 093.12	17 594 746.50
2	单位建筑面积造价(元/m²)	1 319.24	1 593.32
3	分部分项工程量清单项目费	10 311 631.48	14 310 674.13
3.1	其中:人工费	2 231 688.51	1 408 218.50
3.2	材料费	7 222 742.7	12 050 583.88
3.3	机械费	82 469.51	101 786.08
3.4	管理费	478 265.19	462 989.63
3.5	利润	296 541.51	287 035.70
4	措施项目费	2 457 389.35	1 362 412.72
5	规费	1 320 316.75	1 338 980.88
6	税金	478 755.54	582 739.07

由表 8.12 可知,预制装配式建筑比起传统现浇式建筑的造价每平方米要高 274.09 元,预制装配式剪力墙结构和现浇式结构相比造价要高出 21%。

其中,人工费部分占总工程造价的比例从现浇结构的 15.32% 降低到 7.74%,减少了 7.58 个百分点,装配式剪力墙结构的人工费要比现浇式混凝土结构人工费减少了 36.89%;现浇建筑工程中人工用量是相当大的,每个环节都需要大量的工人来进行,可是装配式建筑中,人工主要集中在预制构件的生产当中,也就是加入了材料费用中,机械的使用增多,这需要有较高专业技能的机械工人操作。

建筑材料费占总成本费用的比例从现浇结构的 49.58% 增加到 68.49%,增加了 18.91 个百分点,装配式结构比现浇结构材料费增加了 66.84%;材料费用比较高,由于国内生产预制构件没有标准化的流程,构件生产无法规模化,对新技术、新材料、新工法不熟悉,严重影响了建筑造价。

机械费用占总工程造价的比重并没有很大变化,然而装配式剪力墙结构比现浇结构机械费增加了 23.42%;措施费占总成本的比例从现浇结构的 16.88% 降低到 7.74%,减少了 9.14 个百分点,装配式剪力墙结构比现浇结构措施费减少 44.56%。大量的现场安装工作需要的机械操作,如果管理安排不合理很容易导致机械费用增高。

对于措施项目,现浇结构在施工现场需要大量的模板和支撑来现场浇筑梁板柱等构件,装配式结构由于是工厂预制而后现场安装,预制构件既可以作为楼板,也可以做模板,所以在装配式建筑中可以大量减少模板和脚手架的使用,制作模具周转率比现场现浇模板周转率大幅提高,节省了大量的措施费用。但是,目前很多项目的装配整体式建筑预制率较低和施工管理模式落后等原因导致装配式建筑措施费用还是相当高的。由此可得,采用装配整体式建造方法进行项目的建设,是可以更加经济以及减少资源的浪费。所以,对工业化建筑建造成本的分析及控制是目前亟待解决的问题。

8.4.4 降低成本措施

1) 优化设计

建筑图的设计是项目成本管理中不可或缺的一部分,在策划时期要对项目的每个环节的各个部分进行充分的考虑,深入分析设计方案对项目施工各部分的影响,以此为依据来制定合理的技术方案,尤其是对需要用到预制构件的部分。在施工过程中尽量做到减少施工的难度,所以在进行结构设计时要尽量选择制作简单、安装容易的结构构造形式。

2) 简化制作工序

通过对万科等企业的调查发现,预制外墙的生产都是利用反打工艺,该工艺需要用胶条对外墙进行密封,这无疑就增加了施工工序,从而提高了工程造价,并且生产期间的使用模具一般都为一次性模板,若将一次性模具改为可重复利用的模具,并将生产方式从固定工位转变为流水线生产,这样既可以提高制作效率,又可以节约成本。

3) 优化技术路线和安装方案

生产同一个构件可能有不同的生产方法,不同的生产方法也会产生不同的技术路线和安装工法,所以对于构件的生产应该选择合理的生产方法,选择合理的技术路线和安装工法。表 8.13 为常用预制构件的生产安装的对比。

表 8.13 预制构件的生产安装的对比

部品名称	制作工序特点	安装特征	优缺点
全预制剪力墙浆锚连接	反打工艺生产	现场施工作业少,但对孔技术难	减少模板、脚手架等的使用,造价高,施工效率低
单面预制叠合式剪力墙	正打或反打工艺	现场施工速度快,只需支一面模板	减少模板、脚手架等的使用,造价高,施工效率高
双面预制叠合式剪力墙	机械化翻转生产,二次浇筑成型工艺	安装施工中不需要模板,每层楼不需要浇筑多次混凝土	减少模板、脚手架等的使用,施工效率高,但需要大型机器设备

部品名称	制作工序特点	安装特征	优缺点
全预制圆孔板剪力墙	正打或反打工艺	施工速度快,预制楼板可直接安装,每层不需要浇筑多次混凝土	减少模板、脚手架等的使用,造价低,效率高
预制预应力叠合楼板	先张法制作工序	施工简单,可减少模板的使用,50%湿作业	免模板技术,造价低,价格比现浇板低
预制桁架钢筋叠合楼板	机械化批量生产	施工方便,湿作业在50%左右	不需要使用模板,价格比现浇板低
全预制节点叠合楼板	台车式模具流水线生产	施工方便,湿作业在10%左右	不需要使用模板,价格比现浇板低
预制叠合梁	各制作厂家生产工艺不同	施工方便	不需要使用模板,价格比现浇梁低,施工效率低
预制双面叠合梁、U型叠合梁	两面翻转两次浇筑成型工艺	施工方便,可减少模板使用	施工效率低,造价高
预制楼梯	平模或立模生产可根据设计制作	施工方便	造价低,价格比现浇楼梯低
预制阳台、空调板	多层一体柱,模具统一生产	施工方便	重复率决定成本,价格比现浇板低
预制柱	模具统一生产	施工效率高	制作造价低,施工造价高
预制空心柱	模具统一生产	施工效率高	成本低

项目在施工图设计时,应根据自身项目的特点,综合考虑各个影响因素,选择合理的施工技术和构件组合,要从建筑部品制作、安装和现场浇筑等多方面确定施工技术方案。同时还因该将国外比较先进和完善的施工技术和管理体系与我国国内的装配整体式建筑的特性相结合,形成我国独特的装配式建筑设计施工的总承包模式,并在全国范围内开展更多的试点城市来积极发展,从而可从整体上降低装配式建筑在工程方面的成本。

4）发挥政府决定性作用

政府在装配式建筑的发展过程中起着举足轻重的作用,政府有效的管理可以为其降低土建成本起到决定性作用。

政府应制定相关扶持政策,为装配式建筑的发展提供支持,对建筑市场经济进行宏观调控,制定各种吸引外商的优惠政策,为装配式建筑招商引资,并对装配式建筑进行大力宣传。装配式建筑的发展践行了我国节能环保的政策,根据我国相关的规章制度,可向国家申请扶持装配式建筑发展的专项基金,为其发展提供保障。政府的管理措施积极推进了装配式建筑的发展,并为装配式建筑造价的降低提供了保障。

9 装配式建筑总承包质量控制

9.1 装配式建筑总承包质量管理内涵

国际标准化组织(International Organization for Standardization)将质量定义为在建设过程中规定或潜在的安全需要和内部性质受保证的程度。工程项目质量是国家现行有关法律、法规、技术标准化设计文件及工程项目合同中的项目的安全、使用、经济、美观等特性的综合要求,通常体现在适用性、可靠性、经济性、外观质量与环境协调等方面。关于工程的质量管理是为项目的用户(顾客)和其他项目相关者提供高质量工程和服务的综合性过程,包括项目前期策划、计划、实施控制的质量等职能。

装配式建筑质量控制就是需要实现对建筑产品全生命周期的信息管理,需要综合考虑规划设计、构件生产、现场施工到后期运营维护的全部信息,进行高效的质量控制。

9.2 装配式建筑总承包项目各阶段质量控制内容

9.2.1 装配式建筑总承包项目设计质量控制

1) 技术策划阶段

装配式建筑设计不同于传统现浇建筑设计,在设计流程上增加了装配式技术专项策划、预制构件加工图设计,设计过程更全面、更精细、更综合,其中预制构件加工图设计深度最能体现设计单位的设计能力。参见图 9.1。

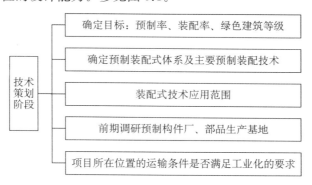

图 9.1 技术策划阶段质量控制流程

2）方案设计阶段

方案设计阶段的重点是做好平面设计与立面设计。平面设计以模数协调为原则,在保证满足使用功能的基础上,实现住宅套型设计的标准化与模块化。立面设计考虑构件的可生产性,根据装配式建造方式的特点实现立面的个性化和多样化。方案设计中建筑、结构、设备、构件和装修等专业应协同设计,相互配合。在方案设计阶段建筑专业应负总责,建筑主管及设计单位建筑专业负责人应及时审核方案。具体流程见图9.2。各设计专业的质量控制主要内容及控制方法见表9.1。

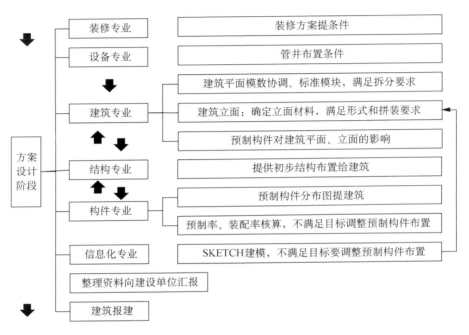

图 9.2　方案设计阶段质量控制流程

表 9.1　方案设计阶段质量控制内容和方法

流程编号	质量控制负责人	主要内容	质量控制方法
1	专业建筑设计师	平立面设计	基于模数协调的原则将标准化模块进行组合,以实现平立面的标准化和多样化
2	建筑主管设计师	审核初步方案	对初步设计方案进行审核、修改、调整
3	设备专业设计师	管井布置条件	审核方案设计是否满足管井布置条件
4	结构专业设计师	初步结构布置图	审核设计方案是否满足结构要求
5	构件专业设计师	装配率核算,构件布置	进行预制率、装配率的核算,调整构件布置
6	公司建筑设计负责人	终审	对各专业修改后的最终方案进行终审,签字确认后形成最终方案定稿
7	BIM 设计师	建模	依据定稿方案进行 BIM 建模

3）初步设计阶段

初步设计阶段主要内容是各设计专业结合技术要点进行协同设计。具体内容包括对平面立面修改，确定合理技术措施，确定预制构件拆分范围，优化预制构件种类，充分考虑机电专业预留预埋，进行专项经济性评估，分析影响成本的因素，详见图9.3。

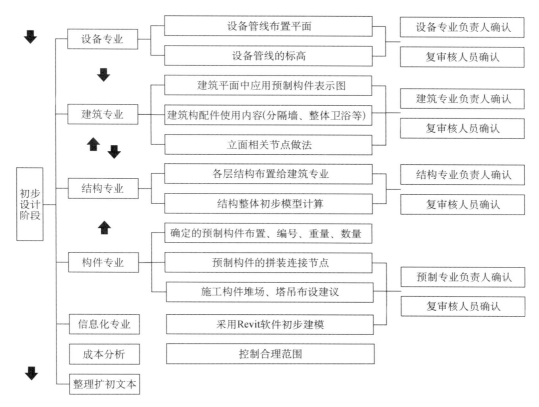

图9.3　初步设计阶段质量管控流程

该过程中设备专业设计师对设备管线进行平面布置，并标注标高；建筑专业设计师完成构件表示图，并明确构配件类别，如内墙墙板、整体厨卫，同时标注平立面相关的节点做法；结构专业设计师应完成各层的结构布置图，并完成初步结构整体模型计算；构件专业设计师应确定构件的布置、选型、编号、重量等关键指标，同时应明确构配件的拼装连接节点，并针对构件特点提出施工现场堆场和塔吊等设备布置的建议。各专业设计师完成方案后，分别将方案交由各专业负责人审核确认。随后，各专业负责人应举办讨论协调会，汇总修改意见，形成最终设计方案，提交单位技术负责人审核、定稿。随后，BIM设计师依据定稿方案进行建模。

4）施工图设计阶段

施工图设计阶段是根据初步设计阶段制定的技术措施进行设计。各专业根据预制构件、内装部品、设备设施等生产企业提供的设计参数，深化施工图中各专业预留预埋条件，并且充分考虑节点、接缝处的防水、防火、隔声等设计，具体流程见图9.4。各设计专业的质量控制主要内容及控制方法见表9.2。

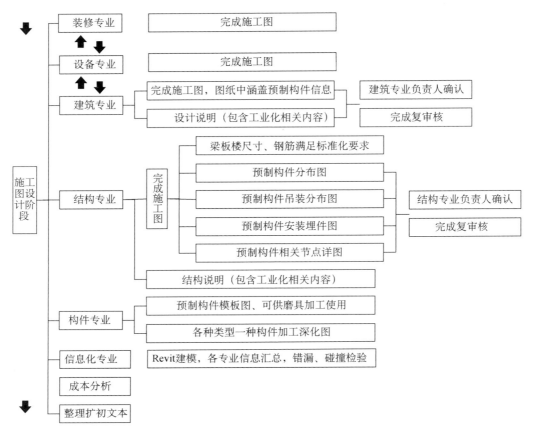

图9.4　施工图设计阶段质量管控流程

表9.2　施工图设计阶段质量控制内容和方法

流程	负责人	主要内容
1	装修设计师	完成装修施工图,并由装修专业负责人审核
2	设备设计师	完成设备施工图,并由设备专业负责人审核
3	建筑设计师	完成建筑施工图及设计说明,并由建筑专业负责人审核
4	结构设计师	完成结构施工图集结构设计说明,并由结构专业负责人审核
5	构件设计师	完成预制构件模板图和构件加工深化图,并会同构件厂技术人员和施工单位技术人员审核图纸,调整优化,最后由构件专业负责人审核
6	设计单位负责人	会同各设计专业负责人对图纸进行讨论、协调、调整优化,定稿
7	BIM设计师	根据各专业提供的定稿将数据输入模型,进行碰撞检验,根据模拟结果进行调整优化,形成最终方案
8	设计单位负责人	完成复审核,签字

5）图纸深化设计阶段

图纸深化设计阶段根据各专业的施工图设计阶段协同设计成果,进行预制构件深化设计。预制构件深化设计应充分考虑生产的便利性、运输和吊装条件的限制以及施工单位的需求和能力,具体管控流程见图9.5。

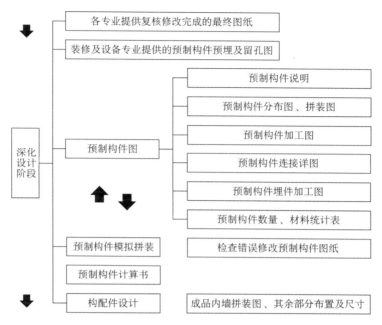

图9.5　深化设计阶段质量管控流程

在装配式建筑中,该阶段较传统建筑最大的不同在于预制构件的制作发生在施工前期,取代了传统现场浇筑的湿作业模式。而预制构件作为建筑工程的一个最基本的单元,其质量控制水平直接决定了建筑工程的安全性和可靠性。一般每个构件均有独立的构件平立剖面图、配筋图、预留预埋件图、装饰设计图,个别也有制作三维视图,这都需要在设计深化阶段完成,来指导后续的施工流程。

6)现场服务阶段

现场服务阶段主要包括现浇部分设计交底、模具生产交底、构件生产交底和现场施工指导等,具体质量管控流程见图9.6。

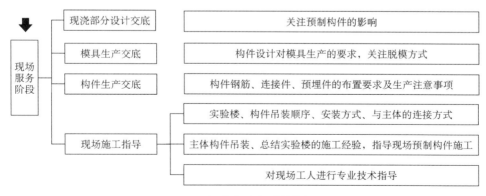

图9.6　现场服务阶段质量管控流程

9.2.2 装配式建筑总承包项目施工质量控制

装配式建筑施工相对传统现浇结构,增加了预制构件、部品部件的施工。构成建筑结构的梁、柱、墙、板等各类构件、装饰的各类部品由工厂进行生产,生产完成的构件运输至工地现场进行安装,与周边预制构件、现浇构件衔接成为一个整体,部品与主体结构固定连接,成为建筑装饰结构。则装配式建筑施工在传统现浇结构的基础上增加预制装配结构部分部品的深化设计、模具加工制作及拼装、构件制作养护及运输、构件堆放、构件吊装安装及与周边结构混凝土连接、灌浆连接、部品部件安装等内容。装配式住宅施工可分为施工策划阶段、施工准备阶段、施工控制阶段、施工验收阶段,见图9.7。

图 9.7　装配式建筑施工阶段划分

9.2.2.1　施工策划阶段

装配式建筑相对传统现浇结构新增了预制构件、部品部件工厂化加工现场拼装安装,施工准备、施工要求均高于传统现浇结构,有效的施工组织才能确保工程的顺利实施及工程质量的控制。施工策划是从整体上提高项目合理组织施工的重要阶段,体现工程施工组织的综合施工能力。施工初期进行装配结构施工策划,使施工组织更合理、安排更全面。施工策划阶段主要质量控制流程见图9.8。

9.2.2.2　施工准备阶段

施工策划即为工程实施的大纲,施工准备为工程实施的技术方法。为有效保证工程施工,依据施工策划总体要求,做好装配混凝土建筑施工准备工作。施工准备阶段的重点是结合工程的自身情况、特点,做好图纸的审核、选定适合工程装配式结构各分部工程的施工工艺,出具可行性施工方案,方案交底先行,方案交底三维可视化交底。工艺选型项目经理组织项目各部分主要人员进行工程可行性探讨及确认。施工组织、施工方案要经项目各部门、公司各部门审核报审建立审批确认。装配混凝土建筑施工准备主要质量控制流程见图9.9。

9.2.2.3　施工安装阶段

装配式建筑施工安装阶段主要是连接节点的控制,包括钢筋套筒灌浆节点、钢筋浆锚节点等,以及连接部位防水节点。对于不同的节点,连接质量影响因素和质控内容也存在一些区别。

1)连接节点

节点安装施工阶段,影响节点连接质量的主要因素包括:构配件连接部位处理和安装质量、灌浆部位密封质量、灌浆料浆料加工质量、灌浆作业工艺和构配件保护措施。

(1)构配件连接钢筋安装质量

如果连接钢筋位置偏离或伸出长度不符合设计要求,构配件就会难以安装到位,或造

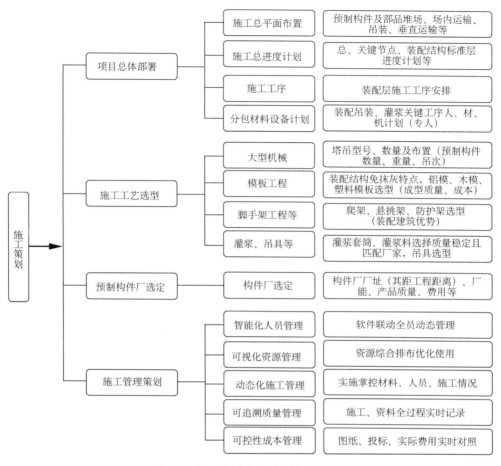

图 9.8　施工策划阶段质量控制流程图

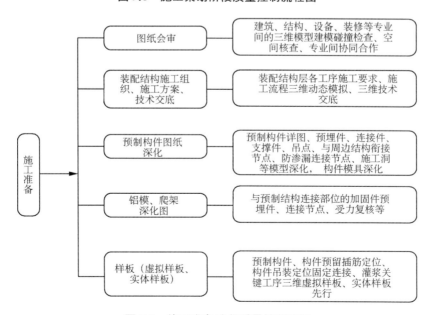

图 9.9　施工准备阶段质量控制流程

成钢筋连接长度不足。而当钢筋表面沾有泥浆或锈蚀严重,或者作为灌浆连通腔的构配件接缝时间隙过小时,也将会导致连接质量问题。

(2)灌浆部位预处理和密封质量

当构配件连接面处理不干净或存有异物或积水,在灌浆连接时,异物或积水就会混入灌浆料内,造成灌浆料性能改变,严重时甚至堵塞灌浆通道。另一方面,若灌浆腔密封不牢,当灌浆后期压力变大时就易出现意外漏浆状况,一旦出现将可能导致整个构配件连接失败甚至报废。

(3)灌浆料浆料加工质量

灌浆施工时,灌浆料须在现场加水拌制成浆料使用。接头的三个组成部分中,灌浆料是唯一由现场操作人员加工的材料,因此其加工质量是接头质量风险源之一。加工拌制时,如操作人员不按产品规定要求操作,可能会导致浆料流动度差、操作时间短、膨胀和强度性能不稳定,甚至泌水等,而如果不合格浆料被用于灌浆作业,就可能出现不流、早凝、收缩、强度不足等问题,导致连接失败。

(4)灌浆作业工艺和构配件保护措施

施工作业人员如灌浆作业工艺操作不当或操作未按正确工艺执行,都可能造成接头灌浆锚固长度不足,导致连接质量不合格。而灌浆后构配件节点也应进行成品支撑保护,如果灌浆料凝固后接头连接部位发生移动,使得灌浆料与套筒、钢筋之间出现间隙,或灌浆料在达到规定强度前被冻结,料内自由水分结冰,都将会使接头连接性能下降,连接失败。

2)连接部位防水节点

与常规的现浇混凝土建筑不同,装配式建筑是将工厂预制的构件在现场拼装,这会留下大量的拼装接缝,这些接缝很容易成为水流渗透的通道,造成渗漏隐患。因此要保证装配式建筑的防水效果,需要重点关注预制外墙板接缝的密封防水。

9.2.3 装配式建筑总承包项目生产质量控制

装配式建筑构配件产品的生产制作应有保证生产质量要求的生产工艺和设备、设施。其质量影响因素主要包括以下几方面内容:

1)深化设计方面

设计是质量管控的基础环节,想要确保预制混凝土构配件高质量地批量生产,达到规范的要求,首先要确保生产一线技术的准确性和严谨性。装配式建筑构配件生产企业应对部品部件平面图(含部品部件编号、节点索引、明细表等)、模板图、配筋图、水电安装图、预埋件及细部构造、饰面板材排版、夹心外墙板内外叶拉结件布置、保温板排版、脱模及翻转过程中混凝土强度验算等进行深化设计,深化设计文件应经原结构设计单位审核。

2)常用原材料和配件质量

预制混凝土构配件产品中常用的材料和配件主要包括混凝土、钢筋、保温材料、拉结件、预埋螺栓、灌浆套筒、线盒等。原材料的质量不仅决定了单个构配件的产品质量,也影响到预制构配件是否能形成整体并按原设计意图进行受力和传力。目前国内使用的预制构配件连接材料以钢筋连接材料为主,主要有钢筋连接用灌浆套筒、浆锚搭接连接用波纹管、钢筋锚固板、钢筋连接直螺纹、锥螺纹套筒及挤压套筒接头,其中钢筋连接用灌浆套筒和灌浆料在这几年得到了广泛应用。

同样,混凝土的质量好坏对预制构配件的质量起着关键的作用。有些装配式构配件生产加工企业混凝土制备无配合比设计,缺少专项方案对配合比按实调整,或存在使用同一种配合比适用所有构配件的情况。为了混凝土配合比准确无误,构配件生产企业应制定严格的混凝土制备管理制度,各材料的配比要准确,严格过秤和自动计量,采用电子计量系统计量原材料,不得采用体积计量法。搅拌时,应先向搅拌机投入细骨料、水泥、矿物掺合料和外加剂,搅拌均匀后,再加入所需用水量,待砂浆充分搅拌后再投入粗骨料,并继续搅拌至均匀为止。搅拌站必须建立每工作台班用料台账,用料台账必须真实可靠,作为混凝土搅拌质量的评价依据。

3) 部品部件制作与检验工作

部品部件制作过程中的质量管理是指在部品部件生产制作过程中,生产企业按照设计图纸、国家规范等要求,对构配件生产制作完成等全程进行质量监督与控制的行为。部品部件的制作过程如果缺少对重要节点的管控措施和方案,生产制作随意,生产过程中无法准确对产品质量进行控制,必然会导致构配件制作质量不符合要求。构配件生产企业应制定符合本企业实际的生产流程图,生产人员应按照规范的工艺流程加工制作部品部件,在生产过程中,企业的质量部应进行全过程的检查、监督。

产品在生产过程中,必须严格落实三级检验制度。一是操作者要严格执行自检,防止不合格品生产;二是交接检查,即下道工序应对上道工序产品的质量进行检查,防止不合格品流转到下道工序,工序流转单应由操作者当班班组负责人签字;构配件在生产完成后,应由公司质检员进行最终质量检查,并签署质检意见。质检人员要做好检验记录,建立检验台账和每批次成品的质量档案,保证随时能提供生产日期、生产班组、生产工人的质量考核资料,达到可追溯的要求。

9.2.4 装配式建筑构件质量检验与验收

1) 原材料和配件方面

装配式建筑构配件生产原材料主要包括:混凝土、钢材、连接套筒和连接件。原材料管理应该重点针对这些材料分类加以控制。

(1) 混凝土

装配式建筑构配件混凝土的制备关键在于配合比的设计,混凝土配合比设计适宜配一些必要的技术说明,包括生产时候调整的要求,以利于构配件的生产,同时混凝土不得掺加对钢材有锈蚀作用的外加剂,根据《装配式混凝土结构技术规程》(JGJ1—2014)的规定,预制构配件的混凝土强度等级不宜低于 C30;预应力混凝土预制构配件的混凝土强度等级不宜低于 C40,且不应低于 C30,混凝土制备过程中应严格遵守规范对于强度等级的要求。

需要注意的是,混凝土制备的过程中应严格控制混凝土中氯化物的含量,过高含量的氯化物会引起碱骨料反应或钢筋锈蚀,从而进一步影响结构构配件受力性能和耐久性。

同时,混凝土原材料水泥、骨料、掺合料、外加剂等的各项性能指标也应符合国家标准的有关规定,且经过检测机构检测合格后才能使用。

（2）钢材

预制混凝土构配件用钢筋、钢材应符合国家相关标准及设计文件的要求。预制混凝土构配件的吊环应采用未经冷加工的 HPB300 钢筋制作,主要钢材宜选用 Q235、Q345、Q390、Q420 钢;也可选取其他型号钢材,但钢材性能必须符合国家的有关规定。预制构配件中的水平钢筋宜采用搭接连接,预制构配件中的竖向受力筋和叠合梁中的钢筋宜采用焊接和机械连接。

（3）预制构件的连接方式

对于装配式结构而言,可靠的连接方式是最重要的,是结构安全的最基本保障。装配式结构的连接方式主要包括:钢筋套筒灌浆连接、浆锚搭接连接、后浇混凝土连接、螺栓连接、焊接连接等。

套筒灌浆连接方式性能可靠,工程中较多使用这种连接方式。当钢筋采用套管连接方式时,套管的伸长率和抗拉强度等性能指标应符合国家的规定及设计要求,所选套管种类及灌浆料应符合相关规定。连接件宜选用非金属连接件,能通过结构性能的检验,且具有防腐性和耐久性。当选用金属连接件时,应进行相关的性能检验。

钢筋套筒接头在使用前,应查看厂家提供的型式检验报告,并应按国家相关标准对产品性能的要求,对灌浆套筒、灌浆料进行结构性能检测,合格后方可使用。灌浆套筒供应时,应将与之匹配检验合格的灌浆料注明在产品说明书中。若灌浆套筒或者灌浆料的型号发生改变时,应再次进行结构性能检验,避免影响套筒灌浆连接接头的性能。进口钢筋的外形与我国不同时,如采用应再次进行结构性能检验。

2）生产制作工艺流程的关键环节

模具的检查与验收,分为模具自身材料质量检查、验收与模具制作完成后的尺寸检查与验收。模具自身用材料的质量检查与验收包括:材质与规格的确定,材料的截面尺寸是否符合要求,能否满足一定的使用频率与周期要求等;模具制作完成后的尺寸检查与验收主要包括以下两道程序,一是模具在出厂前的检查与核验,主要是确认所产模具是否满足客户的需求以及是否具备出厂合格证;二是模具进入预制构配件厂进行投入使用前的检查与验收,主要是确认模具在投入使用前是否完好,细部尺寸等是否与构配件图纸所要求的尺寸吻合。

钢筋的检查与验收,按照部品部件的使用功能的不同,又分为不同部位的钢筋检查与验收,需要重点关注的是梁与板的检查与验收,应重点检查钢筋骨架尺寸是否准确,骨架吊装时是否采用多吊点的专用吊架,防止骨架变形。按照工艺流程,也可分为钢筋的加工制作检查与验收和钢筋入模时的隐蔽检查与验收;需要关注的是,由于构配件是预制加工完成后运至施工现场进行拼装,所以对构配件中钢筋布置的精度要求较高,此为质量控制中的重点。

否则直接造成的后果将是整块构配件的报废甚至造成整体项目工期进度的影响。

混凝土浇筑过程中的检查与混凝土浇筑完成后的表面观感质量检查,与现浇混凝土的检查与验收类似,由于是工业化产品,提出的精度要求要比工地现场浇筑的要求高很多。为了保证部品部件的质量,混凝土浇筑时应均匀连续浇筑,投料高度不宜大于500 mm,混凝土浇筑时应保证模具、门窗框、预埋件、拉结件不发生变形或者移位,如有偏差应采取措施及时纠正,并确保混凝土振捣密实。

混凝土的养护工作在整个部品部件生产过程中是非常重要的,这关系到结构的整体稳定性,养护不好可能会造成混凝土没有合适的硬度,日后的强度也不会很高,构配件的质量得不到保证。混凝土养护根据需求不同,可以分为蒸汽养护和自然养护两类。体积较大的构配件在进行养护时,可以选择自然养护,如梁柱;厚度较薄或需要在冬季进行养护时,宜选择蒸汽养护,在蒸汽养护前期,为保持构配件湿润,可对其进行加湿处理。调控蒸汽的温度方面有较严苛的要求,升温速率应为 10℃～20 ℃/h,降温速率不宜大于10 ℃/h,梁、柱等较厚预制构配件养护最高温度为 40℃,楼板、墙板等较薄预制构配件,养护最高温度为 60 ℃,持续养护时间应不小于 4 h。另因蒸汽养护大多都是较薄构配件或冬季较为寒冷时,当刚养护好的构配件与外界的温度差较高时,应实行薄膜覆盖措施,防止构配件因温度突变而变脆。

3)构配件成品质量检测检验

按照国家的相关规定以及构配件性能和质量要求,参建各方需对预制混凝土构配件进行相关检测与检查验收。当预制混凝土构配件质量验收符合规定时,构配件质量评定为合格。当预制混凝土构配件结构性能检验不合格时,不得作为结构构配件使用。

预制混凝土构配件出厂前应进行结构性能检验。由构配件生产企业委托有资质的第三方质量检测机构进行,但检验必须在驻场监造的监理人员抽样见证下进行。各项结构性能指标合格后该生产批次构配件才能出厂。结构性能检验时应考虑运输、吊装、翻转、上部叠合恒载及施工活载等组合,并应综合考虑现场施工的支撑设置、特殊机具重量等异常情况的作用。

同时,构配件进场验收时,应重点检查连接接头的预留钢筋及预留套筒等埋件的质量、位置。钢筋套筒灌浆连接接头的预留钢筋应采用专用模具进行定位;并应采用可靠的固定措施控制连接钢筋的外露长度满足设计要求。由于预留钢筋定位精度对预制构配件的安装有重要影响,因此对预埋于现浇混凝土内的预留钢筋采用专用定型钢模具对其中心位置进行控制,采用可靠的绑扎固定措施对连接钢筋的外露长度进行控制。

9.3 装配式建筑总承包项目质量管理措施

9.3.1 建立质量管理制度

装配式建筑总承包项目质量管理制度参见表 9.3。

表 9.3 质量管理制度

序号	制度名称	制度内容
1	工程质量总包负责制度	项目部对工程质量向建设单位负责,每月向业主(或监理)呈交一份本月技术质量总结。各专业分包单位对其分包工程质量向总包单位负责,各分包单位每周向总包方交一份技术质量总结
2	图纸会审制度	在各分部分项工程开工前,相关管理人员认真学习图纸,理解设计意图,知道尺寸、标高等具体的数据和信息,及时提出发现的图纸疑问 图纸疑问由技术协调人员归纳整理。参加设计交底和图纸会审会议,解决图纸疑问;或通过其他方式将图纸疑问及时反馈给建设方及设计院,在预计施工日期前有效解决
3	专题讨论会制度	遇到较大和专业性问题比如光伏幕墙、大体积设备安装等技术问题时,由项目部组织,召开由业主、总包、设计、专业分包参加的专题会议共同商讨确定解决方案。此专题讨论会不定时召开
4	质量知识和意识教育制度	(1)在各分部分项工程开工前,总承包项目部组织管理人员学习本公司质量管理程序文件;组织管理人员及施工班组的主要管理人学习工程规范、操作规程、标准。 (2)施工过程中,每月初对施工班组进行技术培训和质量教育,将总承包项目部质量保证体系思想贯彻落实到各分包商施工队伍的施工管理中去
5	专项质量手册奖惩制度	编制专项项目质量管理奖惩手册,具体到各施工措施奖罚细节及金额,由施工员日常检查开具整改及罚款,每月底由项目总工程师及质量总监进行质量评定执行奖惩
6	质量技术交底制度	项目工程师向项目施工管理人员进行一级技术交底,其交底内容为主要施工方法、关键的施工技术及实施中存在的问题;特殊工程部位的技术处理细节及注意事项;新技术、新工艺、新材料、新结构和新设备以及特殊技术标准的技术要求与实施方案及注意事项;项目部与各分包商之间互相协作配合关系及其有关问题的处理;施工质量标准和安全技术。 项目施工技术人员向操作者进行二级技术交底,其交底内容为:质量标准;施工操作要点;工序交接要求;上下道工序或工种之间如何搭接配合;技术安全措施;设计图样、规范标准的具体要求;新工艺、新材料、新结构的技术要求等项
7	材料进场检验制度	工程各类材料进场,均需具有出厂合格证,并根据国家规范要求分批量进行抽检,抽验不合格的材料一律不准使用并在使用前上报项目监理进行审核,审核后方可投入使用
8	样板引路制度	对于重点、关键性分项工程,或首次进行的分项工程,施工前,由施工员依据施工组、方案及现行规范、标准组织分项样板的施工。请监理同业主共同验收(必要时请质监站),样板不通过验收的不得进行施工
9	施工挂牌制度	主要工种如钢筋、混凝土、模板、钢结构、砌筑、抹灰及水电安装等,施工过程中在现场实行挂牌制,注明管理者、操作者、施工日期并做相应的图文记录,作为可追溯、施工档案保存

续表

序号	制度名称	制度内容
10	"三检"制度	实行自检、互检、交接检制度,自检要做文字记录。隐蔽工程要由工长组织项目技术员、质量员、班组长检查,并做出较详细的文字记录
11	质量否决制度	质量总监、总工程师对工程质量评定,不合格分项、分部和单位工程不合格的必须进行返工
12	质量例会、讲评制度	由项目经理或副经理组织每周质量例会和每月质量讲评。对质量好的要予以表扬,对需整改限期整改,在下次质量例会逐项检查是否彻底
13	产品保护制度	采用"护""包""盖""封"等保护措施,对成品、半成品进行防护,在施工过程中对易污染、易损坏的成品、半成品标识"正在施工注意保护"的标牌,由项目部工程部责任专人巡视检查,发现有将保护措施损坏的要及时恢复。在必要时对某些部位采取封闭办法
14	质量保证	项目部配备一定数量的资金作为项目质量保证金,以保证科技进步、技术攻关和施工质量奖励的实现

9.3.2 对工程材料及设备质量控制

1) 材料、设备采购控制

物资设备管理部统一采购施工现场所需的材料、设备,并严格进行质量控制。采购物资优先在合格的材料供应商范围内采购,如所需材料在合格的材料供应商范围内不能满足,就要对其他供应商进行评审,评审合格后再进行采购。对供应商的评审建立以公司领导为主的评审小组,对供应商的能力、产品质量、价格和信誉进行预审,建立材料供应商评定库。物资部门负责人定期(半年度)组织对于选定的材料供应商进行审核,如审核中发现不合格的,从合格材料供应商花名册中除名。

2) 工程材料、设备的报批和确认

工程材料设备的质量直接涉及工程质量。除业主指定的供应商外,我方对工程材料设备实行报批确认的办法,其程序为:

(1) 编制工程材料设备确认的报批文件。我项目部和分包商事先编制工程材料设备确认的报批文件,文件内容包括:制造(供应商)的名称、产品名称、型号规格、数量、主要技术数据、参照的技术说明、有关的施工详图、使用在本工程的特定位置以及主要的性能特性等。报批文件附上总包统一编制的《材料设备报批单》,送业主、监理。

(2) 提出预审意见。项目部在收到报批文件后,提出预审意见,报业主确认。

(3) 报批手续完毕后,业主、我公司项目部、分包商和监理各执一份,作为今后进场工程材料备质量检验的依据。

3) 材料样品的报批和确认

按照工程材料设备报批和确认的程序实施材料样品的报批和确认。材料样品报业主、监理、设计院确认后,实施样品留样制度,为日后复核材料的质量提供依据。加强工程材料、设备的进场验证和校验对于进场工程材料设备的质量验证和检验,其程序是:

(1) 工程材料设备进场后,由分包商进行自检并填写由我公司统一编制的《材料清单》和《材料验收单》,报项目物资管理部。

(2) 项目物资管理部收到分包商的资料后,在 2 天内会同监理前往验收。需取样的,按规定将样品送到总包商设置的工程材料陈列室。

(3) 在材料验收中实施《材料取样标签》,经总包商和监理验收合格后,在《材料取样标签》上加盖"取样合格"章,然后当众贴在取样实物上。贴有《材料取样标签》的取样材料,作为今后对各分包商进行材料验收对照的依据。

(4) 总包商会同监理对进场材料设备进行全面的验证和检验,拒收与规定要求不符的材料设备,同时对相关的分包商予以警告。确保使用或安装的设备和材料符合质量规定的要求。

4) 标识工程所用的材料、设备,保证可追溯性为保证本工程使用的物资设备、原材料、半成品、成品的质量,防止使用不合格品,以适当的手段进行标识,所有标识均建立台账,做好记录,使之具有追溯性。

9.3.3　检测及试验

现场设一个标准养护试验室,只进行自检部分的试验和试件的标准养护;施工试(检)验主要由指定的地方试验室完成,主要负责将现场送来的样品保管、试验、出具试验资料及进行现场指导。由项目试验员管理,每天对实验室内温度、湿度进行调控并记录留存。

9.3.4　技术资料信息收集

(1) 设立专职质量技术资料负责人,负责文件资料接收、发放和保存等工作。文件资料由资料员统一收发,统一编号,统一记录。

(2) 采用微机管理,对文件资料进行存档和整理,并对处理结果(是否已发放给有关单位和人员,是否已按文件资料要求实施,是否有反馈信息)跟踪检查并做记录。

(3) 对文件资料的有效性进行控制,定期发放有效文件和资料的目录给相关文件资料的持有人,及时收回作废的文件资料,确保所有单位和人员使用的是有效的文件。

9.3.5　主要施工工序质量管理

1) 测量工程

(1) 测量所用的仪器必须经过鉴定合格,施工中的检定周期为一年。根据《测量仪器使用管理办法》的规定进行检校维护、保养并做好记录。测量仪器由专人保管,非专业测量人员不得使用。

(2) 测量人员固定。测量仪器固定。

（3）测量基准点严格保护，基础施工阶段每 2 天进行一次复核，主体施工阶段每周至少一次复核基准点是否发生位移。

（4）阴雨、曝晒天气条件下，在露天测量时要对仪器进行遮盖。

2）桩基工程

（1）编制专项桩基施工方案，报业主及监理审核。

（2）严格控制水下混凝土配合比。配合比应根据试验确定，在选择施工配合比时，混凝土的试配强度应比设计强度提高 10%～15%。水灰比不宜大于 0.6 有良好的和易性，在规定的浇筑期间内，坍落度应为 16～22 cm；在浇筑初期，为使导管下端形成混凝土堆，坍落度宜为 14～16 cm，水泥用量一般为 350～400 kg/m³，砂率一般为 45%～50%。对钢结构柱焊接焊条及施工焊接质量采取 100% 监控，由质量总监负责监督，保证钢结构施工质量。

（3）重点监测泥浆对桩壁保护，防止出现塌孔，断桩等现象。

3）降水工程

（1）降水井施工完后进行一次群孔抽水，根据抽水结果制定运行方案。

（2）在降水运行过程中随开挖深度逐步降低承压水头，没有抽水的井可作为观测井，控制承压水头与上覆压力足以满足开挖基坑稳定性要求，使降水对环境的影响进一步降低，尤其是临近保护区域的减压井需待基坑开挖接近底板时才运行。

（3）安排三班人员日夜值班控制降水操作，认真做好观测数据记录。根据水位观测情况，控制降水井排水时间和时间间隔，控制真空泵抽水吸力度，应保证系统有足够的真空度。

（4）采用信息化施工，对周围环境进行监测，发现问题及时处理，调整抽水井及抽水流量，指导降水运行和开挖施工。坑外水位发生变化，应及时调整降水作业，控制抽水力度或停抽。

（5）整个降水过程中配备有双电源，以确保降水连续进行。

4）钢筋工程

（1）钢筋由钢筋翻样按设计图提出配料清单。钢筋品种、规格若要代替时，征得设计单位同意，并办妥手续。

（2）钢筋表面黏着的油污、泥土、浮锈使用前清理干净。

（3）项目技术部门施工前 1 周理清施工复杂节点，在钢筋绑扎过程中，遇钢筋过密无法绑扎、钢筋布置不明确或混凝土浇灌时无法顺利下料和振捣的，先采用 CAD 软件制作节点钢筋绑扎效果图，并会同设计、监理工程师研究处理。

（4）钢筋绑扎完毕后不得随意踩踏，搭设架空板。操作位置铺设钢网踏板。

（5）后浇带钢筋预留，项目部将会同设计单位以图纸会审的形式明确形式，做好各项措施。

5）混凝土工程

（1）混凝土搅拌车进场后，由物资部检查混凝土搅拌车发车、运输、到达时间、检查坍落度、可泵性是否符合要求,对于不合格者严格予以退回。

（2）浇筑混凝土前对模板内的杂物进行清理,淋水湿润。钢筋污迹清理干净。

（3）混凝土浇筑前铺好路桥,操作位置铺设钢网踏板,防止人为的践踏钢筋。

（4）对于钢筋密集处,可采用小粒径骨料的混凝土,适当增加混凝土坍落度,可在浇筑中临时将钢筋撬开以便骨料进入,采用小直径振动器振捣。

（5）采用振捣棒振捣时,插点均匀排列,快插慢拔,插入下层未初凝的混凝土 5～10 cm,在每一点振捣时间为 20～30 s。不能将振动棒横置,不能用振动棒使混凝土横向流动、弄散堆积的混凝土,以及直接振动钢筋代替混凝土捣固。

（6）关注天气预报,浇筑混凝土连续进行。原则上不额外留施工缝。

（7）大体积混凝土浇筑时,项目部配备测温设备,随时监测混凝土内部温度,对可能产生的温度应力做好预防措施

6）防水工程

（1）结构自防水工程中,模板对拉螺栓设止水环,穿墙管道和埋件设止水片。螺杆采用内高外低方式防止水的流入。

（2）严把进场防水材料质量关,加强材料验收。

（3）重视防水层的基层,单独对基层处理进行工作交界面检查,基面洁净、平整,不得有空鼓、松动、起砂和脱皮现象;基层阴阳角处做成圆弧形。

（4）对变形大或容易破坏、老化的特殊节点部位,如后浇带、施工缝、穿墙管道、穿楼板管道、转角、三面角等部位按照规范要求及设计意见增铺附加层作加强处理,以技术文件形式报业主确认。

（5）严格遵守技术间歇期工作,卫生间等部位在防水层施工完毕后,经蓄水 24 小时无渗漏并报监理审批,才进行下道工序施工。

7）消防及其他设备安装工程

（1）设备及预留预埋由项目技术部配合安装部进行 CAD 放样出图,并经设计院认可,以技术交底形式对施工员、班组进行交底。

（2）项目部与材料供应商密切联系,了解每个设备或预埋件的安装操作,并进行交底。

（3）涉及消防及其他专业领域的设备工程,项目部在施工开始后每月邀请消防或其他专业有关检查部门进行过程检查指导。

9.3.6 基于 BIM 技术的信息化质量管理

9.3.6.1 BIM 技术的概念

BIM 是以三维数字技术为基础,集成建筑工程项目各种相关信息的工程数据模型,是对工程项目设施与功能的数字化表达;从建模的角度来说,BIM 是建立和利用项目数据在其全寿命期内进行设计、施工和运营的业务过程;从管理角度而言,BIM 是指利用数字原型信息支持项目全寿命期信息共享的业务流程组织和控制过程。

9.3.6.2　装配式建筑应用 BIM 技术优势

1）全寿命周期的质量管理

BIM 技术的核心思想就是对建筑产品的全生命周期管理，与制造业中的"产品数据管理"（Product Data Management，PDM）类似。BIM 技术旨在帮助人员管理建筑产品信息，利用信息数据进行设计、制造、施工和运维一体化。而装配式建筑质量控制就是需要实现对建筑产品全生命周期的信息管理，需要综合考虑规划设计、构件生产、现场施工到后期运营维护的全部信息，进行高效的质量控制，这无疑与 BIM 技术的特点相一致。

2）装配式构件标准化

BIM 技术的特点之一就是将建筑业制造业化，对比制造业中 PDM 的相关概念可知，BIM 技术就是将建筑视为产品，而这个"产品"是由各类"零件"拼装而成的，包括梁、板、柱、墙体、楼梯以及各类建筑部品等，利用 BIM 技术在建模时通过建筑构件族的建立以及不同工程方的数据共享，从而促进构件标准化信息和规则的制定，有利于实现预制装配式构件和部品的标准化和模块化，减少产品尺寸误差，实现精准化质量管理。

3）相关方合作平台

BIM 技术将建筑项目全生命周期的数据进行整合管理，便于信息在项目全过程中的流通和利用，提高建造效率、项目质量和成本效率。此外，BIM 技术能够将预制装配式建筑的信息数据整合在同一平台上，各个参建方围绕数据信息开展各自的专业工作，这种合作模式能够有效减少专业之间的隔阂，提高信息传递的准确性和流畅性。以设计方为例，设计方、构件生产商和施工方对预制构件均会有设计要求，通过在同一平台上建立 BIM 模型，进行构件设计、构件生产模拟、施工工艺模拟和碰撞检测等，再次对 BIM 构件模型进行协调设计从而满足构件生产厂商生产和施工方现场施工的要求，使得构件生产质量和现场施工质量有所保证。

4）高效的技术交底

预制装配式存在着施工过程复杂、控制点连接不准等问题，传统的施工交底是通过二维 CAD 图纸。BIM 技术针对技术交底的处理办法是：利用 BIM 模型可视化、虚拟施工过程及动画漫游进行技术交底，使一线工人更直观地了解复杂节点，有效提升安装效率，消除质量隐患。

5）质量检测可视化

预制装配的施工过程涵盖了构件的进场、质量检查、安装与连接、竣工验收等过程，每一个过程的检测对工程的质量起着不可忽视的作用。在施工质量控制的过程中，及时收集质量数据，并对其进行归类、整理、加工，获得建设质量信息，发现质量问题及原因，及时对施工工序改进。数据收集完成之后，要及时地统计、使用，以免数据丢失。BIM 技术的应用可以将每一个过程的实际情况与理论情况进行对比，全面把握实际工程质量，落实责任人并进行整改，实现早发现问题早解决问题，将质量隐患扼杀到最小化。

6）碰撞检查消除安全隐患

预制装配式建筑的吊装与安装是影响施工质量的重要环节，施工过程也往往受到场地和设备等其他因素的影响,而 BIM 技术可以在施工前对吊装和安装方案进行模拟,提前发现碰撞问题,有效减少返工,避免质量问题;BIM 技术可以在施工前尽可能多的发现问题,如净高、构件尺寸标注漏标或不合理、构件配筋缺失、预留洞口漏标等图纸问题。

7)运营维护和更新改造

BIM 模型结合运营维护管理系统可以充分发挥空间定位和数据记录的优势,合理制订维护计划,分配专人专项维护工作,以降低建筑物在使用过程中出现突发状况的概率。通过 BIM 可以验证建筑物是否按照特定的设计规定和可持续标准建造,通过这些分析模拟,最终确定、修改系统参数甚至系统改造计划,以提高整个建筑的性能。此外,利用 BIM 及相应灾害分析模拟软件,可以在灾害发生前,模拟灾害发生的过程,分析灾害发生的原因,制定避免灾害发生的措施,以及发生灾害后人员疏散、救援支持的应急预案。

9.3.6.3 基于 BIM 的装配式建筑质量控制要点

1)设计阶段控制要点

装配式建筑技术策划阶段需要明确项目的预制率、装配率要求,明确项目的绿色建筑等级,确定项目的预制装配体系及主要预制装配技术的应用范围。技术策划阶段还应加入整体项目的 BIM 策划,确保各阶段 BIM 技术应用的落地性,利用 BIM 标准达到模型的传递从而有效串联装配式项目各阶段的工程信息,并为质量监测、成本分析提供依据。

方案设计阶段应通过建筑标准化设计,确定标准化的基本模块;对项目采用的预制构件类型、连接技术提出设计方案,同时应用 BIM 技术,完成预制构件布置方案设计,并对构件的加工制作、施工装配的技术经济性进行初步分析;协调项目建设、建筑设计、构件制作、施工装配等各方要求。

初步设计阶段根据各专业的技术条件进行协同设计,优化预制构件种类。建筑专业对平面立面进行工业化建筑修改,确定预制装配技术应用范围。装修设计专业提供装修方案,其余专业配合确定方案的可用性。设备专业设备管井位置不要影响标准模块,尽量放在核心筒模块及可变模块位置,设备主要管线走向及标高应符合预制构件拆分和连接走向要求。提供确定的预制构件拆分形式及使用范围。

施工图设计阶段按照初步设计阶段协同设计条件开展工作。各专业根据预制构件、内装部品、设备设施等生产企业提供的设计参数,在施工图中充分考虑各专业预留预埋的要求,建筑专业还应考虑连接节点处的防水、防火、隔声等设计,同时各专业应采用 BIM 技术,完成统一协调工作,避免专业间的错漏碰缺和管线碰撞。

预制构件深化设计应充分考虑生产的便利性、可行性以及成品保护的安全性。构件设计深度应满足工厂制作、施工装配等相关环节的技术和安全要求。预制构件中各种预埋件、连接件设计应准确、清晰、合理,并完成预制构件在短暂设计状况下的设计验算,根据相关各专业施工图设计资料并应用 BIM 等信息化技术,完成预制构件加工图设计。

2)构配件质量验收阶段控制要点

通过 BIM 软件进行构件建模的数字化手段,设计人员可以更直观地对构造外形及预留预埋进行设计,分析各种预埋预留位置的准确性及生产施工可行性,同时,采用 BIM 软件也能更直观地检查构件内部是否出现干涉的情况发生及预埋件位置的准确性,将所有后续工作中可能出现的问题尽量解决在设计阶段。在原有设计方案及条件基础上,结合构件生产、运输、安装等因素,对施工图纸进行切分设计、构件详图设计、生产工艺设计、节点大样及预埋件设计与选型。使之成为易于生产加工,方便施工操作,便于运输且配置合理的构件产品详图。

利用 BIM 进行模具设计,包括钢模编号、钢模模型制作、加工图信息表达等工作。然后通过构件深化设计可进行碰撞检查,包括"配筋碰撞检查""预埋件碰撞检查"等。再利用射频识别技术制作芯片,在构件制作过程中埋入,将芯片中记录的信息同步到 BIM 模型中,操作人员通过手机 App 或其他读写设备实现预制构件在生产管理、库存管理以及供货管理等环节的数据采集和数据传输,并保证每个构件生产质量随时能被追溯。

3)施工安装质量验收阶段控制要点

装配式混凝土建筑的施工安装节点主要有连接节点,包括钢筋套筒灌浆节点、钢筋浆锚节点等,以及连接部位防水节点。对于不同的节点,连接质量影响因素和质控内容也存在一些区别。对于节点安装施工阶段,影响节点连接质量的主要因素包括:构配件连接部位处理和安装质量,灌浆部位密封质量,灌浆料浆料加工质量,灌浆作业工艺和构配件保护措施。对于防水节点,装配式建筑是将工厂预制的构件在现场拼装,拼装接缝很容易成为水流渗透的通道,造成渗漏隐患。因此要保证装配式建筑的防水效果,需要重点关注预制外墙板接缝的密封防水。

利用 BIM 技术进行碰撞检查以及施工模拟,在实际施工前,利用 BIM 技术进行施工模拟,根据模拟中出现的矛盾,进行施工方案修正,同时,还可以对施工员进行模拟视频展示,使其把握施工细节、重点。同时辅助施工节点验收,主要是在施工过程中和检验批验收两个阶段。在施工过程中,施工人员可以通过利用 BIM 技术制作的"芯片",快速查找每个节点的详细施工、设计内容,校核实体施工情况。而在检验批验收阶段,同样是通过利用 BIM 技术制作的"芯片",检查验收组人员不仅可以查阅各类原材料检测复试及实体检测的结果,也能检查该节点实体质量状况。同时为后续检查、验收提供原始数据和相关依据资料。

9.3.7 基于精益建造的质量管理

9.3.7.1 精益建造概念

精益建造(Lean Construction)又称精益建设,是一种通过使材料、时间和精力的浪费最小化来尽可能获得最大价值的生产系统设计方式。要求设计的一次成功率,同时避免生产及施工环节返工,节约成本,缩短工期,在源头上把控好装配式建筑的质量标准。采用精益管理的思想不是对传统建筑业管理模式的全盘否定,而是在精益质量管理实践中强化对人员、机械、材料、方法、环境等质量影响因素的管理,明确质量管理目标,在质量问题出现的源头进行质量控制,防止质量问题的产生和扩散。精益建造是一种消除不会使项目增值的浪费,向零缺陷进军的生产管理方式,但是这种生产管理方式需要企业由上至下的员工全员参与并积极投入,这种管理方法所产生的效益是非常可观的。其主要的观点是充分发挥人在生产过程中的重要作用,深度挖掘员工的潜力,持续地改善生产过程中的浪费行为。

9.3.7.2　精益建造的控制要点

精益建造讲究生产的流程化,是指用流水线生产产品的方式代替传统的碎片化生产的方式,以消除各道工序内部以及各工序搭接处的停滞,节约时间,形成一个生产流。实现对产品的流生产需要具备以下条件:(1)培养拥有多方面技能的工作者,保证其可以负责多个工序。(2)确保工作人员在各个工序间的轻松转换,以实现一个技工多个工序。(3)必须根据建筑产品特性设计符合该特性的流生产流程。(4)提高科学技术在建筑产品生产过程中的应用,降低问题发生的概率。(5)根据生产的流程的顺序布置生产线以及工具设备,节约时间减少浪费。工具设备的配备要根据生产线以高效和简单为原则。基于精益建造的控制要点如下。

(1)确定工程质量控制的目标。合理的目标的定制是保障工程质量的前提,针对主要的质量问题进行质量控制,明确控制标准和参数。如生产阶段可以对成品保护、外露钢筋弯折情况、生产线上的构件质量进行重点控制,并根据以上控制重点细分为灌浆套筒通透性、构件角部及边缘完整性、预留锚筋机械弯折程度、构件生产尺寸合格率、部分预制构件平整度、粗糙面及键槽处理情况等目标参数;施工阶段可以对座浆、注浆的质量控制、安装尺寸偏差控制、后浇段质量问题、成品保护问题进行重点控制,并根据以上控制重点细分为座浆结合面粗糙面处理、座浆层厚度、注浆饱满度、安装尺寸偏差控制、后浇段混凝土质量、后续施工对构件完整性的保护等作为其目标参数。

(2)确定目标控制的标准。确定好目标参数后,根据控制目标参数的需要,根据相关装配式建筑和现浇结构设计要求和验收规范,对如何控制各阶段目标参数确定相应的标准,有些目标参数可以通过试验确定。

(3)确定工作方法或工作标准能够保证工程质量处于稳定的状态。当目标参数的控制标准确定后,就要保证项目的实施方法以及程序按照标准进行,并按照试验结果保证目标参数控制标准对工程质量的积极意义。

(4)根据原先制定的工作标准、方法和程序进行施工,并对施工过程中的数据信息进行记录和收集。

(5)根据收集的相关数据利用合理的方法对工程质量进行判断。如果过程比较稳定则将控制图进行延伸作为将来与等时段数据的控制标准,为后期的质量控制提供参数依据。当有数据超过标准时,及时找出问题所在,消除问题再次发生的可能性。

(6)当控制图对施工过程包含的数据点超过了 20 个或者是质量控制时间超过了一个月,应该结合新的数据确定新的控制图,对未来工程质量进行新的控制。

9.3.7.3　精益建造的交付体系

精益项目交付体系是精益建造的另一个理论体系，系统地阐述了精益思想在项目全过程中的应用，以及通过精益思想增加项目价值的过程。目前这一模型包含 16 个过程模块，包括项目的 5 个连续阶段，分别是项目定义、精益设计、精益供应链、精益装配和使用阶段，以及每个阶段包含的 3 个子过程，相邻的两个阶段均会有一个共同的子过程用来衔接两个阶段，共计 11 个子过程。另外，还包括一个生产控制模块和一个工作结构模块，贯穿于整个项目的全过程。除此以外，还有一个模块称之为评估和学习模块或学习环，用于连接本项目和下一个项目。

项目定义阶段包含项目目标、项目约束（设计标准）和概念设计；精益设计阶段包含概念设计、过程设计和产品设计；精益供应阶段包含产品设计、施工设计和预制及物流；精益装配阶段包含预制及物流、装配以及试运行；使用阶段包含试运行、运维、改造或拆除。生产控制指的是对计划和执行过程的控制，包括工作流控制和生产单元控制，生产控制主要通过最后计划者系统（Last Planner System）来实现。工作结构旨在开发和产品设计、供应链结构、面向装配的设计和资源分配等相一致的过程设计来实现快速可靠的工作流，并且给客户传输价值。通过对 LPDS 中各个模块含义的了解，LPDS 的特点是：（1）项目被结构化为价值生产的过程；（2）通过交叉的子过程，下游的利益相关者可以参与到项目前期规划和设计；（3）更加重视过程流的可靠性；（4）通过反馈循环使得系统能够迅速调整。

10 装配式建筑总承包项目健康与安全管理

10.1 装配式建筑总承包项目健康管理

10.1.1 装配式建筑项目职业健康管理概述

1) 职业健康管理定义

目前国际上通用的术语为"Occupational Health",中文译作"职业健康"。从定义来讲,职业健康是指维持职工在生产过程中,身体、心理以及社交等各方面都处于良好的状态,不因为工作而受到伤害。而职业健康管理是指利用现代的管理理论、运用科学有效的工具和方法,从人、物、环境等多个方面对职工作业过程中存在的各种健康风险加以识别,并采取有效的方式从源头上对各项危害加以减轻或消除,确保职工生产作业的健康性,防止职工职业危害的发生。在建筑工程项目管理中,职业健康管理应该是项目管理中重要的一环,但在一般项目实施过程中,职业健康管理往往依靠于安全管理,一直处于从属地位,职业健康管理往往被狭义地认为是创建文明工地。

在装配式建设工程项目中,由于对工地环境质量要求高、工人操作上手难度大、设计施工协同化程度高等特点,其对装配式建筑工人素质要求也较高,因此必须对装配式项目职业健康管理内涵进一步深化:即通过科学手段,保证装配式建筑设计生产施工全过程的工人的身体和心理处于良好的状况,减少甚至避免职业病的发生。

综上所述,装配式建筑项目资源健康定义为在装配式建筑项目中利用现代的管理理论,运用科学有效的工具和方法,从人、物、环境等多个方面对装配式建筑工人作业过程中存在的各种健康风险加以识别,并采取有效的方式从源头上对各项危害加以减轻或消除,确保装配式建筑工人生产作业的健康性,防止职工职业危害的发生。

2) 装配式建筑工人职业健康相关因素

一般建筑工人职业健康相关影响因素包括性别、年龄、婚姻、受教育程度、自我保护和维权意识、经济地位、社会交往、职业健康安全管理体系的建立与执行等因素。

性别是影响生存质量的重要因素,男女在生理、心理和自身要求上通常是不同的。年龄是健康的影响因素,不同年龄阶段其工作能力和自我健康管理能力差异较大。在婚姻方面,未婚者健康状况要好于已婚者。已婚工人年龄相对较大,身体健康状况较差,未婚的家庭负担小,生活质量较高。受教育程度往往反映工人掌握操作技术能力的高低,它同心理压力、健康保护也有密切的关系。因此,受教育程度也是影响健康的一个显著因素。由于工人原先所处的环境可能与现在所处工作环境不同,导致工人在社会交往方面处于相对于一个弱势的地位,很容易影响心理健康。目前建筑业职业健康安全管理并未得到大部分企业的重视,建筑业职业健康管理体系建设刚刚起步,企业将职业健康局限于文明工地创建层面,并视为安全管理的从属,缺乏对职业健康内涵及其管理体系的深入理解和认识,进而会不同程度地忽略企业自身的安全管理、人员配置和安全投入,最终影响到企业的安全生产基础建设。

参考一般建筑工人职业健康影响因素,结合装配式建筑特点,在人—材—机—管—环境五方面对装配式建筑工人职业健康影响因素进行介绍。

(1)管理制度

职业健康安全管理制度的建立对工人的职业健康有着良好的影响,在人员方面事先建立良好的工人培训制度,并对工人的日常工作进行良好的培训和生产管理,对于工人的职业健康安全方面有着预防作用。

(2)生产环境

装配式建筑生产车间和施工现场环境与工人工作息息相关。良好的空气质量和干净卫生的工作生活对于工人的职业健康有积极影响。在装配式建筑项目生产车间工人由于工作强度较低、工作较为单调,所以工人容易产生倦怠情绪,进一步影响生产效率和质量等。在装配式建筑项目施工现场,工人可能由于操作技能的不熟悉而受到安全威胁。装配式建筑预制厂工人对自身的操作技术和能力等内部因素较有信心,但对于外部的阻碍因素,如安全工具设备的缺乏、工期紧张、操作空间狭小等的控制能力不足,容易导致不安全行为的产生。而装配式建筑施工工地常常需要预先堆放大量预制构件,对于现场工人的作为增加场地环境的复杂度。复杂的场地条件对于现场工人职业健康安全的影响不容忽视。

(3)材料设备

在装配式建筑生产车间,选用生产材料的健康与否和工人职业健康息息相关,以及关系到预制构件质量的优劣,不合格的材料生产出的产品对工人有较大的安全隐患。设备在选取的时候,应当注意其操作的安全和可行性以及性能的稳定性。设备的不安全以及过于复杂的操作容易埋下安全隐患。在装配式建筑施工现场,如果设备选用不合适,会造成装配过程中精度不达标并且会增加高空吊装作业的危险性。这会对工人职业健康带来非常大的消极影响。

(4)社会关系

装配式建筑工人无论是在生产车间还是施工现场,都会长时间从事枯燥和消耗大量体力的工作。在这种环境下,工人的身体健康和心理健康会处以一种亚健康的状态。如何保障工人身体和心理的健康需要社会关系去调和。上层机构对工人职业健康的关注度对工人的心理健康有着很强的相关性,以及上层对工人现场福利措施的建设也和工人的身体健康有关。而个人本身的婚姻状态也对工人职业健康有着密切联系。由于从事装配式建筑行业的人群相对复杂,所以社会关系的建设好坏关系着装配式工人群体的职业健康的良好与否。

10.1.2 装配式建筑职业健康管理一般程序

装配式建筑项目健康管理程序分为:项目前期管理、工程总承包管理组织规划、项目设计管理和项目职业健康和安全管理四阶段。具体程序与方法如图 10.1。

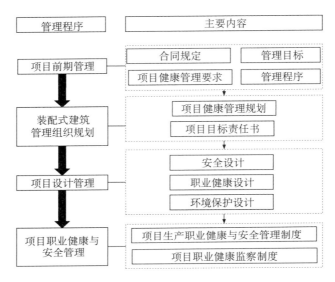

图 10.1 装配式建筑职业健康管理一般程序图

1)项目前期管理

项目策划应满足合同要求,同时应符合工程所在地对社会环境、依托条件、项目干系人需求以及项目对技术、质量、安全、费用、进度、职业健康、环境保护、相关政策和法律法规等方面的要求。明确项目技术、质量、安全、费用、进度、职业健康和环境保护等目标,并制定相关管理程序。

2)工程总承包管理组织规划

项目部应进行项目设计、生产、施工一体化管理,安全与绿色施工管理以及项目智慧管理,树立以项目利益为中心的管理理念,以实现项目的项目质量、安全、费用、进度、职业健康和环境保护目标。项目目标责任书宜包括规定项目质量、安全、费用、进度、职业健康和环境保护目标等。

3)项目设计管理

设计执行计划应包括安全、职业健康和环境保护要求。

4)项目职业健康与安全管理

装配式建筑企业应按职业健康安全管理体系要求,规范工程装配式建筑项目的职业健康安全管理。项目部应设置专职管理人员,在项目经理领导下,具体负责项目安全与职业健康的组织与协调工作。项目安全管理应进行危险源辨识和风险评价,制订安全管理计划,并进行控制。项目职业健康管理应进行职业健康危险源辨识和风险评价,制订职业健康管理计划,并进行控制。

项目部应按装配式建筑企业的职业健康方针,制订项目职业健康管理计划,并按规定程序批准实施。项目职业健康管理计划宜包括下列主要内容:项目职业健康管理目标,项目职业健康管理组织机构和职责,项目职业健康管理的主要措施。

项目部应对项目职业健康管理计划的实施进行管理,并应符合下列规定:应为实施、控制和改进项目职业健康管理计划提供必要的资源;应进行职业健康的培训;应对项目职业健康管理计划的执行进行监视和测量,动态识别潜在的危险源和紧急情况,采取措施,预防和减少伤害。同时项目部应制定项目职业健康监察制度,对影响职业健康的因素采取措施,记录并保存检查结果。

10.1.3　装配式建筑项目健康管理绩效评价

1)概述

绩效评价又称为绩效评估或者绩效考核,是指对工作结果和工作行为的确认过程,只有通过这个过程,管理者与被管理者才能更加清楚地了解绩效的状态,从而达到不断改进绩效的目的。完整的绩效评价是由评价主体、评价对象、评价制度、评价指标、评价方法和工具、评价功能(即评价结果的应用)六大关键要素组成,只有充分明确各部分的含义,才能进行科学有效的评估。

在装配式建筑职业健康管理绩效评价中,评价的对象为装配式建筑工程项目职业健康管理绩效水平。在评价过程中有两点原则:

(1)评价内容的科学完整连续性

装配式建筑项目设计生产施工三阶段一般分开,在进行绩效评价时,需要根据项目所处的阶段,需要相应调整评价的重点对象;由于评价覆盖了项目的施工全过程,因此可以从不同阶段对项目的实现进行考核,使项目之间的评价信息能够很好地相互衔接,以保证项目绩效评估的科学性、有效性以及权威性。

(2)装配式建筑项目的全过程动态评价

装配式建筑工程项目设计生产施工协同性强,这决定着其绩效评价需要考虑其动态性,因此,在项目实施过程中,应该建立相应的组织或机制,对项目的健康管理过程进行定期或不定期的跟踪检查,并同时更新项目数据信息,通过对数据进行有效的加工及处理,有效地反映项目健康管理的实施水平,并根据实际情况进行及时的反馈与调整,从而体现装配式建筑工程项目健康管理动态评价的优越性。

2)一般程序

装配式建筑职业健康管理绩效评价工作程序主要包括:确定评价对象、拟定评价目标、组织评价小组、调查和收集资料,根据评价对象,建立评价指标体系和选择评价方法,对评价的结果进行决策或进行进一步综合分析再决策等,其具体流程如图10.2所示。

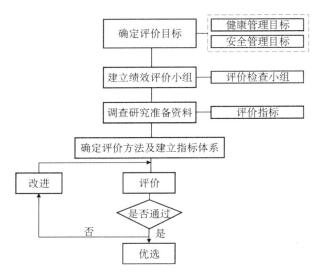

图 10.2 装配式建筑健康管理绩效评价流程图

10.1.4 装配式建筑项目健康管理绩效评价指标分析

装配式建筑工人安全健康评价的因素通过咨询专家和查阅相关文献得到,并在因素的基础上建立综合评价体系。

1)装配式建筑项目健康管理分阶段绩效评价指标

在装配式建筑项目实际运行过程中,其主要分为设计、生产运输、施工装配三个阶段。根据前文所述装配式建筑项目健康管理相关因素进行综合归纳分析整理,将装配式建筑健康管理工人评价划分为五个指标,具体如下:

(1)身体健康

装配式建筑各个阶段的职业健康管理第一要务是工人健康,对于工人身体健康评价指标将其分为疾病情况和生活习惯两个二级指标。其中,在疾病情况这一部分,从事装配式建筑生产和施工活动的相关职业病,以及一般过劳产生的种种疾病,如发热、肌肉骨骼损伤、呼吸道等;在生活习惯方面,将工人普遍出现的一些不良习惯进行列举,如吸烟、喝酒和睡眠情况。

(2)心理健康

将前文所述工人心理健康单独作为一级指标进行评价。由于在装配式建筑生产车间和施工现场工人从事工作多是重复繁重的一类工作,故心理健康相关的因素从职业倦怠、由工作引起的负面情绪和工作压力三个方面考虑建筑工人的职业健康。其中,职业倦怠是指个体面对工作对其的过度要求而产生的身体和情绪上的极度损耗状态。职业倦怠选取其中情绪耗竭和工作态度两项作为三级指标,进一步细化为"丧失工作热情""工作没有前途"和"工作敷衍了事"三项四级指标。由工作引起的负面情绪包括很多,例如抑郁、焦虑、敌对、恐怖、紧张、偏执等。由于装配式建筑施工现场高空作业多,建筑工人对于工作往往容易产生不安全感,导致他们在工作或生活中出现"心神不定难以入睡""心情低落兴趣丧失"以及"工作时高度紧张"的负面情绪状态。

（3）社交网络

社会网络分为构建性网络、社会支持度以及亲友关系三个方面。构建性网络,即工人与雇佣者之间的关系,作为其下属的具体指标则可以将其分为两类:企业对于工人健康培训的频率和企业对于工人的安全保护措施。社会支持度,即社会（主要指政府部门）对于工人的关注程度。这种关注程度分为两个部分:政府对于工人的监管程度和政府对于工人的扶持程度。亲友关系,指工人身边的亲戚朋友与工人之间的关系,这种关系主要包括两个方面:家族宗亲和朋友关系。

（4）工作环境

前文所述的影响健康管理的相关因素包括工作生活环境和施工现场环境,均可归纳为工作环境。建筑工人的工作环境因素,可以分为自然环境和人文环境两个方面。自然环境包括:施工垃圾、扬尘、声、饮食、温度。人文环境包括:福利保障、安全宣传工作、技能培训、安全防护用具、工作时间规律性。装配式建筑工地由于构件现场堆放量大和现场垂直作业多等会造成工人现场施工环境复杂,更加需要注意工作环境的健康管理。

（5）工作效能

对于影响装配式建筑健康管理的其他相关因素,本书将与工人工作相关的健康管理因素归为工作效能。在工作效能领域,对于工人的工作效能在国际上暂无统一的标准。工人主要有三个方面的表现:工作进度、工作质量和工作态度。其中,工作进度与工作质量主要考察工人的实际表现;而工作态度则通过工人的自我认识和自我评价来反映。工作进度下设工作量与辅助工时两个次级指标,用以反映工人平时的工作效率与加班情况;工作质量下设工作掌控与损失工时两个次级指标,在工作量的基础上对工作完成情况进行进一步的统计;工作态度下设工作态度自我评价与工作满意度两个次级指标,这部分通过工人的主观认识来反映其对于自己工作的满意程度。

基于上述指标,针对装配式建筑不同阶段工人职业健康指标分类,构建建筑工人职业健康状况影响因素指标体系如表 10.1 所示。

表 10.1　建筑工人职业健康状况影响因素指标

目标层	项目阶段	一级指标	二级指标	三级指标	四级指标
装配式建筑项目职业健康管理	设计阶段	职业健康组织建设	健康资金投入情况		
			专职健康管理人员数量		
			健康管理组织机构设置		
			职业健康信息化建设情况		
		职业健康制度管理	职业健康定期体检制度		
			职业健康保险制度		
			职业健康事故报告制度		

目标层	项目阶段	一级指标	二级指标	三级指标	四级指标
装配式建筑项目职业健康管理	生产运输和施工装配阶段	身体健康	健康状况	疾病情况	发热
					呼吸道疾病
					肌肉骨骼损伤
					住院
					皮肤病
					听力
			健康行为	生活习惯	喝酒
					吸烟
					睡眠时间
					睡眠质量
		心理健康	职业倦怠	情绪耗竭	丧失工作热情
					工作无前途
				工作态度	工作敷衍
			由工作引起的负面情绪	焦虑	心神不定难以入睡
				抑郁	心情低落兴趣丧失
				紧张	工作高度紧张
			工作压力		压力程度
		环境因素	自然环境	施工垃圾	堆放天数
				扬尘	对人的影响程度
				声	对人的影响程度
				饮食	饮食方式健康程度
				温度	气温
			人文环境	福利保障	休息制度
					保险
				安全宣传工作	安全教育
					企业安全文化
				技能培训	技能培训频率
				安全防护用具	是否有齐全高质量的防护用具
				工作时间规律性	工作时间规律性

目标层	项目阶段	一级指标	二级指标	三级指标	四级指标
装配式建筑项目职业健康管理	生产运输和施工装配阶段	社会网络	人际关系	同事关系	同事交流
					同事影响
					自我牺牲
					同事帮助
				班组关系	班组关系
				领导关系	领导关系
			企业支持	企业关注	企业关注
		工作效能	工作进度	工作量	工作量
				辅助工时	辅助工时
			工作质量	工作掌控	工作掌控
				损失工时	损失工时
			工作态度	工作态度自我评价	工作态度自我评价
				工作满意度	工作满意度

2）装配式建筑项目健康管理建议

针对上述评价指标体系的各阶段的评价因素,本书从职业健康管理涉及的主要相关因素提出一些建议。对于装配式健康项目健康管理前期阶段具体建议如图 10.3 所示。

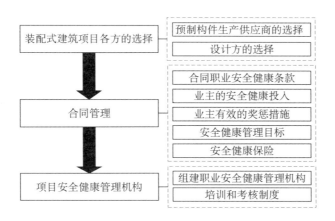

图 10.3　装配式建筑项目前期建议图

（1）装配式建筑项目各方的选择

① 预制构件生产供应商的选择。要选择信誉高、承担风险能力强、安全管理规范的供应商:首先,业主对供应商的安全资质进行严格审核,审核内容包括:工商营业执照和相关资质证书;单位负责人、工程技术人员和特殊工种人员资格证书;装配式建筑企业安全

生产许可证;安全管理机构及人员配备情况。其次,供应商应通过职业健康安全管理体系认证。

② 设计方的选择。由于装配式建筑项目中新材料、新工艺、新设备中运用较多,设计人员可以运用自身的安全知识,根据自身设计图纸,找出可能存在的工人的安全健康风险,并在图纸后面的设计文件中给予必要的说明,以供业主,施工单位,分包商等参考。装配式建筑对设计方精度以及操作顺序等要求高,所以更需要选择经验丰富的设计方。设计人员应会同业主、施工单位进行协商后,提出规避风险的合适方法。总之,工人的安全健康问题,应该从设计源头开始控制。设计人员主动有效的控制,远远要强于施工单位的被动控制。

(2) 合同管理

① 合同职业安全健康条款。业主与承包商的合同中要明确双方的安全责任和义务;明确装配式建筑相关机械安全技术防护设施、劳动保护费用筹集计划等条款;明确发生事故后各自应承担的经济责任;明确安全奖罚规定和安全施工保证金的提取,当发生人身伤亡或存在安全隐患而引起的罚款均将在保证金中扣除。

② 业主的安全健康投入。业主应建立完善的安全资金保障制度,足额、及时拨付安全防护文明施工措施费,保证施工单位的安全投入。并在装配式建筑生产车间加大工人生产环境相关环境质量的健康投入。

③ 业主有效的奖惩措施。业主建立有效的安全奖惩措施,从而激励相关单位积极参与到项目的职业健康管理中来。业主应在合同款中单列安全生产和文明施工专项费用,既表明了业主对安全的重视,也保证了用于安全生产和文明施工的经费投入,同时也可避免有些承包商为了中标故意压低标价,导致安全投入严重不足,埋下安全隐患的后果。目前大部分业主虽在工程建设中都采取了一定的安全奖惩措施,大多是惩多奖少,这对承包商参与安全管理的积极性和有效性产生了消极的影响。因此业主建立有效的安全奖惩措施对提高承包商健康管理积极性和有效性,保证项目的绩效是有利的。

④ 安全健康管理目标。业主管理层安全健康管理目标的实现:业主安全健康管理的目标是避免和减少安全事故的发生,维持稳定和谐的安全形势,保障项目建设的顺利进行,最终要达到保护每个建筑工人的安全健康。业主可以提出"零伤亡率"等指标来作为工程项目安全管理的目标,必要时,可以将该指标写入合同中。承包商也应根据建设项目,在法律规章和业主要求的基础上,提出自身的安全健康管理目标。并写入相应的合同条款中。例如杜绝重大人身伤亡事故,确保不发生重大施工机械和设备损坏事故、重大环境污染事故和震塌事故等。

⑤ 安全健康保险。根据当地的法律法规,为所有的建筑工人购买相应的安全保险,由于装配式建筑工地吊装作业多,其更应该注意意外伤害如高空坠物等。例如:意外伤害险、安全险等。并在此基础上,购买至少一种商业保险,并在合同中写明。

(3) 项目安全健康管理机构

① 组建职业安全健康管理机构。生产商就预制构件生产车间建立职业健康安全管

理部门,进行日常巡查和监督工作。项目经理部应建立职业安全健康管理机构,项目经理为职业卫生管理第一责任人。施工队长、班组长是兼职卫生管理人员,负责本施工队、本班组的卫生管理工作。

② 培训和考核制度。项目经理部负责人、建造师、专职和兼职职业卫生管理人员应经过职业卫生相关法律法规和专业知识培训,具备与施工项目相适应的职业卫生知识和管理能力。对劳动者进行上岗前和在岗期间的定期职业卫生相关知识培训、考核,确保劳动者具备必要的职业卫生知识,正确使用职业病防护设施和个人防护用品知识。培训考核不合格者不能上岗作业。

(4) 后期健康管理

对于后期的健康管理制度采用建立信息系统的方式实施信息化管理,并在信息化管理的基础上进行检查、教育与培训及制订安全健康分析与计划。具体建议如图 10.4 所示。

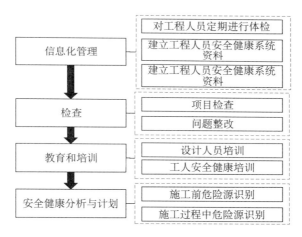

图 10.4 装配式建筑项目健康管理后期建议图

① 信息化管理。包括对工程人员定期进行体检,所有项目参与人员,要在相应的时间内进行体检,及时发现工人的身体健康问题。且工人在所属项目期内,体检次数不得少于三次;建立工程人员安全健康系统资料,对项目工程人员的安全健康进行信息化管理。对劳动者上岗前、在岗期间、离岗时和离岗后进行医学随访及应急健康检查。项目结束时总承包应将劳动者的健康档案归档整理。

② 检查。包括项目检查,承包商、供应商应对劳动者职业健康进行管理,定时定期检查,及时发现问题。业主、设计人员可以对施工现场的安全情况进行抽查;对于出现的问题,要及时整改,并且要整改到位,符合有关规范规定。如果没有及时整改,各方面管理人员要采取相应的措施。

③ 教育和培训。包括设计人员培训和工人安全健康培训。作为装配式建筑项目的关键人员,设计人员的安全健康理念往往注重的是,在建筑物建成后建筑物使用者的安全健康。甚至于装配式建筑项目,也是仅仅以使用人员的安全健康作为评价指标。

在我国,建筑工人的安全健康主要是由建筑企业负主要责任。然而国外大量的研究表明,设计人员对于施工中劳动者的安全健康起着尤为重要的作用。所以,应加强设计人员营造过程中参与人员安全健康培训,使得设计人员也参与到建筑营造过程中的安全健康管理工作中来,并在设计过程中充分考虑施工人员现场操作的可行性等因素进行有效设计。

按照国家的相关规定,开展建筑工人安全生产培训。通过培训,可以使工人提高安全意识,对工人安全健康有着必不可少的作用。我国的建筑工人大多文化水平不高,安全意识和自我保护能力较弱,再加上建筑工程建设中危险性较大,工作岗位流动性大,工人往往没有经过安全教育和培训就匆匆安排上岗,导致了很多事故发生。最后,业主应对其以往的职业业绩进行审核,包括职业安全健康、装配式建筑项目以往施工业绩等。

④ 安全健康分析与计划。包括施工前危险源识别和施工过程中危险源识别。

项目开始前,项目经理部应对施工现场进行卫生状况检查,明确施工现场是否存在排污管道、废弃物填埋、放射物质污染等情况。项目经理部在施工前应根据施工工艺、施工现场的自然条件对不同施工阶段存在的职业病危害因素进行识别,列出职业病危害因素清单。职业病危害因素的识别范围必须覆盖施工过程中所有活动,包括常规和非常规(如特殊季节的施工和临时性作业等)活动,所有进放工现场人员(包括供货方、访问者)的活动,以及所有物料、设备和设施(包括自有的、租赁的、借用的)可能产生的职业病危害因素。

项目经理部和生产车间负责部门应委托有资质的职业卫生技术服务机构根据职业病危害因素的种类、浓度(或强度),接触人数、频度及时间,职业病危害防护措施和发生职业病的危险程度,对不同施工阶段、不同岗位的职业病危害因素进行识别、检测和评价,确定重点职业病危害因素和关键控制点。当施工设备、材料、工艺或操作规程发生改变,并可能引起职业病危害因素的种类、性质、浓度(或强度)发生变化时,或者法律及职业卫生要求变更时,项目经理部和生产车间部门应重新组织进行职业病危害因素的识别、检测和评价。

10.2 装配式建筑总承包项目安全管理

装配式建筑总承包项目在施工过程中大型预制构件数量多、体积大、重量重,作业人员高空立体作业、吊装作业,人机交互频繁,极易引发安全事故。若能对装配式建筑施工人员开展安全有效的管理,即能够降低施工工程项目的安全风险。从以往的工程实践来看,较多的安全问题存在于施工装运、吊装就位、拼缝修补阶段。2016 年 2 月 6 日公布的《中共中央国务院关于进一步加强城市规划建设管理工作的若干意见》中明确指出:"力争用 10 年左右时间,使装配式建筑占新建建筑的比例达到 30%"。该政策的实施将使装配式建筑工程建设规模急剧增长,在安全管理措施储备不足的情况下,安全施工形势将面临严峻挑战。因此,如何既保证装配式建筑的建设速度,又保证装配式建筑的施工安全,是目前建设发展的重中之重。

10.2.1　装配式建筑总承包项目安全管理责任体系

1) 完善各项安全保障体系

学习、理解有关装配式建筑的标准文件,有针对性地完善各项安全保障体系。

(1) 组织项目部管理人员,尤其是安全管理人员,认真学习有关标准要求,对于装配式建筑深化设计阶段优化,降低施工安全风险。

(2) 联合建设单位、监理单位和施工单位项目部,必要时引入专家组,对装配式建筑的施工方案进行优化、讨论,规避工程施工时的安全隐患,确保安全的施工措施。

(3) 加强对职工的安全技术教育培训,针对各专项施工,准确分析识别安全隐患并采取相应的应对措施。

(4) 制定完善项目施工安全管理制度,包括班前安全教育、新工人进场安全培训教育、现场各项应急救援演练等;特殊工种持证上岗检查;设备的进场、使用、维护管理制度、材料进场管理制度、特殊施工作业申报制度、各项检查和违章处罚制度、安全用电管理制度等各专项施工安全管理制度以及检查、整改和处罚制度。

(5) 完善安全管理体系建设,建立以项目经理为第一责任人、施工和安全专项管理人员密切配合实施,施工班组切实执行的全员安全管理保障体系。

2) 掌握安全管理新模式

加强信息化管理,及时学习掌握安全管理新模式。

(1) 利用现有的信息化教育管理平台,随时了解学习国内外先进的安全管理模式,接受新思维教育,掌握各类正反面新型案例,并在实际作业中学习利用。

(2) 建立施工现场微信群,利用员工休息时间在群里进行介绍和宣传,第一时间推送有关新的信息,让员工对自身的施工行为进行查缺补漏,增强和健全安全意识。

3) 强化安全管理执行职能

严格检查监督管理机制,强化安全管理部门执行职能。

(1) 所有进场施工人员对于危大工程项目分解的安全隐患部位必须做到全面了解,并熟知应对措施,在施工过程中有随时被检查、被处罚的义务,并且有对违章施工立即进行整改的义务。

(2) 建立安全检查监督管理机构,并随时对项目现场做安全检查。检查的方式有现场资料检查、现场作业检查、现场视频监控检查等。

(3) 明确项目各责任主体的法律责任,并根据违章情节的轻重程度进行处罚,任何人和单位必须遵照执行。

(4) 施工现场安全管理体系中的各责任部门,必须要根据国家、地方、企业、项目部制定的管理制度执行检查,对于未按要求的进行宣传教育、及时检查,未及时督促教育和整改的,违章情节严重未做出相应处罚等,造成安全事故的,管理部门要承担管理责任。

10.2.2 装配式建筑总承包项目安全管理内容

1）部品部件运输安全

部品部件运输安全是装配式建筑安全管理的重要内容,合理设置现场道路是保证部品部件运输安全的基础。在施工现场,施工道路应设置为环形道路,并留有足够的宽度,其中,最小转弯半径要保证 16 m 拖挂车转弯达到 90°。综合考虑交叉作业同时施工,保证错车运输,同时尽量避免拖挂车与混凝土罐车同时作业。

2）部品部件存放安全

在装配式建筑工程施工现场存放着大量的部品部件,保障部品部件的存放安全对于装配式建筑总承包项目安全管理具有重要意义。因此,需要设专人实时监管部品部件的存放、吊装、使用情况,确保部品部件的存放按照相关标准进行,并记录好数据,一旦发生问题及时处理。并根据预制构件的最大单件重量,结合塔吊吊装能力及施工效率,把临时堆放区设置在塔吊半径覆盖范围内,且便于运输、转运的道路两侧,同时尽量避免临时堆放。堆放区应地势平坦,设置合理的排水坡度和排水措施。在堆放区设置堆放架,确保稳固可靠,设置明显的警示标志牌,无关人员严禁靠近。提前策划现场存放构件的数量,要求构件厂上报构件配车方案,确保现场无施工降效的同时尽量保证构件厂满车运输。

3）部品部件吊装安全

部品部件吊装是装配式建筑工程施工建设中的重要环节,其施工过程的安全管理是工程建设安全管理的重点。具体来说:(1)合理选择起重机型号。根据装配式工程实际要求,对最大臂力和稳定性进行计算,在此基础上科学合理地选择起重机型号。(2)提高支撑体系可靠性。在支撑设置中结合实际施工情况,采取针对性策略,构建起安全可靠的支撑体系,确保支撑体系的可靠性,并对预制构件进行相应的临时支撑。(3)精准设定叠合楼板吊点。叠合楼板吊点设计的精确度直接关系预制构件吊装施工情况,应在结合施工现场及构件特点的基础上合理确定吊点,避免预制构件在吊装过程中出现损坏而影响强度,降低构件坠落风险。

11 装配式建筑总承包项目信息化管理

11.1 信息化管理概述

BIM 技术具有可视化、参数化、模拟性、协同性、优化性、可出图性的特点,被广泛应用于工程项目全生命周期管理,尤其是在装配式建筑领域,越来越多的建设单位、设计单位、构件生产单位以及施工单位愿意使用 BIM 技术进行装配式建筑项目的统筹与管理。

11.1.1 基于 BIM 的装配式建筑总承包项目管理

BIM 技术服务于项目设计、建设、运维、拆除的全生命周期,可以数字化虚拟、信息化描述各种系统要素,实现信息化协同设计、可视化装配、工程信息的交互和节点连接模拟及检验等全新运用。BIM 技术的应用使装配式建筑能够通过可视化的设计实现人机友好协同和更为精细化的设计,整合建筑全产业链,实现全过程、全方位的信息化集成,基于BIM 的项目管理也会促进新的工程项目交付模式 IPD 得到推广应用。IPD 是项目集成交付的英文缩写,是在工程项目总承包的基础上,要求项目参与方在项目初期介入,密切协作并承担相应责任,直至项目交付。

总承包单位在装配式建筑项目管理各个阶段处于主导地位,总承包的管理水平直接影响工程的收益。基于 BIM 的装配式建筑总承包项目信息化管理主要分为协同工作的管理、BIM 模型的管理、数据交互的管理和信息共享的管理四个部分,并将装配式建筑常规的工作管理分解到其中。

1) 建立工程模型信息平台,实现各阶段、各专业协同工作的管理

为有效协调装配式建筑设计、生产、运输、装配及运维各阶段工作的开展,顺利执行BIM 实施计划,可在项目初期,搭建 BIM 协同平台,邀请发包方、设计及设计顾问、监理、专业分包和供应商等单位参加并召开 BIM 启动会。会议明确 BIM 应用重点、协同工作方式、BIM 实施流程等多项工作内容。

总承包单位组织协调工程其他相关单位,通过自主研发 BIM 平台协同办公。协同办公平台工作模块主要包括:族库管理模块、协同设计模块、构件生产运输模块、施工现场管理模块、运维管理模块、统计分析模块、数据维护模块、工作权限模块、工程资料模块。所有模块通过外部接口和数据接口进行信息的提取、查看、实时更新。

2）基于 BIM 模型进度和工程资料变更的动态管理

通过 BIM 技术，将所有的工程相关信息集中到以模型为基础的协同平台上，依据图样如实进行精细化建模，并赋予工程管理所需的各类信息，确保出现变更后，模型及时更新。

职责管理：为保证装配式建筑各个阶段管理过程中 BIM 的有效性，应专门制定各参与单位在不同阶段的职责划分，让每个参与者明白自己在不同阶段应该承担的职责和需完成的任务，与各参与单位进行有效配合，共同完成 BIM 的实施。

3）基于 BIM 的信息共享与交互管理

装配式建筑项目一般由多个单位共同参与完成，总承包单位要在这个过程中通过模型统一进行信息管理，一旦某个部位发生变化，预制相关联的工程量、施工工艺、施工进度、工艺搭接、采购单等相关信息都能自动发生变化，且在协同平台上采用短信、微信、邮件、平台通知等方式统一告知各相关参与方，他们只需重新调取模型相关信息，便可轻松完成数据交互的工作。

4）基于 BIM 模型的成本、进度、质量、安全风险预控

为了有效辅助实现对工程的风险预控，总包单位可利用协同平台和健康监测平台，深入探讨装配式建筑的施工成本、进度、质量、安全监测，通过平台的模型综合管理，实现对工程成本、进度、质量的数据关联、分析与监测，通过研究建筑健康监测系统设计和监测数据的处理方法，建立建筑施工监测系统，进行建筑施工安全性能分析和评价方法，两者结合，共同打造具有特色的 BIM 风险预控方法，最大程度降低项目建造阶段的风险。

11.1.2 装配式建筑总承包项目信息化管理应用

BIM 技术在国内装配式建筑领域的应用也呈现出诸多问题，亟待解决。首先，在设计阶段，行业内普遍采用施工图拆分的方法进行预制构件的深化设计，缺乏 BIM 正向设计的理论方法，导致预制构件种类、数量繁多，出现大量不合理、不规整的复杂异型预制构件，变向增加了构件模具的摊销，还会增加施工过程中的装配难度，这是造成装配式建筑项目成本普遍偏高的重要因素；其次，由于缺乏 BIM 正向设计的引导，存在重复建模的问题，设计阶段的模型无法有效地传递到生产、施工、运维阶段，各阶段重复建模就会导致设计院的 BIM 中心、BIM 咨询公司等提供的 BIM 服务的价值大打折扣，从而影响 BIM 的行业收费标准，损害 BIM 从业人员的经济利益。除此之外，BIM 技术在装配式建筑领域的应用还有许多建筑行业的共性问题，比如当前 BIM 在运维阶段的应用案例相对较少，可以作为示范的案例则少之又少；大多数 BIM 的从业人员都是掌握本专业所涉及的片段性的 BIM，缺少全流程把控的能力；BIM 人才培养体系不健全，往往仅是对软件业务的培训。

解决上述问题，要从 BIM 正向设计入手，树立 BIM 正向设计的理论方法，以"构件法建筑学"为核心，明确构件分类与构件分件的设计方法；实现"一模到底"的模型应用目标，将设

计阶段 BIM 成果贯穿全流程；突破思维限制，摒弃商业公司的片段性的"小 BIM"，拥抱全行业的全流程的"大 BIM"；健全 BIM 人才培养机制，在软件培训的基础上，引导建立 BIM 正向设计的思想，基于 BIM 的装配式建筑总承包管理全过程信息模型数据关联如图 11.1 所示。

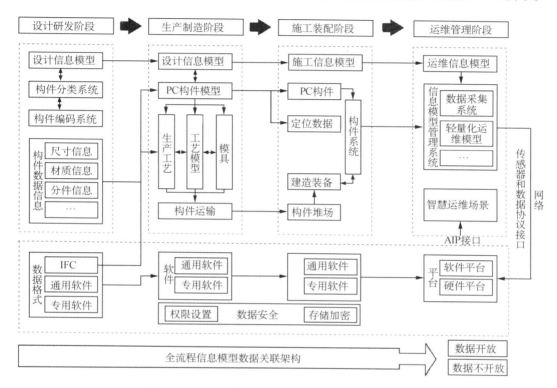

图 11.1　基于 BIM 的装配式建筑总承包管理全过程信息模型数据关联图

11.1.3　装配式建筑信息模型

装配式建筑信息模型在设计、生产、施工、运维的全流程应用中，每个阶段对于信息与模型的解析都是不同的，每个阶段模型所承载的信息量也有差异。对于模型的理解有很多种，本书认为模型是基于物体的多边形表示，通常用计算机或者其他视频设备进行显示。显示的物体可以是现实世界的实体，也可以是虚构的物体。自然界存在的实体可以用三维模型表示。

1）模型辨析

工程项目全生命周期管理的各个阶段需要不同精度的模型信息，基于此，美国国家 BIM 标准（NBIMS）提出将模型精度划分为五个等级，分别为：概念级、模糊几何级、精确几何级、加工级、竣工级，如表 11.1 所示。

设计方是装配式建筑信息和模型的输出方，对于模型及信息的内容必须形成通用的标准，此外，在构件生产阶段，对于模型及信息的要求比较复杂，具体体现在生产过程需要提供生产计划，生产计划的构件来自构件清单，构件清单来自设计，如表 11.2 所示。

表 11.1　NBIMS 模型分级表

序号	等级	内容
1	100	概念化模型,用于建筑整体的体量分析
2	200	近似构件,用于方案设计或扩初设计,包含模型的数量、大小、形状、位置以及方向等
3	300	精确构件(施工图以及深化施工图),模型需要满足施工图以及深化施工图的模型要求,能够进行模型之间的碰撞检查等需要
4	400	加工模型,用于与专业承包商或者制造商通信的加工或者制造项目的构件模型精度
5	500	竣工模型,通常包含了大量建造过程中模型信息,用于交付给业主进行建筑运维的模型

表 11.2　设计制造过程中的模型精度表

模型类别	包含内容	具体描述
构件模型	预制模型	预制混凝土梁柱板构件模型
	现浇模型	现浇混凝土模型
	成品部件模型	成品厨卫、栏杆、板材等
	设备模型	电气、空调等设备模型
工艺模型	钢筋模型	预制或者现浇钢筋模型
	预埋件模型	预制或者现浇构件中的预埋件模型
	物料模型	混凝土、保温层等物料模型
建筑模型	构件模型	所有构件模型的模型内容
	其他模型	其他根据需要建立模型

制造阶段所使用的模型称之为"工艺模型",此类模型包含了装配式建筑构件内所有相关信息,比如钢筋模型、预埋件模型等,是最精细的模型类型。"构件模型"是"工艺模型"的形成基础,其相对于工艺模型较为简单,同时构件模型也可以装配为建筑,即"建筑模型"。构件模型是构件法建筑设计模型的基本表达形式,也是装配式建筑的核心模型,因此首先需要建立构件模型,可选用 Solidworks、Revit 及犀牛软件等。模型是构件工艺设计过程的基础,建立完整的工艺设计流程及方法,为后期制造管理系统(MES)、工程项目管理系统(PMS)等平台类 BIM 软件提供了形体基础。

2)信息辨析

建筑信息模型,核心是信息。模型固然重要,但是对于模型后期的应用而言,信息更重要,其为后续数据的处理提供了基础,装配式建筑构件工艺设计中不同阶段信息应用需求如表 11.3 所示。

表 11.3　模型中不同阶段信息应用需求表

模型等级	信息需求
构件模型	建立构件模型
	反映其工艺模型需求
	延续建筑模型的项目信息
工艺模型	反映工艺构件信息
	统计物料信息
	提供生产设备所需信息
建筑模型	提供项目信息
	提供施工生产信息
	反映建筑构件关系信息

不同的模型类型具有不同的属性信息。构件模型属性信息可以分为两大类：一类是编码类；二类是后续所要的信息类。编码类是为了辨别构件的编码、重复情况、所在楼层情况以及当前设计版本；信息类是为了实现后续工艺模型所需要的信息。工艺模型阶段的信息类型非常丰富，其中包含了很多细分模型类型：构件模型、物料模型、钢筋模型、机电模型。除构件模型的其他三类模型会针对不同类型的具体模型进一步进行细分。而建筑模型的信息，来自构件模型和工艺模型，建筑自身的信息其实并不带有信息，建筑项目的位置、地形信息、客户信息等，可以通过信息化平台来实现，而且相对于构件模型和工艺模型不管从内容还是从形式都要简化很多。

11.2　基于 BIM 的装配式建筑标准化设计

目前装配式建筑 BIM 应用尚存在不足之处，有装配式建筑自身层面的问题，比如设计之初没有考虑装配式建筑的设计原理，后期刻意强行拆分构件；也有 BIM 技术应用层面的问题，比如 BIM 全过程重复建模，无法做到"一模"到底。解决这些问题最根本的方法就是要引导行业进行 BIM 的正向设计来贯穿设计—生产—施工—运维的全过程，而推行 BIM 正向设计就需要借助理论方法来指导装配式建筑的前端设计，并且要制定一系列规则来规范 BIM 建模与协同工作。理论、方法以及规则的确立是 BIM 正向设计在装配式建筑应用过程中顺利推进的保证。

11.2.1　装配式建筑标准化与模块化设计

装配式建筑 BIM 技术应用始于建筑设计阶段，设计阶段 BIM 技术应用的水平及深度会直接影响到装配式项目的建造质量、建造效率以及建造成本，提高设计阶段 BIM 技术的应用水平对于提高整个项目的综合效益具有重要意义。

标准化与模块化的设计理念可以从设计的源头控制建筑构件的种类与数量,从而尽量减少开模的种类,优化生产线,在提高效率的同时降低模具摊销,降低成本。而标准化与模块化的设计理念的基础是对建筑构件以及构件分类的清楚认知。

1) 构件分类与分件设计方法

"构件法建筑设计"认为所有建筑都是可以由标准和非标准的构件通过一定的原理组合而成。建筑本质上是由结构构件、外围护构件、内装修构件、设备管线构件、环境构件等组合形成的"构件集合体"。其中"构件"是建筑物质构成的基本元素,是第一性的,也是可见的、可操控的。在此基础上,建筑设计有了根基和依据,设计不再仅仅基于个人或小团体的主观专业技能或工程经验,而是理性的、可预测的,甚至是可量化的,设计不再显示"只可意会,不可言传"。同时,"构件法建筑设计"并不否定建筑的多元性。多样性的建筑空间、建筑性能、建筑功能和建筑风格体现在对构件组合方式的变化和对构件文化属性的添加上,而对建筑设计的把控可以被转换、分解和量化为对构件组合变化的论证和对构件属性添加的推算。

(1) 构件分类设计

构件分类设计方法是以"构件法建筑设计"为基础,对组成建筑的基本元素(构件)根据其功能特征和装配特性进行不同分类,根据构件的基本功能特征可分为结构构件组、围护构件组、性能构件组、装饰构件组、环境构件组等基本构件组。各构件组之间相互独立,互不交叉,减少相互连接的节点,提高建筑的可靠性;同时各个构件功能独立也可保证构件功能长久可靠,装配式建筑构件分类设计的意义如表 11.4 所示。

表 11.4 装配式建筑中构件分类设计方法的意义

意义	具体内容
适合协同设计	对项目的建筑构件进行统筹设计与研发,设计团队互相协调,清楚地划分协同设计的工作界面,可以实现同步、推进,高效率地完成协同设计工作
奠定编码基础	以构件最为最基本的要素,形成层级明晰的装配式建筑构件分类表,这是对构件编码,实现追踪、定位、管理的基础
便于统计管理	构件分类方法与 BIM 项目管理模式相契合,便于精确地进行物料、工程量、成本的统计管理

(2) 构件分件设计

构件分件的基础是构件三级装配理论,建筑构件根据构件装配信息进行分类,即将构件按照构件加工和装配位置的不同分为三级,进而完成构件特性和建造逻辑的分类:一级构件为小构件,在工厂进行生产装配,减少现场工作量;二级和三级构件都为大构件在工地工厂和工位完成装配,减少高空作业量,降低现场安全隐患,同时提高现场建造装备和工具使用效率。构件分件设计方法根据建造基本原理对构件进行设计以加快建造速度,提高建造效率,实现安全、快速、可靠、低碳的建造。

(3) 装配式混凝土建筑构件分类与编号

以"构件法"为基础的构件分类与构件分件思想是运用 BIM 技术进行建筑项目信息管

理的核心思想。使用构件思想对构件组进行编号分类管理，是 BIM 建筑项目管理全生命周期的基础，对于 BIM 系统的建筑构件信息采集与输入、物料及工程量统计、建筑施工、运维以及全生命周期的信息管理具有重要的意义。根据构件分类与构件分件的思想，可将装配式建筑的全部构件分为结构系统、外围护系统、设备与管线系统、内装系统进行分类并编码。

2）BIM 与标准化、模块化建筑设计

装配式建筑标准化设计是指以"构件法建筑设计"为基础，在满足建筑使用功能和空间形式的前提下，以降低构件种类和数量作为标准化设计手段的建筑设计思想。标准化设计是装配式建筑设计的核心思想，它贯穿于整个设计、生产、施工、运维的整个流程。标准化建筑设计旨在提高建造效率、降低生产成本、提高建筑产品质量，以住宅为例，标准化设计体系如图 11.2 所示。

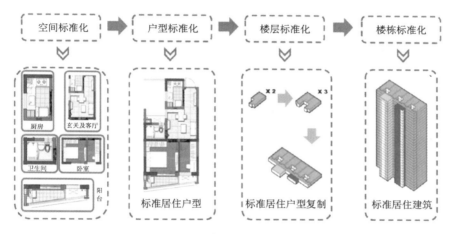

图 11.2　标准化设计体系

模块化设计是实现建筑标准化设计的重要基础。以住宅建筑为例，住宅模块化设计的目的在于通过对套型的过厅、餐厅、卧室、厨房、卫生间等多个功能模块的分析研究，将单个功能模块或多个功能模块进行组合设计，通过将不同功能模块设计集成在一个套型中来满足住宅全生命周期灵活使用的多种可能。

标准的户型模块可以组合形成多样化的组合平面模块，组合平面模块可以通过色彩变化、部品构件重组等方式再组合形成多样化的立面效果，打破建筑呆板的边界轮廓和体量，多样化模块组合平面如图 11.3 所示。

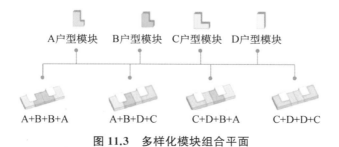

图 11.3　多样化模块组合平面

标准化、模块化建筑设计与 BIM 技术的结合，可以通过 BIM 数据库的方式管理各类型标准化构件模块。通过对标准化构件的梳理，可以进一步提高装配式建筑设计的效率，对于整个装配式项目而言，可以优化成本与工期。BIM 是标准化建筑设计成果承载的容器，而标准化设计是将 BIM 价值最大化体现的方法。

3）构件编码系统

不同类型的构件同处于一个整体系统中，相互之间容易产生混淆，为了识别个体不同的构件，因此需要对其进行命名，并对各相关属性信息进行准确的定义。信息分类、编码是两项相互关联的工作，一是信息分类，二是信息编码，先分类后编码，只有科学实用的分类才可能设计出便于计算机和人识别、处理的编码系统。一套完善的编码规则是实现信息联动的重要手段，它需要具有唯一性、合理性、简明性、完整性与可扩展性的特点。编码规则的统一是实现装配式建筑全流程信息管理的唯一途径。某市装配式建筑信息服务与监管平台中某柱构件编码为 SDD-20170816-AI-JG-HNT-Z-1/0.00-A/1-0，编码规则解释如表 11.5。

表 11.5　构件编码字段释义表

字段	示例	含义
项目编号	SDD-20170816	相关建筑的项目编号
楼栋编号	A1	编码构件所在楼栋的编号
构件类型编号	JG-HNT-Z	构件所属类别，如结构体—混凝土—柱
标高编号	1/0.00	构件在 1 层，标高为 0.00
轴线编号	A/1	构件所在横轴为 A 轴，纵轴为 1 轴
位置编号	0	横轴纵轴区间内只有一个柱子

4）BIM 建模规则

在建立构件编码系统的基础上，要实现对装配式混凝土构件的全流程管理，还需要相应的软件管理平台对构件系统的数据进行处理，因此在模型数据产生的前端要设置相应的建模规则以便可以生成符合平台要求的数据文件。以装配式建筑结构系统为例，在 Revit 软件中的建模规则如表 11.6 所示。

表 11.6　结构系统建模规则表

序号	结构构件	建模规则	图例
1	预制柱	1. 选用 Revit 结构柱工具并选择合适的柱族。 2. 在属性选项卡中输入截面尺寸、高度并选择结构柱的材质绘制即可	

续表

序号	结构构件	建模规则	图例
2	预制剪力墙	1. 选用 Revit 墙体工具。 2. 在属性选项卡中输入墙体宽度并选择墙体材质绘制即可。 3. 如遇到"L"型或"T 型"剪力墙时，需要把相连接的墙体创建为一个剪力墙部件	
3	预制叠合板	1. 选用 Revit 结构楼板工具。 2. 在属性选项卡中输入楼板厚度并选择楼板材质绘制即可。 3. 预制部分与现浇部分应分别绘制，以便预制率计算插件读取数据	
4	预制梁	1. 选用 Revit 梁工具并选择合适的结构梁族。 2. 在属性选项卡中输入截面尺寸并选择结构梁材质绘制即可。 3. 如遇到叠合梁时，应分别绘制预制部分与现浇部分	

11.2.2　基于 BIM 的协同化设计

1）基于 BIM 的协同设计应用

借助于 BIM 技术可以在装配式建筑中更好地发挥协同设计的优势，在信息共享的基础上，协同设计主要应用于各设计专业内以及各流程阶段之间。

基于 BIM 的装配式建筑协同设计中，所有的设计专业，包括建筑、结构、给排水、暖通、电气等在 BIM 技术的整合下可以在同一个中央项目文件中进行工作，这可以方便地协调各专业的冲突问题，及时纠正各专业设计中的空间冲突矛盾，也能确保信息在不同专业之间的有效传递，改善原有专业间信息孤立的状况，进而实现优化设计的目的，如图 11.4 所示。

针对设计、生产、施工各流程协同，装配式建筑构件生产单位和施工单位需要在方案设计阶段就介入项目，从以往的装配式项目经验可以得出，若设计阶段与生产、施工阶段

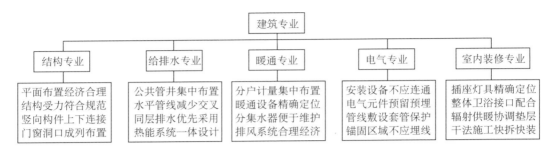

图 11.4　建筑专业与其他各专业之间协同要点

脱节,会导致建筑构件拆分不合理或是构件在施工过程中存在碰撞,无法顺利安装到位等问题。因此,生产单位、施工单位早起早期介入可以共同探讨加工图纸与施工图纸是否满足生产与建造的要求,同时设计单位可以及时获取生产与施工单位的意见反馈,做出相应的修改变更。建设装配式建筑全生命周期协同平台也是实现各流程协同的重要环节,通过协同平台软件,可以高效地实现不同阶段间的信息协同共享。

2) 中央文件管理模式下的协同工作模式

中央文件管理模式在 Revit 中就是工作集模式,假设甲,乙两人同时工作在同一个中心文件上,甲,乙先分别创建自己的甲工作集和乙工作集。甲把甲工作集的所有者设为自己,乙把乙工作集的所有者设为自己,并在各自的工作集内创建构件模型。如果甲乙之间的工作没有交集,那他们的工作按部就班地进行。一旦甲需要修改编辑乙的构件模型,必须向乙发送请求,在乙统一把构件模型"借"出去之前甲都无法编辑该构件。一旦乙将构件模型交给甲,甲将拥有该构件的权限,并能自由编辑该构件,直到甲把构件模型的权限"还"给工作集。

中央文件的管理方式有两种,一是基于本地局域网文件共享模式的中央文件,这种模式适用于设计团队同一地点集中办公,另一种是基于 Revit Server 的远程文件共享,适用于设计团队分布在不同地区的情况。

这种协同工作模式以工作集的形式对中心文件进行划分,项目设计人员在属于自己的工作集中进行设计工作,设计的内容可以及时在本地文件与中心文件进行同步,设计人员之间可以相互借用属于对方的构件模型图元的编辑权限进行交叉设计,实现信息的实时沟通。

3) BIM 命名规则

命名规则十分重要,每家设计单位都要有自己的命名规则,可以是参考行业内部通用的,也可以是个性化定制的。规范命名的意义就在于:在整个工程过程中,参与工程的各方方便地进行检索文件以利用文件内数据,并最终形成条理清晰、脉络顺畅的数据系统,方便工程实践的进行。

(1) 构件命名规则

① 自定义族文件命名规则。【专业】-【构件类别】-【一级子类】-【二级子类】-【描述】.

rfa,具体规则如表 11.7 所示。

表 11.7 自定义族文件命名规则表

序号	字段	含义	示例
1	【专业】	用于识别本族文件的专业适用范围,如适用于多专业,则多专业代码之间用下划线"_"连接	例如建筑专业_A,结构专业_S 等
2	【构件类别】	为建筑各大类模型构件的细分类别名称	例如防火门、平开门、人防门等
3	〖一级子类〗	为模型构件细分类别下、进一步细分的一级子类别名称	例如防火门下的双扇、单扇等
4	〖二级子类〗	模型构件细分类别、一级子类别下,进一步细分的二级子类别名称	例如双扇防火门下的矩形观察窗居中
5	〖描述〗	必要的补充说明,也可当作〖三级子类〗使用	例如双扇防火门下的亮窗

注:【】为必选项,〖〗为可选项。

② 系统族命名规则。因系统族在 Revit 中只能创建类型,所以只需要标准化类型名称即可。具体规则如表 11.8 所示。

表 11.8 系统族命名规则表

序号	构件类型	命名规则	示例
1	墙	【专业】-【功能/定位】-【厚度/网格尺寸】-〖材质/描述〗	A-外部-300 mm-干挂石材,其中"A"为建筑专业代码,"外部"为定位,"300 mm"为墙体厚度,"干挂石材"为材质及描述
2	楼板	【专业】-【功能/定位】-【厚度】-〖材质/描述〗	A-建筑面层-100 mm-水泥砂浆,其中"A"为建筑专业代码,"建筑面层"为其楼板功能,"100 mm"为板厚,"水泥砂浆"为描述
3	屋顶	【专业】-【功能】-【厚度】-〖材质/描述〗	A-保温屋顶-300-混凝土,其中"A"为建筑专业代码,"保温屋顶"为其功能,"300"为板厚,"混凝土"为描述
4	天花板	【专业】-【功能/定位】【厚度/网格尺寸】-〖材质/描述〗	A-办公区-600×600-扣板,其中"A"为建筑专业代码,"办公区"为其功能及定位,"600×600"为网格尺寸,"扣板"为样式描述
5	楼梯	【专业】-〖样式/功能/定位〗-【材质】-【板厚】-〖描述〗	A-Q区办公梯-木质面层-20,其中"A"为建筑专业代码,Q区办公梯,木质面层为材质,"20"为楼梯板厚

(2)项目命名规则

项目命名的具体规则如表 11.9 所示。

表 11.9 项目文件分类及命名规则表

文件类型	命名逻辑	通用规则
Revit 主文档	按协同设计规则需要命名,易识别、记忆、操作、检索	所有字段仅可使用中文、英文(A - Z,英文或汉语拼音)、下划线、中划线和数字;字段之间应通过中划线"-"隔开,请勿使用空格;在一个字段内,可使用字母大小写方式或下划线"_"来隔开单词;项目子项编号后带"♯"字符;使用单字节的点"."来隔开文件名与后缀,除此以外,该字符不得用于文件名称的其他地方;日期格式:年月日,中间无连接符,例如20190701;不得修改或删除文件名后缀
Revit 相关文件	Revit 相关文件(DWG、NWC 等)名称与对应的 Revit 主设计文件名称/Revit 图纸名称/ Revit 视图名称等保持一致或基本一致,必要时增加"说明注释"关键字、或增加数字序号/版本号、日期等	
其他文件	与 Revit 设计文件相对独立的其他文件,按工作需要命名,易识别、记忆、操作、检索	

(3)图纸命名规则

Revit 图纸命名规则和传统 CAD 出图的图纸命名规则相近,命名规律可参照传统 CAD 图纸命名规则执行。图纸命名规则:【专业设计阶段简称】-【专业】【图纸编号】-【图纸名称】。具体规则如表 11.10 所示。

表 11.10 图纸命名规则表

字段	示例
【专业设计阶段简称】	例如建施、结施、暖施、水施、电施等
【专业】【图纸编号】	例如 A201、A202、A301 等
【图纸名称】	例如"首层平面图""1♯楼梯首层平面图"等

4)数据交互格式

对于 Revit 软件来说,与其他软件的交互方法无非有两种,一种是基于自身软件的原生交互格式,另一种则是 IFC 格式标准。

(1)原生交互

Revit 原生的交互格式包括项目文件格式.rvt、样本文件格式.rte、族文件格式.rfa 以及可以为 Autodesk 公司项目管理软件 Navisworks 提供的.nwc 格式。原生交互格式对于 Autodesk 本公司的软件之间的交互应用可以做到信息无损交互,这也是原生交互的优势。

(2)IFC 交互

针对 BIM 模型数据如何有效整合并储存,由 buildingSMART(https://technical. buildingsmart.org/)组织发起,让所有信息基于一个开放的标准和流程进行协同设计、运营管理。其主要数据交换及单元格式便是 buildingSMART 的前身 IAI(International Alliance for Interoperability)于 1997 年所提出之 IFC(Industry Foundation Class)数据标准。

IFC 自 1997 年 1 月发布 IFC1.0 以来,已经历了九个主要的改版,其中 IFC2x3 是目前大多数市面上的 BIM 软件支持的版本。IFC 格式标准为了能够完整地描述工程所有对象,透过面向对象的特性,以继承、多型、封装、抽象、参照等各种不同的关系来描述数据间的关联性。IFC 文件有三种格式:纯文本的 STEP 文件格式、基于 XML 的文件格式、基于 JSON 的文件格式,每种格式还有压缩与非压缩的存储方式。

11.2.3　BIM 技术在装配式建筑中的整体技术策划

在 BIM 装配式建筑应用中,我们主要从项目目标的确定、项目的执行落实等方面进行阐述。要确定合适的 BIM 应用目标,首先要明确业主的需求,根据业主的需求,结合项目特点,确定 BIM 应用目标,可以根据实际需要,定义多个 BIM 目标,用目标优先级来表示其重要程度。BIM 应用目标明确后,再将目标进行分解,确定在规划、设计、施工、运营等各个阶段需要实现的目标,以此来准备相关的资料,确定使用方法,配备合适的团队。当然在这个过程中还应该考虑风险因素,除此之外,在保证质量和安全的前提下,应尽量缩短工期,降低成本。

在进行目标确认前,需要和业主进行充分沟通,了解业主的需求,在实际工作中,某些业主的需求较多,为满足业主的全部需求,可能会定义多个 BIM 目标。为了区分多个 BIM 目标的重要程度,可以通过定义目标的优先级区分。BIM 应用目标确定后,根据策划、设计、施工、运营各个阶段的设计深度和需求,将目标进行分解,如图 11.5 所示。

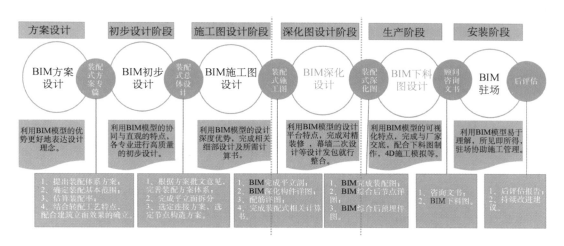

图 11.5　BIM 应用在各个阶段的应用目标示例

11.2.4　BIM 技术在各设计阶段的应用

1) 方案设计阶段

(1) 方案设计阶段模型

① 交付物类别

应具备:建筑信息模型,项目需求书,建筑指标表。

宜具备:工程图纸,建筑信息模型执行计划。

② 方案精细度

模型等级:LOD100

阶段用途:项目规划评审报批,建筑方案评审报批,设计估算。

③ 方案设计阶段具体应用点

方案设计阶段具体应用点如表11.11所示。

表 11.11 方案设计阶段具体应用点

模型应用	技术应用点
可视化应用	场地、构件建模还原与模拟,效果表现、虚拟现实等
性能化分析	节能、日照、风环境、热环境等
量化统计	建筑面积明细表统计、总体指标数据表等

(2)周边城市环境分析(BIM+倾斜摄影)

倾斜摄影建模技术是近年来航测领域逐渐发展起来的新技术。采用倾斜摄影技术,可以同时获得同一个位置的多个不同角度、具有高分辨率的影像,采集丰富的地物侧面纹理及位置信息,对于周边环境分析起到重要作用。BIM模型+倾斜摄影模型结合应用充分做到取长补短,对于分析城市天际线,展现周边区位优势,模拟建筑方案元素融合情况,预览项目场地基本情况提供较大帮助。

(3)建筑方案比选

单体建筑方案BIM设计主要利用BIM技术的可视化、仿真性、模拟性等特点进行建筑方案的对比,应用范围广泛,方案比选阶段BIM应用点如表11.12所示。

表 11.12 方案比选阶段 BIM 应用点分析

应用点	应用效果
数据沿用	方案阶段模型具有良好的数据传递性,具备参数化功能,可以实现全设计流程的数据沿用
展示效果	设计效果展示的形式不再局限为效果图的形式,不提升成本的情况有了渲染视频、漫游动画等更丰富的形式以供选择
交通分析	消防车道、货车通道布置方案等竖向交通的设计分析在三维图形的展示下更加直观清晰
空间布置	通过三维可视化的形式对于功能空间合理性分析、可视度视线分析,使得设计成果更加合理与完善
消防疏散	消防登高面展示与紧急疏散模拟等应急方案模拟,基于 BIM 技术可以实现动态的直观展现

建筑方案比选利用BIM技术虽然带来了工作量的增加,但是提前研究复杂部位、关键节点,对于提升设计质量与平直具有重要意义,有利于把握设计重难点,统筹设计进度。

（4）三维交通疏解

项目施工对于周边交通道路有所影响时,运用 BIM 技术进行三维交通疏解。方案设计阶段的 BIM 应用是常见的应用模式,较之传统二维平面疏解方案,三维交通疏解具有更直观、更精确的显著特点。

在项目规模小、工期较短,对周边道路影响较小的情况下,考虑到投入成本,可采用二维疏解分析的方式,而在项目规模较大或对周边道路影响较大,工期较长的情况下,应采用 BIM 三维疏解分析的方式以确保分析成果质量。

（5）建筑性能分析

建筑性能分析包括:热环境和能耗分析,日照分析,风环境分析,光环境分析,声环境分析。基于 BIM 的建筑性能分析软件,有效地提供了建筑物及周边的热环境、光环境和声环境等物理指标的模拟分析,验证建筑物是否按照特定的设计规定和可持续标准建造,最终确定、修改系统参数甚至系统改造计划,提高整个建筑的性能,表 11.13 列出了建筑性能分析的相关内容以及可用软件。

表 11.13　建筑性能分析表

性能分析	分析内容	可用软件
热环境和能耗分析	模拟预测室内温湿度、房间热量、热负荷、冷负荷 模拟预测采暖空调系统的逐时能耗 模拟预测建筑物全年环境控制所需能耗	DOE-2 DeST PKPM 斯维尔
日照分析	计算窗口实际的日照时间 建筑物窗口、外墙面获得的太阳辐射热、天空散射热 相邻建筑物之间的遮蔽效应	PKPM 天正 斯维尔
风环境分析	室外风环境模拟:改善小区风(流)场的分布,减小涡流和滞风现象,并找出大风情况下可能形成狭管效应的区域。 室内自然风环境模拟:引导室内气流组织有效的自然通风、换气	Fluent PHOENICS 风环境模拟软件 斯维尔 PKPM
光环境分析 （初步设计阶段）	建筑物室内照明分析 天然采光分析	Lightscape Radiance 斯维尔 PKPM
声环境分析 （施工图阶段）	通过声学模拟预测建筑物的声学质量 对建筑声学改造方案进行可行性预测	ODEON EASE RAYNOISE 斯维尔 PKPM

2）初步设计阶段

（1）建立初步设计阶段模型

①交付物类别

应具备：建筑信息模型,项目需求书,建筑指标表,建筑信息模型执行计划

宜具备：属性信息表,工程图纸,模型工程量清单

②方案精细度

模型等级：LOD200

阶段用途：专项评审报批、节能初步评估、建筑造价概算

③初步设计阶段具体应用点

初步设计阶段具体应用点如表 11.14 所示。

表 11.14　初步设计阶段具体应用点

模型应用	技术应用点
可视化应用	场地、构件建模还原与模拟、效果表现、虚拟现实等
性能化分析	节能、日照、风环境、热环境等
量化统计	面积明细表统计、指标数据表等
集成调整	管线综合、空间局部优化等

（2）系统工作区

协同平台应划分不同工作区以满足设计过程中项目成果的编辑、共享、审核、发布、归档等要求,如表 11.15 所示。

表 11.15　BIM 模型协同工作区规定

工作区划分	对应职能
项目编辑区	编辑区用于对项目 BIM 文件进行编辑
项目共享区	共享区提供满足一定交互条件的共享文件供项目全体成员参考
质量审核区	审核区是项目成果发布前提供质量体系进行审核的区域
成果发布区	发布区是各设计小组文件的公开发布区域,该区域内发布的文件应已完成质量确认
归档区	归档区存放包括编辑区、共享区、审核区以及发布区需归档的内容

（3）文件权限管理

协同平台应规定 BIM 权限分级。为了使项目更加高效地管理,各设计人员应确定文件权限,明确工作范围,如表 11.16 所示。

表 11.16　BIM 协同设计文件权限管理示例

文件编辑等级	对应具体权限
Ⅰ级	可以在项目文件处于可编辑状态时对项目文件进行编辑工作。（如编辑模型中的构件图元、管理模型链接等）
Ⅱ级	Ⅰ级权限基础上还可以查看协同工作记录,对各Ⅰ级工作组锁定或开放编辑权限。（如恢复中心文件历史版本,调整协同平台用户操作权限等）
Ⅲ级	Ⅱ级权限基础上还可以创建新项目协同文件或删除现有项目文件,为最高管理权限。（设定项目样板,创建新项目文件）

（4）构件拆分

①楼板拆分

以单向板密封拼接为例,其楼板拆分方式如图 11.6 所示。

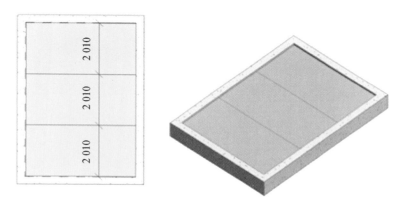

图 11.6　楼板拆分示意图

②梁拆分

以单梁拆分为例,其主梁区域应采用预制构件,从梁端进行拆分,如图 11.7 所示。

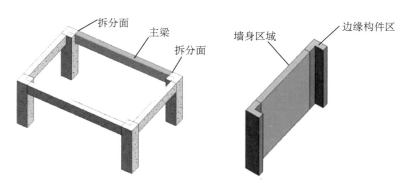

图 11.7　梁拆分示意图　　　　图 11.8　剪力墙墙身拆分示意图

③剪力墙拆分

对于剪力墙墙身,墙身区域采用预制,边缘构件不预制,如图 11.8 所示。

（5）初步设计阶段参数加载

基于方案阶段的模型,继续深化建立初步设计阶段模型,并添加相关参数,结构梁模型及其参数设计如图11.9所示。

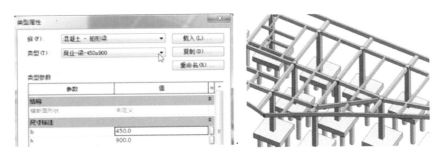

图 11.9 结构梁模型及其参数设计

3）施工图设计阶段

（1）建立施工图设计阶段模型

①交付物类别

应具备:建筑信息模型,工程图纸,项目需求书,建筑信息模型执行计划,建筑指标表,模型工程量清单

宜具备:属性信息表

②方案精细度

模型等级:LOD300

阶段用途:建筑工程施工许可,施工准备,施工招投标计划,工程预算

③施工图设计阶段具体应用点

初步设计阶段具体应用点如表11.17所示。

表 11.17 施工图设计阶段具体应用点

模型应用	技术应用点
可视化应用	场地、构件建模还原与模拟,效果表现、虚拟现实等
性能化分析	节能、日照、风环境、光环境、声环境、热环境、交通疏散、抗震等
量化统计	面积明细表统计、材料设备清单统计表、指标数据表等
集成调整	碰撞检测、管线综合、空间局部优化等

（2）机电管线综合深化

现阶段机电各专业图纸分开设计,管线及其支吊架错综复杂,管线相互碰撞无法安装的情况时有发生。施工中常常出现安装不规范、返工浪费、使用不便、观感较差等现象。在施工图阶段利用BIM进行机电管线综合深化,相比二维软件能更直观高效地对各专业管线进行合理排布,达到节省层高、减少翻弯、降低成本、提高观感的目的。

（3）建筑空间净高分析

建筑中空间较低或较狭窄的区域、管线较密集的区域，以及管道进出管道井、进出机房的区域等，极容易出现净高不足的情况，如果在土建基本完成，安装施工过程中才发现问题，可能最优调整方案已无条件实施，甚至需要返工，所以有必要在设计阶段应用 BIM 进行净高分析，尽早发现问题，便于设计师及时调整设计。

（4）生成施工图

为满足施工的具体要求，将建筑、结构、暖通、给水排水、电气等专业编制成完整的可供进行施工和安装的设计文件，包含完整反映建筑物整体及各细部构造和结构的图样。

（5）施工图设计阶段模型建立及参数加载

基于初步设计阶段的模型，继续细化模型中构件尺寸，同时添加构件相关信息。

4）构件深化设计阶段

（1）建立构件深化设计阶段模型

① 交付物类别

应具备：装配式构件模型，装配式构件模型执行计划

宜具备：属性信息表，构件深化图纸，模型工程量清单

② 方案精细度

阶段用途：施工招投标计划，工程预算，模具生产，预制构件生产

③ 构件深化阶段具体应用点

初步设计阶段具体应用点如表 11.18 所示。

表 11.18 构件深化阶段具体应用点

模型应用	技术应用点
可视化应用	吊装模拟、效果表现
性能化分析	无
量化统计	构件数量统计、钢筋用量统计、构件混凝土用量统计
集成调整	预制构件钢筋碰撞检测、吊装顺序优化

（2）预制构件碰撞检查

预制构件在工厂事先加工生产，若在设计过程中未考虑构件与构件之间的碰撞问题，可能会导致构件在现场无法安装，不仅浪费成本，还会对工期造成极大影响。所以有必要在构件深化阶段应用 BIM 进行碰撞检查，尽早发现问题，便于设计调整方案。

11.3 基于 BIM 的构件智能化生产

随着越来越多的企业开始重视建筑工业化的转型，一些 PC 构件的生产加工工厂也纷纷建立起来，管理 PC 构件生产的全流程，是整个 BIM 项目流程中的一部分，是 PC 构

件模型的信息以及流程生产过程中的管理信息交织的过程，是有效进行质量、进度、成本以及安全管理的支撑。利用 BIM 在项目管理中独特的优势，贴合预制构件特有的生产模式，可极大提高预制构件的生产效率，有效保证预制构件的质量、规格。BIM 在构件生产中的作用主要体现在以下几方面：

（1）预制构件的加工制作图纸内容理解与交底；

（2）预制构件生产资料准备，原材料统计和采购，预埋设施的选型；

（3）预制构件生产管理流程和人力资源的计划；

（4）预制构件质量的保证及品控措施；

（5）生产过程监督，保证安全准确；

（6）计划于结果的偏差分析与纠偏。

本章节主要介绍装配式建筑构件工艺设计之后，从生产阶段导入的基本条件、信息在工艺生产方案的应用情况，以及模型与工厂智能化设备联动的信息化的管理方式，最后介绍信息在具体生产执行及构件存储中的应用方法。

11.3.1 基于 BIM 的装配式构件生产导入条件

BIM 技术在装配式建筑构件生产前期需要将生产所需的信息根据制造业的生产需求进行导入，导入的条件主要包含三个方面：项目信息、工艺图纸、生产物料清单（BOM）。

1）项目信息

导入项目信息是构件生产的必要条件，作为制造工厂，首先需要了解项目基本信息，并由专人进行项目信息的收集与识别，并形成项目导入信息表，如表 11.19 所示，其次针对导入的项目信息进行分析评估，判断是否能够满足后续生产需求以及是否能够满足导入项目的需求。具有客户关系管理系统（CRM）或者制造生产执行系统（MES）的构件生产企业，构件导入的信息形式通常为表单，其基本导入内容与表 11.19 类似。

表 11.19　项目导入信息表

项目导入信息表				编号：	
				填表人：	
序号	项目信息内容	是否已收集	收集文件	责任人	收集时间	更新时间
1	项目规模					
2	构件类型					
3	装配时间					
4	装配顺序					
5	项目施工进度					
6	物流运输方式					
7	发运距离					
8	道路情况					

2）工艺图纸

装配式构件信息模型的设计，首先要提供高精度的生产模型，而图纸和物料清单是通过模型导出的附属产物。

（1）模型

装配式建筑构件生产阶段对原有信息模型的要求不仅仅是提供通常意义上的建筑或者结构模型，而是需要更精细的模型，表 11.1 描述了一个模型单元从最低级的近似概念化程度到加工以及竣工交付模型标准。LOD 模型分级标准帮我们理解不同模型在建筑的生命周期中的应用阶段，也是 BIM 设计中建模的基本标准。从表中我们可以看到，装配式建筑的构件工艺生产过程中所需的模型为加工模型，即 LOD400 的标准。

在 LOD 标准的基础上，根据实际装配式建筑构件设计生产施工中的经验总结，我们将装配式建筑的模型分为三种类型，即：建筑模型、构件模型、工艺模型。

① 构件模型

广义而言，包括建筑的所有，甚至建筑本身对于城市也是一个建筑构件。狭义的构件模型，仅指建筑中包含的各类可以进行构件化的构件模型。对于装配式建筑，预制构件、现浇构件、钢结构构件、设备构件等，这些构件装配为建筑。以预制构件为例对构件模型进行说明，如图 11.10 所示，图中为 Solidworks 建立的预制

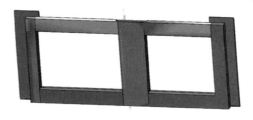

图 11.10　构件模型

墙板的构件模型，该模型中包含：墙体模型、外页模型、内部暗梁、暗柱模型等，其构件模型创建流程如图 11.11 所示。

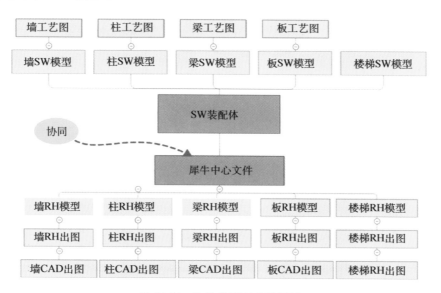

图 11.11　构件模型创建流程图

② 建筑模型

在建立所有的构件模型后需要将零件模型进行装配,装配成建筑整体,对于装配式建筑而言主要就是预制构件的装配,对于其他构件而言也有现浇装配体以及设备装配体等,如图 11.12 为装配完成的建筑装配体。建筑模型需要在 Solidworks 中进行构件模型之间的检查工作。本节所介绍的建筑模型其本质其实是由构件模型装配而成的建筑模型,与设计章节中最终进入施工的模型合并为同一模型,用于后续项目的生产和施工管理。单纯的构件模型和建筑模型是无法满足工厂生产的需要的,因此需要更精细的加工级工艺模型来实现。

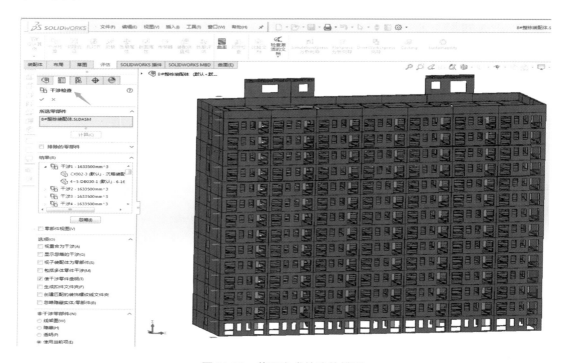

图 11.12　装配完成的建筑模型

③ 工艺模型

工艺模型是构件模型的正方向,是由装配而成的建筑模型,并对建筑模型的构件模型进行进一步的设计,得到生产所需要的生产模型精度要求。工艺模型的建立方法通常有两种,一种是通过构件模型进行属性定义,并应用计算机程序自动进行创建;另一种就是通过手动创建。

自动建立工艺模型的方式,相对比较快捷的是通过参数化程序进行搭建,可以进行参数化设计的设计软件非常多,就编程方式简单且快捷的有 Rhino 的 grasshopper,Revit 的 dynamo 等,这两款软件都可以实现构件工艺模型的自动化建立。

表 11.20 主数据信息内容表

数据大类名称	数据子类名称	数据内容
基础信息	系统字典	设置系统所需的基本字典类数据,比如:结构类型字典、混凝土强度字典等
	物料基础信息	主要是对物料库的设置信息
	客户基本信息	用户基本信息
	供应商基本信息	包含供应商列表及供应商详细信息
	物料供货价格信息	主要是物料价格信息表
	二维码定义信息	对物料及构件类型定义的二维码信息
	条形码定义及检索	主要是对物料的条码定义
	仓库及库位划分信息	物料及构件仓库关系信息设置
	标牌模板信息	打印及标牌模板的设置
产品标准	标准库维护	标准库是对一些标准化构件制定维护规范
	产品标准信息	标准化构件及产品所包含的信息设置
工艺管理	工厂及产线基础信息	工厂产线设置信息
	产线与工艺信息	对工厂产线中工艺生产方式及内容的信息
	工序项维护信息	对生产工序进行维护
	工序步骤信息	具体生产工序的设置信息
	构件特征及工艺信息	不同构件的特征属性值及与生产工艺关系的设置信息
	构件物料信息	物料库信息设置内容
成本标准	成本计算参数信息	计算生产成本所需的信息设置
	成本输入参数综合维护	企业定额基础数据
工序配置	工序设置信息	工序设置及调配的信息
	工种配置信息	生产工种及人员设置信息

（2）信息

装配式构件工艺数据所包含的数据内容非常多,再加上项目及后续平台的不断发展会需要一些新的数据内容或者结构,也促进了前端设计的发展。工艺数据的传输主要分为三类平台:设计数据汇总类平台[一般有项目数据管理平台（PDM）];生产数据处理平台[制造执行系统（MES）];项目数据管理平台[施工现场管理平台（PMS）]。模型是后续所有平台的源数据,这些源数据在后端的不断计算处理为后续阶段提供基础。工艺模型信息到制造阶段的数据内容如表 11.20 所示。

（3）图纸

装配式建筑工艺模型生成的工艺图纸,用于进行工厂构件生产。在提供构件模型的基础上还需要提供其他信息。具备信息模型的装配式建筑项目,工艺图纸逐渐被弱化,模型所得到的生产数据以及信息要比平面化的图纸要丰富。设置完成后的图框图例等模板导入 Rhino 平台内部即可实现,导出图纸,相关界面如图 11.13 所示。

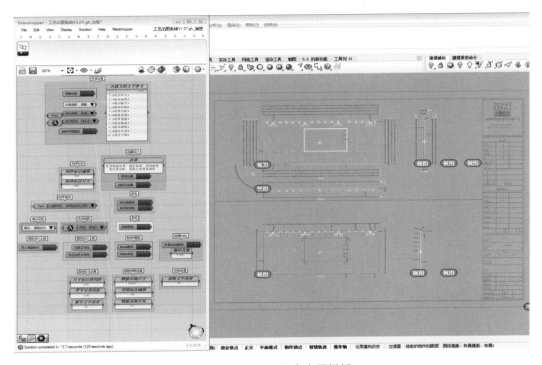

图 11.13　Rhino 平台出图样板

3) 物料清单(BOM)

BOM(Bill of Material)物料清单是制造行业生产的必需条件,该条件通常是以企业资源管理系统(ERP)作为基础,如图 11.14 为某企业物料库的展示。而基于信息模型技术的 BOM 是通过工艺模型的数据的整理和统计。

物料库

每页 10 条记录　　　　　　　　　　　　　　　　　　　　　　　　　　　搜索:

分类编码	分类名称	物料编码	物料名称	规格	单位	操作
1010700	混凝土	101070000000	混凝土	混凝土	立方米	查看
1010701	商品混凝土	101070100001	商品混凝土	商品混凝土 C15	立方米	查看
1010701	商品混凝土	101070100002	商品混凝土	商品混凝土 C20	立方米	查看
1010701	商品混凝土	101070100003	商品混凝土	商品混凝土 C25	立方米	查看
1010701	商品混凝土	101070100004	商品混凝土	商品混凝土 C30	立方米	查看
1010701	商品混凝土	101070100005	商品混凝土	商品混凝土 C35	立方米	查看
1010701	商品混凝土	101070100006	商品混凝土	商品混凝土 C40	立方米	查看
1010701	商品混凝土	101070100007	商品混凝土	商品混凝土 C45	立方米	查看
1010701	商品混凝土	101070100008	商品混凝土	商品混凝土 C50	立方米	查看
1010701	商品混凝土	101070100009	商品混凝土	商品混凝土 C55	立方米	查看

第 1 到第 10 条数据,总共有 1,075 条记录　　　　　　　　上一页　1　2　3　4　5　108　下一页

图 11.14　在线物料库展示

当前 BOM 的形式有很多类型,传统通过人工统计的 BOM 非常烦琐,且容易出错,通过工艺模型获取的 BOM 需要符合计算机导出的精简,且便于后续平台对数据的处理。

11.3.2 基于 BIM 的装配式构件工艺生产方案

具备信息模型的工艺生产方案编制需要借助 MES(生产执行系统)才能够完成,通过信息模型所反映的信息需要以 MES 系统为载体,实现数据以及信息的通达。借助 MES 系统的生产方案是一项倒的树状图,最终构件生产是其目标完成物。结合工艺质量控制点、物料控制情况、模具需求计划、工装需求计划配置,即可用 MES 进行处理,不同 MES 系统区别较大,某公司的 MES 系统所包含的功能模块如图 11.15 所示。

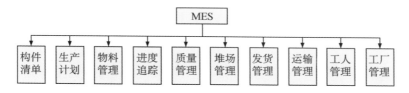

图 11.15　MES 系统包含的功能模块

11.3.3 基于 BIM 的装配式构件生产物料准备

装配式预制构件生产物料主要为信息模型信息应用的延伸,如何应用信息对生产物料进行准备是制造工厂降低生产成本并且提高生产效率的重要保障。因此借助前端导入的物料清单,通过物料合理高效的配置资源是非常重要的工作。

1)物料编码

物料编码是对物料界定最直接的一种方式,因此准确的物料编码标准是物料调用及物料模型调用的基础,物料编码基本分类如表 11.21 所示。

表 11.21　物料编码基本分类表

总类	分类	子类	细类
物料类别	外购、外协类物料	部品类	*
		设备类	*
		工具类	*
		临建类	*
		其他类	*
	自制类物料	半成品	自制混凝土
		产成品	预制混凝土件

通过物料的分类方法,外购外协类物料编码(即 P/N 物料号)采用 12 位字符表示,由物料分类号和序列号两部分构成。半成品和成品类(构件)标准件的物料编码(即 P/N 物

料号)采用 12 位字符表示,由物料分类号和序列号两部分构成,规则与外购物料编码规则相同,物料编码解释如表 11.22 所示。

表 11.22　物料编码解释表

编码名称	分类示意图	字段说明
外购、外协类物料	P/N ①物料大类 1 ②物料子类别 01 ③子级物料类别 03 ④末级物料类别 02 ⑤流水号 00001	1. 用 1 位数字表示物料大类
		2. 用 2 位数字表示物料子类别,例如:部品类下的"01"表示"主体部品类"
		3. 用 2 位数字表示子级物料类别,例如:主体部品类下"03"表示"水泥"
		4. 用 2 位数字表示末级物料类别,例如:水泥类下的"02"表示"复合硅酸盐水泥"
		5. 用 5 位数字表示流水号,例如,完整物编码"101030200001"表示"32.5 复合硅酸盐水泥"
半成品和成品类(构件)标准件的物料编码	P/N ①项目号 011501 ②楼栋号 002 ③构件子分类编号 0102 ④起止楼层号 0215 ⑤流水号 001	1. 用 6 位数字表示项目号。例如:"011501"表示某公司 2015 年第 1 个建筑项目
		2. 用 3 位数字表示楼栋号,例如:"002"表示该项目的第 2 号楼。特殊情况:基础工程、园林管网等工程构件与楼栋无关的情况,使用 00 表示;项目有分区时,第 1 位字符使用分区号表示(如"A"),各分区楼栋依次排序
		3. 用 4 位数字表示构件的子分类名,其中前 2 位数字表示子级物料类别,"01"表示"PC 预制件","02"表示"现浇件";后 2 位数字表示末级物料类别,例如:"02"表示"不含梁外隔墙 WGQ"
		4. 用 4 位数字表示起止楼层号,一般直接使用楼层代号,例如:"0215"表示"从第 2 层至第 15 层"
		5. 用 5 位数字表示构件流水号,根据构件拆分情况进行区分

2)物料 MES 管理

生产执行系统(MES)在工厂发挥着重要的作用,减少了大量前期人工计算统计的工作。通过前端设计数据的直接进入,MES 再对数据进行处理,MES 与设计数据互动关系以及模型与工厂制造关系分别如图 11.16 图 11.17 所示。

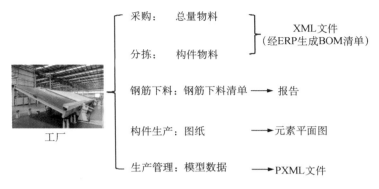

图 11.16   MES 与设计数据互动关系

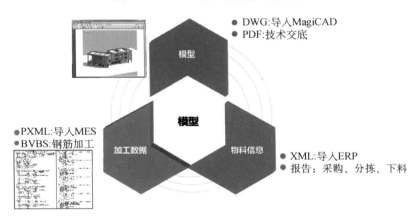

图 11.17   模型与工厂制造关系

11.3.4   基于 BIM 的装配式构件生产执行

生产执行的过程是构件经过设计、导入、生产准备等过程后具体在生产阶段的情况，主要通过设计信息模型输入后进入 MES 后具体生产过程中的情况。

将 BIM 技术应用于构件生产及运输过程主要体现在：使用 BIM 技术进行预制构件深化设计，形成构件生产信息模型，与管理系统进行链接形成构件生产基础数据库，从而管控生产过程和记录构件运输过程；使用 RFID 技术对构件生产过程中的信息进行实时跟踪记录，反馈到生产管理系统中，从而实现生产管理者对构件生产各方面进行科学有效控制，图 11.18 为相关信息技术在预制构件生产阶段应用关联图。

1）生产数据管理

生产数据有四个来源：自动接收设计数据、构件库选择、表格导入、录入新建。自动接收设计数据的导入是最佳的数据来源方式。

2）物料采购

物料的采购基于 BOM 清单的数据，通过信息化平台实现数据的处理，并形成审批流，完成物料的采购工作。

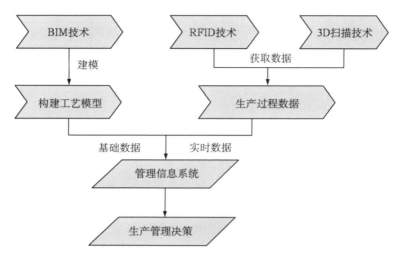

图 11.18　相关信息技术在预制构件生产阶段应用关联图

3）生产计划

计划安排主要根据工厂实际生产能力与建筑项目构件的施工进度需求，制定科学有效的生产进度安排。结合生产数据的任务工作量，按照工程建造的构件安装需求进度，依据工厂的既有产能和生产节拍，合理制订工厂构件生产计划。生产计划编制流程如图 11.19 所示。

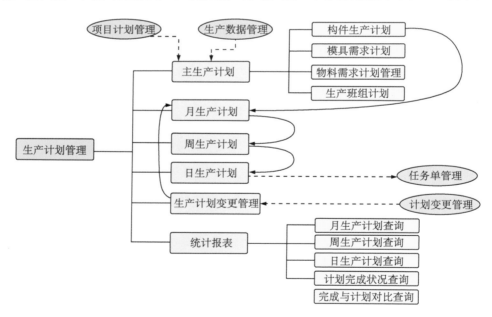

图 11.19　生产计划生成图

4）预制构件生产工艺及自动化加工

预制构件生产工艺通常包括模具清洁、模具组装、涂脱模剂、绑扎钢筋骨架、安装预埋件、混凝土浇筑振捣、拉毛、蒸养、拆模、检验修补及堆放等阶段。其中针对具体构件生产工艺会根据构件类型和构件厂生产能力有所调整。国内自动化生产线起步较晚,现阶段还处于只能对单独的工艺环节实现自动化,其中自动化工艺主要应用包括自动布置拆除模具、自动喷涂脱模剂、钢筋网片加工、混凝土浇筑及振捣、自动蒸养、墙体自动翻转等单独的方面,在整个生产过程中仍旧需要依靠人工协助来完成构件生产。图 11.20 展示了各生产工艺流程的情况。

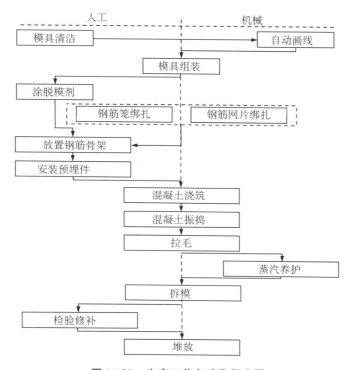

图 11.20　生产工艺自动化程度图

11.3.5　基于 BIM 的装配式构件存储

装配式预制构件的物流转运的信息化应用,主要体现了构件存放以及构件运输两个部分,本节主要以构件存储的方式以及通过信息化手段如何提高存储效率方面进行介绍。

成品预制构件出入库流程如图 11.21 所示,存储管理如表 11.23 所示。

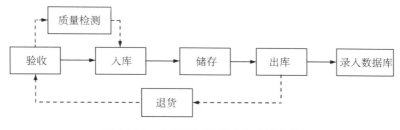

图 11.21　成品预制构件出入库流程图

表 11.23　存储管理表

存储管理	具体方式	说明
存储区域	装车区域	构件备货、物流装车区域
	不合格区域	不合格构件暂存区域
	库存区域	合格产成品入库储存重点区域,区内根据项目或产成品种类进行规划
	工装夹具放置区	构件转运、装车需要的相关工装放置区
存储要求	平面图	根据库存区域规划绘制仓库平面图,表明各类产品存放位置,并贴于明显处
	分类存放	依照产品特征、数量,分库、分区、分类存放,按"定置管理"的要求做到定区、定位、定标识
	成品标识	库存成品标识包括产品名称、编号、型号、规格、现库存量,由仓管员用"存货标识卡"做出
	成品摆放	库存摆放应做到检点方便、成行成列、堆码整齐距离,货架与货架之间有适当间隔,码放高度不得超过规定层数,以防损坏产品
	健全制度	应建立健全岗位责任制,坚持做到人各有责,物各有主,事事有人管;库存物资如有损失、贬值、报废、盘盈、盘亏等
	统一录入	库存成品数量要做到账、物一致,出入库构件数量及时录入电脑
"5S"管理	整理	工作现场,区别要与不要的东西,只保留有用的东西,撤除不需要的东西
	整顿	把要用的东西,按规定位置摆放整齐,并做好标识进行管理
	清扫	将不需要的东西清除掉,保持工作现场无垃圾,无污秽状态
	清洁	维持以上整理、整顿、清扫后的局面,使工作人员觉得整洁、卫生
	素养	通过进行上述"4S"的活动,让每个员工都自觉遵守各项规章制度,养成良好的工作习惯

11.4　基于 BIM 的装配式建筑数字化建造

所谓装配式建筑就是用预制的构件在现场装配而成的建筑。相较传统建筑来说,装配式建筑所需物料堆放场地小、施工噪音小,标准化的生产方式有利于节约资源和环境保护。同时,装配式建筑的施工只需对地基做相应的处理之后即可进行组装,施工速度快、劳动强度低。另外标准化、机械化、高精度的生产方式,保障了建筑物的质量。因此,装配式建筑包含了传统建筑无法比拟的优点。但装配式施工也存在很多问题,施工进度受厂商构件生产的速度、运输方式等多方面因素的制约。施工过程中的变更对构件的生产不利,安装过程中容易出现"错、漏、碰、缺"等情况。装配式建筑无论是制作还是安装都具有很强的技术性和专业性,我国建筑产业化进程尚处于初级阶段,缺少一批懂工业化技术并熟悉装配式建筑的专业型人才。

本节主要以装配式建筑构件吊装设计为基点,将吊装设备的选型作为装配式建筑施工阶段的扭转点,将设计、制造的第一手数据提供给现场施工。设备选型后需要对装配的程序进行介绍,主要是根据吊装设备所覆盖的范围为装配式建筑的吊装提供 BIM 的模拟演示,在模型空间中预判现场施工可能遇到问题;再从施工方案的模拟以及 BIM 数据中钢筋混凝土等原材料的统计汇总,为后续装备部品进入现场提供计划及工程量依据;具体施工组织阶段的 BIM 技术应用主要体现在前期临时场地布置以及临时设置的模拟,尤其对环保和消防在模型中进行距离和安全区域的警示模拟;项目建造阶段对 BIM 技术应用需要结合 BIM 平台类软件开展,项目的资料、进度与成本管理以及安全质量管理实现平台化的控制,施工完成后,将在 BIM 模型中累加的各类信息和模型内容进行完善,最终形成交付模型;为验收交付做资料及模型上的准备,同时也为后期项目投入运营后的运维提供数据基础。

11.4.1 基于 BIM 的装配式建筑施工组织设计

与传统施工组织设计项目相比,装配式建筑的施工组织设计需要特别关注装配建筑构件自身的因素,综合考虑构件在生产、运输、装配中的各种限制条件,从而提升装配式建筑施工组织设计的水平,从而借助 BIM 技术,实现装配式建筑构件装配模拟及各类数据的管理,进一步提升装配式建筑施工管理效率与水平,基于 BIM 的装配式建筑施工组织设计中的不同应用内容如图 11.22 所示。

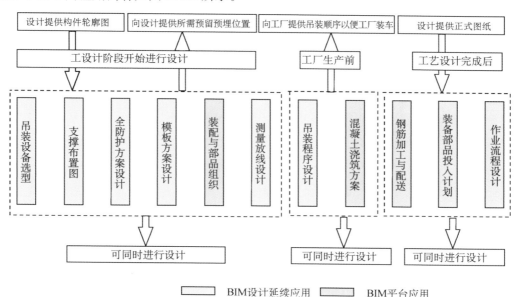

图 11.22 装配式建筑施工组织设计中不同应用内容

装配式建筑施工组织设计中不同应用内容图反映了装配式建筑施工组织设计的过程,其中BIM技术的应用形式主要分为两种:(1)装配式建筑BIM设计的延续,主要包括:利用模型对装配式建筑塔吊选型及设计应用进行模拟与分析、对支撑体系进行计算及模拟分析、对吊装过程进行模拟与分析等;(2)装配式建筑结合BIM平台类软件进行的装配建筑施工的管理,主要包括装配式建筑构件质量管理、对物料部品的管理、对流程的审核及处理等。

1)基础数据

基础数据包含从设计、制造、工程现场及需要前端进行设置的数据,主要包含构件信息、企业定额、装备库、塔吊选型等。

(1)构件信息

构件信息由前端设计数据直接进入项目管理数据库。根据装配式建筑工程现场需求,通常设计需要提供两类数据:装配式建筑构件清单及属性信息与工程量清单(BOQ)。

通过BIM设计数据得到的构件信息直接置入BIM管理平台中,并为平台对数据的处理及使用提供条件。导入平台后的数据包含信息和构件模型数据。从数据类型上主要包含四级数据的项目信息、楼栋、楼层、构件名称,以及构件自身相关类型,比如:构件类型、装配单元、安装顺序、尺寸、重量以及体积等信息。通过这些信息为装配式现场施工提供详细的装配及工程量的数据基础。

(2)企业定额

企业定额是企业自身形成的成本数据,并通过这些数据形成对项目成本管理的基础数据,这些数据需要专人来维护。

(3)装备库

施工装备是机械化施工的基础数据库,该装配库为后续实现装备的维护与巡查提供数据基础。

(4)吊装设备选型

吊装设备是设备库中的一种设备清单,对装配式构件的装配是至关重要,同时塔吊的选型也是前端装配式建筑工艺设计的基础。根据不同的分类方式,起吊设备可以分为很多类型,根据有无行走机构可分为移动式塔式起重机和固定式起重机,根据按塔身结构回转方式可分为下回转(塔身回转)和上回转(塔身不回转)塔式起重机。

在施工现场的吊装设备主要有固定的塔吊及移动汽车吊或履带吊。装配式建筑工艺设计需要考虑构件的标准化的同时还需要考虑塔吊的选型。作为施工单位如果贸然确定塔吊型号,不与设计进行沟通,现场可能会出现无法起吊或安装出现问题的情况。

2)计划管理

"项目未动,计划先行"。制订装配式构件的切实可行的计划是装配式建筑构件必需的工作,并且需要根据项目的实际情况进行计划的跟进与调整。装配式建筑的计划在传统现浇的基础上还需要进行构件的计划制订,装配式构件计划主要包括:需求计划、采购计划、验收计划、结算计划等。

装配式构件装配过程计划的编制需要设计、生产、施工三方紧密互动,三方是不可分割的,大量项目建造过程中的问题通常是信息不对称,从而导致工期延误、成本上升等诸多问题。因此建立高效的设计、生产、施工计划需求的互动关系,是保障项目高效运行的基础。

3)装配程序设计

装配式建筑构件装配程序的设计,主要包括对不同预制构件的装配顺序的设计。因此需要对不同类型构件的特点进行详细的了解,以及装配过程中可能出现的碰撞点进行预判。

装配程序设计的基础数据是需要有构件模型以及包含钢筋的包围盒模型。通过装配程序的设计,最终形成如图11.23的构件装配顺序设计图或模型数据。

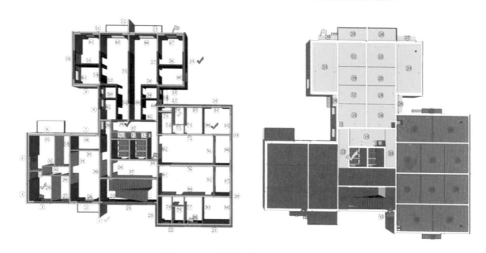

图 11.23 构件装配顺序设计图

构件装配原则:先吊外墙后掉内墙,封闭作业;先吊内墙和叠合梁后绑扎墙柱钢筋,方便吊装就位;操作面内外区域吊装,确保工序流水施工。构件装配程序的设计是后续支撑防护、模板方案以及测量放线设计的基础。在应用 BIM 技术进行构件装配程序设计时,需要调用前端设计中构件模型。装配式建筑构件吊装顺序设计是后续一些辅助设计的基础,后续需要对与构件相关的支撑防护、现浇节点模板以及测量放线定位设计进行可视化模拟和控制。

11.4.2 基于 BIM 的装配式建筑建造设计

装配式建筑建造设计是基于信息模型对装配式建筑施工现场进行的设计,其主要包含传统场地布置、施工方案模拟、钢筋加工与配送以及施工装备部品的配置等内容。

1)场地布置模型

在前期设计的基础上建立现场的场地布置及施工组织模型,可以实现便捷的工序及信息管理。场地布置模型主要包括,设计阶段的建筑、结构、水电暖通类模型,还包括施工过程中的塔吊、临时设施模型、围墙以及安全消防等模型。通过模型的搭建,实现项目现场可视化管理的目的。将各类模型进行整合搭建形成装配式建筑施工场地模型,如图 11.24 所示。

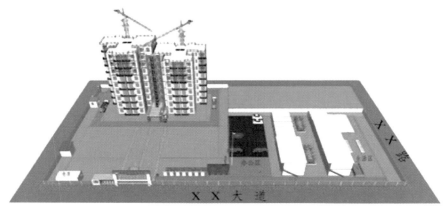

总平面布置图

图 11.24　装配式建筑施工场地模型

2）混凝土浇筑方案

装配式建筑构件安装完成后,在完成模板组装后,其节点处还需要进行现浇。因此要形成详细的现浇浇筑方案,如图 11.25 所示。

3）施工方案模拟

装配式建筑的施工方案除传统现浇的方案外,还需要完成构件的装配模拟以及路径装配模拟。目前多数施工模拟为通过显示的方式完成的,并不能模拟构件装配路径及装配过程,因此需要通过参数化的方式自己搭建模拟程序或者手动约束路径的方式进行模拟。本节基于前期构件模型及工艺模型的基础,通过参数化的方式进行构件路径的模拟,实现构件装配流程中的问题提前发现提前预警的目的。实施步骤包括:(1)收集准确的数据;(2)将建筑信息模型导入具有虚拟动画制作功能的 BIM 软件并赋予模型相应的材质,其材质应能反映建筑项目实际场景情况;(3)根据混凝土浇筑方案构建施工过程演示模型,结合预制装配式建筑的施工工艺流程,利用模型进行施工模拟、优化,选择最优施工方案,生成模拟演示视频并提交施工部门审核。主要工作成果为施工模拟演示文件,如图 11.26 所示。

4）钢筋加工与配送

施工现场的钢筋加工和配送分为两类:一是现场钢筋的加工与安装,另一种是在工厂生产完成的成品钢筋,然后运送到现场进行安装。

装配式建筑预制构件现场预留钢筋主要是指竖向构件,比如预制剪力墙和预制柱。其获取定位的方法是通过工艺模型的数据获得。

5）装备部品

部品与装备组织是基于基础数据并结合不同的项目进行的配置,该部分与施工模拟及成本管理联系紧密。

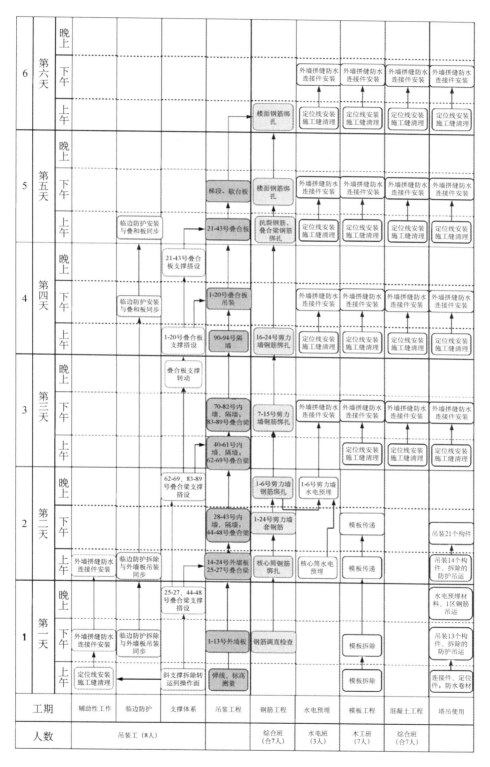

			辅助性工作	临边防护	支撑体系	吊装工程	钢筋工程	水电预埋	模板工程	混凝土工程	塔吊使用
6	第六天	晚上							外墙拼缝防水连接件安装	外墙拼缝防水连接件安装	外墙拼缝防水连接件安装	外墙拼缝防水连接件安装
		下午										
		上午				楼面钢筋绑扎		定位线安装施工缝清理	定位线安装施工缝清理	定位线安装施工缝清理	定位线安装施工缝清理
5	第五天	晚上										
		下午				梯段、歇台板	楼面钢筋绑扎	外墙拼缝防水连接件安装	外墙拼缝防水连接件安装	外墙拼缝防水连接件安装	外墙拼缝防水连接件安装
		上午	临边防护安装与叠和板同步			21-43号叠合板	抗裂钢筋、叠合板钢筋绑扎	定位线安装施工缝清理	定位线安装施工缝清理	定位线安装施工缝清理	定位线安装施工缝清理
4	第四天	晚上			21-43号叠合板支撑搭设						
		下午	临边防护安装与叠和板同步			1-20号叠合板吊装		外墙拼缝防水连接件安装	外墙拼缝防水连接件安装	外墙拼缝防水连接件安装	外墙拼缝防水连接件安装
		上午			1-20号叠合板支撑搭设	90-94号隔墙	16-24号剪力墙钢筋绑扎	定位线安装施工缝清理	定位线安装施工缝清理	定位线安装施工缝清理	定位线安装施工缝清理
3	第三天	晚上			叠合板支撑转动						
		下午				70-82号内墙、隔墙；83-89号叠合梁	7-15号剪力墙钢筋绑扎	外墙拼缝防水连接件安装	外墙拼缝防水连接件安装	外墙拼缝防水连接件安装	外墙拼缝防水连接件安装
		上午				40-61号内墙、隔墙；62-69号叠合梁			定位线安装施工缝清理	定位线安装施工缝清理	定位线安装施工缝清理
2	第二天	晚上			62-69、83-89号叠合梁支撑搭设		1-6号剪力墙钢筋绑扎	1-6号剪力墙水电预埋			
		下午				28-43号内墙、隔墙；44-48号叠合梁	1-24号剪力墙套钢筋		模板传递		吊装21个构件
		上午	外墙拼缝防水连接件安装	临边防护拆除与外墙板吊装同步		14-24号外墙板25-27号叠合梁	核心筒钢筋绑扎	核心筒水电预埋	模板传递		吊装14个构件、拆除的防护吊运
1	第一天	晚上			25-27、44-48号叠合梁支撑搭设						水电预埋材料、1区钢筋吊运
		下午	外墙拼缝防水连接件安装	临边防护拆除与外墙板吊装同步		1-13号外墙板	钢筋调直检查		模板拆除		吊装13个构件、拆除的防护吊运
		上午	定位线安装施工缝清理		斜支撑拆除转运到操作面	弹线、标高测量			模板拆除		连接件、定位件；防水卷材
工期			辅助性工作	临边防护	支撑体系	吊装工程	钢筋工程	水电预埋	模板工程	混凝土工程	塔吊使用
人数			吊装工（8人）				综合班（合7人）	水电班（3人）	木工班（7人）	综合班（合7人）	

图 11.25 装配式建筑标准层施工流程图

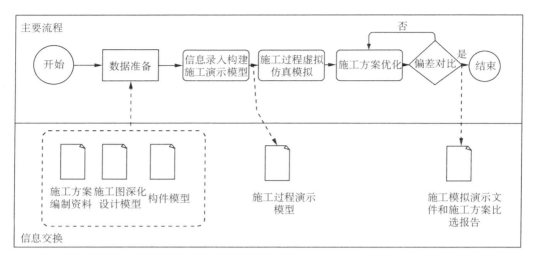

图 11.26　装配式建筑施工模拟操作流程图

11.4.3　基于 BIM 的装配式建筑项目建造

装配式建筑的项目具体建造过程,是结合前端项目的各类数据输入的实施阶段。

1) 资源管理

由于项目资源管理的数据非常庞大,基于 BIM 模型的资源管理需要结合企业资源管理系统。资源管理的基本包含三个步骤:(1)获取或设置基础数据;(2)主动收集基础信息及条件数据;(3)对数据进行实时追踪。

2) 进度与成本管理

项目的进度与成本是项目管理中非常重要的内容。

(1) 进度管理

基于 BIM 模型的进度管理,比如 Navisworks 的进度管理不能满足装配式建筑的进度要求,而 itw 中提供了进度与成本的管理,因此装配式建筑进度管理过程中主要利用 itw。施工进度管理过程中 BIM 应用操作流程如图 11.27 所示。

(2) 成本管理

成本管理基于基础数据中企业定额库的数据,对项目过程中的成本进行管理。成本管理的步骤包括:①调用基本定额数据;②设置招标指标;③关联项目模型;④定义项目模型;⑤指标信息初步测算;⑥设置工程中利润指标;⑦对项目单项进行调整;⑧检查项目的分部分项工程条目;⑨设置项目的自定义工程量单价;⑩调整部分参数;⑪项目单价确定;⑫进行成本测算并输出成果。具体的施工成本管理 BIM 应用操作流程如图 11.28 所示。

(3) 安全与质量管理

基于 BIM 的安全与质量信息化管理是对施工现场重要生产要素进行可视化模拟和实时监控,通过对危险源以及质量问题的辨识和动态管理,减少并防范施工过程中的不安全行为以及质量通病。施工安全质量管理 BIM 应用操作流程如图 11.29 所示。

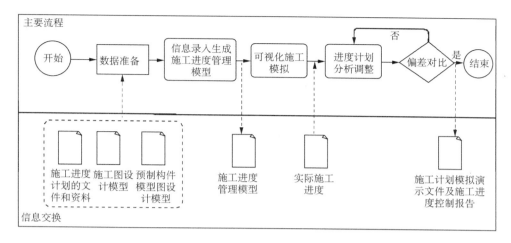

图 11.27 施工进度管理 BIM 应用操作流程

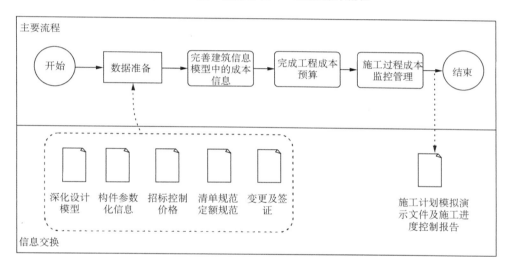

图 11.28 施工成本管理 BIM 应用操作流程图

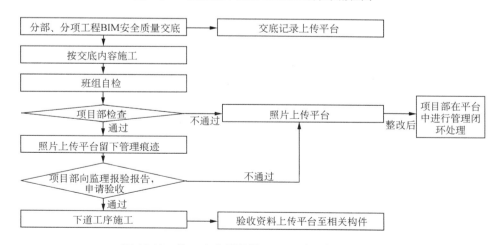

图 11.29 施工安全质量管理 BIM 应用操作流程图

安全与质量管理是借助 BIM 平台软件,通过采用二维码的安全和质量管理模块对项目的安全与质量进行管理,实现数据交互与项目内容显示及管理的目的。

11.4.4　基于 BIM 的装配式建筑集成模型

进行了完整的项目设计、构件生产以及建设过程,通过模型的搭建形成了一套具备运维的信息模型。竣工模型包含了诸多内容,同时竣工模型并非一蹴而就的,是通过项目的发展而沉淀出来的,通过这样数据与模型的沉淀实现了模型的可持续发展。

1)设计模型延续

采用设计模型进行现场施工管理是 BIM 技术应用的重要环节。如何实现施工阶段的模型应用,需要明确设计所提供的模型的精度要求。竣工模型的发展过程如表 11.24 所示。

表 11.24　竣工模型发展过程表

过程名称	过程内容	图示说明
设计模型延续	通过前端设计模型的沿用,形成施工所需的模型及图纸信息,为施工提供基础性条件	
模型与信息沉淀	在项目实施过程中,数据和模型是在不断地变化和增加,而这些增加的模型是通过信息的沉淀形成最终的竣工信息模型	

2)模型与信息沉淀

在项目实施过程中,通过设计所提供模型的不断发展,形成了一套具备施工模型及施工信息的模型沉淀数据,此类型的模型及信息数据为竣工模型提供基础数据,并能通过项目最终实现模型的复用,为后续运维阶段提供模型基础。其中模型包括设计阶段的原始模型、项目实施过程中产生的变更模型以及因现场或深化需要产生的增加模型,信息包括设计提供阶段提供的原始模型信息、项目开展过程中产生的与变更模型对应的变更信息及文档数据、项目实施过程中发现的问题信息以及问题解决信息。

11.5　基于 BIM 技术的装配式建筑运维管理

建筑运行维护是指建筑在竣工验收完成并投入使用后,整合建筑内人员、设施及技术等关键资源,通过运营充分提高建筑的使用率,降低它的经营成本,增加投资收益,并通过维护尽可能延长建筑的使用周期而进行的综合管理。在装配式建筑及设备维护方面,运维管理人员可直接从 BIM 模型调取预制构件及设备的相关信息,提高维修的效率及水平。

基于 BIM 技术的运维管理,是将传统运维功能和实施方式从二维层面向三维层面转换,将采集到的数据经过处理后,与三维模型构件相关联,通过可视化的展示实现智慧运维。本节列举了 BIM 运维管理平台的基本条件,阐述了运维模型获取的途径和标准。并将基于 BIM 的各类运维功能在三维可视化场景下的实现方式与传统的运作方式进行了对比与分析。依据 BIM 运维流程的顺序,对数据的采集技术指标、模型的轻量化处理、BIM 运维平台的功能模块进行了规定和描述。此外,本节阐述了建筑智能化系统(IBMS)架构,提出将其运用到 BIM 运维系统的方法。

11.5.1　BIM 运维管理基础条件

BIM 运维的基础条件包括了三维模型及运维管理系统的架构组成。其中 BIM 三维模型应承接设计、施工阶段的模型数据,并对其进行针对运维需求的检查和修改。从而达到 BIM 模型数据从设计阶段到运维阶段的流转,实现 BIM 的核心价值。

1)BIM 运维模型制作

BIM 运维模型应根据项目运维的具体需求,对设计、生产、施工阶段使用的 BIM 模型进行核查和处理,具体核查内容如表 11.25 所示。

表 11.25　BIM 运维模型核查汇总表

合标基本检查		
项目基本设定核查	拆分逻辑	按专业拆分
		按楼层拆分
	测量点与项目基点各专业对应	须提供各个展馆的正确点位
	机电专业 BIM 模型必须包含所有管线系统	项目浏览器、系统浏览器、过滤器核查
		机电连接总文件,明细表统计是否包含所有涉及新系统类
	机电 BIM 模型必须包含满足涉及需求的管段尺寸设定	
项目完整性核查	BIM 模型必须包含所有定义的轴网,且应在各平面视图中正确显示	
	BIM 模型必须包含所有定义的楼层	不允许出现跨楼层构件
	BIM 模型中必须包含完整的房间定义	族构件需添加房间计算点
		防火分区平面图
	BIM 模型中必须包含项目的材质做法	材质库
建模规范性要求	构件应使用正确的对象创建	构件应有规范的统一的族类别,同一构件不得使用三类及三类以上的族类别创建
		同类构件应使用统一创建与命名逻辑
		机械设备不能用常规模型表达

合标基本检查		
建模规范性要求	模型中没有多余的构件	构件应有规范的统一的族类别,同一构件不得使用三类及三类以上的族类别创建
	模型中没有重叠或者重复构件	同类构件应使用统一创建与命名逻辑
		机械设备不能用常规模型表达
	构件应与建筑楼层标高关联	模型冗余检查,进行模型清理,核查是否有多余构件
		框选
		使用插件
		明细表
		模型中当层构件,应当以当层标高作基准偏移,而不应以其他构件作偏移

2)BIM 运维管理系统架构

BIM 运维系统首先要从最底层的传感器埋设以及数据采集开始实施,再将采集到的数据与各子系统和 BIM 模型对接,最后通过应用平台将系统功能展示,实现运维场景可视化,BIM 运维管理系统架构如表 11.26 所示。

表 11.26　BIM 运维管理系统架构

应用层	场景 1	场景 2	场景 3	场景 4	场景 5	场景 6
	应用平台 1		应用平台 2		应用平台 3	
业务逻辑层	高级业务 AI 算法					
	共管业务 AI 算法					
集成平台层	基于 BIM 的 IBMS 数据云					
	BIM 模型:设计建造运维			集成系统后台 API		
子系统层	能源管理	视频监控	冷源系统		电梯监控	设施资产
	计费管理	应急管理	热源系统		给水排水	人员定位
	消防报警	入侵报警	空调末端		室内照明	停车管理
	电子巡更	门禁管理	送排风机		夜景照明	信息发布
基础层	执行器、传感器、计量表具等			采集、传输设备		

11.5.2　BIM 运维管理平台

为了实现三维可视化的运维管理,需要借助于 BIM 运维管理平台产品。其内核包含了接收、处理传感器采集的数据信息,BIM 模型轻量化处理、运维功能模块分析处理以及投放大屏展示等内容。

1) 需求分析

传统运维功能相对单一,实施过程中资料管理容易缺失遗漏且耗费较多人力物力。基于 BIM 的智能运维系统可在各种运维功能中实现自动化管控、资料闭环管理,可有效提高运维效率,BIM 运维需求如表 11.27 所示。

表 11.27　BIM 运维需求分析表

运维需求	传统运维	BIM 三维可视化运维
资产管理	扁平化数据管理,容易丢失遗漏	资产数据与模型关联,于平台上保存,形成闭环管理,直观形象
安防管理	无法在第一时间精确定位消防报警的位置,延误灾情	安保人员精确空间定位,规划最短路线,提高安防效率。对消防报警进行定位核查
停车管理	对车位和行车路线扁平化表达	三维可视化展示车位使用状态,对停车路线提供三维实景照片和路径规划,更加直观清晰
物业管理	在发现设备故障时,无法定位设备位置	对巡更人员实时定位,在设备出现故障时可快速定位设备位置,并查找相关数据,进行及时维修
能耗管理	管理人员去各个楼宇进行查看能耗,进行记录分析	可通过传感器传输数据,以动态图的方式进行展示,利用 BIM 模型区域进行分析,更利于管理人员针对性地进行检查
管网监控	无法进行实时定位监测	三维模型对管网进行定位,监测数据与空间位置相关联,有利于数据统计分析
维护管理	厂家定期维护管理	对重要设计进行定位与统计,为设备维护、更换提供依据,并做出维护情况描述,形成闭环
照明系统	须人为进行照明系统管控,增大巡更人员工作量	依靠传感控制器的使用,对园区所有照明设备进行控制,从而节省能源消耗
环境监测	环境信息在展牌上展现,难以和布展等空间使用功能相关联	可将环境信息在三维模型空间体现,对空间使用和预定提供环境信息数据
灌溉系统	巡更人员定期查看井盖	可对每一个井盖位置进行定位,便于巡查维修
虚拟园区	在二维图纸上或沙盘模型上静态观察园区	园区三维动态浏览,可实现 VR 虚拟参观
智能充电桩	二维定位充电桩点位	三维空间定位充电桩的分布点位,智能规划充电路线
智能交通	发送交通班车信息	三维展示交通路线、班车信息和上下车地点,规划通勤路径
消防疏散	无法精确定位发生火灾位置	对火灾报警快速定位,基于三维模型自动模拟逃生通道,并发送给员工,减少人员伤亡
空间管理	空间使用状态表格化呈现,动态管理数据工作量大	在三维模型中直观显示各空间实时使用状态,提供空间查看和预定功能

2）数据采集

BIM运维系统应具备各类设备的数据信息采集功能，通过传感器将运维需要的数据信息从设备中提取出来，并上传到智能化系统中。

3）模型轻量化处理

BIM技术贯穿应用于建筑全生命周期，以实现模型数据无缝流转，可发挥BIM的最大价值。在运维阶段，由设计和施工传递来的模型往往质量较大，属性信息较为丰富，运维平台直接搭载往往运行不够流畅，且对硬件设备要求较高。因此需要对原始BIM模型进行轻量化处理，删除和丢弃不必要的属性信息，如简化构件表面形状，使得模型质量减小，有利于BIM运维平台的流畅运行，模型轻量化处理方法如表11.28所示。

表 11.28　模型轻量化处理方法

轻量化类别	轻量化方法
模型文件轻量化	数模分离，将模型数据分为模型几何数据和模型属性数据
	对模型进行参数化几何描述和三角化几何描述处理，减少单个图元的体积
	相似性算法减少图元数量，通过这种方式我们可以有效减少图元数量，达到轻量化的目的
引擎渲染轻量化	多重LOD用不同级别的几何体来表示物体，距离越远加载的模型越粗糙，距离越近加载的模型越精细，从而在不影响视觉效果的前提下提高显示效率并降低存储
	遮挡剔除，减少渲染图元数量，将无法投射到人眼视锥中的物体裁剪掉
	批量绘制，提升渲染流畅度。可以将具有相同状态（例如相同材质）的物体合并到一次绘制调用中，这叫作批次绘制调用

经过轻量化处理后的模型信息可分别存储为属性信息、几何信息等多个维度，将这些信息根据运维具体需求选择性导入运维模型中，形成基础运维BIM模型，其流程如图11.30所示。

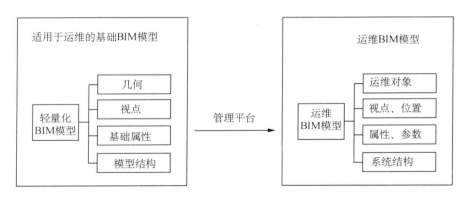

图 11.30　基础模型创建流程图

4）运维管理平台功能模块

装配式建筑基于 BIM 的运维基本功能模块及内容如表 11.29 所示。

表 11.29　BIM 运维基本功能模块及内容

基本功能模块	运维场景内容
BIM 运维平台基本操作	3D 模型查看、功能界面查看及硬件设备
平台报警提示	报警规则
	报警提示
	查看报警日志
	报警的关联信息
空间管理	查看空间信息
	GIS 管理与空间计算
设备管理	查看设备信息
	查看设备运行状态
备件管理	备件管理的信息查询、使用方法及备品分析
机构管理信息	录入和查询运维单位内部组织机构数据
人员管理模块	查看人员管理信息、权限、用户状态
人员定位	查看室内外人员定位
	查看人员分布
	查看环境提示及路径记录
能耗管理	通过 BIM 平台查询各设备能源信息
	查看系统能耗报表及能源消耗情况
维保管理	查看维保、维护计划
	手持终端设备扫描方法
巡检管理	手持终端扫码提交方法
	巡检数据上传方法
	巡检漫游、巡检信息及巡检路径的操作
停车管理	通过 BIM 模型查看车辆引导方式
	结合 BIM 模型查看车位统计及寻车功能
档案管理	查看档案的实施、设备、运维、设计资料
数据分析	监控、设备、报警、位置等统计方法及处理情况
系统管理	系统日志、数据备份及帮助信息的查看查询
报警提示	对报警规则的制定与编辑
设备管理	对设备控制的理解与操作
	对设备生命周期的分析与理解

基本功能模块	运维场景内容
计费管理	计费管理规则的定制
	人工录入与自动录入方法
	费率调整方法与计费统计分析
能耗管理	对报表数据进行分析及制定节能方案
维保管理	对各类机电设备编辑维护计划及维护统计
任务管理	通过 PC 端、WEB 端和 App 端下达工作指令
	基层工作人员查看和执行分配给自己的任务
租赁管理	租赁登记方法
	租户到期报警查看及查看合同到期情况
租户信息	租户信息的录入和租户信息的统计分析
安保管理	通过手机对安保人员进行管控及查看人员位置
餐厅管理	餐厅的环境监控与背景音乐的控制方法
应急管理	应急预案、应急通信和应急处理方式方法

11.5.3　IBMS 系统架构

IBMS 是 Intelligent Building Management System 的简称,即建筑智能化系统。其出现和应用极大提高了传统运维的效率,推进了建筑运维管理的自动化和智能化发展。但 IBMS 系统仍是基于二维场景实现各项功能页面的扁平化智能系统,现代建筑的运营维护对管理方式和功能场景提出了更高要求,因此基于 BIM 技术的三维可视化运维管理不仅应包含 IBMS 系统的功能,还应将其内容扩展延伸。

BIM 技术与 IBMS 系统的结合,可有效扩充 IBMS 系统的应用维度,为建筑的运维提供更加直观的实施、展示界面。其底层应用仍然是数据信息的采集,通过接口服务器将采集到的数据输入给 IBMS 系统,完成智能化分析和应用。由 IBMS 系统输出的数据和应用信息通过分类处理和与 BIM 模型的结合(数模结合),输入给 BIM 三维展示平台,将所有的运维实施场景在展示大屏上直观地表达,为物业人员和管理人员提供更便捷、更轻松、更有效的管理手段,基于 BIM 技术的 IBMS 系统应用流程如图 11.31 所示。

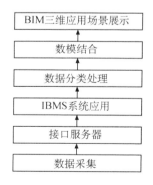

图 11.31　基于 BIM 技术的 IBMS
系统应用流程

参 考 文 献

［1］李洪军，源军. 工程项目招投标与合同管理［M］. 北京：北京大学出版社，2009.

［2］吴芳，冯宁. 工程招投标与合同管理［M］. 2 版. 北京：北京大学出版社，2014.

［3］严玲. 招投标与合同管理工作坊：案例教学教程［M］. 北京：机械工业出版社，2015.

［4］刘钟莹. 建设工程招标投标［M］. 南京：东南大学出版社，2007.

［5］全国人大常委会办公厅. 中华人民共和国招标投标法［M］. 北京：法律出版社，2019.

［6］《中国招标》周刊编辑部. 商务标、经济标、技术标如何区分？三者在评标中所占分值如何计算？［J］. 中国招标，2015(21)：64.

［7］艾祖斌，扶凤姣，武胜洪. 合同谈判中的妥协策略分析［J］. 云南水力发电，2012，28(1)：82-85.

［8］李岩. 建筑施工企业工程合同谈判策略研究［D］. 北京：北京交通大学，2011.

［9］姚利萍. 施工合同谈判策略［J］. 施工企业管理，2008(4)：77-78.

［10］杨荣南. 论技术标与商务标编制技巧［J］. 施工企业管理，2000(8)：28-29.

［11］郭颖. 国际工程合同谈判策略研究［J］. 现代商贸工业，2015，27(13)：56-57.

［12］乔治·科尔里瑟. 谈判桌上的艺术［M］. 李绍廷，译. 北京：北京大学出版社，2017.

［13］赵毓英，饶巍，齐秋篁. 建筑工程项目施工组织与管理［M］. 北京：中国环境科学出版社，2007.

［14］俞洪良，毛义华. 工程项目管理［M］. 杭州：浙江大学出版社，2015.

［15］郭汉丁. 工程项目管理［M］. 北京：化学工业出版社，2010.

［16］宋伟香，何长全，黄小雁. 建设工程项目管理［M］. 北京：清华大学出版社，2014.

［17］胡鹏，郭庆军. 工程项目管理［M］. 北京：北京理工大学出版社，2017.

［18］王寿超. 基于政府视角的建筑工人职业技能提升机制研究［D］. 聊城：聊城大学，2018.

［19］金晨晨. 基于装配式建筑项目的 EPC 总承包管理模式研究［D］. 济南：山东建筑大学，2017.

［20］黄敏. 建筑工业的施工管理研究：评《装配式建筑建造施工管理》［J］. 中国科技论文，2019，14(6)：706.

［21］张良. 如何提高建筑工人的施工技能［J］. 城市建设理论研究(电子版)，2014(35)：3250-3250.

［22］王文睿，王洪镇，焦保平. 建设工程项目管理［M］.北京：中国建筑工业出版社，2014.

［23］陆惠民，苏振民，王延树,等. 工程项目管理［M］.南京：东南大学出版社，2015.

［24］住建部.装配式混凝土建筑技术工人职业技能标准：GB/T 51231-2016［S］.北京：中国建筑工业出版社，2017.

［25］石建光，林树枝. 预制装配式混凝土建筑的结构体系和生产方式［J］. 厦门科技，2014(1)：43-46.

［26］杨思忠,任成传,刘兴华,等. 装配式建筑预制构件厂设计与管理技术探讨［J］. 混凝土世界，2017(9)：46-53.

［27］阎军. PC 装配式建筑的现场管理之道［J］. 建筑，2017(17)：24-25.

［28］刘亚东. J 企业定制式精装修进度管理案例研究［D］. 大连：大连理工大学，2017.

［29］陈红杰，李高锋，武永峰. 基于 BIM 和 RFID 技术的装配式建筑施工进度信息化采集研究［J］. 项目管理技术，2018，16(10)：22-26.

［30］马战旗，刘旭. 基于 RFID 技术的装配式建筑进度控制研究［J］. 福建建材，2017(11)：17-18.

［31］蒋红妍，谢雪海，彭颖. 基于关键链的装配式建筑 PERT 改进模型及应用［J］. 工业工程与管理，2018，23(5)：82-87.

［32］齐琳. 基于因素分析的装配式建筑项目进度管理研究［D］.北京：北方工业大学,2019.

［33］谢思聪，陈小波. 基于多层编码遗传算法的两阶段装配式建筑预制构件生产调度优化［J］. 工程管理学报，2018，32(1)：18-22.

［34］陈伟，余杨清，周曼，等. 装配式建筑进度计划缓冲及鲁棒性研究［J］. 建筑经济，2018，39(2)：33-39.

［35］张斌斌，程志军. 装配式混凝土建筑施工进度影响因素分析［J］. 混凝土与水泥制品，2018(8)：78-80.

［36］江伏香. 论 BIM 技术在预制装配式建筑中的数据化进度管理［J］. 居舍，2018(19)：157-158.

［37］郑旭辉. 基于 BIM 的精益建造管理模式研究［D］. 徐州：中国矿业大学，2017.

［38］王超. EPC 模式下装配式建筑项目管理研究［D］. 太原：太原理工大学，2019.

［39］谭巡.EPC 模式下装配式建筑设计管理［J］.价值工程,2019(16):35-37.

［40］申金山,华元璞,袁鸣. 装配式建筑精益成本管理研究［J］. 建筑经济，2019，40(3)：45-49.

［41］段庆旭. EPC 模式下房地产开发建设阶段成本管理研究［D］. 天津：天津大学，2016.

［42］叶浩文，周冲，王兵. 以 EPC 模式推进装配式建筑发展的思考［J］. 工程管理学报，2017，31(2)：17-22.

[43] 刘国强，齐园，纪颖波，等. EPC 模式下装配式建筑建造成本影响因素识别及评价标准研究[J]. 建筑经济，2019，40(5)：86-92.

[44] 金晨晨. 基于装配式建筑项目的 EPC 总承包管理模式研究[D]. 济南：山东建筑大学，2017.

[45] 齐宝库，张阳. 装配式建筑发展瓶颈与对策研究[J]. 沈阳建筑大学学报(社会科学版)，2015，17(2)：156-159.

[46] 李丽红，耿博慧，齐宝库，等. 装配式建筑工程与现浇建筑工程成本对比与实证研究[J]. 建筑经济，2013，34(9)：102-105.

[47] 尹凯，王海龙. 基于 BIM 技术的 EPC 项目造价预控研究[J]. 工程经济，2018，28(12)：19-22.

[48] 叶飞. 房地产开发项目目标成本管理研究[D]. 南京：东南大学，2010.

[49] 杨建华. 房地产开发项目目标成本管理研究[D]. 重庆：重庆大学，2014.

[50] 赵启. EPC 项目选择承包商研究[D]. 北京：清华大学，2005.

[51] 刘杨，于昕洋，胡永成，等. EPC 项目总承包商费用控制的风险及规避[J]. 化工设计，2013，23(3)：41-44.

[52] 牛明珠. 基于合约规划的房地产项目动态成本控制研究[D]. 徐州：中国矿业大学，2016.

[53] 欧阳昙. 基于 EPC 模式的装配式建筑企业成本精细化管理研究[D]. 兰州：兰州理工大学，2019.

[54] 李文序. 基于装配式住宅的成本与进度集成管理[D]. 天津：天津大学，2016.

[55] 刘春梅. 预制装配式混凝土建筑建造成本分析与控制[D]. 聊城：聊城大学，2016.

[56] 李玉，刘颖. 基于价值工程理论的装配式住宅全寿命周期成本控制研究[J]. 辽宁经济，2014(7)：38-40.

[57] 欧阳昙. 基于 EPC 模式的装配式建筑企业成本精细化管理研究[D]. 兰州：兰州理工大学，2019.

[58] 罗伟，张朋，王超. 装配式建筑成本浅析[J]. 建设科技，2016(Z1)：140.

[59] 李丽红，隋思琪，付欣，等. 装配整体式建筑经济装配率的核算[J]. 建筑经济，2015，36(7)：91-94.

[60] 宋岩磊. 大型建设工程项目 HSE 管理绩效评价研究[D]. 青岛：青岛理工大学，2016.

[61] 付晓杰. 建筑业农民工职业健康风险评估及对策研究[D]. 南京：东南大学，2016.

[62] 焦崎炜. 绿色建筑工人职业安全健康评价研究[D]. 西安：长安大学，2012.

[63] 李小冬，沈诚，王剑. 大型建筑施工企业职业健康管理状况调研[J]. 中国安全科学学报，2013，23(3)：155-160.

[64] 沈诚. 施工企业职业健康管理现状及影响因素研究[D]. 北京：清华大学，2014.

[65] 黄永，王君锋，杨林胜，等. 建筑行业农民工生存质量及影响因素分析[J]. 中国公

共卫生，2008，24(6)：717-719.

[66] 贾乾. 建筑工人职业健康状况研究[D]. 天津：天津大学，2010.

[67] 杨玲，王莉. 浅谈对劳动者进行职业健康和安全教育的重要性[J]. 医学信息，2014(12)：19-19.

[68] 李钰，矫利寅. 加强建筑工人安全培训的构想[J]. 中国安全科学学报，2007，17(9)：92-96.

[69] Patel D，Jha K N. Structural equation modeling for relationship-based determinants of safety performance in construction projects[J]. Journal of Management in Engineering，2016，32(6)：05016017.

[70] 建设部. 建筑施工现场环境与卫生标准：JGJ 146—2004[S]. 北京：中国建筑工业出版社，2005.

[71] 石景容，邓玲，陆丽明，等. 中山市中小型家具制造业外来务工人员心理健康现状分析[J]. 职业与健康，2013，29(10)：1153-1156.

[72] 李凌江，郝伟，杨德森，等. 工作时间制度对作业工人生活质量影响的比较研究[J]. 健康心理学，1995，3(3)：55-59.

[73] 蔡梦娜，吕雪源，徐文杰，等. BIM 技术在大型装配式厂房施工中的应用[J]. 施工技术，2019，48(10)：8-11.

[74] Li X Y，Li H，Cao D P，et al. Modeling dynamics of project-based collaborative networks for BIM implementation in the construction industry：Empirical study in Hong Kong[J]. Journal of Construction Engineering and Management-asce，2019，145(12)：05019013.

[75] 洪少枝，何秋恩，黄剑春，等. 建设工程项目构建 BIM 协同工作体系的思考与实践[J]. 建筑技术，2019，50(7)：785-788.

[76] 江韩，赵学斐，张并锐，等. 某装配式建筑抗震设计及 BIM 技术设计施工一体化应用[J]. 工程抗震与加固改造，2019，41(2)：119-128.

[77] 魏晨康，徐汉涛，郑承红，等. 基于施工总承包管理的 BIM 协同信息管理平台开发及探索[J]. 施工技术，2017，46(22)：1-4.

[78] 王婷，肖莉萍. 基于 BIM 的施工资料管理系统平台架构研究[J]. 工程管理学报，2015，29(3)：50-54.

[79] 史海祥，王陶，王磊. 多跨连续梁桥顶升监控与信息管理 BIM 平台应用[J]. 施工技术，2018，47(S4)：675-677.

[80] 李立，高癸，杨震卿，等. BIM 在施工阶段工程管理的应用价值[J]. 建筑技术，2016，47(8)：698-700.

[81] 刘占省，马锦姝，徐瑞龙，等. 基于建筑信息模型的预制装配式住宅信息管理平台研发与应用[J]. 建筑结构学报，2014，35(2014S2)：59-66.

[82] 强旭媛. 装配式建筑标准化设计[J]. 建筑知识，2016(10)：16,62.

［83］曹新颖，鲁晓书，王钰. 基于 BIM-RFID 的装配式建筑构件生产质量管理［J］. 土木工程与管理学报，2018，35(4)：102-106.

［84］覃爱民，夏松. 装配式建筑实施精益建造的可行性及必要性研究［J］. 哈尔滨师范大学自然科学学报，2016，32(6)：84-90.

［85］李静原，姚维风，姜恩泽，等. BIM 技术在建筑运行维护阶段的持续集成应用案例［J］. 施工技术，2018，47(S3)：15-18.